Christian Belz | Thomas Bieger

Customer-Value

Christian Belz | Thomas Bieger

Customer-Value

Kundenvorteile schaffen Unternehmensvorteile

Teil I

Bibliografische Information der Deutschen Nationalbibliothek
Die Deutsche Nationalbibliothek verzeichnet diese Publikation in der Deutschen Nationalbibliografie. Detaillierte bibliografische Daten sind im Internet über http://dnb.d-nb.de abrufbar.

Für Fragen und Anregungen:
info@mi-wirtschaftsbuch.de

4. Auflage 2015

Nymphenburger Straße 86
D-80636 München
Tel.: 089 651285-0
Fax: 089 652096

Lektorat: Michael Schickerling, Landsberg am Lech
Satz: Jürgen Echter, Landsberg am Lech
Druck: Books on Demand GmbH, Norderstedt
Printed in Germany

ISBN Print 978-3-86880-157-6 (Teil I)
ISBN E-Book (PDF) 978-3-86416-197-1
ISBN E-Book (EPUB, Mobi) 978-3-86416-198-8

Weitere Informationen zum Verlag finden Sie unter
www.mi-wirtschaftsbuch.de
Beachten Sie auch unsere weiteren Verlage unter
www.muenchner-verlagsgruppe.de

Inhalt

Hinweis zur zweiten Auflage

Da das Buch in der ersten Auflage ausgezeichnet aufgenommen worden ist, erscheint es nun in einer Zweitauflage. Wir danken Claudia Schuler, B. A. (HSG), welche die notwendigen Korrekturen vorgenommen hat, genauso wie den Autoren, welche ihre jeweiligen Texte überprüft und auch um einige aktuelle und relevante Quellen ergänzt haben.

Einleitung: Kooperative Forschung für Customer-Value

Die Kunden entscheiden langfristig über den Erfolg von Unternehmen und Institutionen (in der Regel schreiben wir in diesem Buch von Unternehmen, ebenso können aber auch öffentliche Institutionen, Nonprofit-Organisationen et cetera von den Ansätzen profitieren), wenn auch in besonderen Situationen die Kapitalgeber, die Personalmärkte oder die Öffentlichkeit als Anspruchsgruppen die Strategien bisher prägten oder prägen können.

Im letzten Jahrzehnt verfolgten Unternehmen Diversifikationen: Sie fusionierten und akquirierten oder stießen Geschäftseinheiten ab. Sie entwickelten neue Geschäftsmodelle, integrierten die Möglichkeiten der Informatik und optimierten ihre Geschäftsprozesse. Sie rationalisierten, stützten sich auf Produktinnovationen und erweiterten die Produktlinien und Marken. Sie erschlossen schrittweise die internationalen Märkte und nutzten die Möglichkeiten der Rechnungslegung (teilweise bis zur Schädigung der Aktionäre und zum Betrug).

Manche dieser Ansätze sind im heutigen Umfeld weitgehend erschöpft und bewirken kaum mehr ein Wachstum von Umsätzen und Erträgen, wenn auch der Standort einzelner Anbieter in verschiedenen Märkten differenziert zu betrachten ist. Die Initiativen waren mehrheitlich angebotsgetrieben. Deshalb fordern Sliwotzky und Wise (2003, S. 15 f.) einen Wechsel zur »Demand-Innovation«: … »demand innovation is about creating new growth by expanding the markets' bounderies. It focuses on using one's product position as a starting point from which to do new things for customers that solve their biggest problems and improve their overall performance. Thus, companies skilled in demand innovation do more than simply take value and market share away from traditional business. They also create new value and new growth in revenues and profits, even in mature industries that appear to have reached a plateau.« Der Vorteil für Kunden und der Wert des Kunden für das Unternehmen sind somit wichtige Bezüge für Fortschritte. Selbst wenn Unternehmen akquiriert werden, sollte dieser Aspekt stärker gewichtet werden, wie Selden/Colvin (2003) mit ihrer Forschung zeigen: »Die meisten Fusionen und Übernahmen schlagen fehl. Nur wenn das Top-Management den Wert der Kunden kennt, kann die Akquisition gelingen« (S. 50).

Die Ansätze der »Demand-Innovation« sind nicht neu und entsprechen seit jeher der Absicht des Marketing. Teilweise werden sie wieder entdeckt und vor allem stärker gewichtet. Diese Ansätze schließen grundsätzlich die neuen Strategien von Unternehmen ein und beziehen sich auf die konkrete Verbesserung der Zusammenarbeit mit Kunden.

Seit vielen Jahren befassen sich die beteiligten Institute und Forscher an der Universität St. Gallen in verschiedenen Projekten mit Marketing, Services und Kommunikation und in diesem Zusammenhang mit dem Thema »Create Customer-Value«. Abbildung 0.1 zeigt eine Übersicht, in der nicht sämtliche Institute und Forscher der Universität St. Gallen mit ihren Publikationen erfasst sind, sondern nur die Partner des neuen Projekts (siehe Anhang 2).

Themen-schwerpunkte	Publikationen	Beteiligte Professoren
Institut für Marketing und Handel (IMH-HSG)		
Leistungssysteme	Bächi 1999; Baumbach 1998; Belz 1997; Belz/Bieger 2000; Belz et al. 1991; Belz et al. 1997; Belz/Weinhold/Tomczak 1999; Breu 1996; Loss 1996; Müller 1998; Reinecke 1996; Schicht 1993; Tomczak 1998; Tomczak/Reinecke 1999; Trachsler 1996; Willée 1991; Zoller 2001	Prof. Dr. Christian Belz Prof. Dr. Thomas Rudolph
Kundensysteme (Segmentierung, Kundenmanagement, Key-Account-Management, Global Account Management)	Arnold 2002; Belz/Mühlmeyer 2002; Belz/Müller/Zupancic 2003; Belz 1997; Dittrich 2000; Engelhardt 1990; Karg 2001; Kramer 1995; Müllner 2001; Pabst 1993; Reinecke et al. 1998; Rudolph-Sipötz 2001; Senn 1997; Schögel 1999; Schögel et al. 1999; Zupancic 2001	
Geschäftsmodelle im internationalen Handel	Rudolph 1993; Rudolph 1999; Rudolph 2000	
Institut für Medien- und Kommunikationsmanagement (MCM-HSG)		
Kundenorientierte Produktgestaltung, Markenmanagement	Herrmann/Johnson/Hahn/Huber 2002; Herrmann/Johnson/Gustafsson 2002; Herrmann/Seilheimer/Huber 2002; Herrmann/Huber 2001; Herrmann/Huber/Braunstein 2000a; Herrmann/Spahlinger/Huber 2000; Herrmann/Wricke/Huber/Morbach 2000; Herrmann/ Swahney 2000; Herrmann/Swahney 2000a; Herrmann/Johnson/Gustafsson/Huber 2000; Herrmann/Huber 2000 a-d;	Prof. Dr. Andreas Herrmann Prof. Dr. Beat Schmid

Kundenorientierte Produktgestaltung, Markenmanagement	Herrmann/Huber/Wricke 2000; Herrmann/ Huber/Braunstein 2000; Herrmann/ Johnson 1996; Herrmann/Jasny/Vetter 1999; Herrmann/Wricke/Mechler 1999; Herrmann/ Gustafsson/Huber/Vetter 1999; Herrmann/Johnson 1999; Herr-mann/Johnson/Gustafsson/ Huber 1999; Herrmann/Huber 1999; Herrmann/Vetter 1999; Herrmann/ Seilheimer/Shariff 1998; Herrmann/Vetter/Wricke 1998; Herrmann/v. Nitzsch/Huber 1998; Herrmann/ Huber 1997; Herrmann/Gustafsson/ Ekdahl/Huber 1997; Herrmann/Huber/ Gustafsson 1997; Herrmann/Bauer/ Herrmann 1996; Herrmann/Bauer/Huber 1995	Prof. Dr. Andreas Herrmann Prof. Dr. Beat Schmid
Communitys	Aschmoneit/Heitmann 2003; Aschmoneit/Heitmann 2002; Stanoevska 2002; Schmid/Lechner 2001; Schmid/ Stanoevska 2001; Schmid/ Stanoevska/ Tschammer/2001; Schmid/Stanoevska 2000; Schmid/ Lechner 2000; Schmid/ Klose/Lechner 1999; Schmid/Lecher/ Schubert/Klose 1999; Schmid/Zimmer/ Schuber/Lechner 1998; Schmid/ Schubert/ Lincke 1998	
(Customer-Value im) E-Commerce	Heitmann 2004; Schmid 2003a, b; Schmid 2002a, b; Aschmoneit 2001; Schmid 2000a– e; Schmid 1999a –c; Schmid 1998a– c; Schmid/Zimmermann 1998; Schmid 1997a–h; Schmid/Geyer/ Kuhn 1997; Schmid/Zimmermann 1997; Schmid 1996; Schmid 1995	
Institut für Wirtschaft und Ökologie (IWÖ-HSG)		
Ökologie und Wettbewerbsfähigkeit	Dyllick/Belz/Schneidewind 1997; Maier 2002; Meyer 2001; Villiger 2000; Villiger/ Wüstenhagen/Meyer 2000; Wüstenhagen 2000	Prof. Dr. Thomas Dyllick

Unternehmerische Strukturpolitik, transformatives Management	Belz 2001; Dyllick 1989; Schneidewind 1998	Prof. Dr. Thomas Dyllick
Nachhaltigkeitsmanagement	Dyllick/Hockerts 2002; Dyllick 2003; Dyllick 2003; Schaltegger/ Dyllick 2002	
Institut für Versicherungswirtschaft (IVW-HSG)		
Strategisches Management und Transformationen im Finanz-Dienstleistungsbereich, Versicherung im Netzwerk	Haller 1997; Haller 1998; Haller 1999; Maas 1999; Maas 2000; Maas 2001; Maas 2003; Ackermann 2001; Ackermann 2003	Prof. Dr. Matthias Haller Prof. Dr. Walter Ackermann Dr. Peter Maas
Zukunft der Sozialen Sicherung	Ackermann 2001; Ackermann 2003	
Risiko-Management	Haller 1999; Haller 2001; Allenspach 2001	
Funktionenansatz und erweitertes Produktkonzept	Haller 2000; Haller 2003	
Institut für Öffentliche Dienstleistungen und Tourismus (IDT-HSG)		
Dienstleistungsmanagement	Bieger 2000; Bieger 2002b; Bieger und Belz 2000; Bieger/Bockberger/Laesser 2003	Prof. Dr. Thomas Bieger
Tourismusmanagement	Bieger 1999; Bieger 2002a; Bieger/ Liebrich 2001; Bieger/Lottenbach 2001	
Geschäftsmodelle	Bieger/Döring/Laesser 2002; Bieger/ Rüegg-Stürm 2002; Bieger et al. 2002	

Schweizerisches Institut für Klein- und Mittelunternehmen (KMU-HSG)		
KMU	Fueglistaller 2003; Fueglistaller/Wiedmann 2003; Fueglistaller/Frey/Halter 2003; Fueglistaller/Halter 2003; Habersaat/Schönenberger/Weber 2002; Fueglistaller/Pleitner/Volery/Weber 2002; Pleitner/ Pichler/Schmidt 2000; Volery 1998; Volery 1996	Prof. Dr. Urs Fueglistaller
Dienstleistungskompetenz	Fueglistaller 2003; Fueglistaller 2002; Fueglistaller 1999a-e	
Entrepreneurship, Start-up	Schaper/Volery 2003; IGW/START 2003; Halter 2003; GEM/Volery 2002; Haour/Leleux/Surlemont/Volery 2002; Schaper/Volery 2002; Servais/Volery 2001; Evans/Volery 2001; Volery 2000; Mazzarol/Doss/Thein/Volery 1999	
Family-Business	Fueglistaller/Halter 2003; Fueglistaller/ Zellweger 2003	

Abbildung 0.1: Schwerpunkte der Institute und deren Forscher zum Thema »Customer-Value«

Das Forschungsprojekt »Customer-Value« setzt sich zum Ziel, die vielfältigen Ergebnisse zu integrieren, sie gemeinsam weiter zu entwickeln sowie in den Instituten neue Forschungen anzuregen. Die ersten Ergebnisse zeigt das vorliegende Buch. Für den Leser bietet die Veröffentlichung einen Bezugsrahmen, um vielfältige Perspektiven und Forschungsergebnisse zu verbinden. Gleichzeitig hoffen wir, damit eine Vertiefung in den aufgezeigten Forschungen aller Beteiligten anzuregen.

Das Buch umfasst vier Teile (siehe Abbildung 0.2):

- Teil I begründet, weshalb es für Anbieter entscheidend ist, sich konsequent an Kundenvorteilen und am Kundenwert auszurichten.
- Teil II zeigt, wie Unternehmen den umfassenden Ansatz des »Customer-Value« gestalten und führen können. Teil I und II wurden von den Autoren Belz und Bieger federführend verfasst und durch zahlreiche Gespräche mit den Autoren berichtigt und ergänzt. Insgesamt sind sie eine Leistung des Forschungsteams.
- Teil III behandelt verschiedene Anwendungsfelder. Verantwortlich dafür zeichnen die aufgeführten Spezialisten der Institute mit Beiträ-

gen zu nachhaltigen Unternehmensleistungen, Klein- und Mittelunternehmen sowie Start-ups, Handel, Business-to-Business-Marketing und Industrie, Tourismus und Verkehr, Versicherungswirtschaft und Financial Services sowie Medienwirtschaft.

- Teil IV öffnet die Perspektiven für Kundenvorteile in der Kommunikationsgesellschaft. Dem Leistungsansatz der Anbieter werden die Chancen eines Kommunikations- und Community-Ansatzes gegenüber gestellt. Verantwortlich sind für diesen Teil die Autoren Schmid und Haller, wobei das Forschungsteam auch hier über diese Ansätze häufig diskutierte. Ein zweiter Band mit diesem so genannten C-Ansatz wird vorbereitet.

Aufbau

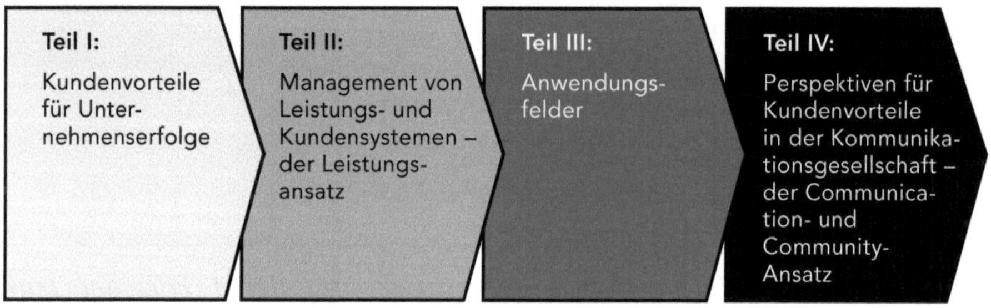

Abbildung 0.2: Aufbau des Buchs

Das vorliegende Werk lässt sich wie folgt selektiv nutzen:

- Teil I bettet den Ansatz in die bestehende Literatur ein und ist besonders für theoretisch Interessierte ergiebig oder für Führungskräfte, die »Customer-Value« mit früheren Empfehlungen zum Management und Marketing vergleichen wollen. Zu häufig werden die Vorschläge zu Strategien und Management einfach als neu oder gar revolutionär bezeichnet, und die Verantwortlichen stellen dann fest, dass hier »alter Wein in neuen Schläuchen« angeboten wird. Es ist wichtig, die Entwicklungslinien zu erfassen und mit bestehenden Erkenntnissen zu verbinden, also die Entwicklungslinien im Zeitablauf aufzuzeigen.
- Teil II zeigt das praktische Vorgehen im Management des »Customer-Value«. Die kritischen Erfolgsvariablen lassen sich je nach Unternehmens- und Marktsituation auswählen.
- Teil III vertieft den Ansatz für verschiedene Anwendungsfelder und spezifische Märkte. So kann der Leser beispielsweise den Zugang zuerst über Financial Services oder über die Medienwirtschaft finden.

- Teil IV führt am Anfang Beispiele für neue Trends in der Kommunikationsgesellschaft an.

Verschiedene Bausteine sind im Buch wie folgt bezeichnet und dienen dem Leser als Hilfe:

Exkurse mit neuem Blickwinkel.

Praxisbeispiele.

Anleitungen und Checklisten.

Kritische Statements von Autoren und von Beteiligten der Forschungstagung zum Thema »Customer-Value« am 27./28. November 2003 im Schloss Wartegg, Rorschacherberg.

Die Neukonzeption der Lehre an der Universität St. Gallen umfasst die Stufen Assessment, Bachelor und Master. Für den Master »Marketing, Services and Communcation«, der im Herbst 2004 startete, schafften wir mit unserem Ansatz einen gemeinsamen Bezugsrahmen (weitere Informationen unter: www.unisg.ch/msc). Ziel ist es dabei, die Lehre auf dieser Stufe prozessorientiert und kooperativ zu gestalten. Das Werk ist eine wichtige Grundlage für die Studierenden im Master »Marketing Services and Communication«. Die Universitätslehre ist praxisorientiert und soll die Absolventen auf ihre zukünftigen Herausforderungen im Beruf vorbereiten. Das Buch ist deshalb ebenso für Topmanager, für Führungskräfte mit Aufgaben des General Managements sowie für Marketing- und Serviceverantwortliche geeignet. Die Vielfalt der vertretenen Branchen und Fallbeispiele geben Impulse für Anwendungen und zeigen auch »Best Practices«.

Die Forschungskooperation startete 1999. Bis heute umfasste die Zusammenarbeit zahlreiche Forschungsworkshops, Sitzungen, Klausurtreffen, getrennte Weiterentwicklungen sowie verschiedene Forschungsgespräche an der Universität St. Gallen.

Im Folgenden sind einige Statements zum Buch Customer-Value erfasst.

Statements zum Buch

- Das Buch zeigt durch verschiedene Perspektiven, weshalb Unternehmen Kundinnen und Kunden noch stärker zum Ausgangspunkt ihrer Aktivitäten machen sollten, und welche Wege ihnen dazu offen stehen (Matthias Haller).
- Die Form der Kooperation für »Customer-Value« zwischen den Instituten und Forschern ist einzigartig und ergiebig. Die Universität St. Gallen baute mit ihren Forschungsinstituten für verschiedene Anwendungsfelder (Funktionen, Branchen, Institutionen und Themen) wichtige Potenziale auf, die sich mit den gemeinsamen Forschungsprojekten und dem Master »Marketing, Services and Communication« konsequent nutzen und weiter entwickeln lassen. Damit gelingt es, Integration und Spezialisierung strategisch zu verbinden (Thomas Bieger).
- Naturgemäß entwickelte jeder beteiligte Forscher eigene Schwerpunkte und Begriffe, die sich nur zum Teil integrieren lassen (Christian Belz).
- Dieses Buch ist ein Arbeitsbuch oder eine Pilotveröffentlichung. Schrittweise gelingt es in Zukunft, die verschiedenen Forschungsergebnisse und Perspektiven noch besser zu integrieren. Bewusst stellen wir uns damit der internen und externen Kritik (Matthias Haller).
- Management, Leistungsmanagement und Kundenorientierung sind keine geschlossenen Erkenntnisobjekte. Zum Glück entwickeln sie sich dynamisch und vielfältig (Christian Belz).
- Die Kapitel 1 bis 3 sind eher analytisch und additiv, sie verknüpfen das vielfältig Bestehende mit dem Ansatz des Customer-Value. Erst in der Folge behandeln wir zügig den eigenen Ansatz und das Management (Christian Belz).

Der folgende Hilfstext enthält bereits die wichtigsten Begriffe und Erklärungen für den Leser. Sie werden später im Text integriert und erklärt.

Schlüsselbegriffe und Erklärungen zum Customer-Value

Customer-Value: Customer-Value geht als Ansatz vom Kunden und vom Wert des Kunden für Unternehmen aus. Eingeschlossen ist damit die unternehmerische Sicht: Anstrengungen werden auf wertvolle Kunden konzentriert (Kundenwert und -selektion). Ebenso wichtig ist die Sicht des Kunden, der sich an seinen Vorteilen und dem erlebten Mehrwert des Angebots orientiert. Shareholder-Value ist die Folge des Customer-Value und treibt den Erfolg von Unternehmen.
Unternehmen verwirklichen den Ansatz des Customer-Value mit Leistungs- und Kundensystemen. Damit verwenden wir »Customer-Value« als Überbegriff für den Wert »von und für« Kunden. Manche Experten interpretieren den Begriff auch enger und setzen Customer-Value und Kundenvorteil gleich, verwenden ihn also nur für die Kundensicht.

Kundenvorteil (Wert für Kunden): Der Kundenvorteil besteht im wahrgenommenen Mehrnutzen im Prozess der Zusammenarbeit und für die Leistung eines Anbieters. Der Wert für Kunden wird als Beitrag der unternehmerischen Leistung für den Kunden verstanden. Die Kundenvorteile setzen sich aus verschiedenen Nutzenkomponenten zusammen, die sich in den Informations- und Kaufprozessen des Kunden verändern. Einzelne Nachteile und Vorteile für den Kunden lassen sich im Gesamturteil integrieren.
Kundenwert (Customer-Equity; Wert von Kunden): Der Kundenwert bezeichnet den aktuellen und zukünftigen Beitrag von Kunden oder Segmenten zum Erfolg des Unternehmens. Entsprechende Bewertungen zur Selektion von aktuellen und potenziellen Kunden stützen sich dabei auf quantitative Kriterien, wie beispielsweise Umsatz- und Ertragspotenzial sowie auf qualitative Kriterien, wie beispielsweise Loyalität und Referenzwirkung.
Leistungssysteme: Leistungssysteme lösen die Probleme für ausgewählte Kunden umfassend und wirtschaftlich. Unternehmen und Institutionen bieten nicht nur ihre »nackten« Produkte und zahlreiche Serviceleistungen an, sondern entwickeln integrierte Lösungen für spezifische Kundengruppen. Sie suchen innovative Leistungs-/Marktkombinationen, mit denen sie Vorteile für Kunden schaffen und sich wirksam gegenüber der Konkurrenz profilieren können. Leistungssysteme bezeichnen dabei die angebotsorientierte Sichtweise (inside out): Was ein Unternehmen für Kunden leistet, um erfolgreich zu sein.
Kundensysteme: Kundensysteme gehen von Segmenten, Kundengruppen oder einzelnen Kunden und ihren Anforderungen, Problemen und Bedürfnissen aus und bestimmen daraus die Leistungen eines Anbieters und die Form der Zusammenarbeit mit Kunden. Bei einem segmentspezifischen Marketing sind dies beispielsweise die Schlüsselkunden, der Kundenstamm, die Familien, die Jugendlichen, Senioren oder Bauherren. Im One-to-One-Marketing richtet sich die Lösung auf einzelne Kunden, die über ihre Wahlmöglichkeiten spezifische Informationen oder Lösungen beanspruchen können. Ausgehend vom Kunden (outside in) wird die Leistung in der Regel weniger durch interne Fähigkeiten und Ressourcen geprägt. Unternehmen sind offener für neue Aktivitäten und auch Kooperationen, um Kundenlösungen zu bieten.
Leistungsansatz (L-Ansatz): Ein Unternehmen kann seine Leistungen kundenorientiert gestalten und neue Kundenprobleme lösen oder neue Erwartungen erfüllen, aber diese Sichtweise geht immer noch vom Angebot aus. Ein Angebot wird für den Kunden »übersetzt« und Unternehmen bemühen sich beispielsweise, ihre Leistungen im Nutzen für den Kunden auszudrücken. Wir nennen diese Sichtweise den Leistungs- oder L-Ansatz. Gegenwärtig prägen diese Ansätze die Diskussion um Customer-Value und finden den Niederschlag in Leistungs- und Kundensystemen. Die Vorgehensweise für Unternehmen lässt sich strukturieren und präzise umschreiben.
Communication- und Community-Ansatz: Während Leistungs- und Kundensysteme von der Gestaltung durch Unternehmen ausgehen, entwickeln der Markt und die Kunden eine Eigendynamik, die sich kaum steuern, sondern eher antizipieren und moderieren lässt. Kommunikation ist dabei eine wesentliche Grundlage der Dynamik, wie wir sie beispielsweise in Märkten für Künstler oder im Internet beobachten.

Seit jeher ist jeder Mensch in vielen Communitys integriert. Communitys sind geprägt durch gemeinsame Interessen, Interaktion, Zugehörigkeit und Abgrenzung gegenüber weiteren Gruppen et cetera. Mit solchen Merkmalen befasste sich bereits die klassische Forschung zu Kleingruppen. Durch das Internet ist die Zahl der Community-Mitglieder kaum beschränkt, Interessensgruppen können rasch wachsen und für ihre Mitglieder (und damit auch für Anbieter) wichtig werden. Die Identifikation und Mitwirkung in verschiedenen Communitys beeinflusst das Verhalten innerhalb und außerhalb der entsprechenden Gemeinschaft. So kann beispielsweise eine Zugehörigkeit zur Umweltorganisation Pro Natura gleichzeitig auch das Verhalten als Kunde prägen.

Kunden werden zwar durch die Angebote beeinflusst, die sie im Markt wählen können. Grundsätzlich interessieren sie sich aber nicht für bestehende Angebotsstrukturen und vorhandene Ressourcen, die hinter einer Leistung stehen. Allenfalls spielen Aspekte der Leistungserstellung eine Rolle, wenn der Kunde auch gesellschaftliche Interessen (Arbeitsplätze, Arbeitsbedingungen, ökologische Belastung, Globalisierung et cetera) in die Beurteilung und Wahl einer Leistung einbezieht. Seine Probleme und Ansprüche sind der Ausgangspunkt, deren Lösung ist aus seiner Sicht durch Angebote ausgesprochen offen und flexibel. Der Kunde wird beeinflusst durch Bezugsgruppen und weitere Kunden. Er wählt zwischen kommerziellen und öffentlichen Leistungen und bestimmt somit seine eigenen Fähigkeiten. Die Interaktion in Communitys, gestützt durch das Internet und die Medien, gehorcht eigenen Spielregeln. Entscheider und Gestalter sind die Kunden selbst sowie die vielfältige Öffentlichkeit. Die Unternehmen sind nur Mitspieler und häufig unwichtig in der gesamten Entwicklung. Anbieter können die Prozesse in Communitys häufig wenig beeinflussen, sich jedoch allenfalls integrieren und die Trends nutzen. Typische Community- und Netzeffekte prägen die Medien- (zum Beispiel Harry Potter), Musik-, Spiele- (zum Beispiel Digimon) und Informatikbranche. In der Markt- und Kundenperspektive gilt es für Anbieter, die eigene Dynamik der Märkte und Kunden zu gewichten, sich an entstehenden Lösungen des Käufers und weiterer Gruppen zu beteiligen und damit neue Aufgaben zu übernehmen. Dabei bleiben die kommerziellen Möglichkeiten oft gering, weil Communitys Leistungen gratis erbringen, die bisher von Unternehmen verkauft wurden. Typische Beispiele finden sich im E-Business. Zudem werden diese Gemeinschaften teilweise durch das Eingreifen von Unternehmen in Communitys zerstört. Daher ist zwischen Eingriff, Erleichterung und Beteiligung sowie Distanz die richtige Balance zu bestimmen.

Diese Sichtweise nennen wir den Communication- und Community-Ansatz oder abgekürzt: C-Ansatz. Das Vorgehen der Anbieter in diesem Bereich ist kaum in einem Arbeitsprozess zu strukturieren und zu beschreiben, gerade weil sich wesentliche Entwicklungen außerhalb des Unternehmens und seiner Kundenbeziehungen abspielen. Solche Phänomene, die sich kaum in den Ansatz der Leistungs- und Kundensysteme integrieren lassen, werden laufend wichtiger und prägen die Zukunft.

Ein Buch lässt sich nicht im Team schreiben. Zu unterschiedlich sind die Stile, Sichtweisen oder eigenen Beiträge jedes einzelnen Forschers. Deshalb zeichnen Christian Belz und Thomas Bieger besonders für die Teile I und II und Beat F. Schmid und Matthias Haller für Teil IV verantwortlich. Die Autoren hoffen, dass die zahlreichen Anregungen der Kollegen richtig gewichtet und integriert wurden. Letztlich sind sie jedoch für den Inhalt dieser Grundlage zuständig. Im Teil III beschreiben die jeweils aufgeführten Verfasser ihr spezielles Anwendungsfeld.

Das vorliegende Werk ist nicht eine in sich geschlossene, gereifte Publikation. Es handelt sich eher um ein Arbeitsbuch mit offenen Aspekten und vielfältigen Hinweisen. Wir hoffen, dass die Unterschiede der einzelnen Beiträge die eigenen Ideen der Leser und die produktive Weiterentwicklung der Ansätze fördern.

Die erfreuliche Zusammenarbeit äußert sich nicht nur in der Veröffentlichung von Publikationen, sondern unsere Treffen machten Spaß und brachten das Forscherteam auch persönlich näher zusammen, obwohl der Koordinationsaufwand für ein solches Projekt groß war. Herzlich danken wir auch Nadja Barthel, Leiterin des Verlags Thexis, für die umfassende Koordination und Fertigstellung dieses großen Werks.

Wir freuen uns auf die weiteren Schritte in Lehre und Forschung, denn auch strategisch ist diese Zusammenarbeit für die Universität und besonders für die betriebswirtschaftliche Abteilung wichtig. Mit solchen Ansätzen gelingt es uns, die Spezialisierung der Institute und Forscher mit einem gemeinsamen Vorgehen zu verbinden.

Den Lesern wünschen wir wertvolle Einsichten und praktische Anregungen. Hoffentlich kann dieses Buch Ihre besten Ideen stärken, damit diese zu Lösungen entwickelt und erfolgreich umgesetzt werden. Wir freuen uns auf kritische Rückmeldungen.

St. Gallen, im Mai 2004

Walter Ackermann, Andreas Herrmann, Christian Belz, Peter Maas, Thomas Bieger, Thomas Rudolph, Thomas Dyllick, Beat F. Schmid, Urs Fueglistaller, Matthias Haller und weitere beteiligte Institutsmitarbeiterinnen und -mitarbeiter

Teil I

Kundenvorteile für Unternehmenserfolge

Von Christian Belz und Thomas Bieger unter Mitarbeit des gesamten Autorenteams

1 Customer-Value schlägt Shareholder-Value

Customer-Value will die Ausrichtung am Mehrwert für Aktionäre nicht ersetzen. Wir argumentieren jedoch, dass der langfristige Mehrwert eines Unternehmens durch die Vorteile geprägt ist, die es für attraktive Kunden bietet. Der Kunde entscheidet somit langfristig über den Erfolg eines Unternehmens. Wayland und Cole (1997, S. 6) stützen sich beispielsweise auf die Erfolgskette:

1. Customer-Value Created,
2. Customer-Cashflow,
3. Customer-Equity,
4. Customer-Portfolio-Value und
5. Shareholder-Value.

Shareholder-Value ist also die Folge von Customer-Value und treibt den Erfolg von Unternehmen. Diese Reihenfolge lässt sich auch damit begründen, dass sich bewährte Erfolgsstrategien für Wachstum und Erträge heute immer mehr erschöpfen (Slywotzky/Wise 2003, S. 3 ff.) und neue Lösungen gefragt sind.

Während die letzte Dekade den Aktienwert und seine Entwicklung fokussierte, fordern wir eine neue Gewichtung, die bei dem Wert für den Kunden und dem Wert von Kunden für das Unternehmen ansetzt und hier besondere Gewichte setzt.

Den Ansatz des Customer-Value begründen wir nachfolgend (Abschnitt 1.1). Anschließend betten wir ihn in die Forschung zum strategischen Leistungs- und Kundenmanagement ein (Abschnitt 1.2). Zwar ist es eine traditionelle Forderung des Marketing, die Unternehmen am Kunden und seinen Bedürfnissen zu orientieren. Jedoch verändern zuerst dynamische Märkte die Konstellation für die Anbieter (Abschnitt 1.3). Dann akzentuieren verschiedene gesellschaftliche Entwicklungen die Notwendigkeit, radikal vom Kunden auszugehen (Abschnitt 1.4). Daraufhin ergeben sich für Unternehmen aus den aufgezeigten Entwicklungen nachhaltige Chancen (Abschnitt 1.5).

Grundsätzlich werden in diesem Kapitel die vorhandenen Erkenntnisse zu Leistungs- und Kundenmanagement aufbereitet. Diese Bestandsanalyse ist auch für den Leser sehr konzentriert, vielfältig und damit anspruchsvoll.

1.1 Customer-Value treibt den Unternehmenserfolg

Für Unternehmen als wirtschaftliche, zweckorientierte und sozialtechnische Systeme (vgl. Dubs/Euler/Rüegg-Stürm 2002) gilt es, sich bei ihren wichtigen Anspruchsgruppen zu legitimieren und wirtschaftlich erfolgreich vorzugehen. Wichtigster »Zweck« eines Unternehmens ist es, Leistungen für Kunden zu erbringen. Das Unternehmen legitimiert sich auch weitgehend durch diese Leistungserfüllung, wenn auch im gesellschaftlichen Kontext die Arbeitsbedingungen, die Arbeitsplätze, das soziale Engagement oder die Schonung natürlicher Ressourcen bei diesem Prozess eine Rolle spielen. Auch solche Formen des Engagements können vom Kunden honoriert werden und die Leistung für ihn verbessern.

Wertschöpfung und Wert für Kunden (Kundenvorteil)

Als wirtschaftliche Einheit schafft ein Unternehmen für seine Anspruchsgruppen einen Mehrwert. Wertgenerierung lässt sich relativ breit als jeglicher Zuwachs materieller oder immaterieller Assets interpretieren. Porter bleibt beispielsweise bei der Definition von Wert relativ offen (Porter 1986). In einem engen wirtschaftlichen Kontext verwenden wir »Wert« gleichbedeutend mit »Wertschöpfung«. Dank einer intelligenten Kombination von Ressourcen gilt es, Leistungen effizient zu erbringen und die Vorleistungskosten wie auch Kosten für die eigentlichen Ressourcen (Arbeitseinsatz, Kapitaleinsatz et cetera) zu optimieren. Gleichzeitig soll mit effektiven Leistungen ein optimaler Wertbeitrag für den Kunden geboten werden. Dieser führt über Mehrverkäufe und eine erhöhte Zahlungsbereitschaft zu einem möglichst hohen Markterlös. Abbildung 1.1 zeigt die Zusammenhänge.

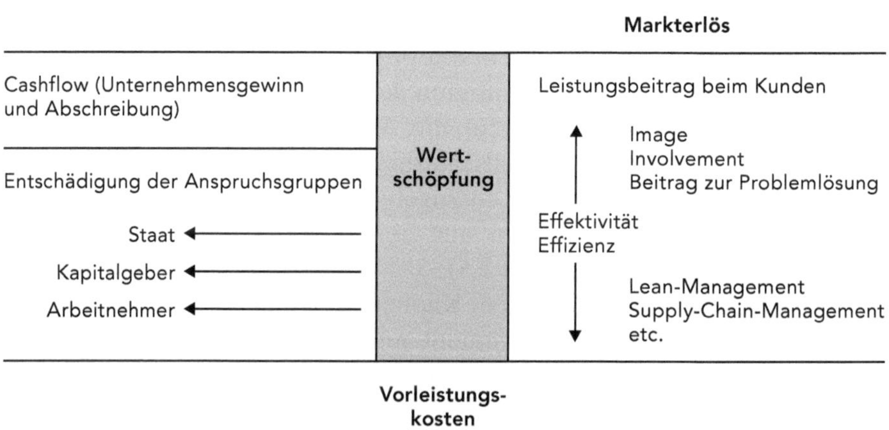

Abbildung 1.1: Zusammenhänge der Wertschöpfung

Um sich gesellschaftlich zu legitimieren, seine Anspruchsgruppen zu befriedigen und wirtschaftlich zu überleben, muss ein Unternehmen somit einen optimalen Mehrwert für Kunden schaffen.

In diesem Sinn wird der Wert für Kunden als Beitrag der unternehmerischen Leistung für den Kunden verstanden. Es geht um die Frage, wie ein Unternehmen oder ein Unternehmenssystem (zum Beispiel auch öffentliche Verwaltungen oder virtuelle Unternehmen) diesen optimalen Mehrwert für seine Kunden gestalten kann (Zeithaml 1988; Woodruff 1997).

Der Kundenvorteil (oder Wert für Kunden) besteht in seinem wahrgenommenen Mehrnutzen im Prozess der Zusammenarbeit und für die Leistung eines Anbieters (Anderson/Naurus 1998, S. 5 ff.; für eine umfassende Diskussion des Begriffs und für mögliche Operationalisierungen siehe die Abbildung 2.3). Durch Beiträge des Kunden an die Leistungsentwicklung und Leistungsinnovation wird auch die Problemlösungsfähigkeit des Kunden verstärkt. Der Nutzen der Kundenbeziehung steigt sowohl für den Kunden als auch für den Anbieter.

Unser Vorschlag ist nicht neu. Seit Mitte der Achtzigerjahre wird das Marketing umschrieben als »marktorientierte Unternehmensführung, die durch systematische Ausrichtung auf die Bedürfnisse der Abnehmer einen Unternehmenserfolg erzielen will« (Hill/Rieser 1993; Weinhold 1994; Meffert/Bruhn 1997). Porter definierte den Wert für den Kunden als den im Gestehungsprozess geschaffenen Nutzen. Unternehmen müssen im Kampf um Wettbewerbsvorteile den Wert, den sie für ihre Kunden schaffen, steigern oder gezielter ausrichten. Dazu werden zwei Grundstrategien, die Qualitätsdifferenzierung (Wertschaffung durch spezifische Qualität) oder die Kostenführerschaft (Wertschaffung durch Potenzial für wichtige Gestehungskosten) vorgeschlagen (Porter 1986).

Die Ansätze in diesem Werk gehen für den Kundenwert in verschiedener Hinsicht weiter als bisherige:

1. Weil sie nicht nur Kunden oder die Marktsegmente, sondern Communitys und ihre Interaktionen berücksichtigen. One-to-One-Marketing ist heute in vielen Bereichen durch neue Kommunikations- aber auch Produktionstechnologien genauso möglich wie die Mitgestaltung von Communitys.
2. Weil sie nicht Produkte oder Sortimente, sondern integrierte Leistungssysteme in den Vordergrund stellen. Damit gilt es auch vermehrt, mögliche Kooperationen, virtuelle Unternehmen oder Markensysteme zu betrachten.
3. Weil sie neue Nutzendimensionen bewusst berücksichtigen. Zusätzlich zur »traditionellen« Bedürfnisbefriedigung müssen »Beiträge zur Problemlösung«, »emotionale Kundenwerte« und »Erlebniswelten

des Kunden« einkalkuliert werden. Mit Erlebnis- und Emotionsmarketing mit Inszenierungskonzepten (Pine 2000) wollen Unternehmen trotz der Informationsflut die Aufmerksamkeit der angestrebten Kunden wecken (Franck 1998). Problemlösungen sollen einen Mehrwert schaffen und die Kunden positiv an das Unternehmen binden.

Diese Erweiterungen zeigt Abbildung 1.2 im Überblick.

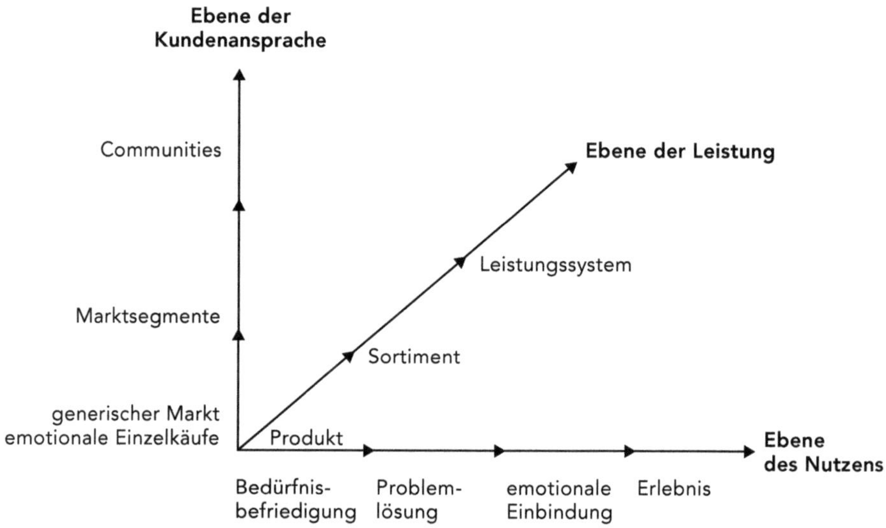

Abbildung 1.2: Dimensionen des Kundenvorteils

Wert von Kunden für das Unternehmen (Kundenwert; Customer-Equity)

Eine andere Sichtweise von Kundenwert ist in der amerikanischen Literatur festzustellen: Der Kundenwert wird als Wert der Kunden für ein Unternehmen im Sinn von »Customer-Equity« (Rust/Zeithaml/Lemon 2000) interpretiert. Basis dieses Werts ist eine »discounted free« Cashflow-Berechnung der zukünftigen bei Kunden oder einer Kundengruppe erzielbaren freien Cashflows. Insbesondere in Netzbranchen, in denen der Marktanteil wesentlich den zukünftigen Erfolg bestimmt und wo hohe Wachstumsraten bei den Umsätzen erwartet werden, wird ein Unternehmen maßgeblich nach dem Wert seiner Kunden beurteilt. Der Begriff »Equity« scheint deshalb in Analogie zum Begriff »Brand-Equity« (Wert der Marke als Beitrag zum Unternehmenswert, vgl. auch Aaker 1993) gerechtfertigt. Einer der höchsten Kundenwerte dürfte bei der Unternehmensbeurteilung im Bereich der Mobiltelefonie, bei der Übernahme von Mannesmann durch Vodafone, erzeugt worden sein. Die Beteiligung an der Swisscom kostete Vodafone zum

Beispiel 3.000 Euro (4.500 Schweizer Franken) pro Kunde (NZZ vom 9.11.2000).

Unternehmen, die sich auf den Wert von Segmenten und Kunden stützen, erweitern ihre Aktivitäten nicht nur für attraktive Kunden. Sie befassen sich ebenso mit jenen Kundengruppen, für die sie bisher im Vergleich zu viel leisteten: Sie schließen bestimmte Kunden aus und überlassen sie anderen Anbietern, sie fokussieren ihre Leistung, sie fördern und fordern mehr Eigenleistungen des Kunden oder heben ihre Preise an. So ist im Massengeschäft von Banken, von Versicherungen, von der Energiewirtschaft, der Post und in weiteren Märkten festzustellen, dass Anbieter ihre Kunden restrukturieren und für sie im Vergleich zum früheren Angebot auch Nachteile einführen.

Zusammenspiel von Kundenwert und Kundenvorteil

Abbildung 1.3 zeigt sowohl die Kunden- wie auch die Unternehmenssicht. Beide Ansätze gilt es zu verknüpfen, denn für ein Unternehmen lohnt es sich, nur sich selbst anzustrengen und Kundenvorteile zu schaffen, auch wenn die entsprechenden Gegenleistungen von den Kunden erbracht werden und die Zusammenarbeit mit diesen Kunden langfristig attraktiv bleibt. Diese Ansätze bedingen sich also gegenseitig: Ein Geschäft ist langfristig nur sinnvoll, wenn Anbieter und Kunden von einer Zusammenarbeit profitieren. Customer-Value umfasst damit zwingend die Sichtweise des Unternehmens und des Kunden.

Customer-Value

Anbietersicht: Wert von Kunden («Kundenwert»/Customer-Equity)	**Kundensicht: Wert für Kunden («Kundenvorteil»/enger Customer-Value)**
• Der Kundenwert bezeichnet die Summe der Zielbeiträge für das Unternehmen; den zukünftigen Beitrag des Kunden zum Erfolg des Unternehmens. • Barwert aller Ein- und Auszahlungen, die dem Kunden zugeordnet werden können	• Der Kundenvorteil besteht im wahrgenommenen Nutzen und Mehrnutzen des Kunden im Prozess der Zusammenarbeit und für die Leistung eines Anbieters.

Abbildung 1.3: Customer-Value als Kundenvorteil und Kundenwert (Kundenwert nach Diller 2001)

Im Ansatz des Customer-Value gewichten wir konsequent die Beziehung zwischen Unternehmen und Kunden. Jeder Mensch ist jedoch nicht nur Konsument, sondern erfüllt beispielsweise auch verschiedene Rollen als

Bürger, als gesellschaftlicher Kritiker oder als Arbeitnehmer. Manche Wechselwirkungen durch verschiedene Rollen und Gruppenzugehörigkeiten sind zu beachten.

Customer-Value unter der Voraussetzung der Nachhaltigkeit

Beim Wert für Kunden und dem Wert von Kunden spielt der Aspekt der Nachhaltigkeit eine wichtige Rolle. Eine nachhaltige Entwicklung kann definiert werden als Entwicklung, die es der heutigen Generation erlaubt, ihre Bedürfnisse zu befriedigen, ohne dass die Optionen für die Befriedigung von Bedürfnissen der zukünftigen Generation beeinträchtigt werden. Nachhaltige wirtschaftliche Werte werden geschaffen, wenn die wirtschaftlichen Optionen der nächsten Generation erhalten oder gesteigert werden können.

Nachhaltige Kundenbeziehungen maximieren nicht den kurzfristigen Vorteil eines Partners, sondern streben den beiderseitigen, längerfristigen Wertzuwachs an. Erst langfristige Beziehungen schaffen wirtschaftliche Werte. Anbahnungs- und Transaktionskosten sind bei kurzfristigen Beziehungen zu hoch. Win-Win-Konstellationen und Vertrauen sind die Voraussetzung für langfristige Beziehungen.

Zusätzlich soll bei der Erstellung und beim Konsum der Leistung auch berücksichtigt werden, welche langfristigen, externen Kosten im gesellschaftlichen und ökologischen Bereich für alle Anspruchsgruppen entstehen (vgl. umfassend Kapitel 15). Das ist auch sinnvoll, da sich daraus Vorteile hinsichtlich einer Differenzierung (Image), möglicher Kosten (zum Beispiel Ressourcenverbrauch) und höheren Erträgen (bei individuellem Zusatznutzen wie Gesundheit) für gute Leistungen ergeben (vgl. auch zu Chancen von Ökoprodukten Dyllick/Belz/Schneidewind 1997).

Leistungs- und Kundensysteme in Zusammenspiel

Leistungssysteme lösen die Probleme für ausgewählte Kunden umfassend und wirtschaftlich. Unternehmen und Institutionen bieten nicht nur ihre »nackten« Produkte und zahlreiche Serviceleistungen an, sondern entwickeln integrierte Lösungen für spezifische Kundengruppen. Sie suchen innovative Leistungs- und Marktkombinationen, mit denen sie Vorteile für Kunden schaffen und sich wirksam gegenüber der Konkurrenz profilieren können. Manche Führungskräfte betonen, dass sie im Unternehmen zahlreiche Services einsetzen und deshalb bereits über Leistungssysteme verfügen. Allerdings unterscheiden sich Leistungskonglomerate von Leistungssystemen dadurch, dass sie die folgenden fünf Prinzipien erfüllen (vgl. Abbildung 1.4).

Leistungssysteme bezeichnen die angebotsorientierte Sichtweise, und das heißt, was ein Unternehmen für Kunden leistet, um erfolgreich zu sein. Das Kernprodukt lässt sich mit Produktsystemen, Sortimenten, Services, der Integration von Leistung in die Abläufe des Kunden und dem Projektmanagement für größere Anschaffungen oder Umstellungen erweitern, um die Kundenprobleme besser zu lösen.

Prinzip	Umschreibung
Integration	Es ist wichtig, die Leistungen für Kunden zu integrieren und nicht einfach wahllos zu addieren. Die Synergie von Komponenten für den Kunden ist entscheidend.
Verrechnung	Es muss gelingen, die Mehrleistungen gezielt zu verrechnen oder generell höhere Preise zu verwirklichen.
Partizipation und Dialog	Es gelingt nur in einer engen Zusammenarbeit mit Kunden oder Vertriebspartnern, neue und treffende Problemlösungen zu erkennen und konsequent zu realisieren sowie mit den Kunden zu kommunizieren.
Evolution	Es muss gelingen, die Leistungs- und Kundensysteme dynamisch weiterzuführen und zu verbessern, erfolgreich gegenüber Konkurrenzaktivitäten zu differenzieren und die Ansprüche des Kunden zu übertreffen. Was heute im Markt einzigartig ist, wird morgen bereits selbstverständlich sein.
Relevanz	Die Aktivitäten sind auf relevante Bedürfnis- und Nutzenbereiche für den Kunden zu richten. Überflüssige Leistungen schwächen den Anbieter.

Abbildung 1.4: Prinzipien zur Gestaltung von Leistungs- und Kundensystemen

Der Wert eines Leistungssystems kann über die Summe der beim Kunden geschaffenen Mehrwerte (vermindert durch Minderwerte) definiert werden. Abbildung 1.5 zeigt das Prinzip.

Während die Stufen 1 bis 5 (vgl. Abbildung 1.5) die Leistung erweitern, handelt es sich beim emotionalen Profil um einen übergreifenden Aspekt: Emotionen spielen für sämtliche Stufen von 0 bis 5 eine Rolle. Beispielsweise ist bereits das Design eines Produkts stark mit Emotionen verknüpft, und oft ist die Servicequalität durch die persönliche Begegnung von Kunden und Mitarbeitern geprägt (vgl. auch Kapitel 7).

Kundensysteme beziehen sich auf Segmente, Kundengruppen oder einzelne Kunden und ihre Anforderungen, Probleme sowie Bedürfnisse. Bei einem segmentspezifischen Marketing können beispielsweise der Kundenstamm, die Familien, die Jugendlichen, die Senioren oder Bauherren eigene Lösungen brauchen. Das One-to-One-Marketing richtet sich sogar auf einzelne Kunden aus, die über ihre Wahlmöglichkeiten spezifische Informationen oder individuelle Leistungen beanspruchen können. Problemlösungen beziehen sich in der Regel stärker auf besondere Kundensegmente oder Zielgruppen, während die Kernprodukte oft für mehrere Kunden gültig sind.

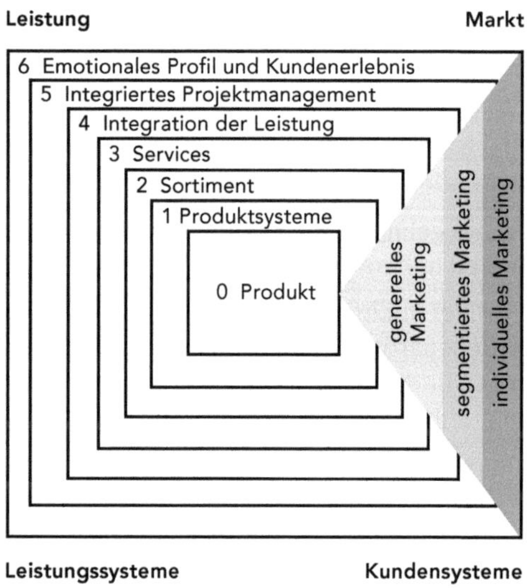

Abbildung 1.5: Leistungs- und Kundensysteme (Belz et al. 1997, S. 23)

Warum haben wir die Begriffe »Kunden- und Leistungssysteme« gewählt? Systeme setzen sich aus Teilen zusammen, die zusammenwirken. Sie unterstützen eine umfassende Sichtweise. Lösungen für Kunden und Leistungen sind komplex und verändern sich im Zeitablauf. Es ist wichtig, die Elemente zu integrieren sowie stimmige Gesamtkonzepte zu entwickeln und zu verwirklichen. Die Gewichtung der Teile ist für den Erfolg oft kritisch. Nicht selten liegt die Innovation in einer Vertiefung von Lösungen und nicht in einer generellen Wahl. Das »Wie« wird damit wichtiger als das »Ob«. Zudem braucht es für Leistungs- und Kundensysteme ein umfassendes Management; das System ist damit auch durch anspruchsvolle Analysen, Ziele, Entscheidungen, Umsetzungen sowie Kontrollen geprägt.

Kundenvorteile entstehen durch den direkten Leistungsbeitrag (zum Beispiel Lösung eines Finanzierungsproblems). Ebenso wichtig ist aber oft das soziale Umfeld des Kunden. Er bewegt sich in verschiedenen Sphären, wie sie Abbildung 1.6 zeigt.

Durch Mitentscheider oder Referenzgruppen kann ein Zusatznutzen in Form von Bestätigung entstehen. Mitkunden (oder weitere Kunden) prägen die Atmosphäre und das Image eines Leistungskonsums. Die Zugehörigkeit zu einer Community, das heißt einer Gruppe von Kunden, die latent über Internet, Konsumentenforen oder Szenen in Kontakt stehen und sich von anderen durch gemeinsame Wertvorstellungen unterscheiden, ist entscheidend. Denn der Community wird ein sozialer Nutzen durch Zugehörigkeit und Austausch geboten. Die Käufergemeinschaft und die rezipierte Marke schaffen eine Identität. Das Marketing muss deshalb mehrere Kundensphären einbeziehen und sich wirksam integrieren oder mitgestalten.

Käufergemeinschaft/Markt

Community

Mitkunden

Mitentscheider/Entscheidungsbeeinflusser (z. B. Familie)

Kunde

Nutzen/Wert

→ Assurance/Sicherheit

→ Atmosphäre/Image

→ Austausch/sozialer Bezug

Abbildung 1.6: Sphären des sozialen Umfelds des Kunden

In Bezug auf Gruppen werden also Zugehörigkeit, geteilte Gefühle und Erlebnisse, gegenseitige Anerkennung oder eine gemeinsame Entwicklung immer wichtiger. Dazu Gerard Cova (Cova 1997, S. 307; auch Cova/Cova 2001): »The link is more important than the thing. … Thus, to satisfy their desire for communities, post-modern individuals seek products and services less for their use value than for their linking value.« (vgl. auch den C-Ansatz, Kapitel 23).

Aufgabe der Unternehmen ist es, Kundensysteme und Leistungssysteme effektiv zu konfigurieren, abzusichern und zu verbinden. Zwischen Kunden- und Leistungssystemen lassen sich Verstärkungseffekte schaffen und nutzen, die einen Mehrwert für die Marktpartner generieren.

So werden im Kundensystem mit den Wirkungselementen:

- der Erstkauf,
- der Wiederkauf und die Ausdehnung des Kaufbereichs beim Kunden (Share-of-Wallet),

- die Mund-zu-Mund-Propaganda und der Gewinn neuer Kunden (Share-of-Market),

das heißt so genannte Kaufzyklen (Customer-Buying-Cycles), gestaltet.

Über die Elemente des Leistungssystems:

- Leistungserbringung,
- Leistungsverbesserung,
- Leistungsinnovation

können Leistungszyklen bewegt werden. Diese Zyklen verstärken sich gegenseitig: In einer Kundenbeziehung entstehen neue Ideen für eine Verbesserung des Leistungssystems, gleichzeitig sorgt zum Beispiel die verstärkte Attraktivität der Leistung für eine größere Kundenbindung und für neue Kunden (vgl. Abbildung 1.7).

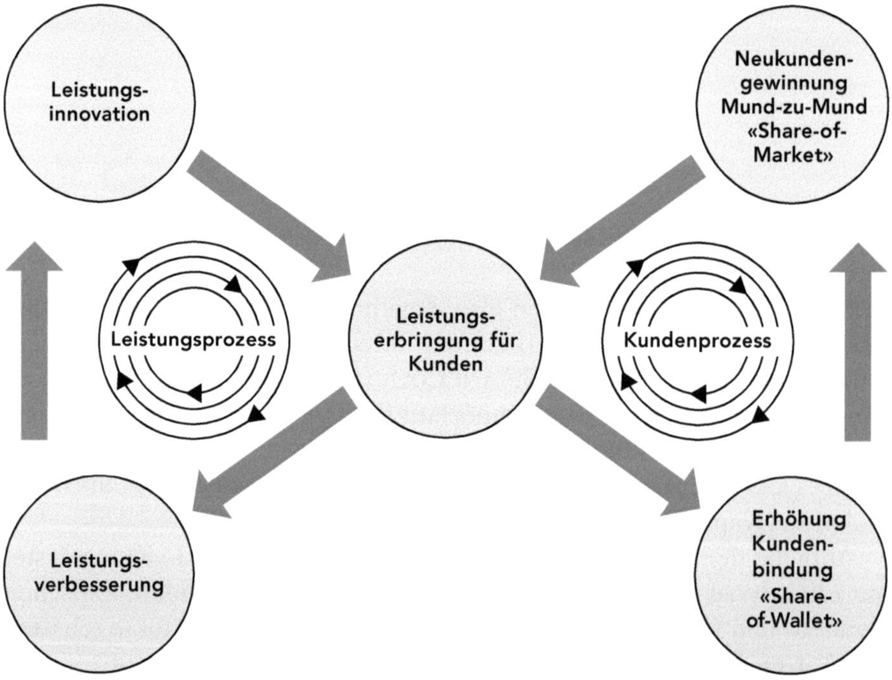

Abbildung 1.7: Leistungs- und Kundensysteme im Lebenszyklus einer Leistung

Erfolg versprechende Geschäftsmodelle bauen immer auf einer Kombination von Kunden und Leistungsprozessen auf.

1.2 Entwicklung des strategischen Leistungs- und Kundenmanagements

Für Anbieter ist es seit jeher eine zentrale strategische Entscheidung, mit welchen Leistungen und in welchen Märkten sie tätig sind und sein wollen. Zwar lassen sich die Märkte für die verschiedenen Anspruchsgruppen bezeichnen, doch stehen dann die Absatzmärkte und Kunden im Vordergrund. Die Diskussion über Strategien stützt sich auf das Dreieck Kunden, Konkurrenten beziehungsweise Kooperationspartner sowie Unternehmen und Ressourcen. Jeder der 23 folgenden Strategieansätze bezieht sich stärker auf einen oder mehrere dieser Eckpunkte.

In den Ansätzen werden verschiedene Perspektiven gewählt, die untereinander konkurrieren und sich überschneiden. Zudem ersetzen neue Lösungen nicht die bestehenden, sie begleiten sie und erweitern das Repertoire für strategische Diskussionen in Unternehmen. Gleichzeitig kennen sich Manager immer weniger im Dschungel der entwickelten Denkmodelle aus.

Aus den ersten Veröffentlichungen der Pioniere zu einem Ansatz sind inzwischen differenzierte und vielfältige Forschungsrichtungen entstanden. Häufig folgen die Vorschläge einem einheitlichen Muster: Nach der euphorischen Lancierung und Verbreitung folgt zuerst eine kritische Diskussion, um anschließend gescheiterte Unternehmensbeispiele zu erörtern und wieder neue Konzepte vorzuschlagen, die gleichzeitig wieder wichtige Elemente der Vorgänger übernehmen.

In der Folge erörtern wir verschiedene Strategien im Leistungs- und Kundenmanagement. Diese Aufteilung erscheint teilweise künstlich, erleichtert aber die Orientierung. Leistungen sind kundenbezogen ausgerichtet. Kundenkonzepte, etwa für Schlüsselkunden oder spezifische Segmente, sind gekennzeichnet durch die Sonderleistungen, die für diese Kundengruppen erbracht werden. Trotzdem unterscheiden sich die Gewichte. Abbildung 1.8 zeigt die verschiedenen Zugänge, wie wir sie bereits in Abschnitt 1.1 erwähnten.

Leistungs- und Kundenperspektive

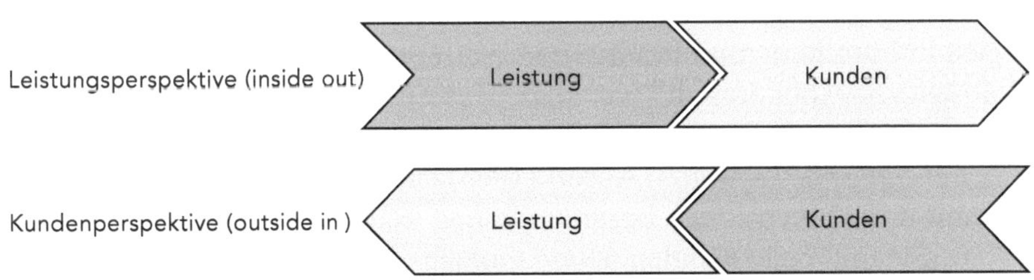

Abbildung 1.8: Leistungs- und Kundenperspektive

Zwar bleiben die Bausteine »Leistung und Kunden« bei beiden Varianten gleich, die Gewichte verschieben sich jedoch und es folgen verschiedene Lösungen.

Die aufgeführten Ansätze sind in eine umfassende Strategiediskussion mit zahlreichen Varianten (Becker 1998, S. 356) eingebettet. Verschiedene Lehrbücher zum strategischen Management geben einen ausgezeichneten Überblick über die Möglichkeiten (Müller-Stewens/Lechner 2001). Grundsätzliche Erkenntnisse zu Leistungsstrategien, -portfolios, Fokussierung oder Rationalisierung bleiben auch wichtige Bezüge für den Ansatz des Customer-Value. Zudem werden Strategien in den Medien- und Tourismusmärkten, in den Märkten für Financial Services, in der Maschinenindustrie und in vielen weiteren Branchen intensiv und spezifisch diskutiert (vgl. Teil III).

Die folgende Liste ließe sich leicht erweitern. Wichtig sind beispielsweise auch die Aspekte des Change-Management, der Unternehmenskultur, der sozialen Kompetenz und der Umsetzungskompetenz von Führungskräften und Mitarbeitern (Wunderer und Bruch 2000) oder der »Knowledge-Creation« in Unternehmen (von Krogh et al. 2000). Sämtliche Mitarbeiter von Anbietern sind Träger von Leistungen für Kunden und beeinflussen durch ihre Fähigkeiten, ihre Motivation und Kommunikation maßgeblich, welche Leistungsstrategien sich erfolgreich umsetzen lassen. Zudem können durch die Übernahme von Unternehmen, Fusionen und Kooperationen (inkl. Anbieternetzwerken) erfolgreiche Leistungsstrategien in attraktiven Märkten schneller und besser als im Alleingang verwirklicht werden. Auch die Diskussionen um ein aussagekräftiges Controlling beeinflussen die Leistungsstrategien und Erfolgsausweise. Die viel diskutierte Balanced Scorecard verankert mit ihren Perspektiven die finanziellen Ergebnisse, die Mitarbeiter, Kunden und Prozesse sowie verschiedene der erwähnten Leistungsstrategien im Führungssystem von Unternehmen und fördert die Realisierung (Kaplan/Norton 1997).

Leistungsmanagement

Abbildung 1.9 zeigt im Zeitablauf wichtige Beiträge zu den Leistungsstrategien in Forschung und Praxis. In kurzer Form lassen sich die erwähnten Beiträge von Abbildung 1.9 wie folgt erfassen:

1. *Leistungsmarkt-Matrix:* Ansoff (1965) entwickelte die Strategiematrix mit den Dimensionen bestehende und neue Leistungen sowie bestehende und neue Kunden. Diese einfache Matrix erlaubt es Führungskräften, die Aktivitäten Marktdurchdringung, Markterweiterung,

Leistungserweiterung und Diversifikation zu unterteilen, ihre Risiken und erforderlichen Mittel abzuschätzen und spezifische Vorgehensweisen zu entwickeln. Die grundsätzliche Auswahl der geeigneten Kombination von Leistungen und Märkten prägen auch die Ansätze des Customer-Value. Bereits hier werden die Unternehmens- und Marktperspektive miteinander verbunden.

Gewichtung der Ansätze im Leistungs- und Marktmanagement

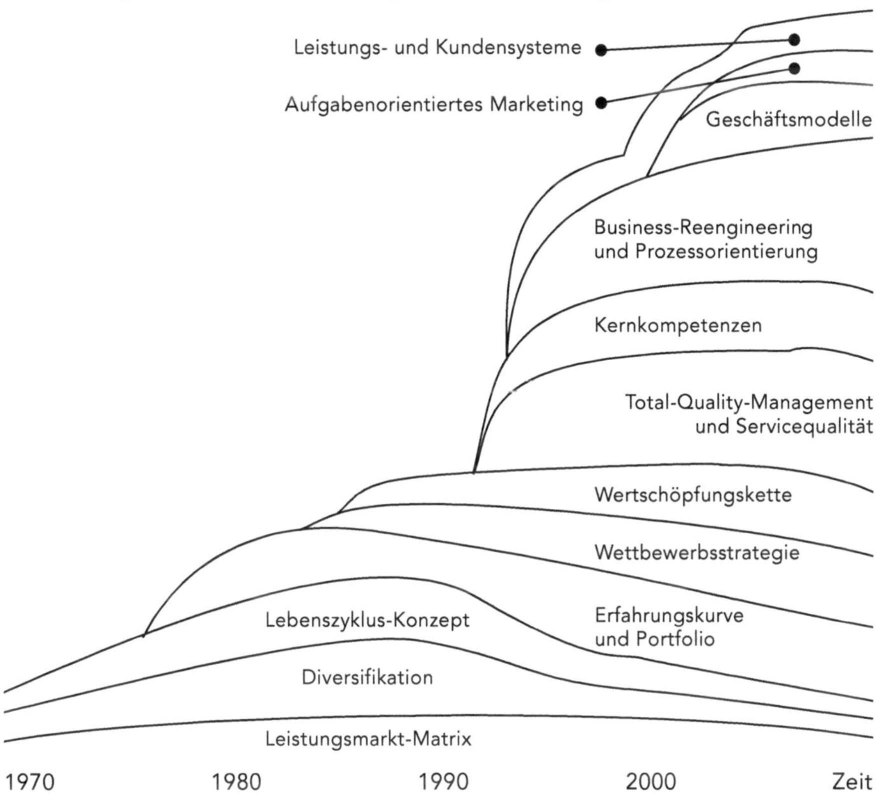

Abbildung 1.9: Ansätze für strategische Leistungs-/Marktentscheidungen im Zeitablauf

2. *Diversifikation:* Mit Diversifikationen werden Unternehmen mit neuen Leistungen in neuen Märkten aktiv (Müller Stewens/Lechner 2001, S. 210 ff.). Die Strategie beruht auf dem Prinzip der Risikostreuung. In den Siebziger- und Achtzigerjahren entstanden als Resultat dieser Strategie zahlreiche Konglomerate von Unternehmen mit verschiedenen Sparten. Manche Diversifikationen scheitern, weil neue Fähigkeiten und erforderliche Investitionen unterschätzt werden. Nicht zuletzt

fordern auch die Kapitalgeber und Analysten mehr fokussierte Unternehmen, weil sich Anleger selbst ein Portfolio ihres finanziellen Engagements zusammenstellen wollen und deshalb überschaubare Geschäfte in spezifischen Märkten bevorzugen. Um Kunden neue Vorteile bieten zu können, entwickeln sich manche Anbieter vom Produkt- zum Lösungsanbieter. Neue Bereiche für Leistungen und Services werden durch die Übernahme von Unternehmen integriert oder durch neue Sparten aufgebaut. Der logische Zusammenhang von Lösungsbausteinen für den Kunden wird häufig überschätzt. Die zahlreichen Flops im Bereich der Lösungsanbieter zeigen nicht zuletzt, dass ein Lösungsgeschäft im Vergleich zum Produktgeschäft einer risikoreichen Diversifikation gleichkommt.

3. *Lebenszyklus-Konzept:* Die meisten Leistungen durchlaufen einen Zyklus mit den Phasen Einführung, Wachstum und Schrumpfung. Jede Phase richtet sich an verschiedene Kunden (zum Beispiel Innovatoren bis zu Late Adopters), birgt verschiedene Risiken, braucht mehr oder weniger Mittel und generiert mehr oder weniger Erträge. Gestützt auf diese Erkenntnisse können Unternehmen ihre Leistungen auf die verschiedenen Phasen verteilen. Bestehende Leadprodukte finanzieren die Einführung innovativer Leistungen beispielsweise durch ihre Gewinne. Mit der geeigneten Mischung von Leistungen in den unterschiedlichen Phasen lassen sich die Zukunftsgeschäfte und die aktuellen Geschäfte optimieren (Wasson 1974, S. 257). Bei Strategien für mehr Customer-Value ist das Zusammenspiel zwischen angestammten Leistungen und ihren Erträgen sowie den neueren Lösungen (und ihrem Mittelbedarf) wichtig. Zudem spielen die Dienstleistungen und das Know-how, je nach Lebensphase einer Kernleistung, verschiedene Rollen. So sind im Bereich der Innovationen im Hightech-Marketing der Erklärungswettbewerb, die Pilotanwendungen und die Services für die Umstellungen des Kunden bedeutend. In etablierten und reifen Märkten gelingt es, die Kernleistung mit erweiternden, erleichternden und innovativen Services zu profilieren. Ein Unternehmen, das ein ausgeglichenes Portfolio von Produkten, verteilt über den Produktlebenszyklus, anbietet, ist zudem für Kunden attraktiver.
4. *Erfahrungskurve und Portfoliomanagement:* Die Erfahrungskurve belegt empirisch, dass mit einer gesteigerten kumulierten Menge von verkauften Produkten die Profitabilität von Unternehmen steigt, weil sich Lerneffekte realisieren lassen (Buzzell et al. 1975). Die kumulierte Menge, im Vergleich zur Konkurrenz, hängt dabei vom relativen Marktanteil und dem Marktwachstum ab. Diese beiden Dimensionen

begründeten deshalb die ursprüngliche Portfoliomatrix mit den Feldern »Dogs«, »Cash-Cows«, »Question-Marks« und »Stars«. Mithilfe dieser Matrix und den Normstrategien für jedes Feld sollen Unternehmen ihr gesamtes, aktuelles und zukünftiges Leistungsportfolio optimieren (Boston Consulting Group 1970). Verschiedene Erweiterungen der Portfoliomatrix berücksichtigen mehrere Kriterien, welche die Wettbewerbsvorteile von Unternehmen und die Marktattraktivität stärken sollen, sind aber kaum empirisch gestützt. Customer-Value stützt sich auf Produkte und Services für Kundengruppen. Erkenntnisse aus der Erfahrungskurve und den Portfolios sind daher für Produkte und Services relevant. Auch bei den Services muss es gelingen, in einem intensiveren Kostenwettbewerb erfolgreich zu bestehen, zu standardisieren und zu »industrialisieren«. Zu lange wurden die unterschiedlichen Spielregeln im Servicegeschäft erörtert. Zwar sind in diesem Bereich auch die vieldiskutierten »Economies-of-Scope« ergiebig, die Erfahrungskurve gilt es aber ebenso zu berücksichtigen.

5. *Wettbewerbsstrategie*: Die strategische Wettbewerbsanalyse umfasst den Wettbewerb der aktuellen Anbieter, die Bedrohung durch neue Anbieter, die Verhandlungsmacht der Lieferanten, die Bedrohung durch Substitutionsleistungen und die Verhandlungsmacht der Abnehmer. Porter (1980) legte mit diesem Strukturmodell die Basis für eine grundsätzliche Analyse der Wettbewerbskräfte in den Märkten und für die Untersuchung der Ursachen von Wettbewerbsvorteilen. Gleichzeitig sind damit neue Geschäftslösungen für ein Unternehmen zu erkennen (Substitution und neue Wettbewerber). Die generischen Wettbewerbsstrategien sind dabei Kostenführerschaft, Differenzierung und Fokussierung. Zunehmend werden auch Ansätze des Benchmarking angewendet, um die Leistungsfähigkeit verschiedener interner oder externer Konkurrenten in den kritischen Erfolgsprozessen zu vergleichen und die Fortschritte im Vergleich zum Wettbewerb (und nicht zu den eigenen Verbesserungen) als Maßstab zu wählen. Der Wettbewerb erneuert laufend die Konstellationen zwischen den Kunden, den Konkurrenten und dem eigenen Unternehmen. Gemeinsam bestimmen die Marktpartner den aktuellen und zukünftigen Customer-Value. Die Wettbewerbskräfte helfen auch zu begründen, weshalb die Grenzen von Branchen weiter oder enger gezogen werden (zum Beispiel weitere Grenzen bei den Financial Services im Vergleich zu den Versicherungen und den Bankgeschäften mit der später erneuten Einengung durch mehrere Anbieter; vgl. Kapitel 20). Jeder Marktteilnehmer prägt also die Lösungen für die Kunden. So steigern

beispielsweise die Abnehmer mit einer hohen Verhandlungsmacht ihre Ansprüche. Zwar handelt es sich für Anbieter oft um einen unangenehmen Druck oder eine Bedrohung (durch eine hohe Abhängigkeit); aus der Zusammenarbeit mit den anspruchsvollsten Kunden für hohe Leistungen und Wirtschaftlichkeit entstehen jedoch oft die besten Leistungen im Sinn des Customer-Value. Naturgemäß werden Differenzierung und Fokussierung intensiv mit Lösungen der Segmentierung und des Services für Kundengruppen verknüpft. Know-how und Services sind stark von den involvierten Personen auf Anbieterseite und der Zusammenarbeit mit den Kunden abhängig. Weil sie schwierig umzusetzen sind, werden Servicestrategien oft als besonders nachhaltig bezeichnet. Die Durchsetzung von Strategien der Leistungssysteme und des Customer-Value erfordert einen langen Atem. Bei umfassenderen Lösungen im Bereich des Customer-Value gewinnt auch die Balance zwischen Konkurrenz und Partnerschaft an Bedeutung. Marktteilnehmer sind gleichzeitig Konkurrenten und Partner (Coopetition, Nalebuff/Brandenburger 1996; Kundenkonkurrenzierung), denn neu integrierte Leistungen werden meist durch den Kunden selbst oder weitere Anbieter erbracht, bevor ein Anbieter seine Leistungspalette erweitert.

6. *Wertschöpfungskette*: Die Wertschöpfungskette von Unternehmen umfasst primäre Aktivitäten (Logistik, Produktion, Marketing, Service und Kundendienst) sowie unterstützende Aktivitäten (Unternehmensinfrastruktur, Personalmanagement, Technologie- und Verfahrensmanagement, Beschaffung) (vgl. Porter 1985). Diese wertschöpfenden Aktivitäten haben ein Potenzial für die Kostenführerschaft, die Differenzierung oder die Fokussierung. Die Analyse der Wertekette der gesamten Märkte erlaubt es, neue Wertmodelle zu entwickeln. Wichtige aktuelle Ansätze sind Efficient-Consumer-Response (ECR) zwischen Herstellern und Handel sowie Supply-Chain-Management. Mit der Wertekette gelingt es, verschiedene vertikale Anbieter in einem Markt integriert zu betrachten und damit die Wertschöpfung ganzheitlich zu optimieren. Beispielsweise gelingt es, die Arbeit zwischen Herstellern, Handel und Kunden neu zu teilen und damit die Geschwindigkeit, Wirtschaftlichkeit, Qualität et cetera insgesamt zu steigern.
7. *Total Quality Management und Servicequalität*: Die Qualitätsdiskussion konzentrierte sich ursprünglich auf die Produktqualität in der physischen Produktion. Der Ansatz wurde durch ein umfassendes Management der Servicequalität und der Qualität bei sämtlichen Kundenkontakten erweitert (Heskett et al. 1991; Bieger 1998). Die

Kundenzufriedenheit und -bindung ist dabei ein wesentlicher Maßstab. Umfassende Konzepte des Qualitätsmanagements begannen sich mit der starken Zertifizierungswelle (nach DIN 9000 ff.) in der Industrie und später bei Dienstleistungen auszubreiten (Seghezzi 1996; Stauss 1994). Das Modell der European Foundation for Quality Management (EFQM Modell) umfasst gewichtete Enabler (Führung 10 Prozent, Mitarbeiterorientierung 9 Prozent, Politik und Strategie 8 Prozent, Ressourcen 9 Prozent und Prozesse 14 Prozent) sowie Ergebnisse (Mitarbeiterzufriedenheit 9 Prozent, Kundenzufriedenheit 20 Prozent, gesellschaftliche Verantwortung 6 Prozent und Geschäftsergebnisse 15 Prozent). Die Diskussionen und Lösungen zur Konsumentenkritik, zum Umgang mit Beschwerden, zur Kundenzufriedenheit und Servicequalität prägten den Ursprung der gesamten Entwicklung zum Customer-Value. So bleibt beispielsweise das Management der Servicequalität ein besonders wichtiger Baustein der Leistungssysteme.

8. *Kernkompetenzen*: Nach Prahalad und Hamel (1990) sind die Kernkompetenzen eines Unternehmens die managementorientierten Quellen für Wettbewerbsvorteile. Sie ermöglichen den Zugang zu Märkten, sind im wahrgenommenen Nutzen für den Kunden wichtig und sind nur schwer durch Wettbewerber zu imitieren. Der Ansatz ist stark verwandt mit dem des strategischen Erfolgspotenzials von Pümpin (1982). Dabei berücksichtigt er marktbezogene und unternehmensbezogene Potenziale. In der »Resource Based« und »Market Based View« werden inzwischen beide Sichtweisen getrennt voneinander betrachtet und schließlich integriert (Hammer/Champy 1994). Der Fokus auf die Kernkompetenzen ist die Antwort auf eine zu starke Diversifikation von Unternehmen, jede Konzentration birgt jedoch auch Risiken (vgl. Punkt 4). Anleger engagieren sich bei attraktiven und überschaubaren Geschäften mehr, ziehen sich aber bei Misserfolgen ebenso schnell zurück. Zahlreiche Unternehmen konzentrieren ihre Aktivitäten auf Kernkompetenzen und lagern Nebenkompetenzen an Lieferanten aus. Gleichzeitig steigern sie damit ihre Flexibilität. Jede Kernkompetenz eines Anbieters ist bereits nach der Definition für den Kunden relevant, bietet also einen besonderen Customer-Value. Kritisch bei Lösungsanbietern ist es, dass sich eine plausible Kompetenz für Kundenlösungen nicht nur in Konzepten erklären lässt. Vor allem braucht es entsprechende Mitarbeiterfähigkeiten, die dann auf die Anforderungen der Kunden passen. Konzepte für Customer-Value sind einfach, ihre Implementierung aber anspruchsvoll.

9. *Business-Reengineering und Prozessorientierung*: Business-Reengineering setzt sich zum radikalen Ziel, nicht nur bestehende Unternehmensleistungen zu verbessern und marginal zu rationalisieren, sondern Unternehmen quasi »auf der grünen Wiese« neu zu konzipieren und zu gestalten, um damit »Quantensprünge« der Verbesserung zu erreichen (Hammer/Stanton 1995). Verknüpft ist der Ansatz mit schlanken Organisationsstrukturen, rigoroser Prozessorientierung oder generell einem Lean Management sowie Kundenorientierung. Die Ansätze werden fortgesetzt durch informatikgestütztes und prozessorientiertes Business-Engineering (Österle 1995) und Customer-Relationship-Management. Diese Ansätze verstärken den Kundenbezug und lassen sich besonders eng mit dem Customer-Value verknüpfen.
10. *Geschäftsmodelle*: Geschäftsmodelle beschreiben, wie ein Unternehmen, ein Unternehmenssystem oder eine Branche am Markt Werte schafft (Bieger et al. 2001). Grundsätzlich handelt es sich um einen Businessplan, der für jedes neue oder bestehende Unternehmen erstellt werden kann. In der aktuellen Diskussion betreffen Geschäftsmodelle oft innovative, einzigartige, in sich stimmige, geschlossene und besonders wettbewerbsfähige oder zukunftsträchtige Geschäfte. Wichtige Bausteine sind Nutzen und Leistung für Kunden, Finanzierungs-, Ertrags- und Wachstumsmodelle sowie eigene Kompetenzen und Kooperationsmodelle. Neue Geschäftsmodelle wurden besonders intensiv im Zusammenhang mit dem E-Business und generell mit Unternehmensgründungen erörtert. Bezüge bestehen zu Unbundling und Rebundling von Geschäftsaktivitäten in liberalisierten Märkten und neuen Definitionen (vgl. Punkt 5.) von wertschöpfenden Aktivitäten (vgl. Punkt 6.). Das Modell des Customer-Value schließt verschiedene Bausteine der Konfiguration, Kommerzialisierung, Kompetenz, Kommunikation und Kooperation ein. Bei zahlreichen und tief greifenden Anpassungen dieser Bausteine (im Vergleich zum früheren oder üblichen Vorgehen in einer Branche) entstehen neue Geschäftsmodelle.
11. *Aufgabenorientiertes Marketing*: Ein Unternehmen erfüllt vier Kernaufgaben im Marketing: Leistungsinnovation, Leistungspflege, Kundenakquisition und Kundenbindung. Erfolgreiche Aufgabenschwerpunkte unterscheiden sich je nach Unternehmens- und Marktsituation und jede Aufgabe erfordert spezifische Kompetenzen, Maßnahmen sowie Kontrollen. Dieser Ansatz erlaubt es, die Unternehmensressourcen mit den Marktbedingungen zu verknüpfen und ein geeignetes Aufgabenportfolio zu entwickeln (vgl. Tomczak und Reinecke 1998).

Strategische Marketingaufgaben in Leistung und Kundenbeziehung lassen sich unmittelbar mit den Lösungen für Leistungs- und Kundensysteme umsetzen.

12. *Leistungs- und Kundensysteme*: Leistungssysteme integrieren Produkte und Dienstleistungen zu Problemlösungen für attraktive Kundengruppen (Belz 1989, S. 251 ff.). Leistungssysteme bedeuten den Zugang aus dem Blickwinkel des Unternehmens. Kundensysteme betonen die Lösungen für spezifische Kundengruppen wie besondere Segmente, Key-Accounts oder Stammkunden. Beide Sichtweisen werden durch den Ansatz des Customer-Value weiterentwickelt und bilden gleichzeitig dessen Fundament. Spezifische Kundenstrategien erläutern wir in der Folge.

Diese vielen Vorschläge haben auch Gemeinsamkeiten. Abbildung 1.10 erfasst die grundsätzlichen Spannungsfelder, die im Leistungsmanagement eine zentrale Rolle spielen. Die Begriffe lassen wir für sich stehen. Es ist kaum möglich, einfach einen Zugang oder eine extreme Ausprägung zu wählen, denn geschickte »Sowohl-als-auch-Lösungen« sind nötig.

Manche Erkenntnisse und auch Details der Vorschläge zum Leistungsmanagement werden wieder eine Rolle spielen, wenn wir unseren umfassenden Ansatz des Customer-Value ausbreiten.

Die Spannungsfelder im Leistungsmanagement

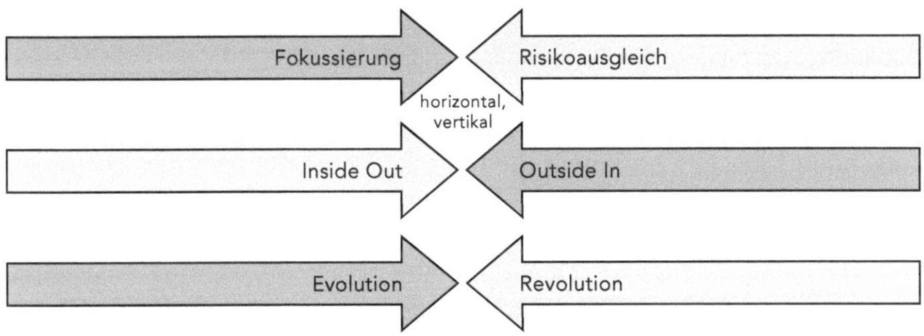

Abbildung 1.10: Spannungsfelder im Leistungsmanagement

Kundenmanagement

Auch im Bereich der Kundenstrategien wurden in der Vergangenheit und werden heute verschiedene Ansätze erörtert (siehe Abbildung 1.11).

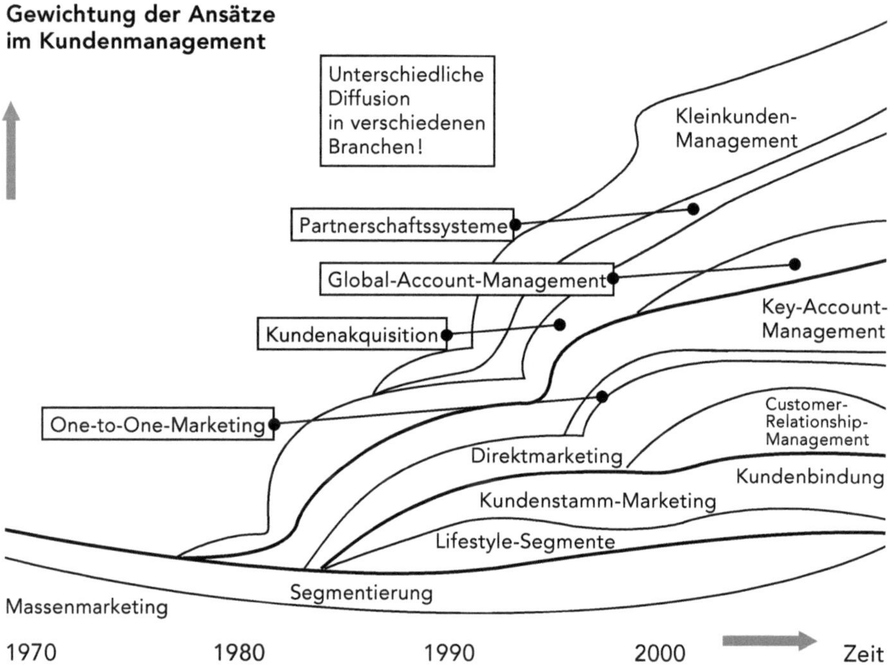

Abbildung 1.11: Ansätze des Kundenmanagements im Zeitablauf

Die Ansätze des Kundenmanagements beschreiben wir nur kurz. In der folgenden Liste gewichten wir die umfassenden Lösungen des Customer-Relationship-Management etwas stärker (Belz 2002, S. 119 ff.):

1. *Massenmarketing:* Als Gegenpol zum Nischenmarketing bearbeiten Unternehmen auch Massenmärkte. Sie sind geprägt durch eine hohe Anzahl von Transaktionen und vielen Kunden. Größenvorteile, Globalisierung und Kostenführerschaft sind oft wichtige Ziele. In diesem Bereich sind die Anbieter von Massenkonsumgütern anzutreffen. Massenmarketing ist kommerziell ausgesprochen attraktiv, denn es gelingt, mit einfachen Lösungen eine große Zahl an Kunden zu bedienen. Zu enge Segmentierungen bis zum Extrem des One-to-One-Marketing steigern die Aufwendungen für immer kleinere Kundengruppen.

2. *Segmentierung:* Mit Marktsegmentierungen teilen Unternehmen ihre Kunden in homogene Gruppen ein, die sie maßgeschneidert und rentabel bearbeiten können. Eine dynamische Marktsegmentierung erfasst, wie Unternehmen im Zeitablauf mit Marktsegmenten umgehen, und wie sie – im Vergleich zu den Konkurrenten – ihre Kunden, Leistung und ihre Kommunikation aufteilen oder zusammenfassen und sich damit im Spannungsfeld von Differenzierung und Kundennähe sowie Kostensteigerung bewegen. Zwei grundsätzliche Vorgehensweisen lassen sich unterscheiden: Erstens segmentieren Unternehmen im Zeitablauf schrittweise immer feiner (zum Beispiel 1. Jugendmarketing, 2. Studierende, 3. Ökonomie- und Medizinstudierende et cetera). Zweitens lässt sich auch zuerst bei kleinen und attraktiven Gruppen ansetzen (zum Beispiel Ökonomiestudierende) und schrittweise durch weitere abgegrenzte Gruppen erweitern. Mit dem zweiten Vorgehen lassen sich oft bessere Ergebnisse erreichen und nachhaltige Positionen bei anvisierten Gruppen aufbauen, bevor die Konkurrenz mit der schrittweisen Vorgehensweise soweit ist. Es kann auch erfolgreich sein, später als die Konkurrenten zu differenzieren, um damit von ihren Erfahrungen und Erfolgen oder auch Misserfolgen zu profitieren.
3. *Lifestyle-Marketing:* Lebensstil-Marketing orientiert das Angebot an Werten und Lebensformen für Kunden. Leistungen und Konsum können für den Kunden Lebensstile kennzeichnen, die er anstrebt. Solche Aspekte sind in umkämpften und gesättigten Märkten meist wichtiger als beispielsweise die physischen Eigenschaften der Produkte. Eng verknüpft sind diese Ansätze mit dem Erlebnis- und Eventmarketing (vgl. auch Abschnitt 1.4 zur Erlebnisgesellschaft und Abbildung 1.16, S. 68).
4. *Kundenstamm-Marketing und Kundenbindung:* Kundenstamm-Marketing richtet spezifische Leistungen des Unternehmens auf bestehende Kunden aus, um Beziehungen und geschäftliche Transaktionen mit ihnen fortzusetzen, zu erweitern oder zu vertiefen. Kundenstamm-Marketing stützt sich nicht nur auf permanente und frühere Kunden, sondern strebt einen ertragreichen und zukunftsträchtigen Soll-Kundenstamm an. Ansätze liegen im Rückgewinnungsmanagement, Beschwerdemanagement, Management der Kundenzufriedenheit sowie in Kundenclubs und Bonussystemen. Zudem bieten verschiedene Anbieter auch proprietäre Systeme an und binden Kunden vertraglich (Dittrich 2000).
5. *Direktmarketing:* Unter Direktmarketing versteht man einen Teilbereich des Marketing, der jene interaktiven Marketingmethoden um-

fasst, bei denen aus Datenbanken abgerufene, nach Kriterien definierte und selektierte Zielpublika durch Medien kontaktiert werden und messbare Reaktionen und/oder Auftragsquoten erfolgen (Weinhold, 1988, S. 459 ff.). Wichtig ist der Dialog mit Kunden und die Handlung des Kunden als Ergebnis des Marketing. Direktmarketing kann von unadressierten Massenversendungen bis zu individuellen Angeboten für ausgewählte Kunden reichen. Wie individualisiert oder aufwändig das Direktmarketing gestaltet wird, ist nicht eine Frage der Professionalität, sondern der Ziele und der richtigen Umsetzung. Direktmarketing steht zwischen Massenwerbung und persönlichem Verkauf. Database- und Direktmarketing könnten den Königsweg darstellen: Kunden erhalten nur Informationen, Angebote und Unterstützungen, die sie interessieren und wollen. Die bestehenden Praktiken führten in der Vergangenheit aber vielfach eher zu Ablehnung und Überdruss. Database-Management und nachfolgende Marketingmaßnahmen bearbeiten den Kunden zu intensiv und greifen in seine Privatsphäre ein. Wohl deshalb ist Datenschutz ein zunehmendes Thema und Godin/Peppers (1999) fordern daher ein Permission-Marketing. Marketing braucht die Erlaubnis und das Commitment des Kunden, um intensiv und wirksam mit ihm zusammen arbeiten zu können.

6. *Customer-Relationship-Management (CRM):* »Customer-Relationship-Management (CRM) bedeutet Dialog und Wertschöpfung für den Kunden – individuell, effizient und mit System erbracht.« (Grüter/Oggenfuss 2001, S. 44). Die Wurzeln des Customer-Relationship-Management finden sich im Database Management und Direktmarketing. Sie wurden erweitert durch umfassende Programme der Kundenorientierung (Reinecke et al. 1998; Bruhn 2003) und der integrierten Informatikunterstützung (vgl. Punkt 9). Abbildung 1.12 zeigt die wesentlichen Bausteine des CRM im Überblick. Die Bereiche hängen eng zusammen. Es ist für einen Anbieter aber nicht möglich, ein Gesamtsystem mit allen Bausteinen gleichzeitig zu lancieren. CRM ist selbst ein langfristiger Prozess und es gilt, im Zeitablauf Schwerpunkte zu setzen. Die Veränderungsprozesse können mit verschiedenen Bausteinen beginnen.
   Customer-Relationship-Management integriert wichtige Aspekte des kundenorientierten Leistungsmanagements wie die Prozessorientierung, das Qualitätsmanagement, die Unterstützung durch Informatik sowie Kundenorientierung. Grundsätzlich wäre es denkbar, CRM als Pendant zum Customer-Value zu betrachten. Viele CRM-Systeme sind jedoch eher operativ ausgerichtet, zu stark nach innen orientiert oder informatikgetrieben. Deshalb ist es kaum zweckmäßig, die

Ansätze für Customer-Relationship-Management	**Beispiele für Aufgaben und Entscheidungen im CRM**
1. Profitable und bessere Kundenbeziehungen und -strukturen	• Analyse und strategische Akzente der Kundenstrukturen (Kundenportfolios und differenzierte Strategien); (Management der Kundenwerte) • Key-Account-Managment, Management von Kleinkunden usw. • Management von Geschäftsbeziehungen, Management der Kundenbindung • ...
2. Kundenorientierung und Individualisierung	• Kundenorientierung und Integration von Kunden • Kultivierung des Know-hows über Kunden • Arbeitsteilung zwischen generellem, segmentiertem und individuellem Marketing • Chancen und Vorgehen für Mass-Customization • ...
3. Verankerung in der strategischen Führung	• Entscheidungen für strategische Investitionen in die Informatik • Entscheidungen für langfristige Kampagnen • Verantwortlichkeiten und organisatorische Verankerung des CRM, Teamstrukturen und Projektmanagement • Überführung von Projekten in eine permanente CRM-Führung; Anpassung der Führungssysteme (inkl. Balanced Scorecard usw.) • Restrukturierung zur Kundenorganisation (vor Differenzierungen nach Produkten und Ländern) • Personaleinsatz für neue Aufgaben im CRM (Anforderungsprofile, Selektion, Entwicklung) • ...
4. Kundenprozesse und interne Prozesse	• Analyse von realen Kundenprozessen • Selektion und Management von Geschäftsprozessen in Marketing, Verkauf, Service und Direktmarketing; Umstellung von Funktionenspezialisierung auf Prozesse • Integration von Lieferanten und Ergänzungsanbietern in die Kernprozesse (z. B. Prozessportale) • ...

5. Integration multipler Kommunikation und Distribution	• Integration von Informationen und Führung verschiedener Produkt- und Ländergruppen, zentrale und dezentrale Aktivitäten (z. B. Marketing und Verkauf), Kanäle und Bestimmung der Kommunikationsinstrumente • Multi-Access für Kunden und multiple Distribution • ...
6. Informatikunterstützung und Database Management	• Spezifizierung der Anforderungen zur Informatikunterstützung im CRM • Transformation und Erneuerung der Informatiksysteme für integrierte Lösungen • Evaluation für CRM-Standardsoftware • Pilotprojekte, Anpassung und Einführung von Informatiksystemen • Kundeninformationssysteme und Kundenprofile • Datenintegration und Einbezug externer Datenbanken • Induktive Datenanalysen zum Kundenverhalten (Prognosen, Cross-Selling usw.) • Database Management und Direktmarketing (Lernprozesse in der Database durch Kunden(re)aktionen) • ...
7. Change Management	• Akzeptanz des Dialog-Marketing • Inszenierung des CRM-Wandels • Imlementierung von funktionsübergreifendem CRM und ergebnisorientierte Verknüpfung der Abteilungskulturen • Beschleunigung der Lernprozesse (Know-how über Kunden, Schulungen, Experimente und Multiplikation von Erfolgen) • Fokussierung (Relevanz, »Quick Wins«) • Organisation und Führungssysteme für CRM • ...
8. Interne und externe Ressourcenoptimierung	• Interne Kernkompetenzen des CRM, Direktmarketing und ihre Weiterentwicklung • Zusammenarbeit mit externen Dienstleistern in Marketing, CRM und Direktmarketing • ...

Abbildung 1.12: Bausteine des Customer-Relationship-Management (Belz et al. 2003, S. 37 f.)

Begriffe zu vereinen. Der Anspruch des Customer-Value geht jedoch weiter.

7. *One-to-One-Marketing*: One-to-One-Marketing konzentriert sich auf die Bedürfnisse und die Wahl einzelner Kunden, wobei in der Regel nur wenige Teilleistungen der Anbieter und Teile der Kommunikation und Zusammenarbeit individualisiert werden. Durch modulare Leistungen und Informatikunterstützung bis zu flexiblen Produktionsprozessen lassen sich teilweise die Vorteile der Massenproduktion mit der Individualisierung verknüpfen (Pine II 1993). Ebenso spielt die individuelle Zusammenarbeit im Key-Account-Management, im persönlichen Verkaufsgespräch und in persönlichen Geschäftsbeziehungen eine herausragende Rolle. Trotz einer intensiven Diskussion erschöpft sich One-to-One-Marketing oft in einem marginal angepassten Direktmarketing (zum Beispiel mit persönlicher Anschrift) oder in den unterstützten Wahlmöglichkeiten des Kunden aus einer großen Zahl von Produktvariationen (beispielsweise bei Automobilen).
8. *Key-Account und Global-Account-Management*: Key-Account-Management erfordert eine systematische Analyse, Auswahl und Bearbeitung von aktuellen oder potenziell bedeutenden Schlüsselkunden eines Unternehmens. Häufig werden die Kunden in der Marketingkonzeption gesondert erfasst (Akquisition und Erweiterung, Leistungen, Verhandlungen und Konditionen, Beziehungen et cetera), und es werden auch eigene organisatorische Einheiten für das Key-Account-Management geschaffen. Wichtig ist in diesem Zusammenhang der Einsatz der oberen Führungskräfte für die Kundenkontakte. Typische Stichworte zu diesem Bereich sind auch Key-Account-Management, Partnerschaftssysteme und Franchising. Besonders wichtig sind zudem Maßnahmen, um die Lernprozesse von Kunden und Unternehmen zu verknüpfen. Möglich sind beispielsweise Pilotprojekte mit strategischen Kunden, mehrstufiges Marketing (für die Unterstützung von Abnehmern in ihren Märkten), Kundenevents, Lead-User-Konzepte oder Kundenschulungen (Belz/Weinhold/Tomczak et al. 1999a). Key-Account-Management ist eine Antwort auf das Supply-Management der Kunden und befasst sich vorwiegend mit den Vorteilen, die sich für diese attraktiven Kunden durch das Unternehmen schaffen lassen. Nachdem viele Unternehmen ein nationales Key-Account-Management aufgebaut haben, setzt sich ein ähnlicher Prozess auf internationaler Ebene fort. Internationale Anbieter koordinieren ihre Aktivitäten für internationale Kunden. Eine typische Herausforderung ist die internationale oder globale Harmonisierung von Preisen und Leistungen sowie der Einsatz internationaler Key-Account-

Teams, die mehrheitlich elektronisch zusammen kommunizieren (Müllner 2001, Zupancic 2001).

9. *Kundenakquisition*: Mit der Akqusition von Kunden treten Unternehmen in neue Märkte ein und erhöhen oder ersetzen den Verlust bestehender Kunden. Einerseits können die neuen Kunden bisherige Nichtverwender sein (Substitutionswettbewerb), andererseits die bestehenden Kunden von Konkurrenten abwerben (Verdrängungswettbewerb). Das Marketing unterscheidet sich je nach Variante maßgeblich (Karg 2001; Belz/Weinhold/Tomczak 1999a). Naturgemäß ist Kundenakquisition für Innovationen, den neuen Eintritt in Märkte, die Erschließung neuer Segmente und in hart umkämpften Märkten für alle Branchen und Kundengruppen wichtig. Besondere Aquisitionsangebote können auch nur für kurze Zeit, z.B. als einmalige Aktion, angeboten werden.
10. *Partnerschaftssysteme*: Partnerschaftssysteme erweitern die Zusammenarbeit von Lieferanten und Handelspartnern oder Schlüsselkunden zu einer langfristigen, vertikalen Leistungsgemeinschaft. Gegenseitige Leistungen werden dabei festgelegt und neu geteilt und in Franchising und vertikaler Vertriebsbindung vertraglich geregelt. Mit Franchising ist durch das Kapital der Partner ein rasches (internationales) Wachstum möglich. Leistungsbereiche sind die Beschaffung, Logistik und Lagerhaltung, erfolgreiche Strategien, das Management des Vertriebspartners und ein gemeinsames Endkundenmarketing. Auch die gemeinsamen Anstrengungen von Herstellern und Handel im Bereich der Efficient-Consumer-Response-Lösungen (ECR) lassen sich den Partnersystemen zuordnen (Rudolph/Schmickler 2002).
11. *Kleinkundenmarketing*: Kleinkundenmarketing richtet das Marketingsystem auf die besonderen Ansprüche von Kleinabnehmern aus und steigert die Wirtschaftlichkeit der Bearbeitung und Erträge (Belz et al. 2001a). Leistungen, Kommunikation und Preise, Gebühren sowie Lieferkonditionen gilt es anzupassen, damit die Kleinkunden für den Anbieter zu einem attraktiven Geschäft werden oder ausweichen können, falls sie die neuen Spielregeln nicht akzeptieren. Mit Kooperationen lassen sich die Geschäfte mit Kleinkunden bündeln oder an geeignete Anbieter delegieren. Lösungen finden sich auch im Bereich der standardisierten Marktbearbeitung, der Delegation von Leistungen an Kunden, bei schlanken Prozessen oder dem Einbezug von Distributionspartnern mit einem breiteren Angebot.

Abbildung 1.13 fasst die zahlreichen Ansätze zusammen und zeigt die grundsätzlichen Spannungsfelder im Kundenmanagement, in denen sich erfolgreiche Lösungen bewegen.

Der Customer-Value-Ansatz beginnt somit nicht auf einer grünen Wiese. Er ist eingebettet in eine langfristige Forschung und Praxis zu Leistungs- und Marktentscheidungen von Unternehmen. Er gewichtet die Ressourcen eines Unternehmens ebenso (Inside-out-Sichtweise) wie die Kundenorientierung (Outside-in-Sichtweise).

Die Spannungsfelder im Kundenmanagement

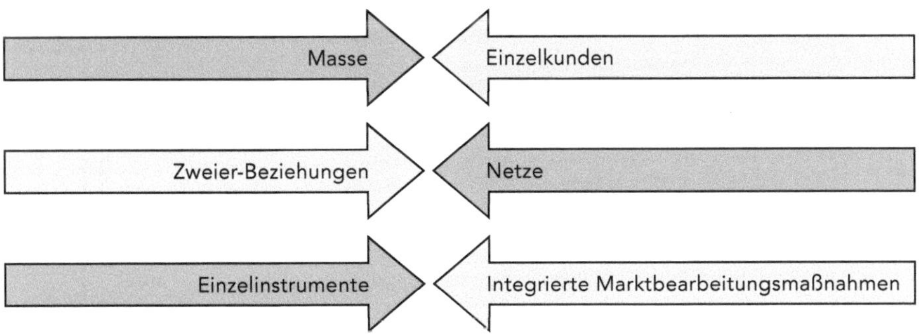

Abbildung 1.13: Spannungsfelder im Kundenmanagement

Sämtliche Strategiemodelle folgen einer ähnlichen Logik: »Man setzt sich unternehmerische Ziele, analysiert systematisch die Umwelt und das Unternehmen, generiert Strategiealternativen, evaluiert sie, wählt eine aus, plant mithilfe von Maßnahmeplänen, Budgets und Zeitplänen ihre Umsetzung und kontrolliert den Fortschritt der Ergebnisse« (Müller-Stewens/Lechner 2001, S. 45). Die Analyse der Stärken und Schwächen eines Anbieters sowie der Chancen und Gefahren im Umfeld werden also selbstverständlich einbezogen. Es geht darum, aus der Gegenüberstellung von Chancen und Gefahren der Umwelt zu den Stärken und Schwächen des Unternehmens optimale Chancen zu ziehen.

1.3 Dynamische Märkte

Verschiedene Märkte liberalisieren und restrukturieren sich. Erfolgreiche Unternehmen definieren und gewichten in umkämpften Märkten ihre wertschöpfenden Aktivitäten neu.

Beispielsweise analysieren Mercer Management Consultants mit ihrem Ansatz der Value Migration, wie sich die Wertschöpfung in den verschiedenen Märkten verändert. Auf dieser Grundlage lässt sich eine erfolgreiche Position und Neuorientierung von Unternehmen bestimmen. Typisches Beispiel ist die Informatikbranche. Abbildung 1.14 zeigt die Verschiebungen im Zeitablauf. Während früher horizontal integrierte Unternehmen den Markt dominierten (besonders IBM), sind heute vertikale Spezialisten erfolgreicher und die Softwareanbieter gewannen an Bedeutung.

Value Migration®: Treiber für neue Chancen und Bedrohungen

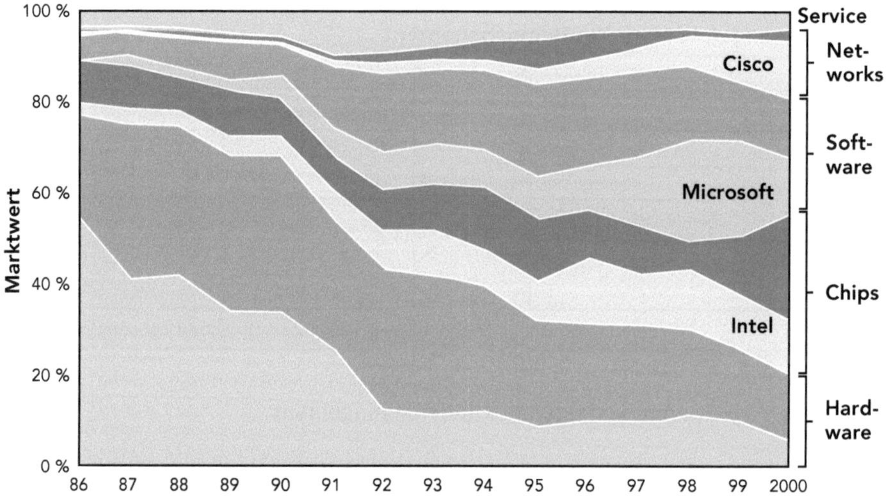

Quelle (Auszug): Eurostat, RMI, CNPA, Sessi, Journal l'Argus, Market Line, Datastream, Factiva, Journal de l'Automobile, BVRLA, GOV, Expert Interviews, Mercer Research & Analyses

Abbildung 1.14: Value Migration am Beispiel der Computerindustrie 1986-2000 (Baur 2003, S.12; Slywotzky 1999)

Abbildung 1.15 zeigt die aktuelle Situation für die Automobilindustrie. Zwar beanspruchen die Hersteller und Neuwagenhändler den größten Teil der Wertschöpfung, ihre Profitabilität ist jedoch niedrig. Den Zulieferern ist es im Zug des Trends zu Modular Sourcing offensichtlich gelungen, den Herstellern geeignete Lösungen anzubieten und die Gewinnsituation nach der Zeit eines extremen Preisdrucks und der Lopez-Ära zu verbessern. Sämtliche Wertschöpfungen nach dem Verkauf eines Autos scheinen ebenso attraktiv zu sein wie die Herstellung und der Vertrieb von Neuwagen. Wohl deshalb stoßen Automobilhersteller in die nachgelagerten Wertschöpfungsstufen vor.

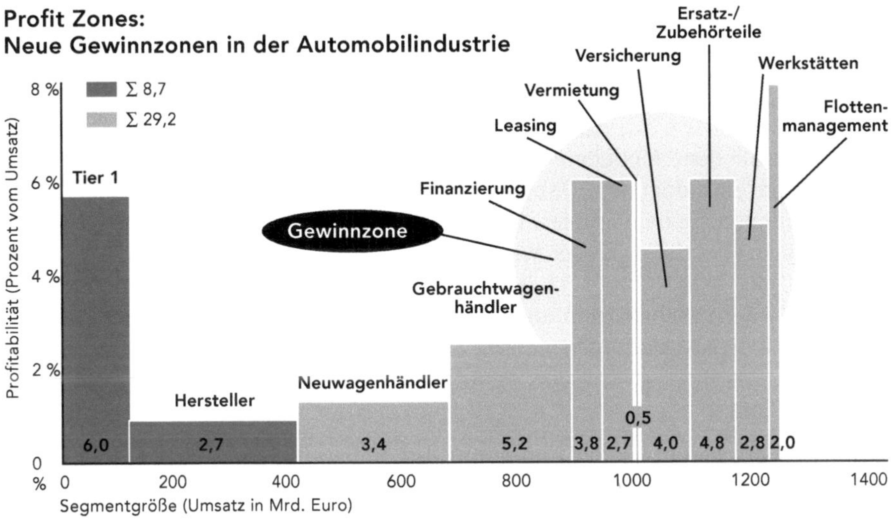

Quelle (Auszug): Eurostat, RMI, CNPA, Sessi, Journal l'Argus, Market Line, Datastream, Factiva, Journal de l'Automobile, BVRLA, GOV, Expert Interviews, Mercer Research & Analyses

Abbildung 1.15: Segmentgröße und Profitabilität in der Wertschöpfung für Automobile (Baur 2003, S.14)

Ähnliche Entwicklungen lassen sich in anderen Bereichen erkennen. So rentieren sich die meisten Airlines kaum, die Flugzeugketten weisen jedoch gute Gewinnmargen auf. Bei Skigebieten und Bergbahnen gilt das Gleiche. Es fragt sich, wie weit sich der Endkundenkontakt überhaupt noch auszahlt, wenn nicht eine Individualisierung desselben gelingt. Rückwärts- und Vorwärtsintegration sind wichtige Strategien für die Optimierung der Wertschöpfung. Die Qualität von vor- und nachgelagerten Einheiten prägen den Customer-Value.

Bisherige klare Marktstrukturen lösen sich auf und zahlreiche neue Angebotsformen oder Geschäftsmodelle entstehen (vgl. auch Abbildung 20.6, S. 638). Typische Ansätze sind »Client-Owner« (zum Beispiel Warenhäuser, Fluggesellschaften, Reisebüros), Substituierer (zum Beispiel Post, Treuhänder, Finanzmarkt), Service-Provider (zum Beispiel Makler, Berater, Callcenter) sowie Process-Owner (System- und Softwareanbieter).

Schließlich zeigt das folgende Praxisbeispiel zum Gesundheitsmarkt, dass sich die Grenzen zwischen den Anbietern maßgeblich verschieben. Dabei stehen wir in diesen Märkten erst am Anfang der Umwälzungen.

Praxisbeispiel: Managed Care und personalisierte Medizin

Von Christian Belz, gestützt auf verschiedene Medienberichte (siehe auch Lehmann 2003)

Durch verschiedene Modelle im Gesundheitswesen wird versucht, die wachsenden Kosten einzudämmen. Dabei schließen neuere Kooperationslösungen die Versicherungen, Ärzte, Spitäler, Pharmaunternehmen und Apotheken ein oder übernehmen Funktionen dieser Marktpartner. Durch die institutionellen Barrieren erbringen die Marktpartner häufig keine optimierte Leistung, weil im falschen Bereich, in der falschen Form und mit zu teuren Medikamenten behandelt wird oder aufwändige Abklärungen mehrfach vorgenommen werden.

Managed Care

Managed Care beruht auf der Einbindung des Anbieters medizinischer Leistungen in die Kostenverantwortung. Zudem wird die Steuerungsverantwortung über die ganze Behandlungskette eines Patienten dem so genannten »Gatekeeper« übertragen. Am wichtigsten sind die Hausarztmodelle, in denen sich Ärzte in Netzwerken koordinieren oder Health-Maintenance-Organisationen (HMO). In der HMO verpflichtet sich der Versicherte, zuerst ein Gesundheitszentrum aufzusuchen, wenn er einen Arzt benötigt. Die Ärzte in der HMO werden typischerweise nicht für Einzelleistungen vergütet, sondern beziehen einen festen Lohn oder werden mit einer Pro-Kopf-Pauschale honoriert. Damit entfällt der Anreiz für unnötige Behandlungen. Für HMOs werden Kostensenkungspotenziale bis zu 40 Prozent (ohne bessere Risikostrukturen der Patienten) geschätzt, für Hausarztmodelle gerade 10 Prozent. Die Kunden profitieren wiederum von günstigeren Krankenversicherungen.

Personalisierte Medizin

Ein anderes Feld besteht in der personalisierten Medizin. Patientendiagnostika werden dabei immer wichtiger. Diabetiker sind es beispielsweise seit langer Zeit gewohnt, ihren Blutzucker zu messen und die Behandlung selbst zu steuern. Dabei spielen auch die Lernprozesse und die Verantwortung der Patienten oder Kunden eine Rolle. Beispielsweise engagiert sich Novo Nordisk seit geraumer Zeit intensiv mit Workshops und Schulungen für Patienten und Ärztepersonal. Ziel ist es dabei, mit Diabetes eine hohe Lebensqualität zu erreichen. Auch spezifische Gruppen wie Sportler werden unterstützt. Parallel werden Ärzte und Diabetesschwestern sowie Ernährungsberater einbezogen (Belz 1998, S. 272 ff.). Ähnliche Lösungen sind in vielen Bereichen möglich. Ansätze bestehen auch in der Selbstkontrolle der Patienten, die unter Antikoagulation leiden (Einnahme von blutgerinnungshemmenden Medikamenten). Erste Entwicklungen widmen sich bereits den so genannten »Minilabors unter der Haut«, um den Blutzuckerspiegel kontinuierlich überprüfen zu können. In Zukunft sind auch verschiedene Krebstests für Patienten denkbar. Roche Diagnostics setzt zukünftig noch stärker auf integrierte Gesundheitslösungen für Prävention, Diagnose und Therapie bis zur Nachkontrolle. Die Umsatzanteile der Prävention und Diagnose werden im Gesamtmarkt zunehmen. Brauchbar (1999, S. 48) schreibt dazu: »Die neue Vision trägt den Namen personalisierte Medizin. Statt wie bisher vor allem Krankheiten zu behandeln, soll es die personalisierte Medizin erlauben, Krankheiten gar nicht erst entstehen zu lassen, weil die Veranlagung dafür behandelt wird. Voraussetzung dafür ist, dass sich Krankheitsrisiken individuell abklären lassen. Dies gelingt dank der Gendiagnostik.« Folgerungen ergeben sich für die Vorsorge und Vermeidung, die Überwachung, frühzeitige Behandlungen und Auswahl von wirkungsvollen Medikamenten. Es geht primär darum, gesund zu bleiben und nur im Notfall die Krankheiten zu heilen. Restrukturierung des Gesundheitsmarkts und innovative Ansätze der individualisierten Medizin betreffen Teile des Gesamtmarkts, verschieben aber die Grenzen und führen zu neuen Leistungen und Geschäftsmodellen.

Die spezifischen Trends der so genannten »Intermediation« und »Re-Intermediation« sowie der Netzwerke spielen besonders im Zusammenhang mit neuen Geschäftsmodellen als innovative und umfassende Leistungssysteme (vgl. Kapitel 13, S. 386 ff.) eine wichtige Rolle. Geprägt werden diese neuen Modelle stark durch die Vernetzung und E-Business.

Wenn bestehende Leistungen und Prozesse der Anbieter in verschiedenen Branchen ebenbürtig und damit für den Kunden auswechselbar werden, gilt es, die Leistungsgrenzen neu zu bestimmen und damit durch Innovation und Einzigartigkeit die Voraussetzungen für überdurchschnittliche Erfolge aufzubauen. Wichtig ist dabei nicht nur der Verkauf eines Produkts. Vielmehr befassen sich die Lösungen für den Mehrwert von Kunden mit dem gesamten Lebenslauf von Leistungen bei diesen Kunden (vor, während und nach dem Kauf). Dienstleistungen und Know-how können in diesem Prozess weit wichtiger werden als das Produkt selbst. Der Ansatz des Customer-Value gibt eine Anleitung, wie sich ein dynamisches Leistungsmanagement für Kundenvorteile schaffen lässt.

1.4 Gesellschaftliche und ökonomische Entwicklungen

Die Suche nach den Quellen für unternehmerische Erfolge bewegt sich in einem Umfeld von Gesellschaft und Ökonomie. Verschiedene Entwicklungen fördern die Bedeutung eines umfassenden Ansatzes für Customer-Value und betreffen beispielsweise auch neu interpretierte Rollen von Arbeitnehmern. Die Modelle für Lebensgestaltung und dominierende Werte beziehen sich auf sämtliche Lebensbereiche.

Vor allem Soziologen erfassten verschiedene Makrotrends der Gesellschaft, die viele Märkte betreffen. Wichtige Ansätze sind in kurzer Form (Ernst 1996; Schimank/Volkmann 2000; Pongs 2000) festgehalten:

1. *Erlebnis-Gesellschaft:* In entwickelten Volkswirtschaften werden persönliche Erlebnisse für Menschen wichtiger als der Konsum von Produkten. Bei auswechselbaren Leistungen und einem intensiven Wettbewerb forderte Kroeber-Riel (1986) schon früh Erlebnis- statt Sachleistungsprofile. Er konzentrierte sich dabei auf emotionale Botschaften und Bildkommunikation. Raffée und Wiedmann (1987) definierten, gestützt auf empirische Forschungen, verschiedene Werteinseln und Lebensstile als Bezug für ein Erlebnismarketing (Abbildung 1.16).

Werteinseln und Lebensstile für das Marketing	
• **Genussoptimierung,** Lebenserotik, aggressive Avantgarde und Trending • **Eitelkeit,** Narzissmus, neue »Körperlichkeit« • **Prestige,** soziale Akklamation, demonstrative Vernunft • **Kosmokultur,** Vielseitigkeit • **Kennerschaft,** Leistung, Expertentum, Techno-Narzissmus • **Innovation,** Experimentalität, Prestige der Verwendung	• **Sparen,** Rationalisieren, Konsumrationalität • **Bescheidenheit,** bewusste Simplizität • **Gesundheitsvorsorge,** Bio-Spiritualismus • **Selbst-Transzendenz,** Authentizität, Individualismus • **Regionalisierung,** Heimatpflege, Autonomiestreben • **Umweltengagement,** Öko-Verantwortungsbewusstsein, Öko-Spiritualismus

Abbildung 1.16: Werteinseln und Lebensstile für das Marketing (Raffée/Wiedmann 1987)

Postman (1988) ging in seinem Buch »Wir vergnügen uns zu Tode« von der These aus, dass Unterhaltung inzwischen sämtliche Lebensbereiche des Menschen prägt. An die Stelle der Anstrengung für Erkenntnisse und Wahrnehmung (etwa gestützt auf differenzierte Texte) tritt das Geschäft der Zerstreuung. Politik, Kultur und Wirtschaft sollen unterhalten. Medien mit dominanten Bildern reißen die Ereignisse aus dem Zusammenhang und wirken für sich glaubwürdig, auch wenn sie beliebig und rasch aneinander gereiht werden. Dabei lässt sich zwischen Zerstreuung und Erlebnis aber durchaus differenzieren, denn Erlebnisse folgen aus einer inneren Beteiligung und oft auch durch die Anstrengung des Menschen. Die Zerstreuung ist nur äußerlich (Belz 1984). Forderungen zum Übergang von der Spaß- zur Sinngesellschaft betreffen wohl diese Unterschiede des Umfelds und des eigenen Erlebens.

Schulze (1992) interpretierte umfassend die Erlebnisgesellschaft: Die »Ästhetisierung von Produkten ist Teil eines umfassenden Wandels, der nicht auf den Markt der Güter und Dienstleistungen beschränkt bleibt. Das Leben schlechthin ist zum Erlebnisprojekt geworden (S. 13).« Auch Pine und Gilmore (1999) propagieren: »Wir erleben den Übergang von der Dienstleistungs- zur Erlebnisökonomie: Erlebnisse sind das neue, ökonomische Gut, nach dem die Kunden suchen – und Arbeit wird zum Theater, ob in der Managementetage oder im Stundenakkord.« Emotionen, Unterhaltung und Erlebnisse werden damit zu einem bedeutenden Teil jeder Leistung für Kunden. Zusammenhänge zu Leistungsgestaltung, Produktdesign, Ladengestaltung, Shopping-Areas et cetera lassen sich herstellen. Leistungen müssen unterhaltsam und erlebnisorientiert inszeniert werden.

2. *Multioptionsgesellschaft:* Gross erfasst den gesellschaftlichen Trend zur Vielfalt (1994, S. 11): »Die endlose und kompetitive Ausfaltung neuer Möglichkeiten ist omnipräsent, nicht nur in den Regalen der Supermärkte, sondern auch im Reich des Geistes. Die rasche Folge von Lebenswirklichkeiten als Parallelwelten begleitenden, einander kommentierenden und konkurrierenden Theorie- und Sinnwelten offenbart einen Welt-, Menschen- und Selbstverbesserungszwang, der endlose Folge und weitertreibende Ursache der gleichen gesellschaftlichen Dynamik ist.« Die multiplen Möglichkeiten führen dazu, dass betroffene Menschen wählen können, aber auch müssen. Damit wird Multioption zur Chance der Selbstverwirklichung, aber ebenso zur Belastung. Zudem frustrieren den Menschen oft jene Möglichkeiten, die er nicht gewählt hat. Die verpassten Chancen wachsen laufend. Menschen verzweifeln, weil sie sich in Notwendigkeiten und Möglichkeiten abstrampeln: Jeder ist auf der Jagd nach seinem eigenen Ich (Gross 1999). Aus der Sicht der Anbieter wird es immer schwieriger, sich in der wachsenden Anzahl von Möglichkeiten mit ihren Leistungen durchzusetzen. Zusätzlich ist zu berücksichtigen, dass jeder Mensch gleichzeitig in vielen Gemeinschaften oder Communitys integriert ist und verschiedene, teilweise widersprüchliche Erwartungen stellt.
3. *Non-Stopp-Gesellschaft:* Pausenlosigkeit und Beschleunigung werden Leitprinzipien des Lebens (Moore-Ede 1993). Stress, Ermüdung und Erschöpfung sind der Preis, den der Mensch zu zahlen hat. Richard D'Aveny (1995) zieht die Konsequenzen für die Wirtschaft mit seiner »Hypercompetition« und zeigt nachdrücklich, wie wichtig es ist, neue Positionen schnell zu besetzen und eigene Wettbewerbsvorteile vor der Konkurrenz selbst anzugreifen. Geschwindigkeit verändert

grundsätzlich die Spielregeln. Bei neuen Initiativen ersetzen Überlegungen zur Positionsbesetzung oft die bewährten Wirtschaftlichkeitsanalysen für neue Geschäfte. Die Beschleunigung (auch gefördert durch elektronische Kommunikation) stellt bisherige Strategien und Planungsprozesse in Unternehmen und Institutionen in Frage.

4. *Risiko-Gesellschaft:* Die Risiken der Modernisierung und der Nebenfolgen steigen durch eine wachsende Komplexität. Risiken betreffen dabei neue Technologien (zum Beispiel Gentechnologien, Nanotechnologien et cetera), Gesundheit, ökologische Katastrophen, wirtschaftliche Einbrüche und vieles mehr. Verursacher und Betroffene der Risiken sind meist verschieden, wenn auch Beck (1986, S. 30) meint: »Modernisierungsrisiken erwischen früher oder später auch die, die sie produzieren oder von ihnen profitieren.« Risiken sind potenzielle Gefährdungen und sie verunsichern den Menschen oder er verdrängt sie: »In der Risikogesellschaft verliert die Vergangenheit die Determinationskraft für die Gegenwart. An ihre Stelle tritt die Zukunft, damit aber etwas Nichtexistentes, Konstruiertes, Fiktives als Ursache gegenwärtigen Erlebens und Handelns.« (Beck 1986, S. 44). Für Beck spielen mangelnde Zuständigkeiten oder eine organisierte Verantwortungslosigkeit im Umgang mit Risiken eine wichtige Rolle. Deshalb fordert er einen Übergang vom Sachzwang der Systeme zur Verantwortung der Akteure und zu einer interdisziplinären Zusammenarbeit; monopolisierende Zuständigkeiten von gesellschaftlichen Teilsystemen sollen durchbrochen werden (Beck 1986, S. 93). Der Dialog zwischen verschiedenen Anspruchsgruppen ist eine Voraussetzung dafür (Königswieser/Haller et al. 1996). Dabei gelingt es erst, die Ängste von Betroffenen abzubauen und Vertrauen zu schaffen, wenn Kompetenz und Sympathie wahrgenommen werden (Röglin 1995). Risiken beinhalten in der Regel jedoch sowohl den Gefahren- als auch den Chancenaspekt (Haller 1999, 2001). Dies gilt sowohl für Unternehmen als auch für Kunden. Während die Chancenaspekte bei Customer-Value in der Regel durch den angestrebten Nutzen zum Ausdruck kommen, muss die Gefahrenseite des Risikos im Modell für Customer-Value eigens berücksichtigt werden. Die Herausforderung dabei ist, der individuellen Wahrnehmung und Bewertung von Risiken gerecht zu werden. Zudem dürfen Gefahrenaspekte des Risikos nicht einfach als »Kosten« betrachtet werden.
5. *Kommunikationsgesellschaft:* Die Gesellschaft wird kommunikativ durchdrungen, die Kommunikation wird verdichtet, beschleunigt und globalisiert (Münch 1995; Schimank/Volkmann 2000, S. 48 f.). »Kommunikation fordert Kommunikation heraus. Deshalb ist anzunehmen,

dass vermehrte Kommunikation stets noch mehr Kommunikation erzeugt« (Münch 1995, S. 112). Kommunikation eröffnet die Chance zur Verständigung, aber birgt auch stets die Gefahr von Missverständnissen (Münch 1995, S. 80). Eine wachsende Informationsflut, die Rolle der Medien und der Kommunikation beschäftigen verschiedene Autoren. Wurman (1990, S. 31) schreibt von einer zunehmenden Informationsangst: »Information anxiety is produced by the ever widening gap between what we understand and we think we should understand. Information anxiety is the black hole between data and knowledge. … It's that nagging feeling that no matter how hard you try, you just can't keep up with everything going on around you.« Diese Angst ist begleitet durch die zunehmende Notwendigkeit zu kommunizieren. Franck (1998, Buchumschlag) bezeichnet die Aufmerksamkeit in einer entgrenzten Informationsflut als neue Währung; sie ist die knappe Ressource. Er verbindet sie auch mit der Eitelkeit des Menschen (bis hin zur Selbstaufmerksamkeit): »Die Aufmerksamkeit anderer Menschen ist die unwiderstehlichste aller Drogen. Ihr Bezug sticht jedes andere Einkommen aus. Darum steht der Ruhm über der Macht, darum verblasst der Reichtum neben der Prominenz.« Laufend werden weitere Aspekte der Kommunikationsgesellschaft eingebracht, typische Beispiele sind die Sensationsgesellschaft und die Multimedia-Gesellschaft (Brauner/Bickmann 1994). Netzwerke und Kommunikation spielen in den Märkten, bei den Kunden und ebenso bei den Anbietern eine zunehmende Rolle. Inszenierungen und Stimmungen können wichtiger werden als die Sachlage.

Die Perspektiven dieser Erklärungen sind verschieden. Offensichtlich wird es aber für den Menschen und Kunden immer schwieriger, seine Identität zu bestimmen, und das Repertoire seiner Verhaltensmöglichkeiten steigt ständig. Die Vielfalt der Angebote und Medien, wechselnde Themen und Sensationen, Beschleunigung, wachsende Risiken und Schwankungen prägen die Entwicklung. Sie werden durch die Omnipräsenz von Medien und Internet und eine wachsende Globalisierung verstärkt sowie durch verschiedene spezifische Entwicklungen, wie die Überalterung von Industriestaaten oder neuen Familienstrukturen, begleitet. Leicht ließe sich die Liste der Trends erweitern. Eine große Zahl von »Trendscouts«, Beratern, Markt- und Zukunftsforschern befassen sich mit den Entwicklungen, die sich immer rascher ablösen. Teilweise unterhalten sie damit Führungskräfte oder verunsichern sie. Obenstehende Ansätze erwiesen sich aber als nachhaltig.

In diesem Umfeld sind Anbieter aber nur in der Lage erfolgreich zu sein, wenn sie die Trends treffsicher interpretieren und schnell agieren. Auch steigt die kritische Masse für sämtliche Maßnahmen des Marketing, es wird schwieriger sich hör- und sichtbar zu machen. Frank und Cook (1995) schreiben von der »Winners-take-all-Gesellschaft«: In sämtlichen Bereichen von Politik, Mode, Kultur bis zur Wirtschaft gelingt es nur wenigen Gewinnern sich durchzusetzen. Dabei spielen Multiplikation und Verstärkung in den Medien eine entscheidende Rolle. Zwischen der Nummer eins und zwei eines Bereichs liegen oft Welten, obschon sich ihre Leistungen objektiv nur marginal unterscheiden.

Steigende Vielfalt führt häufig zu wenigen Gewinnern, weil sich Menschen nur an geringen Angeboten orientieren. Daneben existiert eine Vielzahl von wenig erfolgreichen Anbietern. Geprägt sind die Massenphänomene durch eine Kommunikation, wie sie sich beispielsweise im Showbusiness oder bei Skandalen zeigt. Verbreitung und Verstärkungseffekte sind stark durch Communitys und Medien geprägt und ihre Eigendynamik ist groß. Dieser Hinweis begründet auch, dass nicht nur spezifische Anspruchsgruppen von Anbietern (etwa Kunden, Shareholder, Topmanagement) zu berücksichtigen sind. In einer vernetzten Gesellschaft steigen die gegenseitigen Abhängigkeiten, und einseitige Leistungen und Kommunikation führen häufig zu Gegenreaktionen und öffentlichen Debatten. Besonders Unternehmen müssen lernen, mit neuen Formen der Kommunikation umzugehen und Kommunikation als Teil des Werts für Kunden zu integrieren (vgl. Teil IV, S. 685 ff.).

Häufig wird von einem Übergang von Angebots- zu Nachfragemärkten gesprochen. Der Übergang zum Kunden ist aber längst nicht mehr durch eine leistungsbezogene Kundenargumentation zu schaffen. Die Suche des Kunden nach Erlebnissen und Identität gilt es viel breiter aufzugreifen und in Leistungen umzusetzen. Neue Emotionen, Bewertungen, Orientierungen, Sinnstiftungen für den Kunden sind relevant und verlagern die Angebotsprofile grundsätzlich. Innovative Leistungen und Kommunikation sind der Schlüssel und öffnen neue sowie attraktive Märkte. Beide Aspekte werden im Customer-Value-Ansatz intensiv gewichtet.

Jeder Trend ist mit gegenläufigen Entwicklungen verbunden, was einerseits verunsichert, gleichzeitig aber auch die Möglichkeiten für Unternehmen steigert. Die Szenariotechnik kann Unternehmen und ihren Führungskräften helfen, sich mit verschiedenen Formen der Zukunft zu befassen und die erstrebenswerte Zukunft aus dem Blickwinkel des Unternehmens aufzugreifen (Graf 2002, S. 13 ff.).

Im Zusammenhang mit ökonomischen Einbrüchen, die 2000 bis 2002 die globale Wirtschaft betrafen, gilt es für Unternehmen, Folgendes zu berücksichtigen (Belz/Zupancic 2002): Erstens steigt die Bedeutung einer besseren Orientierung an Kundenvorteilen im Vergleich zu Wettbewerbern. Es geht darum, die Position mindestens zu halten oder Marktanteile zu gewinnen. Zweitens müssen sich Anbieter auf attraktive Kunden und Segmente konzentrieren, das heißt, ihre Kunden richtig bewerten und selektionieren. Damit ist es möglich, die Kundengruppen mit Verlusten oder einem geringen Erfolgsbeitrag abzubauen und bei erwünschten Kunden eine antizyklische Vorgehensweise zu verfolgen.

Generell steigen die Herausforderungen. Stichworte sind: Steigende Wettbewerbsintensität, Preiszerfall, Überkapazitäten, globaler Wettbewerb und Druck durch Kunden. Die Antworten sind: Kostensenkung und/oder Innovation sowie Profilierung. Sie sind Bausteine des Customer-Value.

Geprägt wird die ökonomische Entwicklung durch die Lebenssituation der Menschen, wie etwa ein verfügbares Einkommen, Vermögen, soziale Sicherung oder Arbeitslosigkeit. Obschon diese Faktoren ökonomisch und rational zu begründen sind, spielt dabei die positive oder negative Einschätzung der Situation und Entwicklung durch mögliche Kunden die maßgebende Rolle. Zurückhaltung von Kunden äußert sich in einer steigenden Selektivität und damit zunehmender Unsicherheit für die Anbieter. In der letzten Rezession ermittelte Demoscope (CH-Adligenswil) die »Lavierer« und bezeichnete damit Kunden, die sich einerseits auf das Nötige beschränken, um sich andererseits wichtige Bereiche des Konsums weiter leisten zu können. Bestimmt spielt im Zusammenhang mit wirtschaftlichen Einbrüchen von Unternehmen die neuerdings erfasste »Neidökonomie« eine Rolle. Dabei störten häufig die astronomischen Gehaltsbezüge von Topmanagern bei gleichzeitigen Fehlleistungen. Aus der Sicht von Führungskräften wird damit aber oft die Maßlosigkeit der Einen einfach in den Neid der Übrigen übersetzt.

Einen anderen Zugang zu gesellschaftlichen Trends gibt die Performance-Gesellschaft. Der Exkurs schildert die Grundlagen.

Exkurs: Die Performance-Gesellschaft: Chancen und Risiken beim Übergang zur Service-Economy (Giarini/Stahel 2000)

Giarini und Stahel meinen mit Service-Economy nicht einfach den Dienstleistungssektor, sondern bezeichnen damit ein anderes Wirtschaften mit den materiellen Gütern der Industriegesellschaft wie Gebäude, Fahrzeuge, Computer, Farbe, Chemikalien und Motorenöl. Sie fordern einen neuen Wertbezug der Wirtschaft: Der Nutzwert soll zunehmend den Tauschwert ersetzen, und der Verkauf von Leistung über eine Zeitperiode den einmaligen Verkauf von Gütern ablösen (zum Nutzenverkauf vgl. auch Belz 2001). Eine Performance-Gesellschaft schafft Werte durch den Verkauf von Resultaten. Erst damit ist es auch möglich, den Einsatz von Leistungen

im Zeitablauf, in ihrer gesamten Nutzungsdauer zu optimieren. Es gilt dabei, die Verantwortung für Werterhaltung umfassend wahrzunehmen und Stoffkreisläufe ganzheitlich zu optimieren. In der Durchflusswirtschaft, die sich lediglich auf den Verkauf von Produkten konzentriert, müssen diese Produkte rasch verbraucht werden. Eine lange Lebensdauer konkurriert mit dem Neugeschäft und wird lediglich zögerlich einbezogen, soweit Wettbewerber und Kunden die Anbieter fordern.
Die Prinzipien der Performance-Gesellschaft spielen bereits eine Rolle bei Mietwohnungen, Telefonnetzen, Datendiensten, öffentlichem Verkehr, Transporten und Investitionsgütern. Das Leasinggeschäft überlagert verschiedene Sektoren. Man braucht sich also nicht auf die Beispiele Carsharing und Waschsalons zu beschränken. In Zukunft werden nicht nur dauerhafte Gebrauchsgüter, sondern ebenso Verbrauchsgüter durch diese Prinzipien zunehmend geprägt. Die Autoren prognostizieren ein starkes Wachstum der Performance-Gesellschaft. Lösungen betreffen das Umfeld (zum Beispiel Verursacherprinzip für ökologische Belastungen und Ökosteuern), technologische Entwicklungen (zum Beispiel Life- und Material-Sciences) sowie unternehmerischen Mut und neue Strategien.
Solche Strategien sind:

- Prävention (Pharmaanwendungen),
- Hersteller verkauft Leistung, Dienste, Resultate (zum Beispiel Energie-Contracting, Chemikalienmanagement und Ertragsgarantien),
- Hersteller oder Flottenmanager mit Kreislaufverantwortung (zum Beispiel Rücknahme, Aufbereitung, Wiederverkauf von Schmieröl und Lösungsmitteln),
- Flottenmanager mit Betriebs- und Instandhaltungs-Verantwortung (zum Beispiel Mietwagenfirmen und Textilleasing),
- unabhängiger Aufarbeiter (zum Beispiel Gebäudeerneuerung, Aufarbeiter für Komponenten).

Prävention ist die ultimative Strategie, um Wissen und Leistungen an Stelle von materiellen Gütern zu verkaufen. Die Wirkungen einer Umstellung sind tiefgreifend. Würde sich beispielsweise die Automobilindustrie auf den Nutzenverkauf konzentrieren und dabei die Lebensdauer der Fahrzeuge im eigenen Interesse verlängern, entstünde aus der dominierenden, zentralisierten Herstellung ein dezentrales Serviceangebot. Die Performance-Gesellschaft zeigt neue Chancen für Unternehmen, schafft neue Arbeitsplätze (Knowledge-Worker für Systemnutzungen über lange Zeiträume und Servicegeschäft), nutzt die Ressourcen effizient, verlagert den Verbrauch von Energie und Material zu lokaler Facharbeit mit der Verlängerung der Lebensdauer von Gerbrauchsgütern. Sie ermöglicht ein nachhaltiges Wirtschaften.

Damit sind nachhaltiges Management, ökologische Lösungen oder »Nutzen statt Verkauf« eng mit dem Ansatz des Customer-Value verknüpft. Generell erfordern viele ökologische Leistungen ganz spezifische Lernprozesse des Kunden, er braucht andere Entscheidungskriterien und seine Nutzung muss teilweise umgestellt werden. Im Ökomarketing geht es zu einem großen Teil um Dienstleistungen, Know-how und Erklärungswettbewerb (vgl. auch Kapitel 15).

Kurz: Im Ökomarketing wird mehr als in anderen Bereichen der Customer-Value mit den Kunden definiert, weil herkömmliche Bewertungen manche wichtigen Aspekte für den Kunden und die Gesellschaft vernachlässigen.

Neben Giarini/Stahel (2000) begründet auch Rifkin (2002) seinen Ansatz darauf, dass im Angebot vom Unternehmen zunehmend der Besitz durch die Nutzung ersetzt werden wird. Damit kaufen Kunden beispielsweise nicht mehr Autos, Waschmaschinen oder Gebäudeinstallationen, sondern sie bezahlen für ihre Nutzung, und das Eigentum verbleibt beim Anbieter. Zudem spielt in der Netzwerkgesellschaft mehr und mehr der flexible Zugang (Access) zu Gegenständen, Know-how und Erlebnissen eine Rolle und verschiedene Anbieter und Kunden vernetzen sich dazu vielfältig. Ziel der Marktpartner ist es, kurzfristig und gezielt Vermögenswerte zu verwenden (Rifkin 2002, S. 10 ff.). Geschäftsmodelle werden damit radikal verändert (vgl. Kapitel 13). Damit wird gleichzeitig der Zugang zum Kunden entscheidend, wie bereits verschiedene Geschäftsmodelle im Internet (zum Beispiel Amazon.com) zeigen.

Eine lange Lebensdauer der Produkte steht im Nutzungskonzept nicht mehr in Konkurrenz zum Absatz der Neuprodukte. Vielmehr liegt es im Interesse der Unternehmen, ihre Leistungen langfristig zu nutzen, um die Rentabilität des Geschäfts zu steigern. Produktionsgetriebene Industrien verlagern sich zu serviceorientierten Märkten, die ihre Produkte bei den Nutzern effizient und langfristig begleiten. Nicht mehr die Herstellung, sondern die Nutzungsunterstützung steht im Vordergrund. Die Wertschöpfung verschiebt sich grundsätzlich und wälzt Märkte um. Neue Märkte entstehen, die bisher kaum kommerziell genutzt werden. Rifkin erkennt eine neue Balance zwischen Kultur und Kapitalismus und prognostiziert, dass der Mensch am erfüllten Leben teilnimmt und damit Erlebnisse und Kultur zur Ware werden.

1.5 Chance für Anbieter

Zusammenfassend erkennen wir mit dem Ansatz des Customer-Value folgende Chancen für Unternehmen:

1. *Relevante Kundensicht:* Kunden sind der Bezugspunkt für die unternehmerischen Aktivitäten. Die geschaffenen Werte in der Wahrnehmung des Kunden entscheiden über seine Wahl und die Bereitschaft, für Mehrwerte höhere Preise zu bezahlen. Der Wert eines Unterneh-

mens und seiner Aktion ist langfristig die Folge von geschaffenen Werten für Kunden. Ein nachhaltiges Management muss sich deshalb auf Vorteile für Kunden konzentrieren. Nachhaltigkeit schließt dabei gleichzeitig auch weitere Anspruchsgruppen und die Lösungen für sie ein. Die Finanzmärkte als Treiber dürfen die Grundfunktion des Unternehmens für Kunden nicht länger gefährden, indem ihre Analysen kurzfristige Kennzahlen als Ausgangspunkt für die Bewertung von Unternehmen nehmen.

2. *Rezession:* Seit langer Zeit entwickeln sich die Märkte von einer Dominanz der Angebote zur Steuerung durch Nachfrager, nicht zuletzt, weil Überkapazitäten viele Branchen prägen. Die Macht verschiebt sich zum Kunden und damit rücken die Informations- und Entscheidungsprozesse des Kunden in den Vordergrund und prägen den Erfolg jener Anbieter, die Kundenmehrwerte schaffen. Durch die Einbrüche von Umsätzen und Erträgen bei Unternehmen in der gegenwärtigen Rezession werden die Herausforderungen akzentuiert.
3. *Erschöpfte strategische Initiativen:* Verschiedene unternehmerische Strategien der Fusionen und Übernahmen bis zur schrittweisen Erschließung von internationalen Märkten sind erschöpft. Manche Initiativen scheiterten, etwa im Bereich der »New Economy« oder neue Geschäftsmodelle blieben erfolglos, weil sich kein relevanter Mehrwert für Kunden umsetzen ließ. Reorganisationen, neue Produktionsformen oder Rationalisierungen wirken sich erst erfolgreich aus, wenn sich daraus Vorteile im Angebot für Kunden erzielen lassen. Viele der eingeleiteten Restrukturierungen der Anbieter gilt es, in der nächsten Dekade in Vorteile für attraktive Kunden umzusetzen. Der Ansatz des Customer-Value zeigt das konkrete Vorgehen der Realisierung.
4. *Defizite der Kundenorientierung:* Trotz der Diskussion über Kundenorientierung während Jahrzehnten gelingt es wenigen Anbietern, wirklich kundenorientiert vorzugehen und die eigene Leistungsfähigkeit konsequent mit den Kundenanforderungen abzustimmen. Der umfassende Ansatz des Customer-Value ist damit zu wenig umgesetzt und zeigt wesentliche Reserven auf. Führungskräfte neigen naturgemäß dazu, jene Initiativen zu ergreifen, die sie beherrschen und direkt gestalten können. Damit werden häufig neue Infrastrukturen und Restrukturierungen bevorzugt. Deshalb treiben neue Technologien die Märkte, gefördert durch sämtliche Anbieter. Kundenorientierung bezieht die externen Marktpartner mit ihrem unabhängigen Vorgehen ein und schafft damit Unsicherheiten und Abhängigkeiten. Nur die Verbindung von Innen- und Außensicht begegnet jedoch den Herausforderungen, sie ist nicht zu umgehen. Sie ist anspruchsvoll, aber

entscheidend. Der Anbieter mit neuen Lösungen in diesem Bereich gewinnt.

5. *Rationalisierungspotenzial:* Kundenorientiert vorzugehen bedeutet nicht nur, laufend mehr Produkte und Services für Kunden zu erbringen. Vielmehr geht es darum, die richtigen Leistungen für die richtigen Kunden einzusetzen und Ballast abzuwerfen. Der Ansatz des Customer-Value birgt in diesem Sinn ein enormes Rationalisierungspotenzial, weil Unternehmen mit einer falsch verstandenen Kundenorientierung ihre Lösungen und Services wahllos erweiterten und damit ihre Gewinne schmälerten.
6. *Innovationspotenzial:* Ohne Zweifel ist es entscheidend, Produktinnovationen zu entwickeln, um sich mindestens teilweise dem Wettbewerbsdruck zu entziehen. Kritisch ist jedoch immer die Einführung dieser Neuheiten, also die rasche Umsetzung in Kundenvorteile. Dazu sind Marketinginnovationen nötig. Zudem ist die Investition in die Zusammenarbeit mit Kunden weit wirksamer als die Investitionen in technologische Entwicklungen, auch wenn sie sich gleichzeitig bedingen. Die Entwicklung der Kunden, ihrer Erwartungen, Ziele, Probleme et cetera prägt die Erfolgschancen von neuen Initiativen. Kunden-Know-how wird zum zentralen Generator für ergiebige Strategien. Die professionelle Interaktion zwischen Kunden und Anbietern sowie persönliche Beziehungen fördern einen wichtigen Lernprozess bei beiden Partnern und verändern die Zusammenarbeit und Lösungen laufend. Zudem entstehen maßgebliche Differenzierungen und Werte für den Kunden nahe an seinen Interessen und Handlungen. Die Möglichkeiten sind vielfältig und subtil und umfassen manche kleinen Schritte.
7. *Neue Geschäftsmodelle:* Die Strukturen einiger Märkte lösen sich auf. Mit neuen Geschäftsmodellen gelingt es verhältnismäßig jungen Unternehmen, rasch und erfolgreich zu wachsen. In den restrukturierten Märkten sind konsequente Lösungen im Sinne des Customer-Values der Schlüssel, um sich nicht nur langsam anzupassen, sondern zu gestalten und mit innovativen Geschäftsmodellen neue Geschäfte aufzubauen. Neue Geschäftsmodelle stützen sich dabei häufig auf Kooperationen, die durch die Koordinationseffizienz von Informatiklösungen gefördert werden.

Die Herausforderungen sind jedoch hoch und bedingen neue Fähigkeiten von Anbietern, um erfolgreich vorzugehen. Mit den Strategien zum Solution-Provider befasst sich Kapitel 6. Abbildung 1.17 zeigt die unterschiedlichen Anforderungen.

Schließlich bleibt es eine permanente Aufgabe von Unternehmen, mit ihren Strategien zu bestimmen, mit welchen Leistungen sie für welche Kunden agieren wollen. Bessere Antworten zu dieser Aufgabe bleiben ein Schlüssel für Erfolge. Wir betrachten den Ansatz des Customer-Value derzeit als beste Antwort. Es kann nicht neu sein, dass wir den Kundenwert beachten. Neu sind die Lösungen, wie sich Customer-Value schaffen lässt.

Produktangebot	**Entwicklung**	**Customer-Value**
Angebotsdominanz, Erfüllung der Funktion	>>>>>>>>>	Dominanz der Kundenprobleme, Beitrag zum Erfolg des Kunden
Produkt- und Anwendungsspezifikation, generelle Leistung, Produktbezug	>>>>>>>>>	Service und Funktion der Leistung im Umfeld des Kunden, Bezug zu Bedürfnissen, spezifische und kundennahe Leistung
Produktqualität, messbare Leistung	>>>>>>>>>	Marketingqualität, wichtige Intangibles des Angebots, Beziehung und menschliche Qualifikation
Einzelleistungen zur Auswahl, starres Angebot und starre Arbeitsteilung zu Kunden	>>>>>>>>>	Gesamtleistung und Partnerschaft, flexibles Angebot, Baukasten, neue Arbeitsteilung für Geld-/Informations- und Leistungsfluss
Getrennte Leistung von Technik und Marketing sowie den übrigen Unternehmensfunktionen	>>>>>>>>>	Integrierte Leistungsprozesse für anspruchsvolle Kunden(-projekte)
Technologischer »Drive«, Angebotsdynamik als Bezug	>>>>>>>>>	Lernprozess des Mitarbeiters und Kunden, Know-how-Management, Kundendynamik als Bezug

Abbildung 1.17: Wandel vom Produktangebot zum Customer-Value (Belz et al. 1991)

Im Folgenden sind einige Statements zum Kapitel erfasst.

Statements zum Customer-Value als Treiber zum Erfolg

- Der einzige Weg zu erfolgreichen Produkten und Dienstleistungen ist die konsequente Ausrichtung am Customer-Value (Matthias Haller).
- Vielleicht nimmt die Entwicklung des Customer-Value einen ähnlichen Verlauf wie die des Deckungsbeitrags vor zehn Jahren. Vermutlich wird er sich trotz heutiger Widerstände langsam durchsetzen. Die aktuelle Sicht der Praxis braucht deshalb nicht überbewertet zu werden (Hermann Diller, Universität Nürnberg).
- Kunden sind die Chefs der Unternehmen und entscheiden darüber, ob es den Unternehmen gut geht oder nicht. Diese Einsicht ist mehr verbreitet, als umgesetzt. Der Markt und die Kunden entziehen sich dem direkten Einfluss des Unternehmens und sind deshalb schwieriger zu gestalten (Christian Belz).
- Kundenorientierte Strategien werden bis heute nur ausnahmsweise von Unternehmen verfolgt (Manfred Bruhn, Universität Basel).
- Es geht nicht darum, die Trends der Umwelt vollständig zu erfassen, sondern es gilt, sie für ein Unternehmen oder eine Geschäftseinheit zu interpretieren und zu gewichten. Beispielsweise können neue Lösungen des Nutzens statt Besitzens (in der Performance-Gesellschaft) bereits manche Unternehmen und Märkte revolutionieren (Christian Belz).
- Mit Shareholder-Value alleine ist es nicht getan. Insbesondere für Klein- und Mittelunternehmen zählt die Schaffung von Customer-Value, um deren langfristige Zukunft sichern zu können (Urs Fueglistaller).
- Temporär können verschiedene Anspruchsgruppen prägen, wie sich ein Unternehmen entwickeln kann. Ausgetrocknete Personalmärkte, anspruchsvolle Auflagen der Banken und der Kapitalgeber oder ökologische Probleme können das Management und die Mitarbeiter prioritär herausfordern. Ebenso kann der nächste Schritt der technologischen Entwicklung eines Unternehmens ein Schlüssel für neue Erfolge sein. Es bringt wenig, die Anspruchsgruppen und ihre Herausforderungen in allgemeiner Form abzuwägen. Langfristig ist aber besonders in gesättigten und umkämpften Märkten die Kundensicht entscheidend (Christian Belz).
- Verschiedene Unternehmen vermindern ihre Wertschöpfung und erweitern damit eine vertikale und horizontale Arbeitsteilung mit Zulieferern und ergänzenden Anbietern. Typisches Beispiel sind Automobilhersteller. Wenn Unternehmen immer weniger selbst forschen, entwickeln und produzieren, steigt dabei gleichzeitig der Anteil des Marketing und der Beziehungen zum Kunden am Erfolg. Am Ende dieses Prozesses gibt es Anbieter, die ausschließlich die Kundenbeziehung gestalten (Christian Belz).
- Die Marketingführungskraft von morgen muss auf Augenhöhe mit anderen Führungskräften von Unternehmen die Kundensicht vertreten (Wolfgang Armbrecht, BMW)!
- Customer-Relationship-Management muss eine soziale Aufgabe sein, keine technische – auch wenn die Informatik mächtig ist (Wolfgang Armbrecht, BMW).

- Die Kundeneroberung wird im Automobilmarkt zum zentralen Thema des Marketing. Begründet ist diese Herausforderung durch die Wachstumsstrategie von BMW und eine generell abnehmende Kundenbindung für Automarken (Wolfgang Armbrecht, BMW).
- Ein Kunde muss die Strategie des Unternehmens spüren können. Nur ein einzigartiges Profil beim Kunden bietet Vorteile im Markt (Peter Schmid, UBS AG, Zürich).
- Auch in Zukunft erbringen Unternehmen ihre Leistungen für Kunden. Diese Herausforderung bleibt, und es werden zusätzlich zu den vielfältigen, bestehenden Vorschlägen noch neue Theorien, Modelle und Methoden entstehen. Sie konkurrieren untereinander sich und ergänzen sich nur bedingt. Verantwortliche haben zu prüfen, welcher Ansatz passt. Selten ist es aber zweckmäßig, viele Ansätze zu mischen und keine Lösung mehr richtig zu vertiefen. Die Forschung muss in Zukunft klarer aufzeigen, wann welcher Ansatz passt (Christian Belz).

2 Kundenverhalten und Kundenvorteil (Wert für Kunden)

Der Ansatz des Customer-Value geht vom Kunden aus. Seine Einstellungen, Wahrnehmungen, Bedürfnisse, Probleme, Erwartungen, Zufriedenheit und Ziele spielen eine Rolle. In diesem Kapitel beleuchten wir die Kundensicht und den Kundenvorteil (Wert für Kunden) als wichtigen Teil des Customer-Value. Die Analyse von Bedürfnissen und Wünschen der Kunden ist die Voraussetzung, dass Unternehmen überhaupt kundenorientierte Leistungen entwickeln können und damit letztlich Kundenvorteile schaffen.

Es lohnt sich zu prüfen, welche Hinweise die Forschungen zum Kundenverhalten geben (Abschnitt 2.1). Zentral sind für die weitere Arbeit die Erkenntnisse zu Kundenprozessen (Abschnitt 2.2) und Kundenvorteilen (Abschnitt 2.3). Die Problematik, dass vielen Anbietern die Kundennähe und Kundenorientierung fehlt (Abschnitt 2.4), ist auch besonders auf die Defizite im Bereich der Kundenanalyse zurückzuführen.

2.1 Erklärung des Kundenverhaltens

Mit dem Kundenverhalten befassen sich seit langer Zeit viele Forscher und Praktiker. Ziel ist es, das Kundenverhalten zu erklären und damit zu prognostizieren, es zu beeinflussen und für den Kunden wirksam vorzugehen. Gelänge es abzuschätzen, wie Kunden neue Leistungen aufnehmen, wie und wann sie sich für Angebote entscheiden, so wäre es möglich, die hohen Marktrisiken von Unternehmen wesentlich zu senken und Absatzchancen zuverlässig zu ermitteln. Die Problematik bleibt dabei, dass der Kunde seine Interessen nur teilweise artikulieren kann und sich mehrheitlich zu Vergangenheit und Gegenwart, aber kaum zur Zukunft äußern kann. Deshalb formulierte Matthias Haller die Frage provokativ: »Welche Leistung würde der Kunde wollen, wenn er wüsste, was er bräuchte?« Einerseits folgern manche Praktiker daraus, dass die Kundenforschung besonders für Innovationen wenig ergiebig ist und das Angebot die Märkte treibt. Vertreter dieser Richtung zitieren gerne folgendes Beispiel: »Hätte Henry Ford Marktforschung betrieben, so hätte er eine schnellere Kutsche entwickelt.« Andererseits wird doch ein Arsenal von Methoden der Marktforschung eingesetzt, um das Kundenverhalten trotzdem in verschiedenen Befragungsformen, Beobachtungen und Experimenten zu erfassen.

Es kann nicht Zweck dieses Buchs sein, die umfangreichen Forschungsergebnisse zusammenzufassen (konzentriert Kuss/Tomczak 2000; umfassend Kroeber-Riel/Weinberg 1999). Die Literatur erörtert zahlreiche Konstrukte wie beispielsweise Wertewandel, Bedürfnisse, Nutzen, Aktivierung und Emotionen, Einstellung und Images, Informationsverarbeitung, soziale Einflüsse auf das Kaufverhalten, Kundenerfahrung, Involvement des Kunden oder Kundenzufriedenheit. Neben Partikularmodellen mit Schwerpunkten bestehen verschiedene komplexe Gesamtmodelle, die versuchen, das Kundenverhalten umfassend zu erklären.

Im Folgenden sind einige wichtige Hinweise zum Kundenverhalten zusammengefasst. Sie werden nicht weiter vertieft. Die Begriffe lassen sich nicht klar voneinander abgrenzen.

Schlüsselbegriffe und -hinweise zum Kundenverhalten

Wertewandel: »Werte sind individuell, häufig auch kollektiv geteilte Auffassungen darüber, was im Leben erstrebenswert ist: Zielvorstellungen, die das Leben begleiten sowie Leit- und Orientierungsfunktion, ... aus dem das individuelle Handeln des Einzelnen Sinn erfährt.« Werten folgen Einstellungen und schließlich Lebensstile (Szallies/Wiswede 1990, S.15). In der Marketing- und Marktforschung spielen verschiedene Studien zum Wertewandel eine Rolle, z.B. die psychologische Landkarte für die Schweiz, die seit rund 20 Jahren erhoben wird und aus der sich verschiedene Kundentypen ableiten lassen (Demoscope AG, CH-Adligenswil). Auch manche Trendforschungen lassen sich als Forschungen zum Wertewandel interpretieren. »Vielfältig sind die Versuche, Lebensbedingungen und Empfinden des heutigen Menschen auf den Begriff zu bringen: Erlebnis-Gesellschaft, Sensations-Gesellschaft, Freizeit-Gesellschaft, Multimedia-Gesellschaft, Non-Stopp-Gesellschaft, Multioptions-Gesellschaft, Risikogesellschaft, Kommunikationsgesellschaft.« (Ernst 1996, S. 12 f.) (vgl. auch Kapitel 1.4).

Bedürfnis: Bedürfnisse bestehen im Gefühl eines Mangels und im Bestreben, diesen Mangel zu beseitigen (Auslöser der Motivation). Mit dem Bedarf lässt sich die Wirkung des Bedürfnisses quantifizieren und damit in Marktgrößen berücksichtigen (Weinhold 1991). Es können Grund-, Neben- und Zusatzbedürfnisse unterschieden werden, die sich mit Grund-, Neben- und Zusatzleistungen von Anbietern decken lassen. Übergeordnete Bedürfnisse sind beispielsweise Mobilität und Gesundheit. Die möglichen Produkte als Antworten darauf sind Automobile und Medikamente.

Nutzen: Kunden ziehen einen Nutzen daraus, dass beanspruchte Leistungen von Anbietern ihre spezifischen Bedürfnisse decken (Weinhold 1991). Es lassen sich Grund-, Neben- und Zusatznutzen unterscheiden. Der Nutzen lässt sich steigern, indem Anbieter die Bedürfnisse der Kunden besser abdecken, unerwünschte Leistungen für Kunden vermindern (Vermeidung von »Missnutzen«) oder der Kunde lernt, dass bisher unterschätzte Leistungen im Angebot auch für ihn nützlich sind.

Emotion: Emotionen sind innere Erregungen, die angenehm oder unangenehm empfunden und mehr oder weniger bewusst erlebt werden. Emotionen sind nach innen auf das eigene Erleben gerichtet (Kroeber-Riel/Weinberg 1999, S. 53 ff., S. 106). Primäre Emotionen sind beispielsweise Interesse, Freude und Vergnügen, Überraschung und Schreck, Kummer und Schmerz, Zorn und Wut, Ekel und Abscheu, Geringschätzung und Verachtung, Furcht und Entsetzen, Scham sowie Schuldgefühl und Reue (Izard, in Kroeber-Riel/Weinberg 1999, S. 103 f.). Emotionen steuern die Aktivierung und Aufmerksamkeit des Menschen. Schon früh folgerte Kroeber-Riel für gesättigte Märkte mit auswechselbaren Produkten: Ein Emotions- und Erlebnis- statt Sachleistungsprofil ist notwendig (Kroeber-Riel 1986, S. 1137 ff.); deshalb befasste er sich stark mit den Aktivierungstechniken als Voraussetzung für eine intensivere Informationsverarbeitung des Kunden, genauso wie mit der Bildkommunikation und dem Erlebnismarketing.

Motivation und Einstellung: Motivation bezeichnet Emotionen und eine (kognitive) Zielorientierung. Motivation ist ein tiefer liegender Beweggrund, der auf eine Handlung gerichtet ist. Mögliche Antriebskräfte für den Konsum sind beispielsweise Prestige, Geselligkeit, Geborgenheit, Natürlichkeit, Abwechslung, Erfolg, Überlegenheit und Jugendlichkeit (Kroeber- Riel/Weinberg 1999, S.153). Aus Motivation leiten sich Bedürfnisse ab. Einstellungen bezeichnen die Motivation und eine kognitive Gegenstandsbeurteilung. Die Einstellung ist auf ein Objekt gerichtet und beeinflusst das Verhalten. Kaufabsichten umfassen beispielsweise die Einstellung zu einer Leistung und die antizipierten Einflüsse in der Kaufsituation (Kroeber-Riel/Weinberg 1999, S. 175). Die Begriffe Einstellung und Image werden oft synonym verwendet. Einstellungen spielen für Positionierungen (Ist und Soll) eine ausschlaggebende Rolle.

Informationsverarbeitung: Kognitive Prozesse des Kundenverhaltens betreffen die Informationsaufnahme, -verarbeitung und -speicherung, also den Lernprozess des Kunden (Kroeber-Riel/Weinberg 1999, S. 241 ff.). Wahrnehmung ist ein Informationsverarbeitungsprozess, durch den das Individuum Kenntnis von sich selbst und seiner Umwelt erhält (Kroeber-Riel/Weinberg 1999, S. 265). Eine starke Aktivierung fördert die Informationsverarbeitung. Die Aufmerksamkeit selektiert die Wahrnehmung. Ein hohes Involvement fördert die aktive Informationssuche und -verarbeitung. Lernen mit geringem Involvement erfordert häufige Wiederholung von Informationen, aber es unterläuft die gedankliche Kontrolle der Empfänger (Kroeber-Riel/Weinberg 1999, S. 339). Häufige und rasch belohnte Aktivitäten werden tendenziell über Lernprozesse verstärkt, bestrafte Aktivitäten dagegen abgeschwächt (Kroeber- Riel/Weinberg 1999, S. 331).

Kundenerfahrung: Besonders in reifen Märkten sind die Kunden erfahren, weil sie gleiche oder ähnliche Produkte und Services bereits früher beschafften und nutzten und dementsprechend schon mit mehreren Anbietern verkehrten und verschiedene Einkaufskanäle gebrauchten. Erfahrung steigert die Sicherheit, fördert ein gewohnheitsmäßiges Kundenverhalten, unterstützt ein selektives Einkaufsverhalten oder die Konzentration des Kunden auf spezifische Vorteile. Sie erweitert das Verhaltensrepertoire und die Zahl der einbezogenen Alternativen bei einem hohen Involvement des Kunden. Offenheit, Know-how und die Leistungsbereitschaft des Kunden verändern sich dynamisch und sind ein wichtiger Bezug für Lösungen im Marketing. Erfahrungen können zu Differenzierungen und Pauschalisierungen von Kundenurteilen führen (Belz 1989, S. 81 ff.).

Involvement: Das Involvement des Kunden bezeichnet seine Ich-Beteiligung, seine innere Anteilnahme, sein Interesse, die Wichtigkeit von Angeboten und die Stärke der Beziehung zu den Anbietern. Grundsätzlich lassen sich High und Low Involvement von Kunden unterscheiden. Ziel der Kommunikation bei hoch involvierten Interessenten ist es, mit Argumenten zu überzeugen; bei tief involvierten Kunden gilt es, zu gefallen und Identifikationen zu fördern (Kroeber-Riel/Weinberg 1999, S. 338, S. 362). Das Involvement ist hoch für teure, risikoreiche, komplexe, erstmalige und prestigeträchtige Leistungen. Der Kunde beschäftigt sich intensiv damit (Kuss/Tomczak 2000, S. 68). Kundenerfahrungen, Angebotsvielfalt und Informationsüberlastung fördern die Passivität und ein geringes Engagement von Kunden. Sie schaffen damit besondere Bedingungen für die Kommunikation und die Zusammenarbeit. »Es ist kaum möglich und nicht notwendig, Low-Involvement-Konsumenten so zu aktivieren, dass sie sich stark involviert der Kommunikation zuwenden« (Kroeber-Riel/Weinberg 1999, S. 92). Für Anbieter kann es durchaus erwünscht sein, dass die Such- und Kaufprozesse wenig eingebunden und weitgehend unbewusst ablaufen.

Informationsökonomische Kauftypen: Suchkäufe: Die Qualität der Leistung lässt sich vor dem Kauf beurteilen. Die leistungsbezogene Informationssuche des Kunden ist entscheidend. Erfahrungskäufe: Die Qualität der Leistung lässt sich erst nach dem Kauf und bei der Nutzung beurteilen. Leistungsbezogene Informationssubstitute (zum Beispiel Garantien, Rückgaberecht et cetera) sind bei Erfahrungseigenschaften der Leistung wichtig, um die Kundenrisiken zu senken. Vertrauenskäufe: Die Qualität der Leistung lässt sich weder vor noch nach dem Kauf mit einem vertretbaren Informationsaufwand beurteilen (beispielsweise komplexe Autoreparaturen, medizinische Eingriffe). Leistungsbezogene Informationssubstitute (zum Beispiel Reputation des Anbieters, Referenzen, Marken) spielen eine wichtige Rolle für den Kunden (Kuss/Tomczak 2000, S. 104 ff.).

Kundenzufriedenheit: Kundenzufriedenheit ist das Ergebnis eines Vergleichs der Kundenerwartungen mit der wahrgenommenen Leistung eines Anbieters (Weinhold/Baumgartner 1981; Bruhn 2001, S. 71; Simon/Homburg 1995; Johnson/Herrmann/Gustafsson 2002). Für das Kundenmanagement sind Leistungen und Erwartungen wichtig. Das Anspruchsniveau von Kunden lässt sich beeinflussen. Kundenzufriedenheit begünstigt die Kundenbindung (zum Beispiel durch Wiederkauf) und steigert den Wert der Kunden für ein Unternehmen (zum Beispiel durch Weiterempfehlung).

Differenzierte und umfassende Begriffswelten und Modelle des Kundenverhaltens sind eine selbstverständliche Grundlage der Marketinglehre (Kuss/Tomczak 2000, S. 5). Sie haben sich aber in der Praxis zu wenig durchgesetzt. Aus dem Blickwinkel vieler Führungskräfte leisten sie einen ungenügenden Beitrag, sie sind zu komplex und unspezifisch für ein effektives und effizientes Marketing. Die Euphorie zu Marktpsychologie und -soziologie der Siebzigerjahre hat sich inzwischen deutlich abgekühlt. Nur Teilerklärungen wie beispielsweise zu Emotion kontra Sachleistung, zur Wirkung von Belohnungen, zum Vorgehen mit stark und schwach involvierten Kunden, zu Kundenprozessen, zu Buying-Centers von organisationalen Kunden oder zur Diffusion von Innovationen erweisen sich für besondere Marketingsituationen und -lösungen als ergiebig.

Im Bereich des Business-to-Business-Geschäfts bestehen verschiedene Trendanalysen zum Supply-Management. Supply-Management bindet ausgewählte Lieferanten partnerschaftlich ein, um die Wertschöpfungsprozesse (für die Beschaffung strategisch wichtiger Leistungen) abzustimmen und die Fähigkeiten und Ressourcen des Lieferanten optimal zu nutzen. Ziel ist es, Vorteile im Wettbewerb und für den Kunden besser zu erreichen. Dabei gewichten Unternehmen die Beschaffung stärker, wenn ihre eigene Wertschöpfung gering ist (beispielsweise im Einzelhandel). Typische Stichworte zu Entwicklungen sind die Konzentration auf Schlüssellieferanten und Lieferantenselektion, Partnerschaft mit Lieferanten und Single Sourcing, Multiple Sourcing, Modular Sourcing und Beschaffung von Systemen, Global Sourcing bis zu Outsourcing (Belz/Mühlmeyer 2002; vgl. auch Teil III).

Es folgt ein Exkurs zu den Zusammenhängen zwischen Prädisposition und Entscheidung für die Wahl von Verkehrsmitteln. Generell ist es wichtig, die situativen und spezifischen Verhaltensweisen von Kunden zu erfassen.

Exkurs: Prädisposition und Entscheid bei der Wahl des Verkehrsmittels (im Fernverkehr in der Schweiz)

Von Christian Laesser, Universität St. Gallen

Die Einwohner der Schweiz zählen zu den weltweit bahnfreundlichsten Kunden (im Sinn der Benutzungsintensität; vgl. Statistik der UITP). Dass in der Schweiz auf der anderen Seite jedoch die Autonutzung nicht weniger beliebt ist als in anderen Ländern, zeigt sich auch hier durch dichten Verkehr in Spitzenzeiten.

Einer ausgezeichneten Infrastruktur und einer befriedigenden Servicequalität im öffentlichen Verkehr steht somit ein ebenso gutes Netz an Straßen für den Nah- und Fernverkehr gegenüber. Der Bewohner dieses Landes hat also – im Nah- wie im Fernverkehr – eine kaum kopierte Wahlmöglichkeit zwischen der Nutzung des öffentlichen oder individuellen Verkehrsmittels. Der Markt Schweiz eignet sich folglich in idealer Weise zur Erforschung von Präferenz- und Entscheidungsstrukturen der Verkehrsteilnehmer.

Auf Basis des so genannten Situationsansatzes wurden die Kriterien (Attribute) der Verkehrsmittelwahl einmal im Rahmen allgemeiner Präferenzen (Prädispositionen) und einmal im Rahmen einer Begründung der Entscheidung für ein Verkehrsmittel in insgesamt zwei virtuellen Beispielen zur Disposition gestellt: Muolen/Ostschweiz – Bern (Auto versus Bahn) und St. Gallen/Ostschweiz – Paris (Flugzeug versus Bahn).

Drei Forschungsfragen standen hierbei zur Diskussion: 1. Welche generelle Bedeutung haben verschiedene Attribute für die Verkehrsmittelwahl im Fernverkehr (Prädisposition)? 2. Welche Bedeutung haben die gleichen Attribute für die konkrete Entscheidung bei der Verkehrsmittelwahl im Fernverkehr (Situationsentscheidung)? 3. Welchen Einfluss hat die Prädisposition der Verkehrsteilnehmer auf die Stärke der Bedeutung einzelner Kriterien bei der Situationsentscheidung?
Die wichtigsten Resultate sind in der folgenden Tabelle zusammengefasst. Zu den einzelnen Kriterien:
Sicherheit ist ein sehr zentrales Anliegen. Dies zeigt sich zunächst im hohen Wert, der bei der allgemeinen Bedeutung gemessen wurde. Der Einfluss dieses generellen Bedürfnisses in der konkreten Entscheidungssituation ist jedoch begrenzt: So ist nur beim Vergleich mit dem Auto ein – allerdings sehr schwacher – Einfluss zugunsten der Bahn feststellbar.
Der Reisezeit wird in der allgemeinen Betrachtung ebenfalls eine große Bedeutung zugemessen. Der Einfluss beim komparativen Vorteil der Bahn (zum konkurrierenden Verkehrsmittel) ist hierbei geringer als beim komparativen Nachteil. Das heißt, der Faktor »Reisezeit« ist im Zusammenhang mit der Bahn so lange negativ besetzt, bis das Gegenteil »bewiesen« ist.
Das Kriterium »Entspannung und Erholung« hat bei der allgemeinen Betrachtung eine mittlere Bedeutung. Jedoch ist festzustellen, dass der entsprechende Einfluss im konkreten Fall einen Spitzenwert einnimmt. Offensichtlich besteht ein mittelstarkes Bedürfnis, sich während eines Transports zu entspannen beziehungsweise zu erholen, und dieses Bedürfnis wird am ehesten mit einer Reise in der Bahn befriedigt. Weiter ist festzustellen, dass dies in Abgrenzung zum Auto wie zum Flugzeug gleichermaßen gilt.
Die (produktive) Nutzung der Zeit hat nur eine nachrangige Bedeutung. Dies zeigt sich zum einen durch einen geringen Wert bei der allgemeinen Betrachtung, zum anderen aber auch in der Einflussstärke der damit verbundenen Prädisposition: Diese ist nur im beruflichen Kontext des Beispiels »Bern« nennenswert, wogegen beim Beispiel »Paris« die Einflussstärke nahezu Null beträgt.

Die Höhe der Gesamtkosten hat bei der allgemeinen Betrachtung eine mittlere Bedeutung. Hierbei ist allerdings zu beobachten, dass die Mehrzahl der Probanden beim Verkehrsmittelvergleich nur eine Kalkulation der Grenzkosten beim Auto (Benzin und Parkgebühren) statt der Vollkosten (sämtliche Kosten inklusive Abschreibungen, Unterhalt, et cetera) vornehmen. Eine nachhaltige Kostensensibilität scheint nur in dem Fall gegeben zu sein, in dem die Alternative »Flugzeug« evaluiert wird und hinsichtlich der Gesamtreisekosten komparative Nachteile hat (diese Sensibilität ist unter anderem mit der Preissensibilität der Kunden hinsichtlich Flugreisen insgesamt zu erklären).
Der Reisekomfort in Fahrzeugen hat im Allgemeinen nur eine mittlere Bedeutung und wird vor allem situationsspezifisch evaluiert (ein entsprechender Einfluss durch Prädispositionen ist nicht beobachtbar). Auch ist der komparative Vorteil der Bahn gegenüber dem Auto beziehungsweise Nachteil gegenüber dem Flugzeug sehr gering.

Wichtig ist es, das Kundenverhalten inhaltlich für viele Kundengruppen und Leistungen zu konkretisieren. Diese Vertiefung ist anspruchsvoll und umfangreich, deshalb wird beispielsweise in Marktforschungen nicht zusätzlich nach Images, Einstellungen, Emotionen, Motiven, Werten, Bedürfnissen et cetera differenziert. Zudem überschneiden sich diese Konstrukte auch in der Forschung, sobald sie operationalisiert werden. Die meisten der erwähnten Ansätze sind auch auf einen Zeitpunkt bezogen. So werden Bedürfnisse oder die Kundenzufriedenheit einmalig oder periodisch erhoben und dabei zahlreiche Kriterien berücksichtigt. Ein Gesamturteil wird inhaltlich und zeitlich »auf einen Punkt« fixiert. Erst die Kaufprozesse des Kunden geben die relevanten Hinweise, um Marketing und Marktbearbeitung wirksam einzusetzen (Rutschmann 2001, S. 48).

2.2 Informations- und Kaufprozesse

Konsum ist ein vielschichtiger Bereich. Zahlreiche Interessen und Kaufprozesse des Kunden überlagern und verstärken sich und konkurrieren untereinander. Das Kaufverhalten ist dynamisch, das heißt, der Kunde befasst sich mehr oder weniger und während einer längeren Zeit mit mehreren Bedürfnissen und Kaufbereichen.

Der Kaufprozess bezeichnet die verschiedenen Phasen des Interesses, der Evaluation, der Kaufentscheidungen und der Nutzung einer Leistung durch den Kunden. Damit befasst sich der Kaufprozess bereits mit einem spezifischen Konsumfeld aus den gesamten Interessen des Kunden. Der Kaufprozess wird mehr oder weniger intensiv und rational gestaltet. Es lassen sich Impulskäufe, extensive und limitierte Kaufprozesse, Erstkäufe, Gewohnheitskäufe et cetera unterscheiden (Kuss/Tomczak S. 93 ff.). Auch für Such-, Erfahrungs- und Vertrauenskäufe unterscheiden sich die Kaufprozesse.

Inzwischen sind verschiedene Schemata mit mehreren oder wenigen Phasen im Marketing üblich, um Kaufprozesse zu strukturieren. Abbildung 2.1 gibt ein Beispiel und zeigt, dass zwischen dem Buying- und Selling-Cycle ein Zusammenhang hergestellt werden kann.

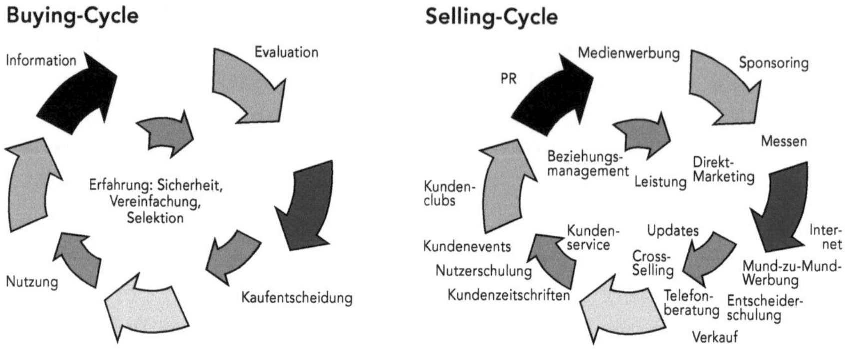

Abbildung 2.1: Buying- und Selling-Cycle (Mauch 1990, S. 16)

Erfahrungen und empirische Untersuchungen zeigen jedoch deutlich, dass es keine einfachen Arbeitsteilungen gibt, um mit verschiedenen Instrumenten des Marketing den Kaufprozess des Kunden umfassend abzudecken. So ist beispielsweise Werbung nicht nur für die erste Bekanntmachung eines Angebots relevant. Und der Verkauf wird nicht erst eingesetzt, wenn der Kunde kurz vor seiner Entscheidung steht. Abbildung 2.2 zeigt die Ergebnisse von Stadelmann und Finsterwalder.

Generische Kaufprozesse mit Phasen vor, während und nach dem Kauf sind nicht falsch; sie genügen aber auch nicht, um Stellhebel für die Kommunikation zu bestimmen oder um den Kaufprozess wirksam zu fördern. Kundenprozesse sind spezifisch für Leistungen, Märkte oder Unternehmen. Führungskräfte im Marketing und Direct Marketer kennen die individuellen Kaufprozesse der Kunden selten.

Es gilt in Zukunft, das konkrete Verhalten von Kunden zu untersuchen (zum Folgenden vgl. Rutschmann 2001 sowie seine persönlichen Hinweise). Neuere und praxisorientierte Forschungen gewichten nicht nur Einkaufskriterien und erfassen »rationalisierte« Begründungen von Kunden, warum sie sich mit einem Angebot befassen und dieses kaufen. Sondern wichtiger sind die konkreten Informations-, Evaluations-, Entscheidungs- und Nutzungsprozesse. Kunden gehen kaum logisch und rational vor. Sie verhalten sich oft absichtslos und orientieren sich nicht an Zielen und am Nutzen. Natürlich sind auch Kunden in der Lage, ihre Schritte im Kaufprozess systematisch und logisch zu beschreiben (und nach einem Prozess der Problemlösung zu ordnen). Zwar entspricht diese rational dargestellte Vorgehensweise nicht dem realen Verhalten, der Kunde äußert jedoch das, was offenbar von ihm erwartet wird. Für Kunden und Anbieter sind systematische Kauf- oder Verkaufsprozesse normative und nicht reale Konzepte.

Rutschmann (Rutschmann 2001; Belz et al. 2003, S. 105 ff.) entwickelte eine Methodik der Verhaltensanalyse, bei der die Kunden unbelastet

	TOTAL (CH)	Zielgruppenansprache	Anfragen-/ Erkundigungsmanagement	Begrüßung	Kennenlernen des Kunden	Laufende Betreuung und Entwicklung				Beschwerdemanagement	Anfragen-/ Rückgewinnung
						Markenimage	Cross-Selling	Up-Selling	Kundenbindung		
	% (Rang)	% (Rang)	% (Rang)	% (Rang)	% (Rang)	% (Rang)	% (Rang)	% (Rang)	% (Rang)	% (Rang)	% (Rang)
Persönlicher Verkauf	40 (1)	27 (1)	40 (1)	45 (1)	45 (1)	16 (1)	44 (1)	47 (1)	43 (1)	37 (1)	56 (1)
Direct-Mail (one-to-one)	20 (2)	10 (4)	20 (3)	45 (1)	16 (2)		27 (2)	26 (2)	13 (3)	37 (1)	17 (29)
Telemarketing	11 (3)		21 (2)	6 (3)	12 (3)		13 (3)	13 (3)	8 (5)	19 (3)	17 (2)
Events (Corp. Hospitality)	6 (4)	9 (5)		1 (5)	9 (4)			5 (4)	18 (2)		(5)
Internet-Homepage	4 (5)		9 (4)		6 (5)		4 (5)	3 (5)		1 (5)	
Plakate	4 (5)	13 (2)				15 (1)					
Zeitungswerbung	3 (7)	12 (3)				15 (1)					
E-Mail	2 (8)		7 (5)	2 (4)						(4)	3 (4)
TV-Werbung	2 (8)					13 (4)					
Direct (Massen-)Mailing	2 (8)						(4)				
Zeitschriftenwerbung	2 (8)					11 (5)					
Kundenzeitschrift	2 (8)								9 (4)		

Abbildung 2.2: Kombination der Instrumente der Marktbearbeitung für die Kundenbetreuung (Stadelmann/Finsterwalder 2001)

erzählten, wie sich ihre Kaufprozesse für einen Computer oder eine Reise abspielten. Solche Schilderungen sind sehr individuell, vielschichtig und dauern im Gespräch oft ein bis zwei Stunden. Aus fünfzig oder hundert solcher Gespräche lassen sich computergestützt die relevanten Prozessmuster entwickeln, die Einflüsse für eine Fortsetzung oder den Abbruch von Kaufprozessen erkennen und die wichtigen, möglichen Eingriffe der Marktbearbeitung bestimmen. Das Praxisbeispiel zeigt das Vorgehen des Reiseanbieters Hotelplan.

Praxisbeispiel:
Verhaltensanalyse für Reisen am Beispiel Hotelplan

Von Marc Rutschmann, Dr. Marc Rutschmann AG, CH-Zürich

Am Beispiel der Reisebranche werden das Vorgehen der Verhaltensanalyse und die Folgerungen für das Marketing aufgezeigt: Das Buchen einer Urlaubsreise beim Unternehmen Hotelplan, der Nummer 2 der Branche auf dem Schweizer Markt. Einige Erkenntnisse der Untersuchung dürfen hier dank der freundlichen Genehmigung von Hotelplan beschrieben werden.

1. Schritt: »Frische« Käufer erzählen

Konsumenten, die soeben eine Buchung vorgenommen haben und diesen Vorgang in frischer Erinnerung haben, werden zu einem Interview eingeladen. Mit einer speziell für die Verhaltensanalyse entwickelten Interviewtechnik wird das Gespräch in Gang gesetzt. Ziel ist es, die individuelle Geschichte dem anekdotischen Gedächtnis des Konsumenten zu entlocken: Der realitätsnahe Verlauf wird in allen Einzelheiten erzählt. Diese Geschichten werden auf Video aufgezeichnet.

2. Schritt: Kodierung der singulären Kaufprozesse

Jede Geschichte wird mit einer speziell entwickelten Analysetechnik kodiert. Alle Verhaltensschritte, jeweils mit Auslösern, Hemmern sowie Belohnungen und »Bestrafungen«, werden in eine Datenbank eingegeben. Diese Daten können zum Beispiel als Prozessverlauf ausgedruckt werden.

3. Schritt: Die Aggregation zur »Landkarte des Marktgeschehens«

Eine Vielzahl solcher singulärer Kaufprozesse wird bildhaft gesprochen aufeinander gelegt. Muster beginnen sich abzuzeichnen: Es entsteht ein Abbild einer repräsentativen Stichprobe von Kaufprozessen. Dieses Abbild bezeichnen wir als »Landkarte des Marktgeschehens«. An ihrem linken Ende sind die allerersten »Anstöße« erkennbar, die den Prozess in Gang gesetzt haben; am rechten Ende der Abschluss, der Kauf und was nach dem Kauf folgte. Jeder »Faden« auf dieser Prozesslandkarte repräsentiert eine Kaufgeschichte; die »Stränge« deuten auf gewisse Muster hin, die viele singuläre Kaufgeschichten gemeinsam haben. Das Datensammeln für die Verhaltensanalyse ist rein empirisch. Das Schlüsseziehen ist dagegen ein induktiver Vorgang: Aus bloßem Aggregieren von Einzelfällen wächst ein Muster heran, das auf Regelmäßigkeiten im Marktgeschehen verweist. Dieses entsteht vorurteilslos und ist, sowohl für unseren Auftraggeber wie auch für den Untersuchungsleiter, meist überraschend.

4. Schritt: Das Identifizieren der Schlüsselstellen

Die Landkarte des Marktgeschehens ist so noch zu komplex, um das Handeln des Managements zu leiten oder darauf gestützt Strategien zu entwickeln. Entscheidend für den pragmatischen Nutzen der Verhaltensanalyse ist das Identifizieren der Schlüsselstellen:
Es sind jene Ausschnitte auf der Landkarte, auf die das Unternehmen auch tatsächlich mit Marketingmaßnahmen Einfluss nehmen kann.
Und es sind Phasen in diesem Prozess, die eine Hebelwirkung bezüglich des Ziels zur Folge haben, zum Beispiel Käufe herbeizuführen oder Wiederholkäufe zu realisieren.

Schlüsselstellen im Kundenprozess (für Fortsetzung oder Abbruch)

Im Zuge der Verhaltensanalyse in der Reisebranche haben sich folgende Schlüsselstellen für die Strategie der Marktkommunikation herauskristallisiert:
Schlüsselstelle 1: Das Ferienprojekt reift heran, ausgelöst durch gegebene Zyklen. In der überwiegenden Zahl der Fälle wächst das Ferienprojekt langsam heran, entweder von Sehnsucht getrieben (76 Prozent) oder der Routine gehorchend (24 Prozent). Akut wird das Ferienprojekt durch die zyklische (meist jährliche) Ferienplanung. Der Rhythmus ist durch den Job, die Schulferien oder durch pure Gewohnheit gegeben. Als Schlüsselstelle wird diese Erkenntnis bezeichnet, gerade weil das Unternehmen hier nicht (effizient) ins Geschehen eingreifen kann, aber die Branche gemeinhin annimmt, dass sie mit Kommunikationsmaßnahmen das Ferienpläneschmieden beeinflussen könnte.
Schlüsselstelle 2: Der Ort der Ferien wird autonom gewählt, ohne Einfluss eines Anbieters. Auch hier: Der Bedarf konkretisiert sich ohne Einflussnahme durch einen Anbieter und ohne dass einer Einflussnahme auch Erfolg beschieden wäre. Hingegen ist aufschlussreich für die Marktkommunikation: Es ist in der Regel die (geografisch definierte) Destination, die sich herauskristallisiert, in einen Schlüsselbegriff mündet und so auch abrufbar wird: »San Francisco« mit einer semantischen Ausdehnung auf die Westküste der USA; nicht »Mittelmeer«, sondern »Südfrankreich« oder »Griechenland« oder dann »Sandstrand und Sonne« als Synonym für eine preisgünstige Form von Ferien, egal ob auf Ibiza oder an der Costa Brava. Den Dingen freien Lauf lassen, nicht ins Geschehen eingreifen, keine Ressourcen verschwenden: Das ist die adäquate unternehmerische Maxime bei dieser Schlüsselstelle, aber im richtigen Moment und am richtigen Ort bereit stehen.

Schlüsselstelle 3: Angebotssuche: »Kataloge raffen« als Handlungsautomatismus. Wie von Hast getrieben, bewegen sich 81 Prozent der Konsumenten an den Ort heran, wo Kataloge erhältlich sind. Vollständig soll die Übersicht sein und in wenigen Tagen beschaffbar. Kataloge werden »gerafft«, eher unter aktiver Vermeidung einer Beratungssituation. Aufschlussreich ist, was von diesem Katalograffen aus der Erinnerung reproduziert werden kann: Nämlich die präzise Beschreibung der Örtlichkeiten, des Verkaufspunkts, die bunten Schaufenster und viele Details, aber nur selten die Marke des Anbieters.
Es braucht wohl nicht besonders betont zu werden, dass es für einen Ferienanbieter erfolgsentscheidend ist, am besten im Zug des Katalograffens aufgesucht zu werden.
Schlüsselstelle 4: Ein Produkt wählen und im Reisebüro die Buchung ausführen. Anschließend zieht sich der Konsument wieder zurück. Es erfolgt die Wahl des eigentlichen Reiseprodukts, in der Regel die genauere Destination und das Hotel, eventuell in einigen wenigen Varianten. Es ist ein Catalogue-Shopping im trauten Heim mit der Familie oder dem Ferienpartner. Man schreitet dann wieder zum POS, wo die Buchung ausgeführt wird und man die Bestätigung erhält: »Das ist noch frei. Sie haben gut gewählt!«

Eine Strategie entsteht: »Bottom-up«

Der strategische Wert der durch die Verhaltensanalyse gewonnenen Einsichten liegt einmal in der Ressourcenallokation: Den Marktprozessen ihren freien Lauf lassen, wo starke Kräfte (hier die Lebensfreude) gewissermaßen autonom wirken und eine Einflussnahme ohnehin kaum Wirkung zeigt. Dort aber mit strategischen Konzepten aufwarten, wo der Match entschieden wird:
Berücksichtigt werden im Zuge des Katalograffens durch potenzielle Kunden, das heißt, Frequenz generieren für das Katalogabholen.
Das Wiederhinführen des Konsumenten an den Ort, wo der Katalog herausgegeben wurde, das heißt Prospect-Bindung.
Die Feinauflösung der Prozesslandkarte an den einzelnen Schlüsselstellen zeigt schließlich die Mechanismen auf, wie ferienplanende Konsumenten an den Katalog zu führen sind (... 50 Prozent des Markterfolgs) und wie die Catalogue-Shopper an diesen Ort zurückgeführt werden können, um die Buchung vorzunehmen (... gewissermaßen die zweiten 50 Prozent des Markterfolgs). Es sind Maßnahmen der Kommunikation über die Medien mit einer sehr einfachen, aber handlungsauslösenden Funktion, welche dies fördern. Es ist aber auch ein neuer Betriebstyp am POS daraus hervorgegangen, der dieses Katalograffen begünstigt. Und nicht zuletzt haben diese Erkenntnisse zu einer neuen Form des Personaleinsatzes und einem neuen Rollenverständnis der Mitarbeiter am Point-of-Sale geführt, das sich grundlegend vom dem des herkömmlichen »Beraters« in der Reisebranche unterscheidet.

Kaufprozesse unter dem Gesichtspunkt des Verhaltens und der Abfolge von Verhaltensschritten zu betrachten, hat einen interessanten Nebeneffekt. Es scheint, dass diese Sichtweise unserer »intuitiven Logik« sehr nahe kommt. Für Marketingmanager sind die Erkenntnisse und die Form der Darstellung unmittelbar einleuchtend und beflügeln das unternehmerische Handeln. Es ist die Authentizität dieser »Kaufgeschichten«, die eine tiefe emotionale Berührtheit erzeugt. Die Kaufgeschichten, die durch die Verhaltensanalyse systematisch gewonnenen wurden, ersetzen quasi die beliebten »Referenzanekdoten«, die uns jeder erfahrene Verkäufer oder Marketer gerne erzählt und auf denen dann ganze Strategien gründen.

Das induktive und offene Vorgehen verhindert, dass wichtige Aspekte im Kundenprozess ausgeschlossen werden. Die Kundengeschichten und ihre Aggregation zeigen, wo in der Kommunikation anzusetzen ist, welche Inhalte für Kunden relevant sind und was erfolgreiche von erfolglosen Kundenprozessen unterscheidet. Diese Informationsgrundlagen sind für alle beteiligten Führungskräfte und Mitarbeiter konkret, glaubwürdig und auch befreiend. Oft lassen sich die Vorurteile der Marketingspezialisten durchbrechen. Mit solchen Verhaltensanalysen gelingt es, den Markt und die Kunden in das System wirklich einzubinden. Vorher dominieren interne Prozesse und Vorstellungen davon, wie der Markt und die Kunden funktionieren.

Der Ansatz der Kundenprozesse vereint die operative und strategische Kommunikation. Der Kundenprozess und das Kundenverhalten werden zum einheitlichen Bezugssystem für alle beteiligten Funktionen (Vertrieb, Direktmarketing, Werbung, Spartenmanagement et cetera) und verbessern die interne Kommunikation und Zusammenarbeit. Marketing versucht laufend die Prozesse zu beschleunigen (und rasch zum Verkauf zu führen). Dadurch werden die Beziehungen zum Kunden oft abgebrochen. So gehorchen lebendige Kundenkontakte eigenen Spielregeln. Zudem erkennen wir, dass zunehmend situative Variablen das Kaufverhalten beeinflussen. Typische Aspekte sind die Zeit(not) des Kunden, die aktuelle Befindlichkeit, das Wetter, die Präsenz von Angeboten, zufällige Anregungen et cetera. Der Anteil der spontanen Entscheidungen von Konsumenten ist hoch.

Database-Management und Kundenprozess- oder Verhaltensanalysen ergänzen sich. Natürlich sind auch Ansätze des induktiven Marketing, wie sie von Banken verfolgt werden (Grüter/Oggenfuss 2001), ergiebig. Sie stützen sich auf effektive Transaktionsanalysen, erfassen Muster für Cross-Selling und die Gefährdung von Kunden et cetera. Statistische Analysen entwickeln aber vor allem innerhalb der Unternehmen nie die Kraft, die auf der Grundlage von Kundenanalysen entsteht. Kundenanalysen, Videoaufzeichnungen und konkrete Aussagen sind plausibel, überzeugen und führen zu neuen, inhaltlichen Schwerpunkten und Argumentationen. Teilweise sind die Ergebnisse vergleichbar mit den Anekdoten von Verkäufern, nur sind sie aktuell und differenziert. Kurz: Mit der Verhaltensanalyse von Kunden lassen sich nicht nur Spezialisten überzeugen, sondern ebenso das Management, Innendienstmitarbeiter und Verkäufer.

2.3 Kundenvorteil als Wert für Kunden

Wettbewerbsvorteile prägen maßgeblich die Diskussion um erfolgreiche Unternehmensstrategien. Um sich in Märkten durchzusetzen, gilt es, im Vergleich zu den Wettbewerbern kostengünstiger vorzugehen oder sich zu differenzieren. Dazu muss ein Anbieter die entsprechenden Wertaktivitäten auswählen und die eigene Wertschöpfung optimieren (Porter 1985).

Jeder Wettbewerbsvorteil äußert sich indirekt über die Kunden: Sie erkennen, gewichten und honorieren die Vorteile des Angebots. Wir ziehen den Begriff des Kundenvorteils vor, weil er die Unternehmensstrategien unmittelbar auf die Anforderungen der Kunden fokussiert. Die Konkurrenz zwischen den Anbietern kann sich vom Kundennutzen entfernen oder auf unwichtige Nebenschauplätze verlagern. Die Wettbewerber überbieten sich dann in Leistungen, die für den Kunden nicht relevant sind. Abbildung 2.3 zeigt die Zusammenhänge.

Die Hinweise zum Kundenprozess verdeutlichten, dass Kundenvorteile sich je nach Situation und Phase im Kaufprozess unterscheiden. Zudem ist zu beachten, dass die Kaufentscheidungen oft von mehreren Menschen beeinflusst werden, die verschiedene Schwerpunkte setzen.

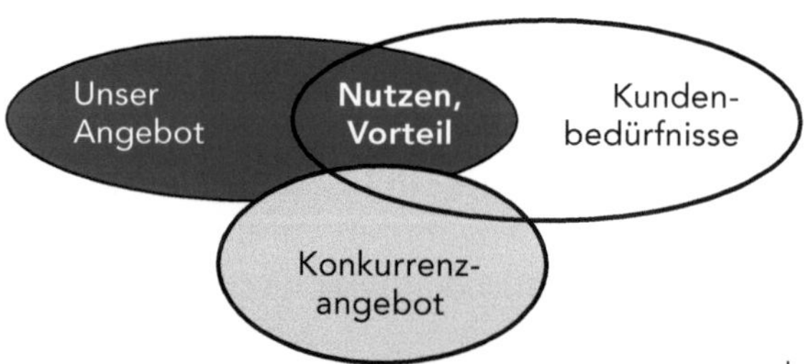

Kundenvorteil = $\sum$ Vorteile$_i$ – $\sum$ Nachteile$_i$

$_i$ bezeichnet die einzelnen Bedürfnis- und Leistungsteile eines Angebots

Abbildung 2.3: Kundenvorteil und Kundennutzen (Weinhold 1988, S. 192)

Der Kundenvorteil besteht (wie bereits früher bemerkt) im wahrgenommenen Nutzen und Mehrnutzen des Kunden in der Zusammenarbeit und für die Leistung eines gewählten Anbieters. Verschiedene Leistungskomponenten des Anbieters sind dabei für ihn unwichtig, wenn sich seine Bedürfnisse und das Angebot nicht vollständig decken. Anderson/Naurus (1998, S. 6) präzisieren: »We can capture the essence of the concepts in our definition of value in a fundamental value equation: (Value f - Price f) > (Value a - Price a).« Dabei bezeichnet »f« das Angebot des besten Unternehmens im Vergleich zum zweitbesten Angebot des gleichen Unternehmens »a« oder eines weiteren Anbieters. Sie konzentrieren sich damit auf den (relativen) Mehrwert des Kunden durch die Wahl seines besten Angebots. Kothandaraman/Wilson (2001) schlagen zusätzlich vor, die einzelnen Leistungs- und Wertkomponenten zu gewichten (vgl. dazu auch die Messansätze in Abschnitt 12.2).

Der folgende Exkurs leistet einen Beitrag zur Diskussion und Erklärung des Kundenvorteils in der Literatur.

Exkurs zum Wert für Kunden und Kundenvorteil

Von Thomas Bieger

Der Kundenvorteil setzt beim Kunden und seiner Wahrnehmung an. Die Forschung in diesem Bereich ist in den Diskurs um das kundenorientierte Management einzuordnen, der vor allem in der betriebswirtschaftlichen Disziplin des Marketing geführt wird (Meffert/Bruhn 2003; Kotler/Bliemel 2001; Meffert 2000; Weinhold 1994). Kundenorientierung wird mit unterschiedlicher Nuancierung und Akzentuierung seit den ersten Entwicklungen der Betriebswirtschaftslehre als wesentliche Voraussetzungen für den Erfolg eines Unternehmens betrachtet. In der jüngsten Vergangenheit erreichte die Kundenorientierung, nach den Phasen vermehrter Personal- beziehungsweise Finanz- und damit Ressourcenorientierung, eine neue Welle der Beachtung. Der Wert für Kunden wird zur zentralen Größe, nach der Kunden die Leistungen und die Unternehmen bewerten (Matzler 2000; Gale 1994). Der Wert für Kunden oder Kundenvorteil wird dabei unterschiedlich definiert:

- Naumann (1995, S. 2): The components of Customer-Value are deceptively simple. Product quality, service quality, price and image shape a customer's perception of value. A firm's strategy and performance in these areas are integrated by customers into a perception of the value proposition.
- The Advantage Group (1996, S. 1): Customer-Value: The benefits relative to the cost that a customer receives from its relationship with a supplier.
- Zeithaml (in Matzler 2000, S. 292): Value is the consumer's overall assessment of the utility of a product based on perceptions of what is received and what is given.
- Gale (1994): Customer-Value is market perceived quality adjusted for the relative price of your product.
- Woodruff (in Petrick/Backman 2002, S. 39): Customer-Value is a customer's preference for and evaluation of those product attributes, attribute performances, and consequences arising from use that facilitate (or block) achieving the customer's goals and purposes in use situations.

- Matzler (2000, S. 290): Kundenwert (in unserer Interpretation der Kundenvorteil) hingegen stellt die vom Kunden wahrgenommene Diskrepanz zwischen dem (mehrdimensionalen) wahrgenommenen Nutzen und den (mehrdimensionalen) wahrgenommenen Kosten im Vergleich zur Konkurrenz dar.

Die Autoren interpretieren »Customer-Value« dabei nur aus dem Blickwinkel der Kunden. In unserem Begriff »Customer-Value« integrieren wir aber den Wert für Kunden und den Wert von Kunden.
Es lassen sich klare Entwicklungslinien erkennen (Matzler 2000):

1. Der Kundenvorteil wird implizit schon durch die Chronologie der Entwicklung des Konzepts und durch die Ergänzung von Zufriedenheits- und Nutzendimensionen mit Kostendimensionen als Weiterentwicklung des Konzepts Kundenqualität, Kundenzufriedenheit und Kundennutzen definiert. Explizit ordnen verschiedene Autoren das Konzept direkt als Erweiterung des Diskonfirmationskonstrukts ein (Matzler 2000; siehe auch Abbildung 2.4).

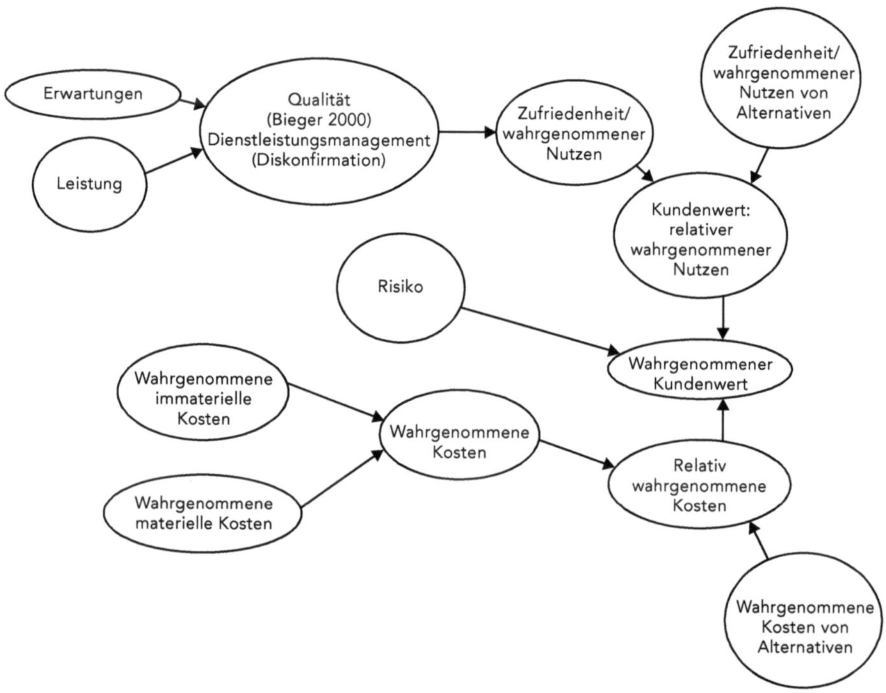

Abbildung 2.4: Konzept Kundenvorteil (nach Matzler 2000, S. 293)

Die Definitionen aus der Perspektive des Kunden (Kundenvorteil) gehen alle implizit von den Konzepten der Gleichgewichtstheorie der Sozialpsychologie (Adams 1963; Pritchard 1969) und der Organisationspsychologie (Homans 1961) aus (Matzler 2000, S. 292). Nach diesen Konzepten sollte ein Ertrag in Beziehung zu dem stehen, was das Individuum investiert. In diesem Sinn umfassen alle Definitionen des Werts für Kunden einen Vergleich zwischen dem Ertrag, dem Nutzen und der Belohnung des Kunden im Verhältnis zu seinen Investitionen.

Neuere Definitionen enthalten einen klaren, situativen Bezug. Entsprechend der Comparison Level Theorie (Thibaut/Kelly 1959) vergleichen Interaktionspartner die Resultate einer Austauschbeziehung mit denjenigen alternativer Beziehungen. Entsprechend spielen nur die wahrgenommenen Ergebnisse in Abwägung mit den wahrgenommenen Aufwänden in einer konkreten Vergleichssituation eine Rolle. Wahrnehmung und Situation sind damit entscheidende Determinanten.

Dabei steht nicht der messbare tangible Nutzen im Vordergrund. Entscheidend ist das subjektiv wahrgenommene Verhältnis zwischen Nutzen und Kosten.

Entsprechend kann der Kundenvorteil durch die Gegenüberstellung der subjektiv wahrgenommenen Kosten für den Kunden zu den Nutzen für den Kunden in einer jeweiligen Situation im Vergleich zur Konkurrenz operationalisiert werden. Konzeptionell kann man davon ausgehen, dass sämtliche Leistungen, die in Abbildung 2.5 im unteren rechten Quadranten unterhalb der Diagonale eingeordnet sind, einen positiven wahrgenommenen Kundenvorteil aufweisen.

Diese vereinfachte modellhafte Betrachtung wurde verschiedentlich diskutiert (Gale 1994). So kann man davon ausgehen, dass unterhalb eines bestimmten minimalen Nutzens das Produkt trotz niedrigstem Preis nicht gekauft wird. Niemand wird beispielsweise einen Elektrobohrer kaufen, der nicht im Beton Löcher bohren kann, auch wenn er spottbillig wäre. Die Basisfunktionalität ist dann nicht mehr erfüllt. Umgekehrt führt ab einem bestimmten Niveau der höhere Nutzen nicht mehr zu einer gesteigerten Bereitschaft, zusätzliche Kosten in Kauf zu nehmen. Wenn im selben Bohrer Geräuschdämmung, Frischluftfilter und eine Stereoanlage eingebaut werden, so ist eine Überfunktionalität geboten, die nicht mehr den wahrgenommenen Wert erhöht. Es ergibt sich damit eine eigentliche (nach unten rechts offene) konkave Kurve. Die Bestimmung des minimalen Nutzens und des Nutzens, ab dem eine weitere Erhöhung zu keiner weiteren Bereitschaft zum Tragen von Kosten führt, dürfte für die Leistungsgestaltung eine der wesentlichen Fragen sein.

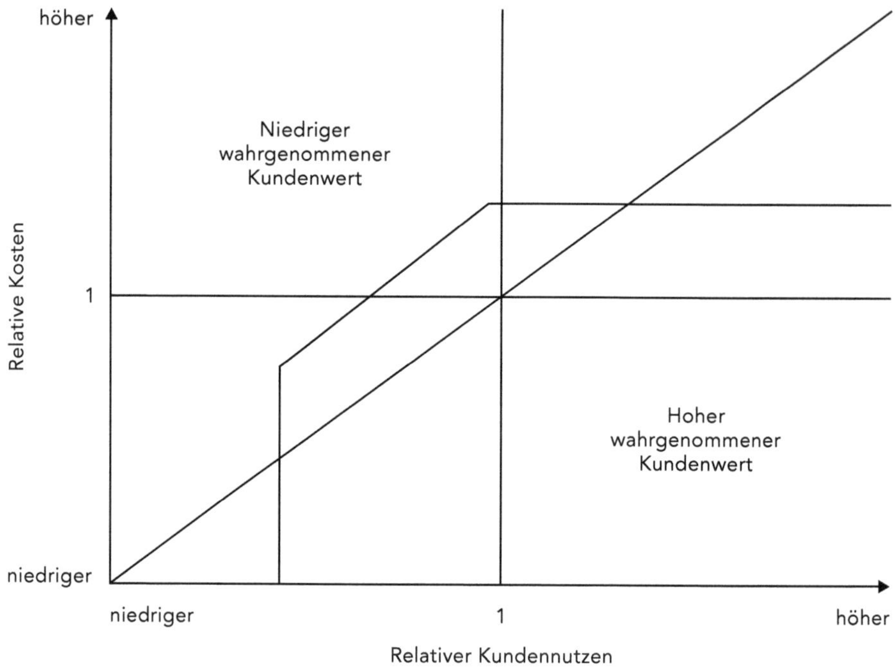

Abbildung 2.5: Kundenvorteils-Map (Customer-Value im engeren Sinn; Gale 1994)

Das Konzept des Kundenvorteils lässt sich wie folgt strukturieren:

- Nutzen (unidimensional versus multidimensional),
- Kosten,
- Risiko.

Der Nutzen kann von der »Wirkung« her als unidimensional oder multidimensional erfasst werden. Bei einem unidimensionalen Ansatz geht man davon aus, dass sich der Nutzen auf einzelne Dimensionen reduzieren und so auch quantifizieren lässt (Gale 1994). Ein multidimensionaler Ansatz geht davon aus, dass sich Nutzen in verschiedenen Dimensionen ausdrückt, die nur zum Teil tatsächlich messbar sind oder auch nur von den Kunden eingeschätzt werden können.
Für die »Entstehung« des Nutzens gibt es Unterschiede in der Art und den Entstehungsmechanismen. Hier kann einerseits zwischen einem eher tangiblen Leistungsnutzen (L-Nutzen) unterschieden werden, der auf dem direkten Problemlösungsbeitrag beruht. Auf der anderen Seite besteht ein Nutzen durch die Community (C-Nutzen), der im Beitrag des Produkts zur Befriedigung abstrakterer Bedürfnisse wie soziale Interaktion, Zugehörigkeit und schließlich Identität beruht. Dabei kann eine Community definiert werden als eine (virtuelle) Gemeinschaft, eine eindeutig definierte Gruppe von Personen, die in sozialer Interaktion stehen und gemeinsame Werte und/oder Ziele aufweisen und schließlich zeitweise einen gemeinsamen Ort (auch einen virtuellen) aufsuchen.

Auch die Kosten können objektiv wahrgenommen werden. Insbesondere bei Serviceprodukten ist dies aufgrund der Intangibilität ein wichtiger Faktor. Bei Wartezeiten gibt es beispielsweise erhebliche Unterschiede zwischen den wahrgenommenen Kosten und den tatsächlichen finanziellen Opportunitätskosten durch entgangene Arbeitszeit. Eine wichtige Unterscheidung betrifft auch die monetären Kosten gegenüber nichtmonetären Kosten wie Zeitaufwand, physischer oder psychischer Aufwand. So kann der Konsum eines gesellschaftlich nicht akzeptierten Guts, wie beispielsweise einer Boulevardzeitschrift, in bestimmten Kontexten psychische Kosten in Form von Imageverlust schaffen.
Der wahrgenommene Preis kann in Akquisitionswert und Transaktionswert (Thaler 1985) unterschieden werden. Der Akquisitionswert wird dabei als Differenz in Form von Freude oder Nutzen bezeichnet, die übrig bleibt, wenn man von der Freude über den Erwerb die »Unfreude« oder den Disnutzen der Zahlung abzieht (Urbany/Beardon/Weilbaker 1988). Der Transaktionswert ist die Differenz zwischen dem internen Referenzpreis des Kunden und dem tatsächlich bezahlten Preis. Messkonzepte setzen meist beim Akquisitonswert an (Petrick/Backman 2002 S. 39).
Eine besondere Funktion nimmt das Risiko ein. Man kann sich auf den Standpunkt stellen, dass das Risiko in Form eines objektiven Risikos über Wahrscheinlichkeiten monetarisiert wird. Unsicherheit kann zusätzlich über Stress zu psychischen Kosten führen. Damit ließe sich das Risiko integrieren und müsste nicht zusätzlich berücksichtigt werden. Andererseits zeigen verschiedene Untersuchungen, dass die Risikowahrnehmung nicht nur unterschiedlich ist, sondern dass das Risiko auch die Wahrnehmungsprozesse verändert. So werden gewisse Risiken subjektiv und massiv überbewertet, weil sie nicht nachvollziehbar sind. Dies ist beispielsweise bei der Bewertung der Risiken einer Flugreise der Fall. Objektiv betrachtet ist eine Flugreise pro zurückgelegtem Kilometer viel sicherer als eine Autoreise. Trotzdem schätzen viele Kunden diese Risiken höher ein und verhalten sich dementsprechend. Risiko ist deshalb eine getrennte Dimension, die sowohl auf die Wahrnehmungsprozesse wie den Kundenvorteil, direkt einwirkt. Allerdings wird hier das Risiko mehrheitlich auf die Wahrnehmung von Gefahren ausgerichtet. Die Betrachtung lässt sich durch die positiven Beiträge der Chancen in Risikosituationen erweitern.

Wir gehen davon aus, dass besonders das anspruchsvollere Angebot für den Kunden mit zahlreichen Vor- und Nachteilen verbunden ist (vgl. die Formel in Abbildung 2.5). Nachteile sind beispielsweise ein aufwändiger Informations- und Beschaffungsprozess, Risiken der Kaufentscheidung, unbenötigte und fehlende oder falsche Produktmerkmale sowie ein hoher Preis. Die Vorteile sind beispielsweise ein außergewöhnliches Einkaufserlebnis, die gezielte Beratung des Kunden, eine gute Funktionalität und Langlebigkeit eines Produkts sowie eine besonders wirtschaftliche Leistung. Im Marketing gilt es, mit den Vor- und Nachteilen spezifisch umzugehen, denn der Kunde erlebt ihre Qualitäten unterschiedlich. So erfordern Risiken und Angst oder

Sicherheit des Kunden bei Versicherungen unterschiedliche Vorgehensweisen. Eine Analogie lässt sich zu den Satisfiers und Dissatisfiers im Führungsmodell von Herzberg herstellen (Kühn 1985). Auch im Marketing gibt es Angebotsteile, die als Dissatisfiers wirken. Sie schaffen eine Unzufriedenheit, wenn sie nicht erfüllt sind, werden aber schnell erwartet und bringen dann keine besondere Befriedigung. Satisfiers des Angebots motivieren den Kunden längerfristig und schaffen somit eine Zufriedenheit. Typische Dissatisfiers sind Aktionen, kurzfristige Preisvorteile oder manche Ansätze zur Kundenbindung. Satisfiers entspringen stärker der eigentlichen Leistung. Wichtig sind die Lösungen mit Leistungs- und Kundensystemen oder gesamthaft die Ansätze für Kundenmehrwert.

Es gibt zahlreiche Ansätze, um Kundenvorteile zu kategorisieren. So lässt sich zwischen Muss- und Kann-Anforderungen der Kunden unterscheiden. Die bekannte Bedürfnispyramide von Maslow erfasst physiologische Bedürfnisse, Bedürfnisse nach Sicherheit, soziale Bedürfnisse, Wertschätzungsbedürfnisse und Bedürfnisse nach Selbstverwirklichung (Kuss/Tomczak 2000, S. 44). Eggert (1999, S. 176) verwendet affektive (zum Beispiel persönliche Verbundenheit), kognitive (zum Beispiel Aufwand für einen Wechsel des Anbieters) und normative Indikatoren (zum Beispiel Fairness wegen der bisherigen Bemühungen des Anbieters), um eine Geschäftsbeziehung aus dem Blickwinkel eines Kunden zu bewerten.

Zudem spielen besonders die individuellen Bedürfnisse, Funktionen und Merkmale für spezifische Leistungen eine Rolle. Bei Schokolade sind andere Kriterien wichtig als bei Automobilen oder der Beschaffung einer Werkzeugmaschine durch ein Unternehmen.

Abbildung 2.6 zeigt mögliche Kundenvorteile im Überblick.

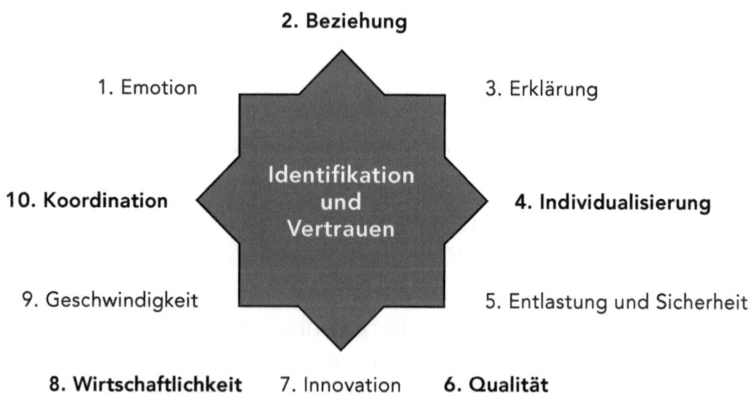

Abbildung 2.6: Kundenvorteile

So umfasst beispielsweise der Beziehungsvorteil (2.) die erfreulichen persönlichen Beziehungen des Kunden mit den Mitarbeitern eines Anbieters und seine Vorteile der Verbundenheit. Gleichzeitig spielen aber auch negative Beziehungen und die erlebte Gebundenheit oder Abhängigkeit des Kunden für eine Gesamtbewertung eine Rolle (Eggert 1999, S. 133 ff.). Bei 4. kann der Vorteil des Kunden darin liegen, dass er gezielt bearbeitet und die Lösung individuell auf seine Bedürfnisse angepasst wird. Negativ fällt der eigene Aufwand des Kunden für die Individualisierung ins Gewicht. Oder bei 8. gilt es, nicht nur die Einkaufspreise des Kunden zu beachten, sondern seine Wirtschaftlichkeit im gesamten Evaluations-, Entscheidungs- und Nutzungsprozess bis zur Entsorgung von Leistungen zu optimieren (vgl. auch Abschnitt 7.5). Auch hier ist der Aufwand des Kunden für entsprechende Lösungen recht hoch.

Abbildung 2.7 spezifiziert die erwähnten Kundenvorteile.

Für Anbieter ist es bedeutend, relevante Vorteile zu gewichten; im gesamten Marketingauftritt ebenso wie in der konkreten Verhandlung mit einzelnen Kunden. Vorteile für durchschnittliche Kunden lassen sich meist nicht erzielen. Wichtig ist es, zu differenzieren und zu selektionieren oder besser den Kunden wählen zu lassen, welche Form einer schlanken bis intensiven Zusammenarbeit er beanspruchen will. Unternehmen realisieren eine umfassende Zusammenarbeit nicht flächendeckend, sondern oft mit ganz wenigen Kunden. Erstens passt die umfassende Zusammenarbeit nicht für alle, und zweitens verfügen Anbieter oft über sehr begrenzte Ressourcen.

Kundenvorteil	Ziel	Ansatz
1. Emotionsvorteil	Der Kunde erlebt das Unternehmen als sympathisch und kompetent.	Markenmanagement: Positionierung; Emotions- und Fachkompetenz
2. Beziehungsvorteil	Der Kunde kennt die wichtigen Bezugspersonen im Unternehmen und kann ihre Fähigkeit einschätzen.	Management persönlicher Geschäftsbeziehungen: Personenvernetzung Anbieter und Kunde; Umgang mit persönlichen Geschäftsbeziehungen in Organisationen; Beziehungsmanagement einzelner Führungskräfte und Mitarbeiter
3. Erklärungsvorteil	Der Kunde kann die Leistung beurteilen.	Kommunikationsmanagement: Kundenintegration; Systemverkauf: Dokumentationen; Marktbearbeitung

4. Individualisierungsvorteil	Die Leistung passt auf den Bedarf des Kunden.	Leistungsmanagement: Leistungsmodule, Kooperation mit Kunden
5. Entlastungs- und Sicherheitsvorteil	Der Kunde delegiert Aufgaben an das Unternehmen und fühlt sich dabei sicher.	Leistungsmanagement: Outsourcing; nutzenorientierte Geschäftsmodelle
6. Qualitätsvorteil	Die Leistungsqualität (Produkte, Prozesse et cetera) ist für den Kunden optimiert.	EFQM und Qualitätsmanagement: Total Quality Management und Zertifizierungen; Servicequalität; Beziehungsqualität
7. Innovationsvorteil	Innovationen bereiten zukünftige Erfolge des Kunden vor.	Innovationsmanagement: Forschung und Entwicklung sowie Innovationsmanagement; Lead-User-Konzepte und Kundenintegration; Entwicklungszusammenarbeit mit Kunden
8. Geschwindigkeits- und Flexibilitätsvorteil	Der Kunde bleibt beweglich.	Prozess- und Zeitmanagement: Abstimmung der Vorräte und Kapazitäten; vereinfachte Strukturen und Abläufe; Prozessmanagement und -differenzierung
9. Wirtschaftlichkeitsvorteil	Der Kunde senkt seine Kosten und steigert seine Erträge.	Kosten- und Nutzenmanagement: Nutzenorientierte Preisgestaltung; Kostensenkung; Leistungsselektion
10. Koordinationsvorteil	Interne und externe Schnittstellen werden für den Kunden optimal bewältigt.	Internes und externes Koordinationsmanagement: Organisation; Prozesse; Systeme; Teams zur Koordination

Abbildung 2.7: Kundenvorteile, Ziele und Ansätze

Abbildung 2.8 zeigt am Beispiel der Lista AG (Büromöbel, CH-Erlen), wie für das elektronische Schließystem ihrer Schubladenschränke die Leistung in Kundennutzen und -gewinne übersetzt wird. Dieser Umsetzungsprozess ist bedeutend und verändert den Blickwinkel.

Lista E-Lock: Elektronisches Schließsystem für Schubladenschränke		
Lista-Leistung	**Kunden-Nutzen**	**Kunden-Gewinn**
Schrank schließt selbständig	Nur autorisierte Zugriffe, kein Verlust von teurem Material	Kontrollierbare, dezentrale Lagerung; Reduktion von Materialschwund; wichtiges Material verfügbar
Programmierte Handsender	Einfaches Schlüsselmanagement, nur autorisierte Zugriffe, abrufbare Zugriffdaten	Reduktion von Materialschwund, Zeit- und Kosteneinsparung bei Anpassung der Schließung
Offenes System	Anbindung an vorhandene Informatiksysteme	Nur ein übergreifendes System, tiefe Anschaffungskosten

Abbildung 2.8: Leistung, Nutzen und Kundengewinn für Lista E-Look

Um Kundenvorteile zu bestimmen, sind sämtliche Inhalte und Methoden der internen und externen Marketingdiagnose ergiebig. Sie reichen von der Analyse der Leistungen im Einsatz bei bestehenden Kunden, klassischer Marktforschung und Workshops mit Kunden bis zu strategischen Allianzen mit globalen Schlüsselkunden. Inhaltlich sind Marktentwicklungen, Wettbewerber, vertikale Partner und Kunden sowie das eigene Unternehmen zu erfassen (vgl. auch Kapitel 5).

Kundenvorteile bewirken nicht nur den gegenwärtigen Umsatz und Ertrag. Der Kunde identifiziert sich mit vorteilhaften Anbietern, schöpft Vertrauen und bindet sich an sie.

Immer ist zu beachten, dass für den Kunden mit umfassenderen Lösungen nicht nur Vor-, sondern ebenso mögliche Nachteile und Risiken verbunden sind. Abbildung 2.9 gibt einen Einblick.

Kundenvorteile	**Kundennachteile und -risiken**
Problembezogene Zusammenarbeit und Kommunikation	Investition in die Lernprozesse des Lieferanten
Mehrwert und Systemlösungen ohne Schnittstellenprobleme	»Überleistungen«: Bezahlung wenig relevanter Zusatzleistungen
Umfassende Dienstleistungen	Indirekte Mitfinanzierung von Dienstleistungen, die andere Arbeitnehmer (Konkurrenten) beanspruchen und der Kunde nicht
Differenzierte und maßgeschneiderte Zusammenarbeit	Intransparenz von Leistungen und Preisen
Qualitätssteigerung und erhöhte Wirtschaftlichkeit	Höhere Preise, Konkurrenz zu internen Arbeitsplätzen des Kunden

Entlastung (Outsourcing), weniger mühsame Abstimmung interner und externer Abläufe	Abstimmungsaufwand und –probleme mit Lieferanten, Diskrepanz von Leistungsvorgabe und -einlösung
Know-how-Gewinn durch professionelle Lieferanten	Know-how-Abfluss an den Lieferanten und indirekt an Konkurrenten
Beschränkung auf Systemlieferanten und intensive Zusammenarbeit	Abhängigkeit von Lieferanten, geschlossene Systeme und vertragliche Bindungen

Abbildung 2.9: Mögliche Vorteile und Risiken von Kunden bei Leistungssystemen

Die bisherige Argumentation ist weitgehend auf einen Zeitpunkt bezogen und geht gleichermaßen davon aus, dass ein Kunde bei einer Kaufentscheidung sämtliche Vor- und Nachteile integriert und gegeneinander abwägt. Es gilt, den Ansatz prozessorientiert zu erweitern (Rutschmann 2001). Im Kundenprozess spielen in den verschiedenen Phasen und Situationen spezifische Kriteriensets eine Rolle. In einer Suchphase kann ein bestimmtes Kriterium im Vergleich zur Kaufphase völlig unterschiedlich gewichtet werden. Deshalb müsste in jeder Kundenphase eine spezifische Werteformel eingesetzt werden. Ihr Ergebnis oder der Nutzen des Kunden entscheiden darüber, ob der Kundenprozess weiter geführt wird. Einige Erkenntnisse zeigt der folgende Exkurs.

Exkurs: Prozessorientierte Betrachtung des Customer-Value

Von Marc Rutschmann, Dr. Marc Rutschmann AG, CH-Zürich

Der Begriff »Kundenvorteil« begünstigt die Vorstellung, dass etwas im Kopf des Konsumenten abläuft, gewissermaßen ein Kalkül durchgespielt wird, in dem Vor- und Nachteile gegeneinander abgewogen werden, durchaus mit Einbezug von Emotionen. Die Realitätsferne dieser Betrachtung rührt daher, dass

- der Zeitaspekt nicht gebührend berücksichtigt ist. Zwischen dem In-Gang-Setzen eines solchen »Evaluationsprozesses« und dem Ausführen (Kaufen) verstreichen immer größere Zeiträume (Belz 2001).
- der Raumaspekt zunehmend wichtiger wird. Je nachdem, wo sich der Konsument gerade aufhält, geben die örtlichen Reize den Ausschlag zur Handlung oder Nicht-Handlung.

Kundenvorteile werden eben nicht »gegeneinander verrechnet«. Sie sind vielmehr

- auf einer Prozessachse »aufgeschnürt«
- und schaffen daraus stets Prämissen für spätere Nutzenerwägungen, die zum späteren Zeitpunkt auf die Handlung durchschlagen.

Ein »Beziehungsvorteil« wird eben nicht verrechnet mit einem »Convenience-Vorteil«; der Preisvorteil nicht mit dem Qualitätsvorteil et cetera. Vielmehr folgen diese Betrachtungsweisen aufeinander. Der zeitlich vorangegangene Gesichtspunkt (und die daraus entstandene Handlung) präjudiziert die später einbezogenen Perspektiven.
Ein aktuelles Beispiel: Eine Untersuchung von Kaufprozessen betreffend Hardware bei mittelgroßen schweizerischen Unternehmen zeigte die folgenden Gesichtspunkte: Zeitlich früh erfolgt die Wahl eines »Partners« (in der Regel der Fachhändler) vorwiegend durch das Vertrauen aufgrund vorangegangener Erfahrungen sowie der ihm zugeschriebenen Software- und Installationskompetenzen. Erst nach mehreren Interaktionen über einen Zeitraum von Monaten kommt der Hardwarepreis ins Spiel (ein rationaler Aspekt flackert auf), wird aber kurzerhand weggeräumt durch Beschwichtigungen des Partners (die »Software wurde auf dieser Hardware entwickelt«, »funktioniert auf dieser Hardware ganz gewiss« et cetera). Zu diesem Zeitpunkt schlägt der Preis nicht (mehr) durch (wenn nicht gewisse Bandbreiten überschritten werden).
Direktmarketing birgt genau die Möglichkeiten, die Beschränktheit des Customer-Value-Approaches zu durchbrechen. Direktmarketing befasst sich mit Handlungen, die es auszulösen gilt, und Interaktionen, die man in Gang setzen und zu einem Abschluss führen möchte. Direktmarketing knüpft an konkreten Stellen im Kaufprozess des Konsumenten an, ist gewissermaßen zwangsläufig handlungsgebunden und deshalb immer ein Stück realitätsnaher im Vergleich zu den »theoretischen Modellen« im Marketing.

2.4 Kundennähe von Unternehmen

Die Suche nach Kundenvorteilen setzen verschiedene Unternehmen mit Programmen der Kundenorientierung um. Wie bereits geschildert, gehen viele Anbieter nicht genügend kundenorientiert vor.

Eine Ursache liegt darin, dass Unternehmen den Kunden vermeintlich mit ihrem Marketingansatz in ihr eigenes System integrieren. Der Kunde würde damit Teil des Unternehmens und das Ziel des Anbieters bestünde darin, dessen Wünsche zu erfüllen und die Probleme zu lösen. Konflikte sind durch diese Betrachtung ausgeschlossen. Natürlich ist aber der Kunde nicht Teil des Unternehmenssystems, er steht außerhalb und verfolgt eigene Interessen, die dem Anbieter widersprechen können. Die Zusammenhänge zeigt Abbildung 2.10.

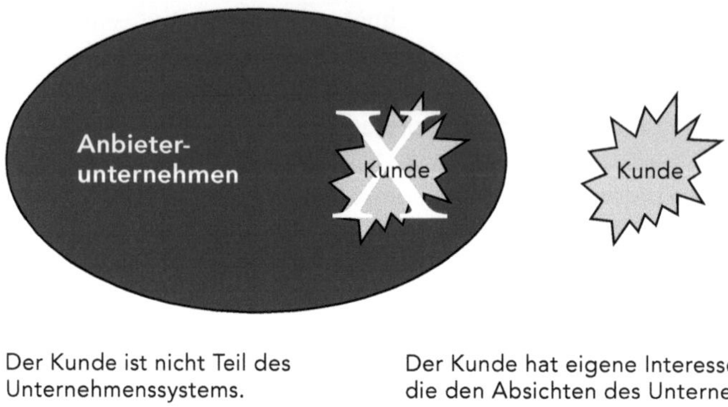

Abbildung 2.10: Herausforderung Kundennähe – Kunden außerhalb des Unternehmenssystems

Die Fehlvorstellung der Kundenintegration führt in Marketing und Kommunikation zu einem anbiedernden, teilweise unehrlichen Vorgehen. Unternehmen und Mitarbeiter laufen Gefahr, ihre eigenen Kompetenzen zu verwässern und generell die Interessen gegenüber dem Kunden nicht genügend durchzusetzen. Nicht selten widersprechen sich auch Kommunikation und reales Geschäft: Während die Kundenorientierung in der Kommunikation betont wird, erleben die Kunden in der Transaktion, dass ihr Wert für das Unternehmen keiner besonderen Anstrengungen bedarf und angepriesene Services so knapp wie möglich eingesetzt werden. Geschürte Erwartungen werden damit nicht erfüllt.

Die Kundenorientierung von Unternehmen bewegte sich deshalb in den letzten Jahrzehnten immer im Spannungsfeld von Kritik und Druck der Kunden sowie Antworten der Unternehmen. Den Verlauf zeigt Abbildung 2.11. Die Kritik führte dabei oft zu unternehmerischen Initiativen. Konsumerismus als Gegenmacht der Konsumenten gegenüber den Anbietern sowie gesellschaftliche Anliegen von Kunden förderten das gesellschaftliche Engagement von Unternehmen mit Teilaspekten wie beispielsweise Abbau von Kinderarbeit in der Dritten Welt, Ökoprodukten oder dem Umgang mit Umweltrisiken (vgl. Kapitel 15). Die Hinweise verdeutlichen, dass neben dem individuellen Nutzen von Kunden auch der soziale Nutzen einzubeziehen ist. Die Beschäftigung mit der Kundenzufriedenheit unterstützte neue Lösungen der Kundenpflege und der Servicequalität. Communitys entwickelten sich zu unabhängigen Instanzen gegenüber Unternehmen, werden aber von den Anbietern gleichzeitig wieder gefördert und genutzt.

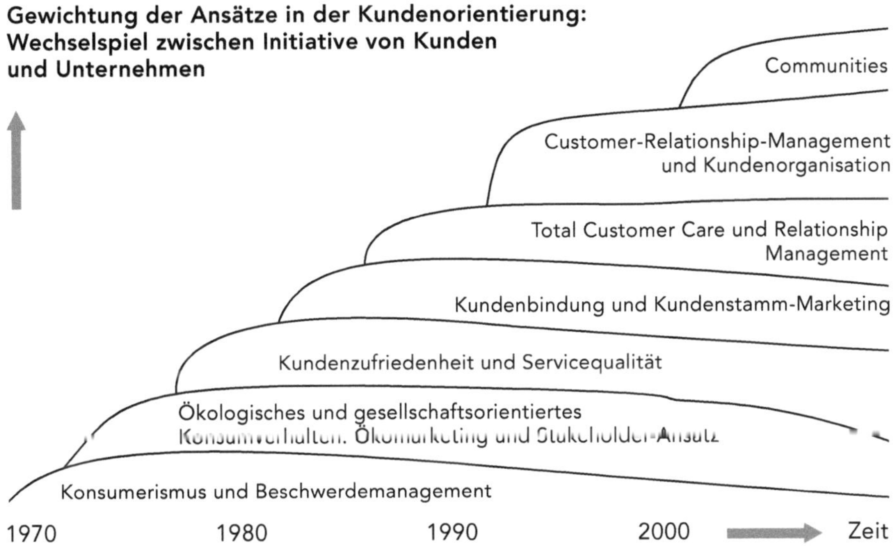

Abbildung 2.11: Kundenorientierung im Wechselspiel von Kunden- und Unternehmensinitiative

Erneut erkennen wir mit diesen Hinweisen, dass die Kundenorientierung als Ansatz nicht genügen kann. Deshalb befassen wir uns im nächsten Kapitel mit dem Wert des Kunden für das Unternehmen.

Einige Statements stellen den Zusammenhang mit den Ausführungen zum Kundenverhalten her.

Statements zum Kundenverhalten

- Dreh- und Angelpunkt des Marketingprozesses ist stets der Kunde. Eine kundenorientierte Leistungsgestaltung basiert auf stetigen Bedürfnis- und Verhaltensanalysen bei Kunden. Diese geben konkrete Anhaltspunkte darüber, welche Funktionen das Unternehmen mit seinen Aktivitäten beim Kunden erfüllt beziehungsweise – kundenorientiert – erfüllen sollte (Matthias Haller).
- Individuen sehen in Unternehmen oft keine Verbündeten, sondern Widersacher. Es gibt Autoren, die vom »premature death of relationship management« schreiben (Andreas Herrmann).
- Es ist ergiebig, die Konstrukte Zufriedenheit, Vertrauen und Commitment mit den Stufen der generischen, differenzierten und individualisierten Produktqualität zu verknüpfen (Andreas Herrmann).

- Die Aussage ist soweit klar: Unternehmen sollen sich am Kunden orientieren. Allerdings sind die Kunden der meisten Unternehmen vielfältig. So spielen beispielsweise im Objektgeschäft für »Heizungssysteme« die Generalunternehmer, Immobilienkonzerne, Energieanbieter, Architekten, beratenden Ingenieure, Bauherren, Installateure und Handwerker eine Rolle. Jeder dieser Gruppen muss zusätzlich segmentiert werden. Politische Prozesse beeinflussen die Bewilligungsverfahren für Großobjekte und gesetzliche Auflagen (Luftreinhalteverordnung, Subventionen für ökologische Systeme et cetera) prägen die Nachfrage. Kundenorientierung wird damit ein vielschichtiger Ansatz und für jede Teilgruppe ließen sich spezifische »Customer-Values« definieren und anbieten. Es ist anspruchsvoll, sich in diesen Marktnetzwerken zu bewegen (Christian Belz).
- Es geht darum, durch kritische Beobachtungen der Gesellschaft Trends zu erkennen und diese Erkenntnis in Produkte umzusetzen. Man muss den vorhandenen Dingen häufig die Patina nehmen, um sie für die Gesellschaft wieder attraktiv zu machen. Das heißt, dass man auch bereit sein muss, neue Begriffe für Bekanntes zu prägen (Peter Gross, Universität St. Gallen).
- Es fällt auf, wie gleichförmig die Kundendiagnosen innerhalb der letzten zehn bis fünfzehn Jahre ausfallen, auch wenn alle Beteiligten davon sprechen, wie rasch sich alles verändert. So unterscheidet sich eine Analyse des Wertewandels von heute kaum von der vor zehn Jahren. Offensichtlich verändern neue Begriffe und Perspektiven die Wahrnehmung des Kundenverhaltens. Nach der Einführung der Diskussion um Wertewandel nahmen die Marketingverantwortlichen diesen Wertewandel besonders intensiv wahr, weil sie lernten, diese Veränderungen auch zu beobachten. Inzwischen wurde der Wertewandel weitgehend ausgeschöpft. Neue Konstrukte, beispielsweise zum Verhalten in Communitys, verändern wieder die Wahrnehmung und lenken auf neue Aspekte des Kundenverhaltens (Christian Belz).
- Das Marketingumfeld ist heute so dynamisch, dass es fahrlässig wäre, sich nur auf das aktuelle Kundenverhalten zu konzentrieren (Wolfgang Armbrecht, BMW AG, München).
- Der Kunde von heute weiß mehr, ist anspruchsvoller und widersprüchlicher denn je (Wolfgang Armbrecht, BMW AG, München).
- Der Kunde wird zunehmend Teil des Unternehmenssystems – vor allem unter Netzwerkgesichtspunkten. Deshalb ist es problematisch, die Unternehmens- und Kundenrolle zu trennen (Peter Maas).
- Beim Wert für Kunden (Kundenvorteil) bei Dienstleistungen spielt die Interaktion bzw. Fähigkeit und Willigkeit des Kunden dazu eine große Rolle (Frank Wimmer, Universität Bamberg).
- Klassische Analysen des Kundenverhaltens beruhen meist auf der Analyse des Verhaltens eines Individuums, beispielsweise durch Befragung oder Beobachtung. Tatsächlich werden viele Entscheidungen durch den unmittelbaren Einfluss von Gruppen (Familien, Freunden et cetera) geprägt. Wir entscheiden uns beispielsweise für ein Restaurant, in das wir eigentlich gar nicht gehen wollen, aus einer gruppendynamischen Komponente. Die Analyse dieses wichtigen externen Einflusses wird nicht zuletzt wegen der hohen methodischen Anforderungen vernachlässigt (Thomas Bieger).

3 Kundenwert (Wert von Kunden) für Unternehmen und Zufriedenheit des Kunden

Es geht im Customer-Value nicht nur um die Perspektive des Kunden und seine möglichen Vorteile. Ein Unternehmen konzentriert seine Anstrengungen vor allem auf attraktive Kunden, mit denen sich hohe Umsätze und Erträge erzielen lassen. Deshalb wählen Unternehmen die ergiebigen Segmente und Kunden (zur Segmentierung vgl. Abschnitt 6.5). Die Kundenstruktur und -zahl ist ein wichtiges Asset im Unternehmenswert und die angezielten Kunden prägen den Erfolg des zukünftigen Vorgehens der Anbieter.

Dieses Kapitel behandelt die vorhandenen Ansätze zur Kundenbewertung (Abschnitt 3.1). Zudem zeigen wir, dass sich die Messung und Gestaltung der Kundenzufriedenheit eignet, um die Unternehmensperspektive (Wert von Kunden und Wert einzelner Leistungsbausteine) und die Kundenperspektive (Wert und Vorteile für Kunden) zu verbinden (Abschnitt 3.2).

3.1 Kundenwert (Wert von Kunden) für Unternehmen: Customer-Equity

Für Aktionäre ergibt sich der Wert eines Unternehmens aus den durch das Unternehmen erzielbaren Free Cashflows. Von den Cashflows werden die für die Aufrechterhaltung der Betriebsfähigkeit notwendigen Ersatzinvestitionen abgezogen. Diese Free Cashflows werden diskontiert und man erhält den Unternehmenswert (Spremann 1996, S. 467 ff.; Brealey/Myers 2002).

Ein Unternehmen erbringt als soziotechnisches System Leistungen für Dritte gegen Entgelt (Rüegg-Stürm 2002, S. 21). Es ist für die Erzielung von Umsätzen und in der Folge von Wertschöpfung auf Verkäufe an Kunden angewiesen. Die Summe der Umsätze aller Kunden und die daraus entstehenden Deckungsbeiträge und Wertschöpfungsüberschüsse definieren so die Fähigkeit des Unternehmens, einen Wert für diese Anspruchsgruppe zu erzeugen, sie so zu befriedigen und zu überleben. Der Unternehmenswert aus der Sicht der Aktionäre kann direkt über die Cashflow-Beiträge einzelner Kunden berechnet werden. Der Betrag, abdiskontiert nach Jahren, den ein Kunde als Deckungsbeitrag oder Cashflow-Beitrag (je nach Definition) über den gesamten Kundenzyklus dem Unternehmen erbringt, lässt sich dabei als Wert des Kunden für das Unternehmen bezeichnen.

Kundenwert (Wert von Kunden) für Unternehmen und Kundenvorteil (Wert für Kunden) hängen zusammen. Nur wenn die Leistungen des Unternehmens einen Kundenvorteil ergeben, sind die Kunden bereit, diese Leistung zu kaufen, einen ansprechenden Preis dafür zu bezahlen und zu Stammkunden zu werden. Ihr Wert für das Unternehmen steigt. Das Unternehmen ist damit in der Lage, noch besser die Anspruchsgruppen zu befriedigen oder noch bessere Vertreter der Anspruchsgruppen, beispielsweise Mitarbeiter oder Kapitalgeber, an sich zu binden. Damit steigt die Fähigkeit zur Erzielung von Werten für Kunden (Kundenvorteilen) und der Wert der Kunden (Kundenwert) steigt wiederum an. Ein positiver Wirkungskreislauf entsteht. Diese Mechanismen können sich natürlich genauso gut negativ verstärken – ein Effekt, der häufig Unternehmen in einer Sparphase trifft. Beispiele dafür bieten Fluggesellschaften, die durch den Konkurrenzdruck ihre Kosten senken müssen und damit die Servicequalität reduzieren. Somit werden die Kunden weniger loyal und kritischer gegenüber den Preisen.

Aus der Perspektive des Unternehmens »besitzt es seine Kunden«. Das bedeutet, dass häufig der Unternehmenswert durch den Kundenstamm bestimmt wird. Dies trifft zum Beispiel bei der Übernahme einer Arztpraxis zu, wo der Patientenstamm den Preis wesentlich beeinflusst. Bei Telekommunikationsunternehmen wurden zum Teil exorbitante Preise pro Kunde veranschlagt, wie beispielsweise bei der Übernahme von Mannesmann Telekom durch Vodafone, als 22.000 Schweizer Franken pro Kunde erzielt wurden. Aus diesem Verständnis heraus kann der Kunde als eigentlicher »Asset« gesehen werden. Der Wert von Kunden (Kundenwert) für das Unternehmen lässt sich auch als »Customer-Equity« definieren. Den Wert des Unternehmens oder seines Angebots für den Kunden bezeichnen wir mit Kundenvorteil (oder in der Literatur auch in der engeren Definition des Customer-Value, nur mit der Kundensichtweise) (Rudolf-Sipötz/Tomczak 2001).

Ein Unternehmenswert ergibt sich aus der Basis der kumulierten Werte einzelner Kunden für das Unternehmen. Im Rahmen seiner strategischen Selektionsaktivitäten werden die Kunden aus seinem Blickwinkel bewertet, um Anbietervorteile zu verwirklichen. Für diese Bewertung ergeben sich verschiedene Ansatzpunkte eher qualitativer, quantitativer, strategisch ganzheitlicher oder isoliert finanzieller Art.

Qualitativ ganzheitliche Ansätze

Diller geht bei seiner eher qualitativen Definition des Werts von Kunden (Kundenwert) von den Zielen des Unternehmens aus. Er definiert (Diller

2001) den Kundenwert als Summe der Zielbeiträge für das Unternehmen (oder den zukünftigen Beitrag des Kunden zum Erfolg des Unternehmens), so ergeben sich für die Ziele Sicherheit, Wachstum und Profitabilität folgende Teilwerte (siehe Abbildung 3.1).

Unternehmensziel	Teilwerte des Kunden
Sicherheitsziele des Unternehmens	Basiswert (Retention); zum Beispiel Umsatz, Gewinne; Informationswert (Feedback): zum Beispiel Kooperation, Beschwerden, Auskunft, Kundennähe und -bindung
Wachstumsziele des Unternehmens	Penetrationswert (Ausschöpfung des kundenspezifischen Geschäftspotenzials im bisherigen Leistungsbereich); Cross-Selling-Wert (Ausweitungspotenzial der Zusammenarbeit mit weiteren Leistungsbereichen); Referenzwert (Beeinflussung weiterer Kunden)
Profitabilitätsziele des Unternehmens	Kundenspezifisches Preispremium; Transaktionskostenwert (inkl. variable Herstellkosten); Kundengewinnungs- und -bindungskosten

Abbildung 3.1: Kundenwert (Diller 2001)

Rudolf-Sipötz (2001, S. 171) untersuchte empirisch den Beitrag verschiedener Potenziale des Kunden nach seinen Werten für ein Unternehmen. In der Reihenfolge der Wichtigkeit ermittelte sie in der Praxis:

Marktpotenzial des Kunden:

1. Ertragspotenzial (heute und zukünftig)
2. Entwicklungspotenzial
3. Loyalitätspotenzial

Ressourcenpotenzial des Kunden:

4. Referenzpotenzial
5. Kooperationspotenzial
6. Informationspotenzial
7. Internes Synergiepotenzial

Jedes Potenzial lässt sich gezielt beeinflussen. Natürlich unterscheiden sich die Gewichte für die Potenziale je nach Unternehmen und Markt. So wird beispielsweise für ein Unternehmen der Spitzentechnologie in neuen Märkten das Entwicklungs-, Referenz- und Kooperationspotenzial sehr wichtig sein. In einem Markt für intransparente Dienstleistungen ist das Loyalitätspotenzial ganz entscheidend.

Quantitative Analysen

1. Abdiskontierter Zukunftswert der Geschäftsbeziehung mit Kunden: Ausgehend von der finanzwirtschaftlichen Definition des Unternehmenswerts kann in Analogie der Kundenwert (Wert von Kunden) definiert werden. In dieser Logik ist entscheidend, welchen Beitrag ein Kunde zu den positiven Free Cashflows eines Unternehmens über seine »aktive« Kundenzeit beiträgt. Für die Berechnung dieses Werts müssen verschiedene Faktoren bestimmt werden:

- *Finanzieller Zielwert:* Vor allem bei Unternehmen mit hohen Fixkosten ist es problematisch, einen Freien Cashflow pro Kunde zu bestimmen. Zwar ist der Cash-Zufluss durch die erzielten Umsätze bekannt. Umgekehrt lassen sich aber die Cash-Abflüsse kaum pro Kunde definieren. Häufig sind die Kapazitätskosten sprungfix, das heißt, ab einer bestimmten Anzahl von Kunden muss die Kapazität erweitert werden, wie beispielsweise bei einer Seilbahn. Die zusätzlichen Abflüsse an liquiden Mitteln lassen sich nicht auf den einen zusätzlichen Kunden oder die Kundengruppe definieren, die den Kapazitätsausbau ausgelöst hat. Häufig wird deshalb im betrieblichen Rechnungswesen mit Direct Costing der Deckungsbeitrag (mehrstufig) pro Kunde oder Kundengruppe erfasst und nicht der Gewinn- oder Cashflow-Beitrag. Rechnungsmodelle für die Berechnung des Werts eines Kunden setzen damit selten direkt beim Free Cashflow, sondern bei den verfügbaren Daten wie Deckungsbeitrag oder Umsatz pro Kunde abzüglich durchschnittlicher Kostensatz an (Palloks-Kahlen 2001, S. 525 ff.).
- *Kundenlebenszyklus:* Es muss das Profil der Käufe eines Kunden im Zeitablauf verfügbar sein: Wann kauft ein Kunde wie viel und wie viele Zusatzkosten werden im Service vielleicht generiert? Unternehmen entwickeln zu diesem Zweck Modelle für das langfristige Kundenverhalten. Diese Modelle beruhen meist auf Kaufprofilen von einzelnen Kundengruppen in der Vergangenheit. Kunden werden diesen Gruppen zugeordnet und die Kaufprofile aufgrund dieser Modelldaten hochgerechnet. Dabei kann qualitativ und konzeptionell von verschiedenen typischen Effekten innerhalb des Kundenlebenszyklus ausgegangen werden.

  In der Akquisitionsphase müssen hohe Akquisitionskosten in Kauf genommen werden. Diese sind umso höher, je intransparenter das Produkt und je höher folglich das involvierte Risiko für den Kunden ist. Die Umsätze mit dem Kunden sind noch gering. Die Servicekosten sind oft hoch, da man den Kunden zuerst kennen lernen muss und auch seine Bedürfnisse identifiziert werden müssen. Gelingt es, den

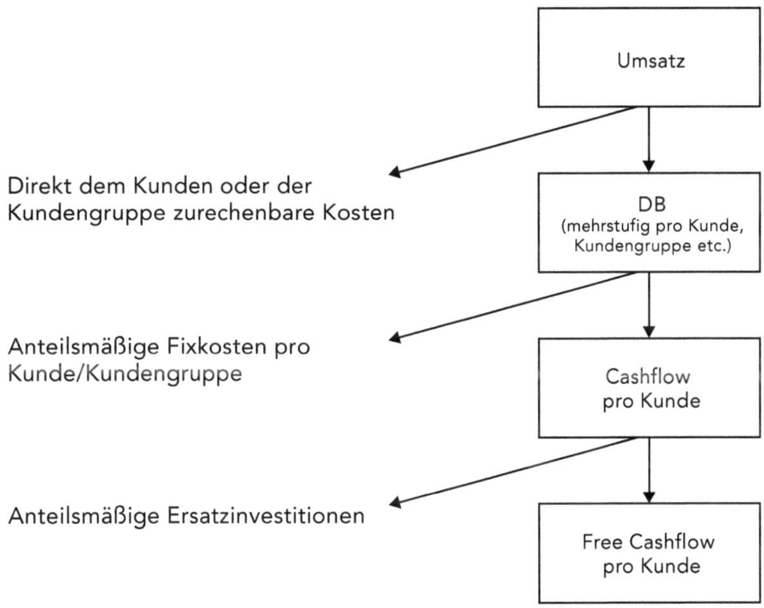

Abbildung 3.2: Finanzielle Kennzahlen für die Bewertung von Kunden

Kunden zu binden, so lassen sich diese Servicekosten reduzieren. Gleichzeitig kann durch das erhöhte Vertrauen mehr Umsatz in zusätzlichen Bereichen mit dem gleichen Kunden erzielt werden. Das Potenzial für Cross-Selling stützt sich nicht nur auf eigene Leistungen oder Sparten eines Unternehmens, sondern es lassen sich auch ergänzende Anbieter einbeziehen, um die Kundenbeziehung besser auszuschöpfen. Typisch ist dieser Zugang bei Internetportalen für Kundensegmente. Der Kunde kauft vielleicht bei einem Sportgeschäft nicht mehr nur die Sportausrüstung, sondern auch die Sportliteratur. Das Sportgeschäft wiederum wickelt diese Transaktion direkt über eine kooperierende Buchhandlung ab. Damit erhöht sich der Share-of-Wallet bei jedem Kunden. Zusätzlich dient er vielleicht sogar als Multiplikator und begeistert Freunde und Bekannte für dieses Unternehmen. Wie bei jeder Beziehung nehmen die Spannung und das gegenseitige Interesse mit der Zeit ab. Entsprechend können sich die mit dem Kunden erzielten Umsätze reduzieren. Die Kundenbeziehung »degeneriert« und muss, sofern ein Potenzial dafür besteht und der Kunde nicht einfach aus dem Segment altersmäßig oder einkommensmäßig herausgewachsen ist, relaunched werden (vgl. Abbildung 3.3; Österle/Schmid/Bach 2000).

Daneben stellen sich natürlich die gleichen Probleme mit der Festlegung des Diskontfaktors wie bei der Berechnung des Unternehmenswerts.

2. Bildung von Kategorien:
   Als generellere Methode kann das Verhalten verschiedener Unternehmen charakterisiert werden, die Kunden in verschiedene Gruppen einteilen und ihnen Werte zuordnen. Oft wird dabei in Anlehnung an die ursprünglich für die Materialbewirtschaftung entwickelte ABC-Analyse (Eversheim/Schuh 1996; Planer 1985;
   Schüller et al. 2001) argumentiert, dass ein kleiner Teil der Kunden für den wesentlichen Teil der Umsätze, Deckungsbeiträge und in der Folge Cashflow-Beiträge des Unternehmens verantwortlich ist. Kriterien, mit welchen die Kunden klassifiziert werden, sind:

- die momentane Umsatzgröße,
- das soziodemographische Profil und die daraus abgeleiteten zukünftigen Umsatzpotenziale,
- die Dauer der Kundenbeziehung und die sich daraus ergebenden Rückschlüsse auf den Kundenlebenszyklus.

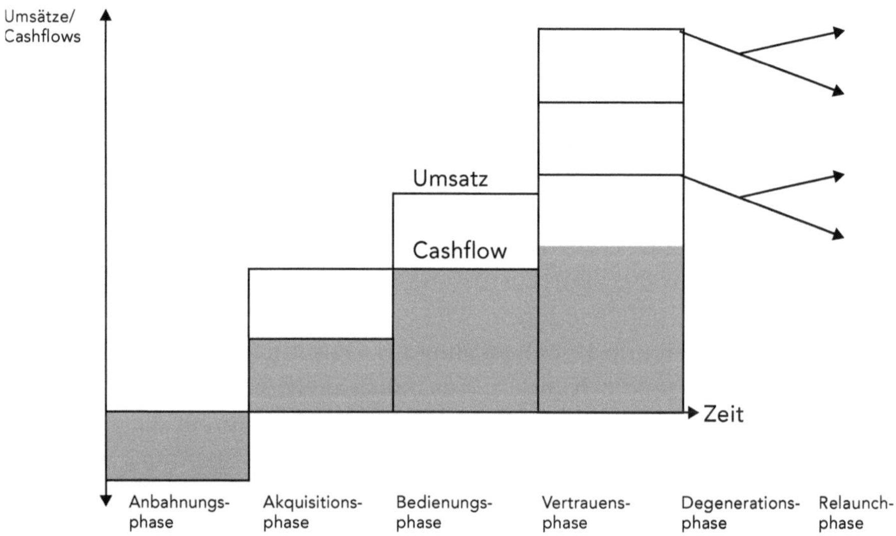

Abbildung 3.3: Kundenlebenszyklus

Die den einzelnen Kundengruppen zugeordneten Werte ergeben sich aus den Hochrechnungen, typischen Kundenprofilen oder sogar Branchenkennzahlen.

3. Umgang mit Kundenbewertungen:
Für den Umgang mit Kundenbewertungen spielen die folgenden Aspekte eine Rolle.

- *Modellierung*: Das Konzept Kundenwert verleitet wegen seiner Einfachheit und Schlüssigkeit auf der Basis des Diskonfirmationsansatzes zu Messmodellen, die notwendigerweise Vereinfachungen darstellen. Der Einbezug verschiedener Dimensionen, ihre Gewichtung und die pro Dimension mit hoher Wahrscheinlichkeit unterschiedliche Nutzenfunktion, führt in der Summe teilweise zu Fehlurteilen. Das Diskonfirmationskonzept wird in der Literatur immer wieder kritisiert. So stellt sich die Frage, ob der Kunde überhaupt stabile Erwartungen hat. Werden diese durch das erlebte Produkt in der Situation selbst beeinflusst, wachsen diese mit zunehmender Konsumerfahrung oder sind an sich instabil. Die Hauptfrage bleibt aber, ob überhaupt die relevanten Dimensionen des Nutzens identifiziert werden können.
- *Unsicherheit:* Kundenbewertungen für die Zukunft beruhen auf Schätzungen. Selbst bei einzelnen Kunden ist häufig festzustellen, dass erste positive Einschätzungen nicht zu einer ergiebigen Zusammenarbeit führen und umgekehrt. Bewertungssysteme müssen deshalb mögliche Potenziale und auch zufällig positive Entwicklungen erlauben. Unternehmen suchen eine Balance zwischen einer breiten Marktabgrenzung und der Trefferwahrscheinlichkeit, sonst würde sich jeder Anbieter nur noch auf wenige, sichere Kunden konzentrieren.
- *Fehlende Informationen:* Empirische Untersuchungen zeigen, dass die vorgeschlagenen, integrierten und eher strategischen, differenzierten Vorschläge der Forschung, um den Kundenwert (Wert von Kunden) zu erfassen, bisher selten in Unternehmen angewendet werden. Es dominieren quantitative Umsatz- und Margenanalysen. Oft sind bereits Berechnungen der Kundenrentabilität in Unternehmen nicht möglich (Rudolf-Sipötz 2001). Zudem fehlen in der Regel die Analysen der Kosten und Erträge über einen Zeitraum von mehreren Jahren.
- *Ergänzende Kriterien:* Ergänzend sind Aspekte des Kundenverhaltens wichtig (zum Beispiel die Professionalität der Beschaffung zwischen kritiklosem »Precision Shopping« und differenzierten Kaufentscheidungen, die Preisorientierung oder die Form der Kundenbeziehung

und Zusammenarbeit). Diese Aspekte äußern sich beispielsweise in den Transaktionskosten.

- *Dynamik:* In vielen Märkten ergeben sich aufgrund veränderter Wettbewerbsverhältnisse rasche Veränderungen in der Einschätzung des Werts von einzelnen Kunden. Hintergründe sind wegen des Auftauchens neuer Konkurrenten oder neuer Geschäftsmodelle rasch erodierende Preise und Loyalitäten oder wegen der Entstehung von Substitutionsleistungen oder neuer Bedürfnisse kürzere Produktlebenszyklen. So ist beispielsweise die Prognose der Kundenwerte (Werte von Kunden) in der Telekommunikationsindustrie durch die erodierenden Preise rasch überholt und nach unten korrigiert worden. Durch das Auftauchen der Low-Cost-Carrier wurden die Durchschnittserträge im Flugbereich gesenkt und die Loyalität der Vielflieger gegenüber den Netzwerk-Gesellschaften reduziert. Die prognostizierten Werte einzelner Kategorien von Vielfliegern mussten deshalb verringert werden.
- *Akquisitionskosten und Kundenbindung:* Der Kundenwert hängt eng mit der Diskussion um Kundenakquisition und Kundenbindung zusammen. Die Kosten der Akquisition und der Kundenbindung sollen bezüglich zukünftiger Erträge optimiert werden. Zeitlich fallen Kosten und Erträge oft weit auseinander, wie das beispielsweise das Jugendmarketing von Banken zeigt. Kritisch ist dabei die Frage, ob attraktives Jugendmarketing die Kunden so langfristig bindet, dass sie später ihre attraktiven Transaktionen bei der gleichen Bank abwickeln. Grundfrage ist also, ob sich die frühen Investitionen in eine noch wenig attraktive Kundenbeziehung später lohnen.
- *Leistungsfähigkeit für ausgewählte Kundengruppen:* Entscheidend ist letztlich nicht nur, wie attraktiv aktuelle und potenzielle Kunden sind. Wichtig ist, dass die spezifischen Anforderungen der Kunden mit der spezifischen Leistungsfähigkeit des Anbieters zusammenpassen.
- *Nutzenüberschuss und Überleistung:* Wie im Zusammenhang mit der Value-Map diskutiert, liegt das Problem sehr vieler Leistungen darin, dass sie in einem Bereich Nutzen anbieten, der nicht mehr zu einer höheren Zahlungsbereitschaft führt. Dies ist insbesondere dann der Fall, wenn neue technologische Möglichkeiten zu einem Technologie-Push führen.
- *Wertung und Differenzierung:* Kunden lassen sich in Portfolios darstellen, ähnlich wie Produkte. Und damit lassen sich Kunden nach der Wettbewerbsposition des Unternehmens und der Attraktivität der Kunden für das Unternehmen einteilen. Analog zum Produktportfolio ergeben sich Positionen von Cash-Cows, Dogs, Question-Marks und Stars für einzelne Kunden und Kundengruppen. Problematisch ist

bei diesen Kategorisierungen eine Einteilung in gute und schlechte Kunden, die sich auch in Motivation, Einstellung und Verhalten der Mitarbeiter niederschlägt. Zweckmäßiger ist es, die Leistungen des Unternehmens für verschiedene Kundenwertgruppen zu differenzieren. Dabei lässt sich die Zusammenarbeit mit kleinen Kunden sehr schlank gestalten und die Kooperation mit Schlüsselkunden ist individuell und aufwändig. Beide Arbeitsformen sind für den Kundenwert (Wert von Kunden) angemessen und professionell.

- *Aggregation*: In der Praxis der Marktbearbeitung werden Bewertungen und Kundenanalysen traditionell stark verwendet. Für Key-Accounts als wichtige Einzelkunden wird auf der Grundlage solcher Bewertungen selektioniert und das individuelle Vorgehen für die Akquisition und Zusammenarbeit bestimmt. Für Massenkunden stützt sich beispielsweise das Direktmarketing auf Kundendatenbanken. Induktiv werden aus dem bisherigen Kundenverhalten die Kundengefährdung, wahrscheinliche Zusatzverkäufe et cetera ermittelt und damit die Wirkung der Marktbearbeitung gesteigert. Um mit Kundenwerten wirksam umzugehen, sind verschiedene Aggregationen vom Einzelkunden zur Kundengruppe, zum Segment und schließlich für alle Kunden nützlich.
- *Aufwand:* Die oben erwähnten Probleme der Operationalisierung, des Aufwands der Erhebung und der Prognose führen dazu, dass eine im Konzept des Shareholder-Value geforderte Monetarisierung des Kundenwerts (Wert von Kunden) oft nicht eingelöst werden kann. Trotzdem ist ein bestehender Kundenstamm ein wesentlicher Asset für den zukünftigen Erfolg eines Unternehmens. Indiz sind beispielsweise die teilweise horrenden Aufwendungen von Unternehmen, um neue Kunden zu gewinnen. Der Kundenstamm eines Unternehmens rechtfertigt zudem oft hohe Preise bei Übernahmen.

Praxisbeispiel: Berechnung des Werts eines Kunden am Beispiel einer Fluggesellschaft

Von Thomas Bieger

Bei der Berechnung des Kundenwerts (Wert von einem Kunden) für das Unternehmen kann auf das Modell des Lebenszyklus zurückgegriffen werden (vgl. dazu auch den Nutzen langfristiger Kundenbeziehungen, Abbildung 19.9). Es wird davon ausgegangen, dass sich der Kundenwert über die Jahre verändert. Nachdem sich in den ersten Jahren wegen hoher Anbahnungs- und Akquisitionskosten ein negativer Deckungsbeitrag ergibt, werden in den Folgejahren die Deckungsbeiträge durch sinkende Marketingkosten und eine erhöhte Nachfrage des Kunden steigen und somit den Fehlbetrag der ersten Periode wieder ausgleichen.

Wie früher erwähnt (vgl. Abbildung 3.2), stellt sich bei der Berechnung des Kundenwerts die Frage, welcher Kennwert beziehungsweise welche Zielgröße richtig ist: Deckungsbeitrag oder Cashflow bzw. Free Cashflow pro Kunde? Gerade bei einer Fluggesellschaft lassen sich die Cash-Abflüsse pro Kunde nur sehr schwer feststellen, da die Kapazitätskosten sprungfix sind. Die induzierten Abflüsse an liquiden Mitteln lassen sich nicht für einen zusätzlichen Kunden bestimmen. Dieses Beispiel geht deshalb vom Deckungsbeitrag als Zielgröße aus.
Der Umsatz eines konventionellen Kunden bei einer Fluggesellschaft setzt sich aus der Anzahl Flüge und dem jeweiligen Preis sowie den konsumierten Produkten zusammen. Der Deckungsbeitrag ergibt sich aus den direkt zurechenbaren Marketingkosten abzüglich der Produktionskosten. Die variablen Produktionskosten einer Fluggesellschaft schließen die Kosten pro Sitzplatz und die Produktionskosten der konsumierten Güter ein. Während die Airlines für die Marketingkosten üblicherweise einen Pauschalbetrag für die Akquisition pro Kunde veranschlagen, kann für die folgenden Perioden eine individuellere Berechnung vorgenommen werden. Abbildung 3.4 zeigt einen möglichen Verlauf des Umsatzes (E), abzüglich der variablen Produktionskosten und direkt zurechenbaren Marketingkosten sowie den daraus resultierenden Deckungsbeitrag pro Kunde für die nächsten fünf Perioden.

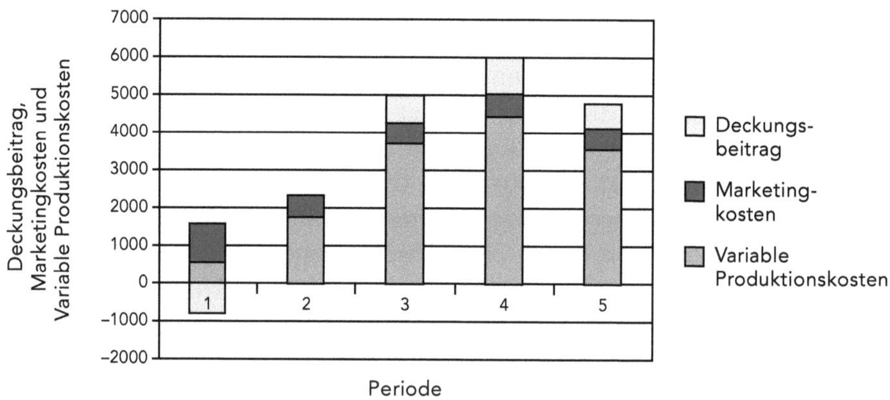

	Umsatz	Variable Produktionskosten	Marketingkosten	Deckungsbeitrag
Periode 1	800	600	1000	-800
Periode 2	2400	1800	600	0
Periode 3	5000	3750	500	750
Periode 4	6000	4500	600	900
Periode 5	4800	3600	600	600

Abbildung 3.4: Berechnung des Kundenwerts auf der Basis eines Lebenszyklusmodells

Schließlich müssen die Deckungsbeiträge diskontiert werden, um den Wert der Gegenwart zu erhalten. Dabei ist man sich noch nicht einig, welcher Diskontierungsfaktor zur Anwendung kommen soll. Es ist einerseits möglich, den marktüblichen Zinssatz für das Fremdkapital und andererseits die Eigenkapitalkosten einzusetzen. Eine dritte Möglichkeit besteht im Einbezug des WACC (Weighted Average Cost of Capital); dieser Ansatz wird üblicherweise verwendet, um den Gesamtwert des Unternehmens (gestützt auf die gemeinsamen Ansprachen der Fremd- und Eigenkapitalgeber) zu berechnen. Dabei setzt sich der Gesamtwert aus den erwarteten operativen Cashflows zusammen, die durch den WACC diskontiert werden. Da die Deckungsbeiträge der Kunden Teile des gesamten zukünftigen Cashflows des Unternehmens bilden, wird dieser bei der folgenden Berechnung des Werts eines Kunden angewendet (vgl. zu WACC auch Spremann/Pfeil/Weckbach 2001):

$$E=\sum_{\eta=1}\frac{DB}{(1+WACC)^{\eta}}$$

Der WACC kann folgendermaßen berechnet werden, wobei in diesem Beispiel 6.5 Prozent eingesetzt werden.

$$WACC = (a * i_F + (1 - a) * i_e)$$

a = Risikovariable i_F = Zinssatz des Fremdkapitals i_e = Zinssatz des Eigenkapitals

Als Ergebnis erhalten wir den Gegenwartswert der kumulierten Deckungsbeiträge für die nächsten fünf Jahre von 1.007 Schweizer Franken.

3.2 Kundenzufriedenheit

Kundenzufriedenheit ist das Ergebnis eines Vergleichs der Kundenerwartungen mit der wahrgenommenen oder erlebten Leistung eines Anbieters (Weinhold/ Baumgartner 1981; Bruhn 2001, S. 71; Simon/Homburg 1995; Johnson/Herrmann/Gustafsson 2002; vgl. auch *Schlüsselbegriffe und -hinweise zum Kundenverhalten*). Kunden sind zufriedener, wenn die Leistungen eines Anbieters ihre Erwartungen übertreffen und sie sind unzufrieden, wenn diese Erwartungen nicht erfüllt werden. Ansätze, um die Kundenzufriedenheit zu messen und zu beeinflussen, verbinden damit die Sichtweisen von Kunden und Anbietern.

Manche Institutionen erheben periodisch und branchenübergreifend die Kundenzufriedenheit. Ein Beispiel dafür ist der Kundenbarometer Deutschland (Meyer/Dornach 2001). Erhoben wird die Zufriedenheit von Kunden und Mitarbeitern, weil sie sich gegenseitig beeinflussen. Die Studie erfasst bei den Kunden die Globalzufriedenheit, Wiederwahl- und Weiterempfehlungsabsicht, die Vorteilhaftigkeit des Anbieters, die Beschwerdehäufigkeit, Beschwerdezufriedenheit und die Mitarbeiterfreundlichkeit. Diese Ergebnisse können durchaus für Kunden nützlich sein, denn Veröffentlichungen zu Unternehmen und Märkten mit hoher oder niedriger Zufriedenheit übernehmen eine gewisse Anwaltsfunktion für die Kunden und weisen auf Verbesserungsmöglichkeiten hin. Auch solche allgemeinen Publikationen liegen aber besonders im Interesse von Unternehmen, die sich erfolgreich im Markt bewegen wollen.

Inzwischen ist die Kundenzufriedenheit ein wichtiges Instrument für Unternehmen geworden.

- *Kundenselektion*: Ein Unternehmen wählt Kunden, bei denen es eine besondere Zufriedenheit schaffen kann. Deshalb ist Zufriedenheit auch ein Kriterium, um Kunden auszuwählen (vgl. Abschnitt 3.1). Kundenzufriedenheit festigt und vertieft die Kundenbeziehung und fördert eine positive Mund-zu-Mund-Propaganda durch Kunden. Ein Kunde teilt aber auch (und häufig weit intensiver) seine Unzufriedenheit weiteren potenziellen Kunden mit (Stauss/Seidel 2002, S. 64 f.). Damit prägt die Kundenzufriedenheit auch Ertrags-, Entwicklungs-, Loyalitäts- und Referenzpotenziale.
- *Segmentierung*: Es gilt die Zufriedenheitsanalysen für besondere Leistungen und Kundengruppen zu differenzieren. So lassen sich beispielsweise auch Distributionspartner als Kunden erfassen, ebenso wie die Automobilhersteller Zufriedenheitsanalysen der Autohandelsbetriebe durchführen. Genauso lassen sich Key-Accounts, Kleinkunden oder weitere spezifische Segmente getrennt untersuchen.
- *Abstimmung von Leistungen und Kundenwert*: Besonders bei kleinen Kunden, Preiskäufern, Wechslern, Klein- und Mittelunternehmen als Kunden et cetera vermindern die Anbieter ihre Leistungen, standardisieren oder automatisieren die Prozesse oder erhöhen die Preise, weil die Aufwendungen und der Ertrag bei diesen Kundengruppen nicht im vernünftigen Verhältnis stehen. Teilweise werden solche Kundengruppen auch schrittweise ausgeschlossen. Gleichzeitig steigern Unternehmen ihre Leistungen für besonders attraktive Kunden, etwa bei Key-Accounts oder besonders treuen Kunden im Kundenstamm.
- *Erwartungsmanagement*: Die Kundenzufriedenheit lässt sich durch die Erwartungen des Kunden beeinflussen. Dabei spielt die Kommunikation eine besonders große Rolle, weil sie den Kunden verschiedene Leistungen verspricht. Oft neigen Marketing und Kommunikation dazu, frühzeitig mehr zu versprechen, als sie wirklich leisten können. Dadurch werden Enttäuschungen bei den Kunden provoziert. Aus demselben Grund ist auch zu erklären, dass manche Billiganbieter eine bessere Zufriedenheit der Kunden erreichen als Qualitätsanbieter mit umfassenden Lösungen für Kunden. Die Billiganbieter arbeiten naturgemäß mit klaren Preisvorteilen, die die Zufriedenheit

ebenfalls prägen. Gleichzeitig kommunizieren sie die Leistung oft sehr klar und die Kundenerwartungen stimmen demgemäß mit der Leistung überein. Schließlich reichen beim Kunden mit begrenzten Erwartungen schon kleine Sonderleistungen, um ihn zu begeistern.

- *Positionierung und ganzheitliche Leistung*: Strategisch ist es für Unternehmen wichtig, dass die angestrebte und kommunizierte Positionierung mit den umfassenden Erwartungen der Kunden stimmig ist. Die Brüche zwischen der Strategie und einzelnen Aktivitäten sind besonders gefährlich. So kann für Kunden die Positionierung von Nike im Bereich des Leadership und der Lebensfreude nicht mit ihren Arbeitsbedingungen für Turnschuhe in Entwicklungsländern zusammenpassen und machen das Unternehmen verletzlich. Die umfassenden Erwartungen der Kunden können besonders bei starken Marken enttäuscht werden und im Extremfall zu Boykotten führen.
- *Leistungsoptimierung*: Die Kundenzufriedenheit wird durch viele Teilleistungen bewirkt. Zufriedenheitsanalysen können aufzeigen, welche Teilleistungen für die Kundenzufriedenheit besonders wichtig sind und wo mit Verbesserungen anzusetzen ist. Dabei lassen sich die Teilleistungen im Kundenprozess und von einzelnen Services (zum Beispiel Beratung, Hotline, Ersatzteildienst et cetera) berücksichtigen. Ein Unternehmen ist damit in der Lage dort Prioritäten zu setzen, wo Services und Verbesserungen besonders wirken. In diesem Zusammenhang lassen sich auch die Hygieneanforderungen des Kunden (die bei Nichterfüllung eine Unzufriedenheit bewirken) von denjenigen Leistungen unterscheiden, die den Kunden begeistern können. Begriffe wie »Customer-Delight« oder »Customer-Enthusiasm« entspringen aber häufig eher einem Wunschdenken der Anbieter, die ihre Leistungen wichtiger nehmen, als sie dem Kunden wirklich sind (Simon/Homburg 1995, S. 27).
- *Management:* Analysen der Kundenzufriedenheit erlauben eine Erfolgskontrolle des Leistungsmanagements für Unternehmen. Erfolge oder Misserfolge dienen dazu, die Kundenzufriedenheit umfassend zu gestalten. Beispiele sind: Spezifische Organisationseinheiten (zum Beispiel für Beschwerden von Kunden), unternehmensweite Programme zur Servicequalität, Mitarbeiterschulung oder mit der Kundenzufriedenheit gekoppelte Incentives und Lohnsysteme.

Für die Messung der Kundenzufriedenheit schlagen Hinterhuber et al. (1997, S. 61 ff.) folgende Schritte vor:

1. Festlegung der Zielgruppe
2. Ermittlung der Kundenerwartungen in einer explorativen Vorstudie (zum Beispiel Beschwerdeanalysen, Fokusgruppen, Analyse der Kundenprozesse oder kritische Ereignisse)
3. Entwicklung eines Erhebungsinstrumentariums und Auswahl der Erhebungsmethode für die Hauptuntersuchung (zum Beispiel schriftliche Befragung von Kunden und Nichtkunden)
4. Durchführung der quantitativen Hauptstudie
5. Auswertung und Interpretation (zum Beispiel Problemanalysen der Kunden, Zufriedenheitsprofile im Wettbewerbsvergleich, Basis- bis zu Begeisterungseigenschaften, Beeinflussungsmöglichkeiten)

Allerdings kann es auch für Unternehmen sinnvoll sein, sich auf die qualitative Forschung zu beschränken. Abbildung 3.5 zeigt die Ansätze zur Messung der Kundenzufriedenheit im Überblick.

In der Regel kombinieren Unternehmen ein passives und aktives Vorgehen. So lassen sich die Analysen der positiven und negativen Kundenreaktionen mit aktiven Kundenbefragungen kombinieren, die teilweise von unabhängigen Forschungsinstituten durchgeführt werden und auch Wettbewerber einschließen.

In den Neunzigerjahren gewichteten manche Anbieter die umfassenden Ansätze zur Erhebung und zum Management der Kundenzufriedenheit besonders stark. Viele Beispiele von Dienstleistern, wie etwa Banken, Verkehr, Gastronomie, Verwaltung und Spitäler, wurden intensiv erörtert. Es folgten Ansätze in der gesamten Industrie. Inzwischen scheinen die Erhebungen und Lösungen oft selbstverständlich, oder sie werden durch einseitige Programme der Kostensenkung verdrängt.

In der Praxis unterscheiden sich die Marktforschungen zur Kundenzufriedenheit häufig kaum von allgemeinen Bedürfnis- und Nutzenanalysen, obschon sich die Forschung um theoretische Grundlagen, operationale Konstrukte und Messinstrumente bemüht (Simon/Homburg 1995, S. 29 ff.). Manche Zufriedenheitsforschungen sind standardisiert, und deshalb unterscheiden sich Zufriedenheitsanalysen der Porsche-Autohandelsbetriebe kaum von jenen für Toyota. Nur wenn es gelingt, die Zufriedenheit der Kunden auch spezifisch zu formulieren und in Erhebungsinstrumente umzusetzen, sind wertvolle Hinweise zu erwarten.

Objektive Verfahren	Subjektive Verfahren		
Umsatz Marktanteil Abwanderungsrate Wiederkaufrate Zurückgewinnungsrate	Merkmalgestützte Verfahren		Ereignis-orientierte Verfahren
	Implizite Methoden	Explizite Methoden	Critical Incident Technique
	Analyse des Beschwerde-verhaltens Ermittlung der wahrgenommenen Leistungsdefizite Befragung von Verkäufern und Ansatzmittlern	Messung des Erfüllungsgrads von Erwartungen (Ex-Ante-/Ex-Post-Messung; Ex-Post-Messung) Messung mit Zufriedenheitsskalen (Messung der generellen Zufriedenheit; Multiattributive Messung)	

Abbildung 3.5: Ansätze zur Messung der Kundenzufriedenheit (Simon/Homburg 1995, S. 43)

Zufriedenheitsforschung spielt in der Diagnose für Leistungs- und Kundensysteme eine wichtige Rolle (vgl. Abschnitt 5.2) und ebenso bei der Kontrolle (vgl. Kapitel 12).

Dieses Kapitel schließt mit kritischen Statements.

Statements zu Kundenwert und Kundenzufriedenheit

- Es besteht ein Dilemma zwischen optimalem Wert des Kunden und optimaler Potenzialausschöpfung (Hermann Diller, Universität Erlangen-Nürnberg).
- Kundenwert ist die Währung des Marketing (Hermann Diller, Universität Erlangen-Nürnberg).
- Ein Unternehmer oder eine Unternehmerin, der/die Dienstleistungskompetenz lebt und vorlebt, kann nachhaltig Zufriedenheit für Kunden und damit einen Kundenwert für das Unternehmen schaffen (Urs Fueglistaller).

- Wir alle kennen die Quartierbeiz, unser Lieblingsgeschäft oder unseren Bauhandwerker, über deren mangelhafte Leistungsqualität wir uns immer wieder aufregen. Trotzdem kaufen wir diese Leistungen immer wieder, weil sie nah sind, wir eine persönliche Beziehung haben oder erreichbare Alternativen fehlen. Oft sind solche Anbieter nicht faszinierend oder interessant, sie können jedoch wirtschaftlich erfolgreich operieren, nicht zuletzt, weil sie den Mut haben, mit Mängeln ihrer Leistungsqualität zu leben. Oft ist es ja der Anbieter selbst, der seiner Leistung dem von ihm generierten Kundenvorteil gegenüber am kritischsten eingestellt ist. Es besteht damit oft eine Tendenz zum »Überleisten«. Wirtschaftlich kann »Überleisten« genau so gefährlich sein wie die Bereitstellung eines ungenügenden Kundenvorteils und den Wert des Kunden für das Unternehmen untergraben (Thomas Bieger).
- »If growth is what you're after, you won't learn much from complex measurements of customer satisfaction or retention. You simply need to know what your customers tell their friends about you. ... The top-ranking question was far and away the most effective across industries: How likely is it that you would recommend (company X) to a friend or collegue?« (Reichheld 2003, S. 46 u. 50). Es gilt, die Kunden zu Promotern zu konvertieren (Reichheld 2003, S. 54)). Ein Unternehmen sollte also trotz umfangreicher Messung die Fähigkeit nicht verlieren, den Kunden zuzuhören und die Konsequenzen zu ziehen (Christian Belz).
- Kommunikation ist eine dialogische Funktion und die Leute sind bereit, auch soziodemographische Merkmale und Persönliches preiszugeben (Wolfgang Armbrecht, BMW AG, München).
- Durchschnittlich sind 30 Prozent der Stamm- und Bewegungsdaten eines Unternehmens fehlerhaft, aber auf dieser Basis werden Unternehmen geführt (Elgar Fleisch, Universität St. Gallen).
- »No company should ever take for granted the idea that managing customers for loyalty is the same as managing them for profits« (Reinartz/Kumar 2002, S. 94). Ein Unternehmen braucht ein klares Verständnis darüber, wie Kundenbindung und Profit verknüpft sind. Mit vielen loyalen Kunden verlieren Unternehmen auch viel Geld und neue sowie junge Kunden können ausgesprochen profitabel sein. Wohl deshalb fehlt für viele Programme des Customer-Relationship-Management der Erfolgsausweis (Christian Belz).

4 Das Modell Customer-Value

Dieses Kapitel beschreibt den St.Galler Ansatz für den Customer-Value. Damit schaffen wir einen Bezugsrahmen für die folgenden Kapitel. Das Modell stützt sich auf die Analyse bestehender Forschungen, aber auch auf verschiedene Anwendungen in der Praxis und gemeinsame Weiterentwicklungen des Forschungsteams.

Customer-Value geht als Ansatz vom Kunden und vom Wert des Kunden für das Unternehmen aus. Die Lösungen äußern sich in Leistungs- und Kundensystemen. Leistungssysteme definieren die Leistung, Kundensysteme bestimmen die Lösung für definierte Kundengruppen. Grundsätzlich soll zwischen den beiden Ansätzen gewählt werden. Möglich ist also beispielsweise eine Lösung des Outsourcing für Kunden (Leistungssystem) oder ein Konzept des Key-Account-Management (Kundensystem). Wir bezeichnen die Ansätze als Systeme, weil damit umfassende Analysen, Ziele, Bausteine von Maßnahmen und Ansätze des Controlling verknüpft sind.

Customer-Value greift jedoch auch weiter. Während Leistungs- und Kundensysteme von der Gestaltung durch Unternehmen ausgehen, entwickeln der Markt und die Kunden eine Eigendynamik, die sich kaum steuern, sondern eher moderieren lässt. Kommunikation ist dabei eine wesentliche Grundlage der Dynamik, wie wir sie beispielsweise in Märkten für Künstler oder im Internet beobachten. Neben Leistungs- und Kundensystemen (Leistungsansatz) integrieren wir deshalb auch neue Formen des Community- und Communication-Ansatzes (vgl. Abschnitt 4.2).

Verschiedene Grundlagen, die wir bereits erfasst haben, hängen mit folgenden Bausteinen zusammen:

- Die gesellschaftlichen Trends prägen das Umfeld für Unternehmen (vgl. Abschnitt 1.4).
- Dynamische Märkte, die sich teilweise restrukturieren, geben wichtige Hinweise zur Entwicklung in anderen Märkten (vgl. Abschnitt 1.3).
- Die Ergebnisse der Strategieforschung beeinflussen auch das grundsätzliche Vorgehen und die Ziele mit den Ansätzen des Customer-Value (vgl. Abschnitt 1.2).
- Die Kundenorientierung stützt sich auf die Erkenntnisse zum Kundenverhalten (Kapitel 2) und zum Kundenwert (Kapitel 3). Kundenorientierung und Kundenselektion spielen gleichermaßen eine wichtige Rolle.

Als Bausteine für die Gestaltung von Lösungen des Customer-Value dienen besonders die kritischen Erfolgsvariablen, die wir in verschiedenen Unternehmen und Märkten beobachten konnten.

4.1 Das Modell Customer-Value im Überblick

Der Ansatz des Customer-Value wird in der Praxis in verschiedenen Schritten entwickelt. Den typischen Arbeits- oder Problemlösungsprozess zeigt Abbildung 4.1.

In der Regel bestehen Vorgaben der Unternehmensführung, die die großräumigen Ziele, Spielräume und Begrenzungen bestimmen. Die Diagnose von Umfeld, Markt und Unternehmen erfasst die Grundlagen für mögliche Lösungen. Die Lösung selbst oder die Entscheide lassen sich in einen strategischen Bereich und eine operative Gestaltung einteilen. Die Kontrolle verbindet schließlich die Wirkungen bei Kunden, Zielen und Maßnahmen und prüft, wie erfolgreich vorgegangen wurde und wo Anpassungen notwendig und Chancen für die Zukunft vorhanden sind.

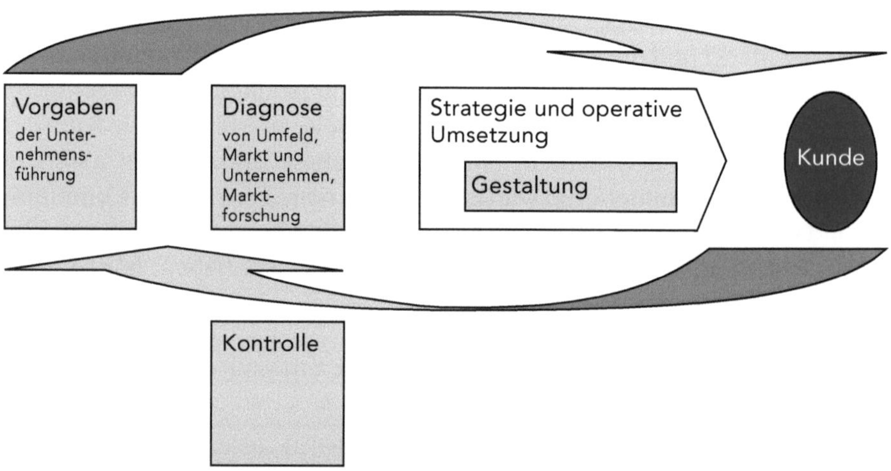

Abbildung 4.1: Arbeitsprozess für Customer-Value

Dieser Arbeitsprozess wurde im folgenden Modell mit den inhaltlich differenzierten Entscheidungen für Customer-Value integriert. Abbildung 4.2 zeigt das umfassende Modell.

Auf Anhieb wirkt die Darstellung komplex und vielfältig. Gleichzeitig gelingt es aber, damit einen umfassenden Bezugsrahmen für die gesamte Arbeit zu schaffen; die folgenden Kapitel beziehen sich darauf.

Für eine Übersicht beschreiben wir in der Folge die einzelnen Teile des Modells. Als Ganzes wirken die Bausteine zusammen und es gilt, eine stimmige Gesamtlösung zu entwickeln. Die wichtige Kundenorientierung (im Modell der Bezug für die gesamten Anstrengungen) wurde bereits erörtert.

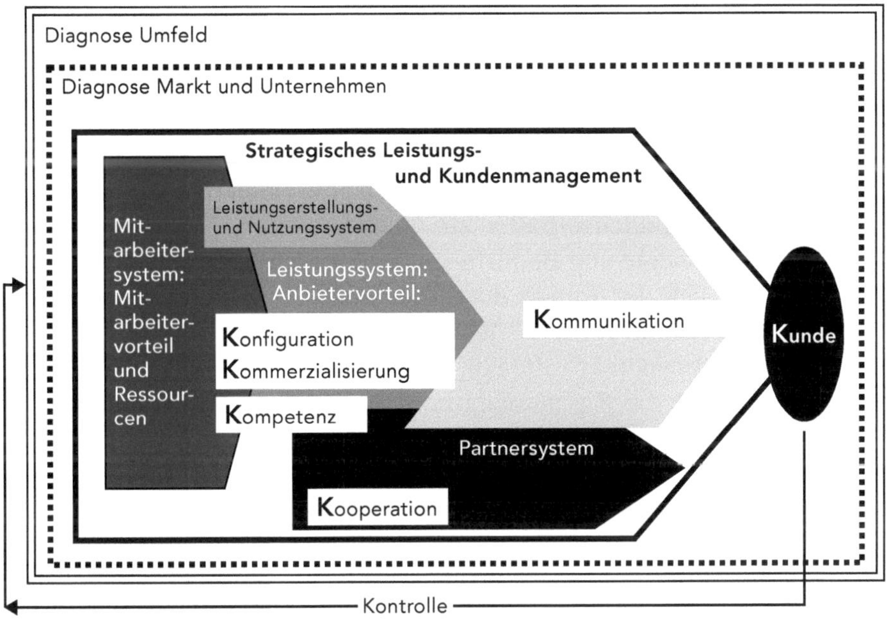

Abbildung 4.2: Das Modell Customer-Value

1. Diagnose von Umfeld und Markt (vgl. Kapitel 5)

Die externe Diagnose schließt Umfeld- und Marktanalysen (Anspruchsgruppen, Marktstrukturen, Konkurrenz, Kunden, vertikale Partner (zum Beispiel Vorleister und Handel) ein. Die üblichen Methoden der Marktforschung, der Auswertung und der Prognosetechnik lassen sich nutzen. Die Diagnosen bezeichnen nicht nur die Informationsgewinnung und -aufbereitung, sondern ebenso die Interpretation und Weiterentwicklung durch die Verantwortlichen.

Die interne Diagnose stützt sich auf Leistungs-, Fähigkeits-, Ressourcen-, Umsatz- und Ertragsanalysen. Schlüsselfragen für Unternehmen in diesem Bereich sind:

- Welche Marktstrukturen sind relevant (zum Beispiel Top- bis Massenmarkt) und wie verändern sie sich?

- Welche neuen Geschäftssysteme entstehen (»Unbundling« und »Rebundling« von Wertschöpfungsaktivitäten)? Gilt es neue Markt- und Unternehmensgrenzen zu ziehen?
- Welche Technologien unterstützen neue Formen der Leistungserbringung?
- Wie und mit welchem Erfolg gehen Konkurrenten mit Leistungssystemen um? Welche Lücken bestehen im Angebot?
- Wo bestehen interessante Kundengemeinschaften, die sich selbst verstärken?
- Welche Anforderungen stellen Anspruchsgruppen (neben den Kunden und Absatzmittlern oder vertikalen Partnern) an das Unternehmen? Wie sind diese Anforderungen zu gewichten und wie wirken sie sich auf das Kundenverhalten aus?
- Welche Probleme und Bedürfnisse der Kunden stellen sich?
- Wie lässt sich der Kunde durch das Know-how des Unternehmens unterstützen und fordern? Welches Wissen und welche Fähigkeiten und Ressourcen übertreffen das, was der Kunde selbst tun kann?
- Wie lässt sich die Zusammenarbeit mit den Zulieferern und Vorleistern optimieren?
- Wie lässt sich die Partnerschaft mit Absatzmittlern optimal gestalten? Welche weiteren Partner sollen integriert werden?
- Welche Erfolge und Misserfolge verzeichnet das Unternehmen im Umgang mit Leistungssystemen?
- Auf welche Ressourcen und Fähigkeiten sind die Vorteile des Unternehmens im Wettbewerb zurückzuführen? Welche Vorteile können die Partner einbringen?
- Lassen sich vereinzelte Erfolgsbeispiele multiplizieren?

Diagnosen sind anspruchsvoll und komplex. Vereinfachung und Selektion sind bereits hier die wichtigen Schlüssel für den Erfolg, ebenso wie in der Strategie.

2. Strategie des Leistungs- und Kundenmanagements (vgl. Kapitel 6)

Die strategische Vorgehensweise prägt die Leistung des Unternehmens für attraktive Kundengruppen. Die grundsätzlichen Bezüge sind (wie bereits mehrfach erwähnt):

- *Wert für Kunden:* Der Kundenvorteil besteht im wahrgenommenen Mehrnutzen des Kunden im Prozess der Zusammenarbeit mit dem Unternehmen

- *Wert von Kunden:* Der Kundenwert bezeichnet die Summe der Zielbeiträge eines Kunden zu seinem aktuellen und zukünftigen Erfolg für das Unternehmen (Diller 2001).

Während sich der erste Teil auf die Bedürfnisse des Kunden stützt, berücksichtigt das Unternehmen gleichzeitig, wie attraktiv das aktuelle und zukünftige Geschäft ist. In Planungen lässt sich beispielsweise eine Matrix nach Leistungs- und Kundeneinheiten erstellen, wobei sich dann in den einzelnen Feldern die Potenziale, die aktuellen sowie angestrebten Umsätze, Erträge und/oder Marktanteile eintragen lassen.

Eine langfristige Zielsetzung des Marketing schließt ein: 1) Auswahl der zu befriedigenden Bedürfnisse, 2) angezielte geografische Märkte und Segmente, 3) Leistungen, 4) angestrebte Umsätze, Erträge und Marktanteile sowie 5) Ziel des Unternehmens (Weinhold 1991, S. 109). Diese Ziele spielen auch für die Strategie des Customer-Value eine Rolle.

Spezifische Aspekte sind bei Leistungs- und Kundensystemen die dualen Strategien des Produkt- und Lösungsgeschäfts von Unternehmen, die Entscheidung über eine Konkurrenz mit von gleichzeitigen Kunden sowie die Markenführung für Leistungs- und Kundensysteme. Kritische Erfolgsvariablen für Leistungssysteme sind die Konfiguration, Kommunikation, Kommerzialisierung, Kompetenz und Ressourcen sowie Kooperation. Alle Bereiche setzen für die operative Gestaltung auch strategische Entscheidungen mit ein.

Schlüsselfragen für Unternehmen in diesem Bereich sind:

- Wie lassen sich die Kunden segmentieren und auf welche Kunden gilt es die Anstrengungen zu konzentrieren?
- Wie werden Leistungssysteme im Unternehmen strategisch (im Zeitablauf) gewichtet und gestaltet?
- Wie positioniert sich das Unternehmen? Wie löst das Unternehmen das Zusammenspiel zwischen Produkt- und Lösungsgeschäft?
- Wie werden Unternehmens- und Leistungsmarken strategisch geführt?
- Welche langfristigen Ziele gilt es zu setzen? Welche qualitativen Ziele einer Neuorientierung und quantitativen Ziele nach Geschäftsfeldern (Umsätze, Erträge, Marktanteile) lassen sich setzen?
- Wo und warum konkurriert man mit eigenen Kunden und welches Vorgehen ist richtig, um bestehende Geschäfte so wenig wie möglich zu gefährden?
- Welche Leistungen definiert das Unternehmen langfristig?

Zudem ist die Frage zu berücksichtigen: Welche Anspruchsgruppen sind neben den Kunden für das Unternehmen wichtig und wie können ihre Ansprüche in der angebotenen Leistung integriert oder spezifische Leistungen für sie erbracht werden? Hinweise dazu greifen wir im Teil IV auf.

3. Konfiguration (vgl. Kapitel 7)

Die Konfiguration konkretisiert das Geschäftsfeld des Unternehmens, bestimmt und strukturiert seine Leistungen. Anspruchsvoll ist dabei, die verschiedenen Kundenerwartungen mit der Leistung so zu verknüpfen, dass der Nutzen für Kunden und der Ertrag für das Unternehmen optimiert werden.

Schlüsselfragen für Unternehmen in diesem Bereich sind:

- Wie lässt sich die Leistung eigenständig und verständlich abgrenzen und strukturieren?
- Wie gelingt der wirtschaftliche »Fit« zwischen der Leistung und dem Bedürfnis von spezifischen Kunden?

Die Struktur der Leistung und die Gestaltung einzelner Leistungsbausteine (zum Beispiel Kundenschulung, Beratung et cetera) sind inhaltliche Grundlagen für die Kommunikation.

4. Kommunikation (vgl. Kapitel 8)

Die Leistungs- und Kundensysteme sind häufig komplex. Zudem sind sie durch die differenzierte Zusammenarbeit mit den Kunden und ihren veränderten Ansprüchen im Zeitablauf auch sehr dynamisch und vielfältig. Entsprechend anspruchsvoll sind Kommunikation und Lösungen im Erklärungswettbewerb. Die Instrumente reichen vom persönlichen Verkauf, der Kundenschulung, der Hotline bis zur Medienwerbung.

Schlüsselfragen für Unternehmen in diesem Bereich sind:

- Wie lässt sich die Leistung wirksam nach innen kommunizieren?
- Wie lässt sich die Leistung wirksam nach außen mit Anspruchs- und besonders Beeinflusser- und Kundengruppen kommunizieren?
- Wie lässt sich die Interaktion zwischen den Kunden initialisieren und erweitern?

Die Kommunikation mit Anspruchsgruppen (insbesondere Kunden) schafft die Realität und ist für einen Erfolg – besonders mit innovativen

Lösungen – kritisch. So sind in der Experimentierökonomie des Dienstleistungssektors neue Entwicklungen von Dienstleistungen nicht ohne große Investitionen zu realisieren. Für den Erfolg ist jedoch die Verankerung dieser Leistungen im Markt entscheidend, was immer eine intensive Kommunikation voraussetzt. Innen- und Außenkommunikation der Unternehmen beeinflussen sich gegenseitig. Die Kommunikation setzt die strategische Markenführung fort.

5. Kommerzialisierung (vgl. Kapitel 9)

Wichtigste Herausforderung für den Umgang mit Leistungs- und Kundensystemen ist für Unternehmen, diese Engagements in wachsende Erträge umzusetzen. Zwar können diese Systeme helfen, die für Unternehmen negativen Marktentwicklungen (etwa abnehmende Kundentreue, Preiszerfall et cetera) zu lindern. Anspruch ist es aber nicht, das Bestehende mit mehr Aufwand (also wachsenden und verschenkten Leistungen) zu erhalten oder den Rückgang zu verlangsamen. Gefragt sind zukunftsträchtige und ertragreiche Angebote.

Die Verrechnung geht davon aus, dass Leistungen als Hilfe für die Akquisition und Bindung allenfalls verschenkt werden. Besser sollten diese aber auch in Rechnung gestellt werden. Kommerzialisierung greift weiter, indem Leistungssysteme und Services als attraktives Geschäft entwickelt werden, bei dem Margen und mögliche Umsätze oft besser stimmen als im angestammten Bereich.

Antworten zu diesem Bereich finden sich im Dreieck Selektion, Wirtschaftlichkeit und Verrechnung. Erste Voraussetzung für den Erfolg ist die Selektion attraktiver Kunden und Projekte, die sich gewinnen und ertragreich führen lassen. Zweitens ist es wichtig, auf unnötige Leistungen für Kunden zu verzichten und mit Kostentransparenz und Rationalisierung die Leistungserstellung zu optimieren. Drittens gilt es, die Preise für Kunden angemessen zu steigern.

Schlüsselfragen für Unternehmen in diesem Bereich sind:

- Welche Selektion von Kunden, Projekten und Leistungen öffnet genügend Chancen im Markt und verhindert einen wenig ergiebigen Einsatz?
- Wie gelingt es die Leistungs-, Projekt-, Prozess- und Kundenkosten transparent zu erfassen, zu steuern und rationeller vorzugehen?
- Wie lassen sich die Wertschöpfung sowie die Erträge mit Leistungssystemen steigern? Wie lassen sich die Preise langfristig und kurzfristig

differenzieren und optimieren, um in langfristigen Kundenbeziehungen den geschaffenen Kundenwert fair abzuschöpfen?
- Wie lässt sich die Kompetenz der Mitarbeiter für eine wertorientierte Kommerzialisierung fördern?

6. Kompetenz (vgl. Kapitel 10)

Die Kompetenz des Unternehmens für Leistungs- und Kundensysteme ist geprägt durch die Ressourcen. Bestandteile sind finanzielle Mittel, Organisation und Prozesse, Systeme der Leistungserstellung (zum Beispiel in Produktion, Logistik, Informatik) und besonders die Selektion, die Motivation und die Fähigkeiten von Mitarbeitern. Das Konzept der Kernkompetenz deckt nur einen Teil der notwendigen Kompetenzen ab. Darüber hinaus ist beispielsweise Servicekompetenz (Fueglistaller 2002) notwendig. Die Vorteile der neuen Lösungen für die Mitarbeiter sind ein Schlüssel zum Erfolg. Kombiniert ein Unternehmen Produkt- und Lösungsgeschäfte, so muss es in der Lage sein, sich erfolgreich in verschiedenen Spielregeln des Geschäfts zu bewegen. Realisiert ein Unternehmen das Lösungsgeschäft schrittweise, so muss es neue Ressourcen aufbauen.

Schlüsselfragen für Unternehmen in diesem Bereich sind:

- Welche Kompetenzen und Ressourcen von Unternehmen, vom Unternehmer, von Führungskräften und Mitarbeitern sind erforderlich, um gewählte Leistungsstrategien zu verwirklichen?
- Wie gelingt es, die richtigen Personen für Leistungs- und Kundensysteme einzusetzen und sie strategieorientiert zu führen? Wie können die Personen mit Kundenkontakt die Lösungen für Kunden einbringen, diese mit Kunden entwickeln und verwirklichen (z.B. Systemverkauf)? Wie kann die Weiterentwicklung dieser Personen sichergestellt werden?
- Welche organisatorischen Voraussetzungen fördern das Lösungsgeschäft und welche wichtigen Prozesse für Leistungs- und Kundensysteme gilt es zu definieren und zu optimieren?
- Welche Systeme der Leistungserstellung in Produktion, Logistik, Informatik et cetera stützen die Leistungs- und Kundensysteme und helfen, nachhaltige Wettbewerbsvorteile aufzubauen und organisatorische Lernprozesse sicherzustellen?

Anbieter sind sich häufig zu wenig bewusst, welche tiefgreifenden Veränderungen ihrer Ressourcen ein Umgang mit Leistungs- und Kundensystemen erfordert.

Die Möglichkeiten der Optimierung von Kundenprozessen und der Einfluss von Communitys werden besonders durch neue Kommunikationstechnologien gesteigert. Deshalb wäre es auch gerechtfertigt, einen zusätzlichen T-Ansatz für diese Technologien als Enabler einzubeziehen (vgl. Exkurs *Kundenprozesse restrukturieren die Wirtschaft – Informatik als Enabler*).

7. Kooperation (vgl. Kapitel 11)

Leistungs- und Kundensysteme definieren das Angebot eines Unternehmens oft breiter als bisher und erfordern damit neue Ressourcen und Fähigkeiten (vgl. Punkt 6.). Das Unternehmen kann die umfassenden Leistungen selbst aufbauen und erbringen. Dieser Ansatz ist aber aus verschiedenen Gründen auch kritisch:

1. Der eigene Aufbau ist anspruchsvoll, braucht viel Zeit und ist risikoreich.
2. Ein Anbieter begibt sich damit häufig in ein neues Konkurrenzumfeld mit bestehenden Spezialisten und in zusätzliche Leistungsbereiche. Teilweise tritt der Anbieter auch in Konkurrenz mit den eigenen Kunden und die unabhängigen Distributionspartnern.
3. Für umfassendere Lösungen ist das Unternehmen in den Augen des Kunden oft nicht kompetent oder glaubwürdig genug. So erscheint beispielsweise ein Produktanbieter für Leistungen der Beratung, des Engineering oder des Projektmanagements oft nicht als genügend neutral, weil er aus dem Blickwinkel des Kunden nur versucht, seine eigenen Produkte einzubringen und keine optimale Gesamtlösung entwickelt.
4. Vielen Anbietern gelingt es nicht, ihre umfassenderen Leistungen neben dem Produkt auch zu kommerzialisieren. Das Produkt zu einem bestimmten Preis bleibt die Verhandlungsbasis mit den Kunden. Spezialisierte Dienstleistungsanbieter verstehen es selbstverständlich, ihre Leistungen auch als Geschäft zu betreiben.

Unabhängige Partnerunternehmen können helfen, diese Herausforderungen besser zu bewältigen. Die Ressourcen der Partner lassen sich rascher nutzen und der Anbieter bleibt flexibler. Voraussetzung dafür sind Lösungen, bei denen gleichzeitig auch die Kooperationspartner profitieren, das heißt, auch Partnervorteile sind ein wichtiger Bezug. Gleichzeitig erfordern wirksame Kooperationen von allen beteiligten Unternehmen entsprechende Fähigkeiten und Systeme zur Unterstützung der Zusammenarbeit.

Schlüsselfragen für Unternehmen in diesem Bereich sind:

- Welche neuen Leistungsgrenzen gilt es zu ziehen und auszufüllen? Sollen diese neuen Grenzen selbst erschlossen oder mit geeigneten Partnern erreicht werden?
- Mit welchen Partnern soll das Unternehmen zusammenarbeiten? Gilt es, verschiedene Typen von Partnerschaften zu unterscheiden?
- Wie lassen sich in Kooperationen die Leistungs- und Kundensysteme effizient sowie flexibel verwirklichen? Welche Kooperationsfähigkeiten und -voraussetzungen (inklusive Informatik) müssen geschaffen werden?
- Wie sind die Kooperationsprozesse zu gestalten und die Kooperationssysteme zu steuern?

Generell entstehen Kooperationen, Netzwerke und kooperative Leistungssysteme in Märkten, in denen sich neue Lösungen und Spezialisierungen ausprägen. Informatik und Internet ermöglichen eine effiziente Koordination.

8. Kontrolle (vgl. Kapitel 12)

Die Kontrolle stützt sich auf formulierte Strategien und Ziele des Customer-Value. Ziel ist es, die Fortschritte in Ergebnissen und Prozessen zu erfassen und erwünschte Entwicklungen zu optimieren, anzupassen sowie zu beschleunigen. Grundsätzlich spielen Anbieter-, Kunden-, Mitarbeiter- und Partnervorteile eine Rolle.

Schlüsselfragen für Unternehmen in diesem Bereich sind:

- Erfolgt eine regelmäßige Kontrolle der Prämissen, um die Grundannahmen der kunden- und marktorientierten Unternehmensstrategie zu überprüfen? Ist eine nicht gerichtete, strategische Überwachung installiert?
- Gibt es die geeignete Balanced Scorecard für Leistungssysteme (mit den Perspektiven Finanzielles, Kunden, Mitarbeiter und Prozesse) (Durchführungskontrolle)?
- Welche Erfolge werden mit Leistungs- und Kundensystemen realisiert (quantitative Ziele)?
- Wo liegen die Vor- und Nachteile für Kunden, Anbieter, Mitarbeiter und Partner (qualitative Ziele)?

- Gelingt es, schneller als die Konkurrenz zu lernen und sich zu verbessern? Welche Benchmarks gibt es innerhalb und außerhalb des Unternehmens? Wo sind die Ansätze für die Optimierung (dynamische Entwicklungsziele)?
- Ist sichergestellt, dass Kontrollinformationen auch wieder in das Planungssystem einfließen?

Mit den Stufen einer zunehmenden Professionalisierung in Leistungs- und Kundensystemen verändern sich die kontrollierten quantitativen Kennzahlen und qualitativen Überprüfungen.

Wie ist das Modell entstanden, und lassen sich die einzelnen Bausteine begründen? Ist es ebenso möglich, statt der fünf kritischen Erfolgsvariablen von Konfiguration, Kommunikation, Kommerzialisierung, Kompetenz und Ressourcen sowie Kooperation, auch zwei oder zehn zu unterscheiden? Verschiedene Bausteine lassen sich aus der Literatur ableiten, hauptsächlich beruht die Auswahl der kritischen Erfolgsvariablen aber auf zahlreichen Praxisprojekten. Mit den fünf gewählten Erfolgsvariablen lassen sich die bestehenden Herausforderungen übersichtlich erfassen und ausreichend konkretisieren.

Verändert ein Unternehmen die Strategie und gestaltet mehrere der aufgeführten Bereiche neu, so entstehen umfassende innovative Geschäftsmodelle, wie sie in Kapitel 13 erörtert werden.

4.2 Leistungs- und Communication-/Community-Ansatz (L- und C-Ansatz)

Zwei Perspektiven oder Trends, beide stark durch die Chancen der Informatik geprägt, verändern die Spielregeln zahlreicher Märkte (vgl. Abbildung 4.3):

Perspektive 1 – Leistungserstellung: Definierte Leistungen sollen mit geeigneten Prozessen, Informatik sowie effektiven und effizienten Beschaffungs-/Entwicklungs-/Produktions- und Logistikstrukturen erstellt werden. Wichtige Stichworte dazu sind: Innovations- und Technologiemanagement, Qualitätsmanagement und Produktionsmanagement. Dieser Ansatz orientiert sich besonders an der Rationalisierung und Geschwindigkeit und dominierte in den letzten Jahren die Entwicklung von Unternehmen.

Perspektive 2 – Leistungssysteme und Kommunikation: Neue Leistungssysteme und Geschäftsmodelle beteiligen in der Regel verschiedene Anbieter, Mitarbeiter, Kundengruppen und einzelne Kunden. Bestehende Ordnungen (zum Beispiel die Trennung zwischen Kunden und Dienstleistern) lösen sich auf und es gilt, neue sowie komplexere Möglichkeiten zu ergreifen (zum Beispiel Prosumer). Verschiedene Formen von Vermittlern, Plattformen oder Intermediären werden zudem bedeutend. Realitäten werden immer mehr durch Kommunikation geschaffen. Die Umsetzung und Verankerung von Leistungen in den Köpfen der Verbraucher sollen einen zusätzlichen Wert für den Kunden schaffen.

Die zweite Perspektive ist geprägt durch die Lernprozesse der Beteiligten. Der Wert für Kunden (Kundenvorteil) ergibt sich dabei nicht durch die Kernleistung an sich. Erst die Kommunikation und Interaktionen zwischen Unternehmen und Kunden oder Communitys schaffen den Mehrwert durch Know-how, Orientierung, Erklärung, Emotionen und Erlebnis. Wichtige Stichworte sind Kommunikation, Marken, Marketing, Service und Know-how. Flankiert werden diese Entwicklungen durch E-Economy, Kommunikations-, Risiko-, Chancen- und Servicegesellschaft (vgl. Abschnitt 1.4). Sie prägen das Kundenverhalten, das im Zentrum aller Anstrengungen für Kundenvorteile steht.

Die erörterten Sichtweisen lassen sich (mindestens teilweise) auch in den grundsätzlichen Unternehmens- sowie Markt- oder Kundenperspektiven finden.

- *Unternehmens- und Leistungsperspektive:* Ein Unternehmen kann seine Leistungen kundenorientiert gestalten, neue Kundenprobleme lösen oder neue Erwartungen erfüllen, aber diese Sichtweise geht immer noch vom Angebot aus. Ein Angebot wird für den Kunden »übersetzt« und Unternehmen bemühen sich, ihre Leistungen durch Nutzenargumente und -appelle für den Kunden auszudrücken. Wir nennen diese Sichtweise den Leistungs- oder L-Ansatz. Gegenwärtig

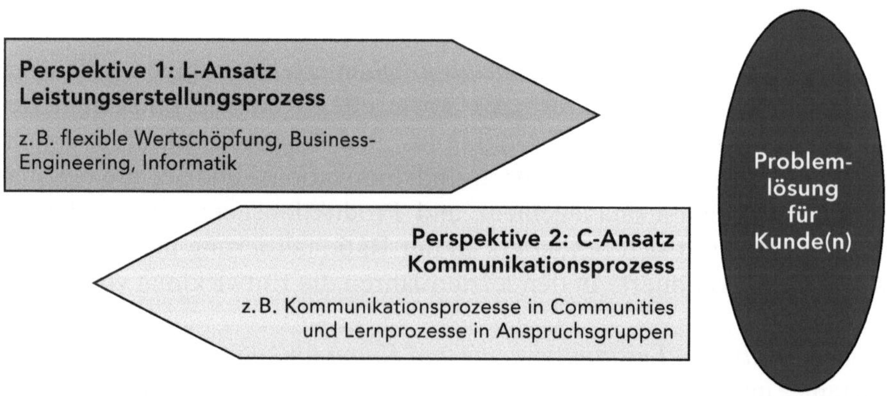

Abbildung 4.3: Perspektiven des Leistungs- und Communication-/Community-Ansatzes I

prägen diese Ansätze die Diskussion um Customer-Value und finden ihre Wirkung in Leistungs- und Kundensystemen. Die Vorgehensweise für Unternehmen lässt sich strukturieren und präzise umschreiben (vgl. Teil II).
- *Markt- und Kundenperspektive:* Märkte entwickeln eine Eigendynamik. Laufend müssen bestehende Strukturen des Angebots der Konkurrenz standhalten und werden teilweise auch zerstört.

Kunden sind zwar beeinflusst durch die Angebote, die sie im Markt wählen können. Grundsätzlich interessieren sie sich aber nicht für bestehende Angebotsstrukturen und vorhandene Ressourcen, die hinter einer Leistung stehen. Allenfalls spielen Aspekte der Leistungserstellung eine Rolle, wenn der Kunde auch gesellschaftliche Interessen (Arbeitsplätze, Arbeitsbedingungen, ökologische Belastung, Globalisierung et cetera) in die Beurteilung und Wahl einer Leistung einbezieht. Seine Probleme und Ansprüche sind der Ausgangspunkt des Kunden, ihre Lösung durch Angebote ist aus seiner Sicht ausgesprochen offen und flexibel. Der Kunde wird durch Bezugsgruppen und weitere Kunden beeinflusst. Er wählt zwischen kommerziellen und öffentlichen Leistungen und bestimmt damit seine eigene Leistung. Die Interaktion in Communitys, gestützt durch das Internet und die Medien, gehorcht eigenen Spielregeln. Entscheider und Gestalter sind die Kunden selbst sowie die vielfältige Öffentlichkeit. Die Unternehmen sind nur Mitspieler und häufig unwichtig in der gesamten Entwicklung. Anbieter können die Prozesse in Communitys oft kaum beeinflussen, sich allenfalls aber integrieren und die Trends nutzen. Viele neue Ideen für Produkte entstanden in Communitys und wurden nachher durch die Industrie verwirklicht (zum Beispiel das Snowboard). Typische Community-Effekte prägen die Medienbranche (zum Beispiel Harry Potter), Musikbranche, Spielbranche (zum Beispiel Digimon) und die Informatikbranche.

In der Markt- und Kundenperspektive gilt es für Anbieter, die eigene Dynamik der Märkte und Kunden zu gewichten, sich an entstehenden Lösungen des Kunden und weiteren Gruppen zu beteiligen und damit neue Aufgaben zu übernehmen. Dabei bleiben die kommerziellen Möglichkeiten oft kritisch, weil Communitys Leistungen gratis erbringen, die bisher von Unternehmen verkauft wurden. Typische Beispiele finden sich im E-Business.

Diese Sichtweisen lassen sich im Management des Customer-Value mit dem Communication- und Community-Ansatz oder C-Ansatz verfolgen. Das Vorgehen der Anbieter in diesem Bereich ist kaum in einem Arbeitsprozess zu strukturieren und zu beschreiben, gerade weil sich wesentliche

Entwicklungen außerhalb des Unternehmens und seiner Kundenbeziehungen abspielen. Solche Phänomene, die sich kaum in den Ansatz der Leistungs- und Kundensysteme integrieren lassen, werden laufend wichtiger und die Zukunft wesentlich prägen. Deshalb berücksichtigen wir im Ansatz des Customer-Value auch diese Perspektive, wenn auch viele Fragen aus Unternehmenssicht derzeit noch offen bleiben (vgl. Teil V).

Die verschiedenen Perspektiven werden also mit verschiedenen Management- und Lösungsansätzen verfolgt. Jeder Blickwinkel führt zu anderen Vorgehensweisen und Lösungen. Die Zusammenhänge lassen sich mit Abbildung 4.4 erfassen.

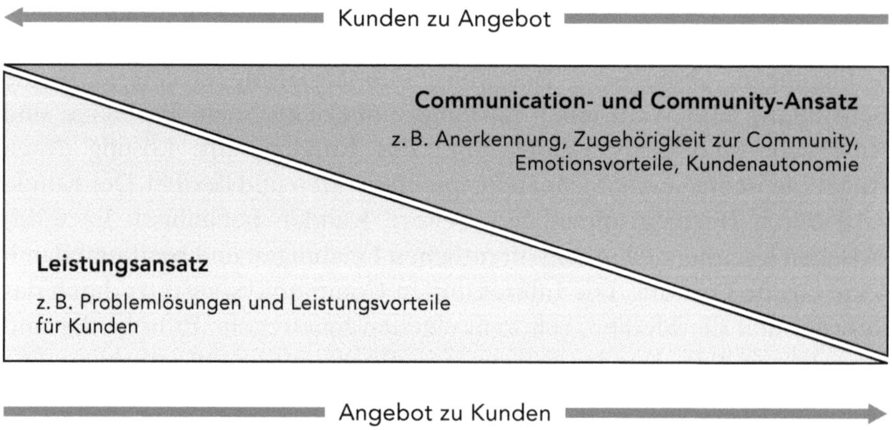

Abbildung 4.4: Leistungs- und Communication-/Community-Ansatz II

Die Abbildung verdeutlicht, dass sich die Grenzen der Perspektiven und abgeleiteten Ansätze nicht klar bestimmen lassen. Immer kombiniert ein Anbieter beide Zugänge und kann aber auch seine Gewichte setzen. Der Leistungsansatz sucht Kundenvorteile primär über die Verbesserung der Leistungs- und der Leistungserstellungssysteme (zum Beispiel Serviceprogramme). Eine wichtige Zielgröße ist auch die (persönliche oder physische) Präsenz beim Kunden. Der C-Ansatz sucht den Erfolg vor allem über eine mentale Präsenz und in der Nutzung der Kunden- und Marktdynamik.

Die folgende Tabelle strukturiert einige Merkmale des L- und C-Ansatzes.

Merkmal	Leistungsperspektive und L-Ansatz	Communication- und Community Perspektive und C-Ansatz
Blickwinkel	Inside out – Unternehmen zu Markt	Outside in – Markt zu Unternehmen
Bestimmende Akteure	Anbieter	Kunden und verschiedene weitere Anspruchsgruppen Kommunikationsgetriebene Eigendynamik der Kunden und Märkte – selbstverstärkende Dynamik in Märkten, Netzeffekte
Entwicklungsdynamik	Angebotsdynamik	Kunden-, Internet- und Mediendynamik
Nutzen des Kunden oder Leistungsnutzers	Problemlösung und Leistungsvorteile	Anerkennung, Zugehörigkeit zur Community, Emotionsvorteile, Kundenautonomie, Identität
Gestaltungsmöglichkeiten und Unternehmen	Strukturierte Vorgehensweise für Kundenlösungen	Antizipation, Integration, Moderation, Nutzung, Übernahme neuer Aufgaben
Kommerzialisierung	Vermarktungsfähige, durch Unternehmen selektionierte Angebote und Lösungen	Leistungserbringung neben Unternehmen, Tendenz zu »Gratisleistungen« durch Communities

Zwar sind die Entwicklungen in Communitys begrenzt zu beeinflussen, trotzdem setzen sich aber verschiedene neue Lösungen in Management und Marketing durch und werden durch die Anbieter aktiv genutzt. Einige Beispiele gibt der folgende Exkurs zu »Viral Marketing« (Cyrot/Urdl/Alves 2003, S. 73 ff.) und ein weiterer Exkurs zu »Kunden als Innovatoren«.

Exkurs zum Viral Marketing

Von Torsten Tomczak und Kai Kruthoff, Universität St. Gallen (2002, S. 64 f.)

»Ein Virus kann auch sein Gutes haben, zumindest dann, wenn es sich um Marketingbotschaften handelt, die sich blitzschnell, aber mit maximalem Effekt verbreiten lassen. Viral Marketing nimmt bei den Unternehmen ebenso zu wie die Variantenvielfalt der Aktionen.«
Ist es möglich, mit Viral-Marketingaktionen neue Zielgruppen zu erreichen, virtuelle Communitys zu bilden sowie traditionelle Kommunikationskampagnen zu unterstützen? Kann Viral Marketing dazu beitragen, einem Unternehmen oder einer bestimmten Marke einen festen Platz in der Gesprächsagenda der Konsumenten zu reservieren?

Viral Marketing funktioniert nach dem so genannten »Schneeballprinzip« und umfasst alle Strategien, die eine Person dazu motivieren, eine Marketingbotschaft an andere (befreundete) Personen weiterzuleiten. Auf diese Weise wird das Potenzial für ein exponentielles Wachstum in der Ausbreitung und im Einfluss der Botschaft geschaffen (Meinungsführerkonzept). Viral Marketing ist letztlich nichts anderes als die bekannte Mund-zu-Mund-Propaganda, on- wie offline. Eine alte Marketingweisheit besagt, dass Empfehlungen zufriedener Kunden eine der effektivsten Marketingmaßnahmen überhaupt sind. Die meisten Menschen sind nämlich eher geneigt, den Erfahrungen eines Bekannten zu trauen als einer professionell gestalteten Werbebotschaft. So betrachtet, nutzt Viral Marketing das Bedürfnis vieler Menschen, sich mitzuteilen. Dieses wird durch Aktionen unterstützt und gefördert, indem die Kunden zur aktiven Kommunikation ihrer Erfahrungen angeregt werden. Erfolgen kann dies etwa durch einfache Hinweise, durch das Anbieten von Anreizen (zum Beispiel Prämien) oder durch das Bereitstellen geeigneter Kommunikationsmedien (zum Beispiel »Send-to-a-friend«-Schaltflächen). Im Idealfall wird eine Werbebotschaft glaubwürdig und lawinenartig unter der anvisierten Zielgruppe verbreitet. Der Vergleich mit einem Virus liegt nahe: Die Verbreitung erfolgt massiv, schnell und unkompliziert. Die Botschaft infiziert neue Nutzer, die wiederum weitere Nutzer infizieren.
Heutzutage eröffnet vor allem das Medium Internet den Unternehmen zahlreiche Möglichkeiten, die Mechanismen des Viral Marketing zu nutzen. News zu guten Produkten und Dienstleistungen verbreiten sich im Web wie Lauffeuer, und von dieser kostengünstigen Einbindung der Verbraucher als »Werbekuriere« wollen viele Unternehmen profitieren.
Der E-Mail-Service »Hotmail« gilt nach wie vor als Best Practice und klassisches Beispiel für Viral Marketing. Doug Draper empfahl bei der Gründung im Jahre 1996 ans Ende jeder über Hotmail versendeten E-Mail einen Link zurück zu Hotmail einzufügen: »Get Your Private, Free E-Mail at http://www.hotmail.com.« Der Erfolg dieser simplen Maßnahme war bahnbrechend und ist hinlänglich bekannt: Innerhalb der ersten anderthalb Jahre gewann Hotmail rund 12 Millionen Nutzer. Eine gewöhnliche Printpublikation hätte es in diesem Zeitraum wohl nur auf etwa 100 000 Abonnenten gebracht. Der positive Nebeneffekt: Vom Start bis zum 12 Millionsten Nutzer gab Hotmail weniger als 0,5 Millionen US-Dollar für Werbung und sonstige Marketingaktivitäten aus.
Auch das Internet-Auktionshaus »eBay« gilt als ein Erfolgsbeispiel für Viral Marketing. eBay konnte dank seiner geschickten Viral-Marketingaktivitäten den finanziellen Aufwand für die Gewinnung neuer Kunden bislang sehr gering halten, da dem Unternehmen mehr als die Hälfte seiner aktuellen Kunden empfohlen wurden. Bei eBay hat man außerdem festgestellt, dass Kunden, die durch klassische Werbung oder sonstige Marketingmaßnahmen gewonnen wurden, höhere Servicekosten verursachen als Kunden, die durch Empfehlungen von Freunden oder Bekannten zu eBay gekommen sind. In diesem Sinn profitiert eBay doppelt von seiner Viral-Marketingstrategie. Wieder einen anderen, jedoch nicht minder erfolgreichen Weg schlug im vergangenen Jahr die BMW Group mit ihrer Viral-Marketingkampagne »BMWfilms.com« ein. In verschiedenen Kurzfilmen, besetzt mit Stars wie Madonna, spielte jeweils ein BMW-Fahrzeug die Hauptrolle und

wurde somit dem Publikum, das zuvor seine persönliche E-Mail-Adresse registrieren lassen musste, auf ungewöhnliche Weise näher gebracht. Letzten Angaben des Unternehmens zufolge sind weitere Filme geplant, immer mit dem Ziel, eine möglichst enge und vertraute Beziehung zwischen Konsument und Marke aufzubauen. Um erfolgreich zu sein, müssen Viral-Marketingaktionen sowohl Absender als auch Empfänger einen Nutzen bieten, denn niemand wird einen Bekannten mit einer nutzlosen Information behelligen wollen. Sicherlich ist Viral Marketing ein kostengünstiges und glaubwürdiges Marketinginstrument. Vor einem Einsatz sollten allerdings auch mögliche Probleme bedacht werden, denn Viral Marketing ist ein unstrukturiertes und kaum kontrollierbares Phänomen. Man sollte also stets berücksichtigen, dass Mund-zu-Mund-Propaganda nicht nur positive Nachrichten verbreiten kann; denn auch dies ist eine alte Marketingweisheit, dass ein verärgerter Kunde seine Erfahrungen an wesentlich mehr Menschen weitergibt als ein zufriedener. Die Viral-Marketingmaßnahmen vieler Unternehmen entwickeln sich derzeit in Richtung »Advergaming«.

Exkurs zu Kunden als Innovatoren

Von Christian Belz

Traditionell entwickeln und vermarkten Unternehmen Produkte an ihre Kunden. Die fertigen Produkte bewähren sich mehr oder weniger im Markt. Mit Erfolgszahlen und Marktforschungen oder Feedbacks der Kunden werden Produkte und Lösungen schrittweise angepasst. Dieses klassische Vorgehen wird viele Geschäftsbeziehungen auch in Zukunft prägen.

Eine neue Sichtweise gewinnt aber Schritt für Schritt: »The role of the consumer is beeing transformed from passive buyer to active participiant in co-creating value« (Prahalad et al. 2000, S. 67). Die Autoren erkennen eine stille Revolution der kundenzentrierten Ökonomie; die Sichtwiese des Consumer-to-Business-to-Business dominiert und ist verknüpft mit Netzwerken, die verschiedene Erfahrungen und Beiträge der Kunden ermöglichen (experience fullfillment network) (S. 76).

Bereits früh wies von Hippel (1984) darauf hin, dass es sich lohnt, die führenden Kunden einzubeziehen, um neue Lösungen mit ihnen zu entwickeln (vgl. auch Exkurs zum Lead-User-Konzept). Mit Lösungen der Mass-Customization suchen Unternehmen eine neue Arbeitsteilung mit Kunden, weil viele Kunden die Individualisierung für eigene Bedürfnisse gerne, wirtschaftlicher oder besser übernehmen (Zipkin 2001, S. 81 f.). Inzwischen entwickelten sich die Ansätze für eine innovative Arbeitsteilung mit Kunden rasant weiter und das Internet spielt für die Beteiligung der Kunden eine wichtige Rolle. Von Hippel/Katz (2002, S. 821 ff.) schlagen vor, den Kunden wirksame Werkzeuge zu bieten, damit sie ihre eigenen Produkte entwickeln können. Dabei sind jene Unternehmen im Vorteil, die bereits standardisierte und informatikgestützte Verfahren für Simulationen und Rapid Prototyping intern nutzen, sich auf benutzerfreundliche Informationssysteme stützen und diese Werkzeuge nun den Kunden zur Verfügung stellen können.

Die fünf Schritte von Thomke und von Hippel (2002, S. 79), um Kunden zu Innovatoren zu entwickeln, sind:

1 Develop a user-friendly tool kit for customers.
2 Increase the flexibility of your production process.
3 Carefully select the first customers to use your tool kit.
4 Evolve your tool kit continually and rapidly to satisfy your leading edge customers.
5 Adapt your business practices accordingly.

Für einzelne Kunden ist es dabei attraktiv die Leistungen und Lösungen weiter zu entwickeln und offen abzugeben, wenn sie gleichzeitig von Entwicklungen weiterer Kunden und vom Anbieter profitieren. Beteiligte lösen dabei individuelle und gemeinsame Probleme. Um die Kundenkompetenz zu integrieren, gilt es, den aktiven Dialog zu fördern, Kundencommunities zu mobilisieren, die Vielfalt von Kunden zu pflegen und diese Beziehungen zu bewältigen sowie wertvolle Kundenerfahrungen anzubieten (Prahalad/Ramaswamy 2000, S. 79 ff.).
Diesen Vorschlägen entsprechen am besten die Ansätze für Open-Source-Software. Dabei argumentieren von Hippel und von Krogh (2003, S. 209 ff.), dass es mit entsprechenden Lösungen möglich ist, die klassische Produktentwicklung (Private Good) mit der kollektiven und gemeinwirtschaftlichen Entwicklung (Public Good) zu verknüpfen.
Häufig werden Fallbeispiele wie VA Linux Systems, Netscape Communications Corporation oder Corel Corporation analysiert, die alle eine Open-Source-Strategie verfolgen und die Marktpartner und Kunden integrieren, um Hard- und Software weiter zu entwickeln. Allerdings stellen sich neue Anforderungen an Integration, Organisation, Koordination und Kommunikation, um sich in diesem Umfeld der Netzwerkökonomie erfolgreich bewegen zu können (Maas 2001, S. 56 und 59 ff.).
Kunden übernehmen neue Rollen in den Netzwerken der Märkte. Daraus ergeben sich neue Chancen und innovative Geschäftsmodelle werden ermöglicht. Ohne Zweifel gibt es in diesem Bereich viele offene Forschungsfragen (von Hippel/von Krogh 2003, S. 217 ff.).
Der Communication- und Community-Ansatz steht im Vordergrund. Der Leistungsansatz greift zu kurz und kann manche entstehenden, aber wichtigen Ansätze und Lösungen nicht genügend erklären.

Der C-Ansatz zeigt besonders deutlich: Das Zusammenspiel von Kunden- und Leistungssystemen ist eine komplexe Interaktion mit großer Systemdynamik. Kippeffekte, Verstärkungskreisläufe in positiver und negativer Richtung und auch eine laufende Nachkonfiguration des Systems sind bekannte Erscheinungen. So kann die Unterstützung der »Community-Bildung« durch Chat Boxes und Kundenevents bis zu einem gewissen Punkt produktive Wirkungen auslösen und sich ab einer gewissen Intensität negativ auswirken und somit die Authentizität und Glaubwürdigkeit der Lösungen stören.

Trotz dieser Interdependenzen muss die Komplexität für eine sinnvolle Bewältigung der Managementaufgaben reduziert werden.

Im Folgenden sind einige Statements zum Modell sowie zum L-und C-Ansatz erfasst.

Statements zum Modell sowie zum L- und C-Ansatz

- Eine einheitliche Theorie des Customer-Value existiert nicht und führt auch nicht zum Ziel. Es gilt, verschiedene Perspektiven aufzuzeigen, zu untersuchen und zu diskutieren. Gute Modelle und Ansätze sind offen und stützen sich auf Spannungsfelder, anstatt sie zu beseitigen (Christian Belz).
- Modelle sind heute schon dann veraltet, wenn sie das erste mal präsentiert werden. Fertige Modelle passen meist schon nicht mehr (Wolfgang Armbrecht, BMW AG, München).
- Wichtig ist es, das Modell des Customer-Value dynamisch zu interpretieren. Die Entwicklungsprozesse der Kunden, der Wettbewerber und des eigenen Unternehmens sind verzahnt (Christian Belz).
- Es gibt zwar nichts Neues unter der Sonne; jedoch scheint sie immer wieder aus anderen Richtungen (Michael Reinhold, Universität St. Gallen).
- Leistungs- sowie Communication-/Community-Ansatz sind keine klaren Alternativen, sondern verschiedene Perspektiven. Zwischen den Ansätzen und Vorgehensweisen lässt sich durchaus (iterativ) wechseln. Leistungssysteme lassen sich auch für besondere Communitys oder Anspruchsgruppen (Stakeholders) entwickeln und die Methodik muss sich nicht unterscheiden. Trotzdem erweitert die Perspektive der Communitys und kann zu innovativen und erfolgreichen Lösungen des »Customer-Value« führen (Christian Belz).
- Der C-Ansatz ist ein eigenständiger Ansatz und nicht bloß eine Ergänzung zum L-Ansatz. Der C-Ansatz zeigt auf, dass heute die unternehmerischen Aktionsfelder auch als »Reaktionsfelder« zu betrachten sind. Maßnahmen des Umgangs mit diesen Reaktionsfeldern sind deshalb zukünftig in das Marketing zu integrieren (Matthias Haller).
- Leistungs- (L-Ansatz) und Communication-/Community-Ansatz (C-Ansatz) sind zwei Perspektiven für den Gesamtprozess der Entstehung von Customer-Value, das heißt, sie fokussieren den gleichen Sachverhalt. So können die Prozesse in Communitys die Gestaltung der Leistungssysteme prägen (zum Beispiel besteht dann die Kompetenz des Unternehmens gerade darin, diese Community-Prozesse zu induzieren, zu gestalten und das Ergebnis für das Unternehmen zu nutzen). Umgekehrt wirkt der L-Prozess auf die Communitys (Frank Habann, Universität St. Gallen).
- Der Mensch bewegt sich in vielen Communitys und ist durch manche Rollen, Ziele und Werte geprägt. Zum Thema Customer-Value interessiert uns nur, wie diese Communitys sein Verhalten als Kunde beeinflussen (Christian Belz).

Teil II

Management von Leistungs- und Kundensystemen: Leistungsansatz (L-Ansatz)

Von Christian Belz und Thomas Bieger unter Mitarbeit des gesamten Autorenteams

5 Diagnose

Ziel des Customer-Value oder der Leistungs- und Kundensysteme ist es, die Leistungsfähigkeit des Unternehmens mit den Ansprüchen von Kunden zu verbinden. In der Diagnose gilt es, diese beiden Bereiche gründlich zu untersuchen und richtige Folgerungen daraus zu ziehen. Die Leistungsfähigkeit des Unternehmens bewegt sich im Umfeld der Wettbewerber und der Marktentwicklung und ist damit relativ.

Mit der Diagnose sollen Informationen gewonnen, aber ebenso auch kreativ interpretiert und weiterentwickelt werden. Erfahrungen, Intuition, Gespür, Identifikation und Verdichtung spielen eine wichtige Rolle. Es gibt keinen mechanischen Zusammenhang zwischen Markt- und Unternehmensforschung.

Inhaltlich prägen die Entwicklungen der Unternehmensstrategien (vgl. Kapitel 1), die Trends im Kundenverhalten (Kapitel 2) und auch die Verfahren zur Bestimmung des Kundenwerts (Kapitel 3) die Diagnose. Neben den inhaltlichen Aspekten spielt auch das methodische Vorgehen eine Rolle. Wie werden beispielsweise die Ansprüche der Kunden erfasst? Sind Befragungen, Beobachtungen oder Experimente richtig? Soll es beispielsweise in Workshops mit wenigen führenden Kunden qualitativ vertieft werden oder sollen mittels eines standardisierten Vorgehens möglichst viele Kunden erfasst und die Ergebnisse quantitativ gestützt werden? Die Erkenntnisse zur Diagnose sind vielfältig und schließen unterschiedliche Inhalte und Methoden ein. Grundsätzlich sind sämtliche Aspekte der Marktforschung und Erfolgsanalyse in Unternehmen relevant (Berekhofen et al. 1996; Reinecke 2003). An dieser Stelle beschränken wir uns wieder auf spezifische Hinweise für den Ansatz des Customer-Value.

Die Schlüsselfragen zur Diagnose lauten:

- Welche Marktstrukturen sind relevant (zum Beispiel Top- bis Massenmarkt) und wie verändern sie sich?
- Welche neuen Geschäftssysteme entstehen (»Unbundling« und »Rebundling« von Wertschöpfungsaktivitäten)? Gilt es, neue Markt- und Unternehmensgrenzen zu ziehen?
- Welche Technologien unterstützen neue Formen der Leistungserbringung?
- Wie und mit welchem Erfolg gehen die Konkurrenten mit den Leistungssystemen um? Welche Lücken bestehen im Angebot?
- Wo bestehen interessante Kundengemeinschaften, die sich selbst verstärken?
- Welche Anforderungen stellen Anspruchsgruppen (neben den Kunden und Absatzmittlern oder vertikalen Partnern) an das Unternehmen? Wie sind diese Anforderungen zu gewichten und wie wirken sie sich auf das Kundenverhalten aus?

- Welche Probleme und Bedürfnisse der Kunden stellen sich?
- Wie lässt sich der Kunde durch das Know-how des Unternehmens unterstützen und fördern? Welches Wissen und welche Fähigkeiten und Ressourcen übertreffen das, was der Kunde selbst tun kann?
- Wie lässt sich die Zusammenarbeit mit den Zulieferern und Vorleistern optimieren?
- Wie lässt sich die Partnerschaft mit Absatzmittlern optimal gestalten? Welche weiteren Partner gilt es zu integrieren?
- Welche Erfolge und Misserfolge verzeichnet das Unternehmen im Umgang mit Leistungssystemen?
- Auf welche Ressourcen und Fähigkeiten sind die Vorteile des Unternehmens im Wettbewerb zurückzuführen? Welche Vorteile können Partner einbringen?
- Lassen sich vereinzelte Erfolgsbeispiele multiplizieren?

In der bekannten Darstellung zum Modell des Customer-Value wird die Diagnose besonders herausgehoben (vgl. Abbildung 5.1). Sie überlagert sämtliche strategischen und operativen Entscheide und grundsätzlich ließe sich zu jeder Strategievariante oder jeder kritischen Erfolgsvariable (Konfiguration, Kommerzialisierung, Kommunikation, Kompetenz, Kooperation) eine spezifische Diagnose erörtern. Daraus würden sich aber manche Überschneidungen ergeben und die spezifischen Hinweise zu den entsprechenden Entscheidungsbereichen folgen später.

Dieses Kapitel behandelt die Diagnose im Überblick (Abschnitt 5.1), die Diagnose von Markt und Umfeld (Abschnitt 5.2), die Kunden- (Abschnitt 5.3) und die Leistungsdiagnose (Abschnitt 5.4).

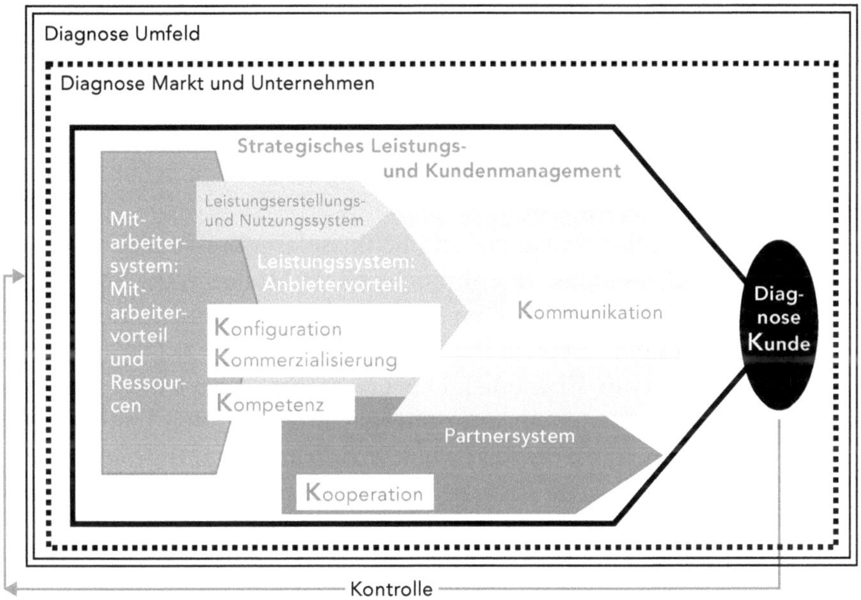

Abbildung 5.1: Diagnose von Umfeld und Markt im Modell Costumer-Value

5.1 Diagnose im Überblick

Die Diagnose lässt sich in der Praxis nicht immer in klar definierte Bausteine aufteilen. Interne und externe Analysen, Zahlenreihen und Erfahrungen mit Kunden, eigene Marktforschungsberichte und Branchenstatistiken et cetera ergänzen sich. Erst mögliche Ideen für Lösungen oder Ziele ergeben für die Suche einen stimmigen Analysemix. Für bahnbrechende Innovationen sind völlig andere Schwerpunkte zu setzen als für die Prüfung etablierter Services im Markt. Während die Ergebnisse der Analyse für einzelne Leistungen (zum Beispiel für eine Kundenschulung) oder der Werteketten rasch zu den Lösungen führen, erfordern Ansätze, die völlig von Kunden, entstehenden Märkten, neuen Geschäftsmodellen oder Netzwerken ausgehen, einen besonders kreativen und visionären Arbeitsprozess.

Wichtig ist ein Wechselspiel zwischen Fakten und Diskussion, zwischen Innovation und Bewährung, zwischen Innen- und Außensicht. Zudem ist es meistens nicht das Problem, dass zu wenig Informationen vorliegen. Der Engpass ist der Konsens der Beteiligten darüber, welche Informationen wichtig sind und wie sie interpretiert werden sollen.

Das Konzept für eine Marktforschung oder Diagnose umfasst drei Bausteine:

1. Formulierung von Schlüsselfragen, 2. Bestimmung der Quellen und Personen, die eine Antwort geben können und 3. Bestimmung der geeigneten Methoden. Übergreifend ist die Entscheidung für eine quantitative, das heißt breite, und qualitative, das heißt tiefe Untersuchung (Belz 1989, S. 38).

Einige Hinweise zu Quellen und Methoden finden sich in der folgenden Darstellung (Abbildung 5.2).

Abbildung 5.3 zeigt Bausteine und Schlüsselergebnisse einer Untersuchung in der Werkzeugmaschinenbranche (Belz/Müller/Walti 1996; Müller 1998; Unternehmensbefragung im Bereich Werkzeugmaschinen n = 42 und Kundenbefragung einzelner Unternehmen n = 78). Die Forschung bewegte sich auf zwei Ebenen. 1 Die Gesamtbranche wurde mit einer Befragung der Unternehmensleiter untersucht. 2 Einzelne Unternehmen beteiligten sich zudem mit Projektarbeit, Workshops und Befragungen der eigenen Kunden. Typische Trends in der Branche sind austauschbare Produkte, sinkende Margen für Maschinen, steigende Kosten für Dienstleistungen und zunehmende Komplexität der Anwendungen. Analoge Forschungen sind auch für weitere Märkte sinnvoll.

Bereich	**Bausteine/Teilfragen**	**Methoden, Inhalte und Quellen**
Marktentwicklungen	• Marktstrukturen • Marktlücken • Neue Geschäftsmodelle und Marktgrenzen I • Ansprüche der Anspruchsgruppen	• Trendanalysen und Marktszenarien (inklusive ökologische Herausforderung) • Analyse der Werteketten und Wertschöpfung (inkl. Nachhaltigkeit und Umweltbelastung in der Wertekette) • Trendanalysen der Liberalisierung, Globalisierung und Informatisierung/Internet • Verschiebungen der Wertschöpfung (Umsatz, Ertrag) • Analyse innovativer Geschäftsmodelle • Analogien zu anderen Märkten • Anspruchsgruppenanalysen

Konkurrenten	• Konkurrenzlösungen und -erfolg • Neue Geschäftsmodelle II	• Best Practices, Benchmarks (innerhalb und außerhalb der Branche), Fallanalysen • Branchenanalysen (zum Beispiel von Beratungsunternehmen und Banken) • Konkurrenzanalysen zu allen Bausteinen von Leistungs- und Kundensystemen (Erfolge und Flops); Branchengremien, Schlüsselgespräche et cetera • Neue Geschäftsmodelle und Szenarien der Entwicklung • Analysen an Messen • Kundengespräche über Angebotsvergleiche und Trends • Feedback von Servicetechnikern • Konkurrenzdokumentationen und -internetauftritte • ...
Kunden	• Probleme, Ansprüche und Bedürfnisse der Kunden • Kundenunterstützung durch Know-how	• Segmentanalysen und Kundenwertanalysen zur Selektion; Kundenportfolios • Kundenzufriedenheitsanalysen und Leistungsbewertung durch Kunden • Klassische Marktforschung • Trendanalysen im Supply-Management (zum Beispiel Preis-Squeezing, Partnerschaft, Global Sourcing, Outsourcing) • Nutzenanalysen • Analysen der Kundeninformations-, Entscheidungs- und Nutzungsprozesse • Kundenbefragungen und -workshops • Lead-User-Konzepte mit führenden Kunden • ...

Vertikale Partner und Kooperationspartner	• Vertikale Arbeitsteilung im Markt • Gewichte der Kanäle in multiplen Distributionssystemen • Partner für Leistungssysteme	• Leistungsanalysen (z. B. Leistungsportfolios nach Kundenwichtigkeit, Verrechenbarkeit, Umsatz und Kosten); interne Leistungsbewertung • Benchmarks im Unternehmen • Kosten-/Ertrags- und Rationalisierungsanalysen • Prozessanalysen • Erfolgs- und Misserfolgsanalyse von Kundenprojekten • Margenanalysen • Verhandlungsanalysen mit Kunden (z. B. Ursachen für Erfolge und Misserfolge; Trefferquoten usw.) • Kompetenzanalysen • Führungs- und Organisationsanalyse für innovative, angestrebte Leistungen • ...
Unternehmen	• Erfolg mit Leistungen • Chancen für den Ausbau, die Verlagerung und den Abbau von Leistungen • Kompetenzen • Multiplikation erfolgreicher Leistungen	

Abbildung 5.2: Bereiche der Diagnose

Untersuchung	Schlüsselergebnisse
• Bedeutung der Dienstleistungen (Branche)	• 27 Prozent der Unternehmen realisieren mit Dienstleistungen 10 bis 20 Prozent des Umsatzes und 19 Prozent mehr als 20 Prozent des Umsatzes. • 83 Prozent des Dienstleistungsumsatzes werden nach dem Kauf (After-Sales) realisiert. • 11 Prozent der Befragten erachten eine zukünftige Steigerung von 20 bis 100 Prozent und 20 Prozent von 10 bis 20 Prozent als möglich.
• Bekanntheit von angebotenen Dienstleistungen bei Kunden (unternehmensspezifisch)	• 30 bis 80 Prozent der Kunden kennen wichtige Dienstleistungen des Anbieters nicht. • Unbekannt sind besonders komplexe Leistungen wie Occasionsmaschinen, Modernisierung bestehender Anlagen, Finanzierungshilfen, Zeitstudien und Turn-Key-Projekte.
• Entwicklung der Produkt- und Dienstleistungssortimente (unternehmensspezifisch)	• Explosion von Produkt- und Dienstleistungssortimenten
• Kommunikation von Dienstleistungen (Branche)	• 61 Prozent der Unternehmen verfügen über keine Dienstleistungsdokumentationen.
• Eigen- und Fremdbeurteilung der Dienstleistungsqualität (unternehmensspezifisch)	• Auf einer Skala von 1 (schlecht) bis 5 (sehr gut) der Qualitätsbeurteilung weichen Manager- und Kundenurteile bei den meisten Leistungen um 1 bis 2 Skaleneinheiten voneinander ab. • Unternehmen bewerten ihre Leistungen mehrheitlich besser als Kunden. 12 Dienstleistungen beurteilen sie besser als die Kunden, 9 schlechter. • Qualitätsmängel aus dem Blickwinkel der Kunden liegen besonders bei der Schulung des Wartungs- und Bedienungspersonals, Prozessverbesserungen, Zeitstudien, Dokumentation sowie Software/Programmierung; also durchaus im Kern der Leistung.

• Eigen- und Fremdbeurteilung der Bedeutung von Dienstleistungen (unternehmensspezifisch)	• Diskrepanzen der Eigen- und Fremdbeurteilung der Bedeutung von 1 bis 2 auf der Skala 1 bis 5 sind häufig. • Kunden bewerten besonders die Prozessverbesserung, Zeitstudien, und Finanzierungshilfen als weniger wichtig. • Unternehmen bewerten im Vergleich dazu Produktivitätsstudien, Engineering-Leistungen, Beratung für Produktionshilfsmittel und die Installation und Inbetriebnahme zu wenig.
• Kommerzialisierung von Dienstleistungen (unternehmensspezifisch)	• Probleme der Kommerzialisierung sind: Missbrauch von Dienstleistungen als »Rabatte«, Passivität an der Verkaufsfront, fehlende Integration des Dienstleistungsgeschäfts in die Provisionssysteme für den Aussendienst, Schulungsdefizite
• Kundenintegration (unternehmensspezifisch)	• Leistungen werden mehrheitlich »introvertiert« entwickelt; ohne Einbezug des Kunden

Abbildung 5.3: Diagnose von Leistungssystemen in der Werkzeugmaschinenbranche

Leider versagt Marktforschung oft bei den risikoreichsten Entscheidungen, dort wo Informationen am nötigsten wären. Vielfach sind Befragungen und ihre Ergebnisse zu stark am Bestehenden orientiert und stützen damit keine strategischen Entscheidungen und Innovationen. Typisch ist dazu die Aussage: Hätte sich Henry Ford auf Marktforschungen konzentriert, hätte er ein schnelleres Fahrzeug entwickelt. Häufig wird auch eine teure, primäre Marktforschung betrieben, obwohl indirekte Informationen wie Indikatorensysteme oder Sekundärdaten verfügbar sind.

5.2 Diagnose von Markt und Umfeld

Mehrfach haben wir auf die Dynamisierung des Wettbewerbs hingewiesen (vgl. besonders Abschnitt 1.4). Stichworte dazu lauten: Deregulierung, Globalisierung, Verschiebungen der Wertschöpfung, Hyperwettbewerb und neue technologische Lösungen.

Für Wettbewerbsanalysen bewährt sich das klassische Modell von Porter. In der Abbildung 5.4 wird es auf den Markt der Fernreisen angewendet.

Potenzielle Konkurrenten
- Billigdestinationen in den ehemaligen kommunistischen Ländern
- Billigdestinationen in Entwicklungsländern

Lieferanten/Partner
- Abnehmende Solidarität am Ort
- Abnehmende Möglichkeit, den Ort strategisch zu führen
- Immer ähnlichere Produktqualität der Leistungsersteller

Verhalten anderer Fernziele
- Marken- /Imagepflege
- Billigpreisstrategie
- Imitation (alles wird überall geboten)

Bedürfniswandel/Kaufverhalten der Abnehmer
- Wiederentdecken der Nähe
- Preissensitivität
- Wachsendes Kulturbedürfnis
- Zunehmendes Qualitätsbewusstsein

Ersatzprodukte/branchenfremde Konkurrenten
- Kultur-, Natur- und Animationsangebote der Nahgebiete
- andere Freizeitaktivitäten
- andere imageträchtige Luxusprodukte

Abbildung 5.4: Triebkräfte des Wettbewerbs am Beispiel von Fernreisen (Bieger 1993)

Transformation der Märkte

Die Transformation in den Märkten wird heute laufend bedeutender. Weil neue Geschäftsmodelle entstehen, gilt es, die grundsätzlichen Verschiebungen zwischen und innerhalb der Märkte zu verfolgen (vgl. Kapitel 13). So sind beispielsweise in den Märkten für Financial Services (anlegen, versichern, vorsorgen) Gesundheit, Mobilität, Kommunikation und Informatik, für Energie oder im Management und Unterhalt von Gebäuden und Infrastrukturen (Facility-Management; Staudt et. al. 1999), in der Investitionsgüterindustrie (Betreibermodelle und nutzen- oder erfolgsorientierte Preisgestaltung) oder im Freizeitbereich völlig neue Angebotsformen festzustellen, die bestehende Märkte umkrempeln und neue Chancen öffnen.

Transformation von Märkten bedeutet, dass sich nicht nur Produkte im Rahmen des Produktlebenszyklus verändern, sondern dass sich auch die Art der Leistungserbringung durch Lösungen für Wertschöpfungssysteme erneuert (Bernet 2000). Grundsätzlich wird mit dem Ansatz des Customer-Value der Untersuchungsgegenstand »Markt« erweitert.

Herausforderungen in innovativen und reifen Märkten

Das Marketing ist gefordert. Gegenwärtig prägen Rezession und Strukturwandel viele Märkte. Nur wenigen Unternehmen gelingt es, Firmenkonjunkturen gegen den Trend zu schaffen. Die Leistungen der Anbieter werden für den Kunden auswechselbar. Durch einen Preiskampf begrenzen sich die Anbieter oft gegenseitig und aus Kostengründen merzen sie auch gravierende Fehler im Angebot für den Kunden nicht aus. Zudem ist häufig zwischen den Aussagen der verantwortlichen Führungskräfte und den Erlebnissen der Kunden eine Diskrepanz festzustellen. Während Führungskräfte behaupten, dass in umkämpften Märkten alle erdenklichen Maßnahmen ausgereizt sind, begegnet der Kunde auf Schritt und Tritt einem erstaunlichen Dilettantismus. Ein reibungsloser Ablauf oder eine kompetente Beratung fallen direkt auf. Abbildung 5.5 zeigt die Ausgangslage für Innovationsmärkte und reife Märkte.

Für innovative und reife Märkte bieten neue Lösungen des Customer-Value einen Ausweg, wenn sich auch Markt- und Unternehmensbedingungen nur schrittweise verbessern lassen. Explizit weisen wir also darauf hin, dass Leistungs- und Kundensysteme keineswegs nur für reife Märkte passen (Schicht 1993).

Innovationsmärkte (zum Beispiel Hightech)	**Reife Märkte** (zum Beispiel für viele Konsumgüter, Investitionsgüter und Dienstleistungen)
• Rascher Wechsel von Produktgenerationen bei steigenden Pay-off-Perioden • Systemwettbewerb • Überforderung des Kunden und Diffusionsrisiken (Umstiegsnachteile für zukünftige Entwicklungschancen)	• Gereifte Produkte und Preiskampf • Rasche Nachahmung von Wettbewerbern • Sortimentsexplosion • Überbordende Nebenleistungen, abnehmende Kundenbindung und analytische Verhandlung des Kunden
Aufgabe für das Management und Marketing: Lernprozesse der Kunden beschleunigen, ihre differenzierten Bedarfsanalysen und Urteile fördern	*Aufgabe für das Management und Marketing:* Neue Zugänge zum Kunden erkennen, Leistungsgrenzen neu ziehen und Leistungen verknüpfen, neue Leistungserbringungssysteme, Kostenfitness

Abbildung 5.5: Voraussetzung des Marketing für Wachstums- und Stagnationsmärkte

Kostensteigerung für Dienstleistungen

In besonderen Märkten steigen die Anteile und Kosten von Dienstleistungen im Verhältnis zu den Produkten rasch an. Abbildung 5.6 zeigt die schematische Entwicklung für die Informatikbranche, eine typische Entwicklung für viele Märkte. Leider sind manche Unternehmen bisher nicht einmal in der Lage, ihre Dienstleistungskosten zu erfassen.

Zerfall der Margen und steigende Dienstleistungskosten

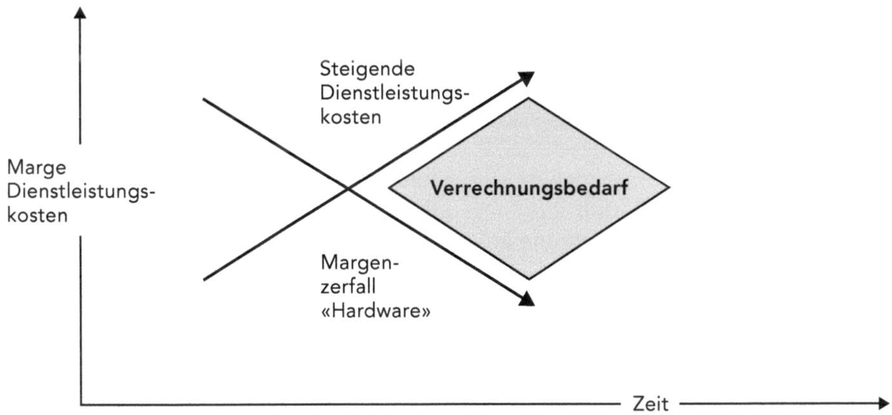

Abbildung 5.6: Schere zwischen Dienstleistungsaufwendungen und Hardwaremarge im Bereich Informatik (Trachsler 1996)

Die Kostensteigerung hängt nicht zuletzt damit zusammen, dass manche Dienstleistungen wuchern und wahllos angeboten und verschenkt werden. So haben wir beispielsweise gemeinsam mit Verkaufsingenieuren die üblichen Dienstleistungen für Investitionsgüter erhoben und auf Anhieb die Liste in Abbildung 5.7 erstellt. Die Dienste lassen sich nur noch alphabetisch ordnen.

Die Explosion der Dienstleistungssortimente hängt auch mit einem enormen Wachstum der Produktsortimente zusammen. Wildemann belegte, dass Zulieferer ihre Variantenzahl in gesättigten Märkten zwischen 1980 und 1990 verfünffachten (Wildemann 1990). Hauptgrund ist das Bestreben von Anbietern, sich von der Konkurrenz zu differenzieren. Dabei werden oft neue Dienstleistungen auf die alte Leistung »aufgepropft«, ohne dass das Leistungssystem und die Leistungserstellungssysteme auf den Wert für Kunden und die Zahlungsbereitschaft überprüft werden.

Die Situation ist in vielen weiteren Märkten ähnlich. Die Vielfalt der Dienstleistungen verhindert, dass einzelne Angebote professionell erbracht werden können. Gleichzeitig gelingt es nicht, diese Dienstleistungen wirksam zu positionieren und zu kommunizieren.

Absatzgarantien
Absatzhilfen (mehrstufiges Marketing)
Alt-Maschinen-Instandstellung
Anpassung an bestehende Anlagen (upgrading)
Antriebsdimensionierung
Arbeitsvorbereitung
Auftragsforschung
Bedienerschulung
Beratungen
Beschaffungshilfen
Betriebsmittel-Beratung
Dokumentation
Engineering
Ersatzteildienst 24h
Ersatzteilverträge
Ersatzteillisten auf Disketten
Einsatz- bzw. fertigungssynchrone Anlieferung (JIT)
Fachbeiträge in Zeitschriften
Feasibility-Studien
Finanzierungshilfen/Financial Engineering
Garantieleistungen
Gebrauchtmaschinenvermittlung (z. B. West/Ost)
Generalunternehmer
Herstellung von Kundenprodukten, Beweis an Werkstücken
Inspektion
Joint Venture
Kalkulationsunterstützung
Kompensationsgeschäfte
Konsignations-Ersatzteile
Kundendemos
Kulanzleistungen
Know-how-Verträge
Managementverträge
Miet- und Leihmaschinen-Mikrofilm (Ersatzteile/Zeichnungen)
Montageleistungen
Monteureinsatz innerhalb 24h
NC-Programmerstellung
Nullserien-Fertigung
Occasionseintausch
Patent- und Lizenzverträge
Personalvermittlung/Leihmaschinisten
Produktions-Engpass-Überbrückung
Produktionsoptimierung
Projektierung
Recycling/Verschrottung
Risikountersuchungen
Rücknahme von Verpackungen
Seminare und Fachvorträge für Kunden
Software-Anpassungen
Spezialentwicklungen
Technologietest
Telefonische Verknüpfung Maschine/Hersteller
Telefon-Ratgeber/Hotline (Trouble-Shooting)
Transport-Organisation
Transportversicherung
Übersetzung der Betriebsanleitungen
Umstrukturierungshilfen für den Betrieb
Umwelt-Verpackung
Umweltverträglichkeitsprüfungen
Universitätsunterstützung/Forschungsaufträge
Unterhalt im Vertrag
Werkzeugberatung
Wertanalysen
Zeitstudien

Abbildung 5.7: Dienstleistungsdschungel für Investitionsgüter

5.3 Kundendiagnose

Manche Kunden überborden mit ihren Forderungen. Folgen wie Preisdruck und analytische Verhandlungen (der Kunde handelt für jede Teilleistung eines Auftrags ein optimales Preis-/Leistungsverhältnis aus), maßlose Forderungen (etwa Nebenleistungen, Gegengeschäfte, Forderungen für unberechtigte Großzügigkeit bei Reparaturen) oder abnehmende Loyalität und Treue sind häufig.

Besonders attraktive Kunden sind sich ihrer Position bewusst. Sie gewichten die relativen Vorteile, die sie durchsetzen können und nicht die Gesamtleistung. Viele Anbieter sind enttäuscht, weil der Kunde eine funktionierende Grundleistung offenbar als selbstverständlich voraussetzt. Die Grundleistung schafft keine besondere Zufriedenheit mehr und wirkt sich nur bei Pannen negativ aus.

Wesentliche Hinweise zur Kundendiagnose geben die Kapitel 2 und 3. Dabei berücksichtigen wir Kunden- und Unternehmenssicht.

Erfolg versprechend sind die innovativen Unternehmensleistungen, die in enger Beziehung mit den Kunden entwickelt werden. Es geht darum, die Kundenerwartungen im Hinblick auf Produkteigenschaften, Time-to-Market, Verfügbarkeit von Gütern, Preislage und Serviceleistungen besser und schneller als die Konkurrenz zu erfüllen. Abbildung 5.8 verdeutlicht, dass sich die Kundendiagnose im Lauf der Zeit verschoben hat.

Bis in die Neunzigerjahre herrschte das Paradigma des »Product-Push« vor. Die Kunden wurden dabei kaum in den Produktentwicklungsprozess einbezogen. Erst seit einigen Jahren wird versucht, durch eine intensive Beziehungspflege ein fundiertes Wissen über Kundenbedürfnisse aufzubauen. Denn fehlt dem Unternehmen die Fähigkeit, die (potenziellen) Kundenbedürfnisse zu entdecken, beziehungsweise befriedigt es falsche Bedürfnisse, befriedigen, so besteht die Gefahr des Marktverlusts. Der Kunde strebt nicht allein nach Produkt- und Leistungsinnovationen, sondern nach individuellen Problemlösungen, die seine Bedürfnisse zielgerichtet befriedigen (Gründling 1996, S. 66). Dieses Wissen ist kaum durch eine ausschließliche Beobachtung zu erlangen.

	Product-Push: Kunden als passiv eingestellte Abnehmer			**Market-Pull**
	Definierte Käufergruppen überzeugen	**Auf einzelne Kunden eingehen**	**Lebenslange Bindung zu einzelnen Kunden**	**Kunden schöpfen den Wert mit**
Zeitrahmen (Startphase)	Siebziger- und frühe Achtzigerjahre	Späte Achtziger- und frühe Neunzigerjahre	Neunzigerjahre	Ab 2000
Interaktion des Unternehmens mit Kunden, insbesondere bei der Suche nach deren Kundenwerten	Herkömmliche Marktforschung und Kundenbefragungen; Produkte und Dienstleistungen werden ohne nennenswertes Feedback von den Kunden kreiert	Wechsel von einem reinen Verkauf an Kunden zur Unterstützung von Kunden; Kundenprobleme werden erfasst und Produkte oder Dienstleistungen auf dieses Feedback hin umgestaltet	Sorge um Kunden auf Basis von Beobachtungen ihres Nutzerverhaltens; Suche nach Problemlösungen für maßgebende Kunden; Umgestaltung von Produkten und Dienstleistungen aufgrund eines profunden Verständnisses der Kunden	Unternehmen und maßgebliche Kunden beteiligen sich gemeinsam an der Ausformung von Erwartungen sowie der Schaffung von Marktakzeptanz für Produkte und Dienstleistungen

Abbildung 5.8: Suchprozesse für Kundenvorteile und -wert (Prahalad/Ramaswamy 2000, S. 66)

Jacob (2003, S. 91) operationalisiert die Kompetenz von Unternehmen, um ihre Kunden mit den folgenden Bereichen (in der Reihenfolge ihrer Wirkung) zu integrieren:

1. Kompetenz der Prozessgestaltung
2. Kompetenz der Steuerung
3. Kompetenz der Kommunikation

In jedem Bereich untersuchte er die Ressourcen, die Qualifikation und die Aufgabenerfüllung. Dabei stellte er einen maßgeblichen Zusammenhang zwischen der Kundenintegrationskompetenz und dem Unternehmenserfolg fest: Kundenzufriedenheit, zukünftige Zusammenarbeit, Weiterempfehlung und wirtschaftlicher Erfolg werden durch eine zunehmende Kundenintegration gefördert.

Untersuchungen zeigen, dass Unternehmen ihre passiven Instrumente der Kundenforschung stärker gewichten. Abbildung 5.9 fasst die Ergebnisse von Diebold (1996) zusammen (analoge Ergebnisse bei Herstatt 1991, S. 119). Selbstverständlich gilt es, die Reklamationen und Anfragen der Kunden zu erfüllen und wiederkehrende Mängel zu beseitigen. Solche Hinweise helfen, die Zusammenarbeit mit Kunden schrittweise zu verbessern, führen aber zu keinen neuen Lösungen. Dazu ist es nötig, dass sich die Anbieter proaktiv mit Kunden auseinandersetzen und den Dialog pflegen.

Instrument	**Einsatz von Instrumenten in Prozent, um die Kundenanforderungen zu erheben**
Reaktive Instrumente	
Rückmeldung aus dem Vertrieb	72
Rückmeldung aus Wartung und Service	36
Wettbewerbsanalysen	27
Kundendienst- und Vertriebsberichte	19
Kundenanfragen	16
Kundenbeschwerden	12
Aktive Instrumente	
Eigene Kundenbefragungen	25
Externe Kundenbefragungen	20
Kontakte des Managements zu Kunden	19
Analyse Marktentwicklung der Kunden	19
Mitarbeitereinsatz beim Kunden	16
Kundenproblemanalyse	12
Kreativsitzungen mit Kunden	9
Kundenbeobachtungen	3
Literatur-/Patentanalysen	3

Abbildung 5.9: Ermittlung der Kundenanforderungen (Diebold 1996, S. 10)

Werden Kunden nicht befragt, intensiv analysiert und begleitet, so lassen sich wichtige und kommerziell interessante Dienstleistungen nicht vernünftig selektionieren. Die Dienstleistungen ufern aus, der Service wird zu komplex und der Aufwand im Verhältnis zum Ertrag steigt unvernünftig (Diebold 1996, S. 10).

Manche Kunden wurden bisher mit Leistungspaketen von ihren Lieferanten lediglich als Versuchskaninchen für neue Lösungen missbraucht, durch Pakete übermäßig an einen Lieferanten gebunden oder erhielten einfach nicht die versprochene Gegenleistung. Es ist deshalb wichtig, die Skepsis der Kunden ernst zu nehmen, sonst scheitern auch gute Lösungen.

Auf die Schlüsselstellung der Kundenzufriedenheit ist bereits eingegangen worden. Es entwickelte sich in diesem Bereich inzwischen ein ganzer Forschungszweig.

ABB unterteilte beispielsweise zweckmäßig die Analyse der Kundenzufriedenheit in drei Kategorien:

1. *Logbuch – Integration Kundenfeedbacks:* Es geht hier darum, nicht nur einzelne Kundenfeedbacks zu erfassen und gezielt zu reagieren, sondern vor allem die zahlreichen Reaktionen zu verbinden, auszuwerten und Maßnahmen zur Verbesserung einzuleiten.
2. *Kundenfeedback zu kritischen Projektstufen:* Dieses Kundenfeedback ist methodisch gestützt. An den kritischen Stellen der Projekte werden Kundenbefragungen schriftlich oder in einem direkten Gespräch durchgeführt. Zahlreiche Qualitätskriterien sind erfasst und in der Angebotsphase spielen beispielsweise die Treffsicherheit des Angebots für den Kunden, Vollständigkeit, verantwortliche Personen, Timing und vieles mehr eine Rolle.
3. *Benchmarking durch unabhängige und herstellerübergreifende Kundenbefragungen:* Im Rhythmus von ein bis zwei Jahren werden externe Marktforscher beauftragt, die ABB-Leistung im Vergleich zu Wettbewerbern bei den Kunden zu erheben.

Generell werden Verfahren der Kundendiagnose wichtiger, die eher qualitativ geprägt sind. Mit wenigen, oft führenden Kunden werden die Probleme, Ansprüche, Trends et cetera ausgelotet und auch neue Lösungen diskutiert.

Abbildung 5.10 zeigt, wie Siemens die Kundenworkshops gestaltet. Wichtig ist dabei, dass solche Ansätze nicht einfach sporadisch einmal stattfinden, sondern durch die mehrfache Durchführung mit mehreren Kunden ein Gewicht erhalten und die Kultur des Anbieters verändern. Erst durch den Vergleich über einen gewissen Zeitraum kann ein Unternehmen das Kundenfeedback richtig einordnen und bewerten. Diese Vorgehensweise fördert die Ansprüche der beteiligten Kunden und damit auch die Bestleistungen der Anbieter.

1. Tag intern	**2. Halbtag:**
Vorbereitungsmeeting • Situationsanalyse allgemein • Geschäftsprozess • Informationsdefizite • Geschäftspotenziale • Siemens als Partner • Teilnehmer, Ablauf, Rolle	• Interview mit dem Kunden **3. Halbtag: Ideengenerierung und Konkretisierung** • Evaluierung Kundeninterview • Geschäftsmöglichkeiten ausarbeiten • Ziele und Maßnahmen Account-Team • Qualifiziertes Kundenfeedback

Abbildung 5.10: Kundenworkshop Siemens

Der folgende Exkurs gibt einen Überblick über das Lead-User-Konzept, das sich besonders im Bereich Business-to-Business bewährte.

Exkurs zum Lead-User-Konzept

Von Christian Belz (Belz 1989, S. 270 ff.)

Lead-User-Konzepte stützen die Entwicklung von Innovationen des Marketing auf eine Zusammenarbeit mit führenden Kunden. Von Hippel (1984) untersuchte Innovationen für wissenschaftliche Instrumente, die Halbleiterindustrie und elektronische Bauteile und belegte, dass Benutzer bei den Instrumenten zu 100 Prozent grundsätzliche Innovationen entwarfen, bauten und nutzten, bevor die Produzenten involviert wurden. Anwender von Leistungen verfügen über ein wertvolles Know-how. Zwei interessante Segmente sind dabei anzutreffen, die sich vom normalen Anwender unterscheiden:

Lead-Users: Es gibt ein Segment der »Lead-Users«, das sich mit Bedürfnissen und Problemen (teilweise auch Lösungen) befasst, die sich erst später im Markt verbreiten. Sie verfügen über konkrete Erfahrungen für die nächste Produktgeneration. Diese Aussage stützt auch die Diffusionsforschung für Innovationen. Erstens setzt sich eine Innovation eher langsam durch, und zweitens gibt es Innovatoren und oft auch Opinion-Leader, die neue Lösungen rasch aufnehmen und die weitere Verbreitung beeinflussen (mehrstufige Kommunikation). Von Hippel (1984, S. 8) definiert hierzu: »Lead-Users are individuals or firms who have needs which are not now prevalent among users of a given product, but can be predicted to become general and to constitute a commercially interesting market in the future«.

High-Benefit-Users: Ein weiteres Segment der »High-Benefit-Users« ist für neue Produktkonzeptionen ergiebig. Es sind jene Benutzer, für die ein Produkt ausgesprochen wichtig ist, die sich aus eigenem Antrieb intensiv mit einer Verbesserung befassen und teilweise bereits neue Lösungen einsetzen, welche sie selbst entwickelten und realisierten. Von Hippel (1984, S.12) definiert: »High-Benefit-Users are individuals, or firms in the instance of industrial goods, who have a significantly stronger »unmet« need for a given novel or familiar product attribute or product concept than does the average user«.

Diese Kunden werden im Lead-User-Konzept sorgfältig selektioniert, motiviert und in die Projektarbeit für Neuentwicklungen einbezogen. Wichtige Ziele sind Nutzung des Kunden-Know-hows, marktgerechte Entwicklung, wirtschaftlichere und raschere Erfassung von Kundeninformationen, Beschleunigung des Projekts von der ersten Idee bis zum Markterfolg. Lead-Users strahlen in ihrer Branche oft eine unbestrittene Kompetenz aus und sind wichtig für Referenzen. Pilotprojekte der Hilti AG (FL-Schaan) mit dem Lead-User-Konzept (Herstatt 1991) zeigten:

- eine hohe Motivation von gewählten Lead-Users zur Mitarbeit;
- kaum Copyright-Probleme, weil die Spielregeln vorher klar festgelegt wurden;
- differenzierte, gründliche Diagnosen und Diskussionen zu Produkten und ihrem Umfeld;
- einen erstaunlichen Reifegrad der in den Gruppen entwickelten Leistungs- und Produktinnovationen (zum Teil gültige Skizzen et cetera);
- marktbezogene Produktinnovationen mit hoher interner und externer Glaubwürdigkeit und daraus folgender Identifikation;
- eine wesentliche Verkürzung der Zeitphase von der Produktidee bis zur Markteinführung (von 16 auf 9 Monate);
- eine wirtschaftliche Form der Markterkundung und interne Ersparnisse (von 150.000 auf 75.000 Schweizer Franken).

Die Entwicklung wird selbstverständlich durch kritische, interne Prüfungen und Konzepte ergänzt (Ergiebigkeit der Märkte, technische Realisierbarkeit, mögliche Preise im Markt und erwartete Gewinne et cetera). Nicht immer ist es einfach, die richtige Gruppe von Kunden zu finden und zu gewinnen. Teilweise sind die Kunden an einer Zusammenarbeit nicht interessiert, weil die Leistung für sie zu wenig zentral ist. Manchmal gilt es auch, mit Experten vorgelagerter oder nebengelagerter Märkte zusammen zu arbeiten.

Ein besonderes Problem bei der Kundendiagnose ist die Divergenz zwischen der vom Kunden geäußerten Verhaltensabsicht und seinem tatsächlichen Verhalten. Dies ist beispielsweise besonders augenfällig im Bereich der Ökologie und der Bereitschaft zum Kauf von Ökoprodukten. Gründe dafür sind:

- fehlende Vorhersehbarkeit zukünftiger Rahmenbedingungen und damit des Vorhabens,
- fehlende Bereitschaft, das tatsächliche Verhalten offen zu legen (taktisches Verhalten),
- Wahrnehmungsverzerrung des eigenen Verhaltens.

Ein weiteres Problem bei Marketingentscheidungen sind die oft nicht überprüften, stereotypen Verhaltensannahmen von Entscheidungsträgern über ihre Kunden. Oft wird das eigene Verhalten unreflektiert auf die Kunden übertragen.

Ergiebig ist ebenso die Kundenprozess-Analyse, wie sie bisher mehrheitlich in Konsum- und Gebrauchsgütermärkten verwendet wurde (vgl. ausführlich Belz et al. 2003, S. 117 ff.; Abbildungen 2.4 und 2.9).

5.4 Leistungsdiagnose

Eine Diagnose der Leistungen von Unternehmen ist in der Regel zuerst kundenbezogen. So definierte beispielsweise Homburg in Abbildung 5.11, welche Dimensionen, Faktoren und Indikatoren erfasst wurden und wie kundenorientiert ein Unternehmen vorgeht. Solche Analysen können wertvolle Hinweise geben, sind aber wieder eher operativ und recht kurzfristig orientiert.

Dimensionen	Faktoren	Einzelne Indikatoren
Kundennähe des Interaktionsverhaltens	• Produkt- und Dienstleistungsqualität	• Häufigkeit des Unterschreitens der Qualitätsanforderungen von Kunden • Wahrgenommene Produktqualität • Häufigkeit des Auftretens von Reklamationsfällen • Wahrgenommene Dienstleistungsqualität
	• Qualität der kundenbezogenen Prozesse	• Einhaltung von Terminzusagen gegenüber Kunden • Reibungslosigkeit des Ablaufs von Routinevorgängen • Aufwand im Zusammenhang mit dem Ablauf von Routinevorgängen • Wahrgenommene Liefertreue (das heißt Einhaltung von zugesagten Lieferterminen)
	• Flexibilität im Umgang mit Kunden	• Fähigkeit, noch lange nach Auftragsvergabe Änderungswünsche kostengünstig zu realisieren • Flexibilität beim Auftreten unvorhergesehener Probleme • Flexibilität für Sonderwünsche bei zu liefernden Produkten • Flexibilität für Sonderwünsche bei Lieferterminen • Flexibilität in der Preisgestaltung

	• Qualität der Beratung durch Verkäufer	• Interesse der Verkäufer für Kundenprobleme • Interesse der Verkäufer für die Verwendung der Produkte durch den Kunden • Objektivität der Information von Kunden durch die Verkäufer • Objektivität der Beratung von Kunden durch die Verkäufer • Information der Kunden über Grenzen der Leistungsfähigkeit von Produkten durch die Verkäufer
Kundennähe des Interaktionsverhaltens	• Offenheit im Informationsverhalten gegenüber Kunden	• Information über Maßnahmen, die den Kunden betreffen • Frühzeitige Information des Kunden über geplante Änderungen der Geschäftspolitik • Frühzeitige Information des Kunden über geplante Änderungen des Produkt-programms • Information des Kunden über strategische Überlegungen
	• Offenheit gegenüber Anregungen von Kundenseite	• Wert, den der Lieferant bei grundsätzlichen Fragen der Geschäftspolitik auf die Meinung der Kunden legt • Umfassende Beteiligung des Kunden an der Produktentwicklung • Offenheit für Vorschläge der Kunden, die die Optimierung von Prozessen des Lieferanten betreffen • Schnelle Reaktion auf Anregungen von Kunden
	• Kundenkontakte von nicht im Verkauf tätigem Personal	• Regelmäßiger Kundenkontakt des Managements • Regelmäßiger Kundenkontakt von Mitarbeitern aus dem Produktionsbereich • Regelmäßiger Kundenkontakt von Mitarbeitern aus dem Entwicklungsbereich

Abbildung 5.11: Kundennähe von Unternehmen (Homburg 1995, S. 91114)

Trotz der Bedeutung von Leistungssystemen gehen Unternehmen oft erstaunlich nachlässig mit den Problemlösungen für Kunden oder mit

Dienstleistungen um. Stichworte sind beispielsweise fehlende interne Transparenz, ungenügende interne und externe Kommunikation, Nebenleistungsdschungel, zufällige Dienstleistungen in den Köpfen verschiedener Mitarbeiter, Angst vor erweiterten Lösungen für Kunden und deren Kommerzialisierung, ungenügende Dienstleistungsfähigkeiten und -kultur.

Vorbereitung der Selektion von Leistungen

Es gilt, gestützt auf die Diagnose, die Leistungsbereiche konkret zu selektionieren und Verbesserungsansätze zu bestimmen. Der Bewertungsprozess nach Marktattraktivität, Wettbewerbsvorteilen, Risiken und Chancen muss sorgfältig durchlaufen werden, beispielsweise für Produkt- und Serviceinnovationen. Dabei greifen Analyse und Entscheidungen ineinander (vgl. auch das Leistungsportfolio Abbildung 6.11). Eine weitere Portfoliodarstellung mit empirischen Ergebnissen von Diebold (1996) zeigt Abbildung 5.12. Solche Analysen müssen die oben erwähnten beiden Dimensionen Markt-/Kundenperspektive (Kundenwert) und Kompetenzen/Ressourcen des Unternehmens umfassen. Ideal sind zweidimensionale Matrixdarstellungen, auf denen jede Achse eine Perspektive (Markt oder Unternehmen) abdeckt.

Wie aus Abbildung 5.12 ersichtlich wird, scheinen sich die befragten Führungskräfte eher zu überschätzen. Zudem betrachten sie das Dienstleistungsgeschäft eher als statisch. Deshalb finden sich die meisten Bereiche in der unteren Ecke rechts.

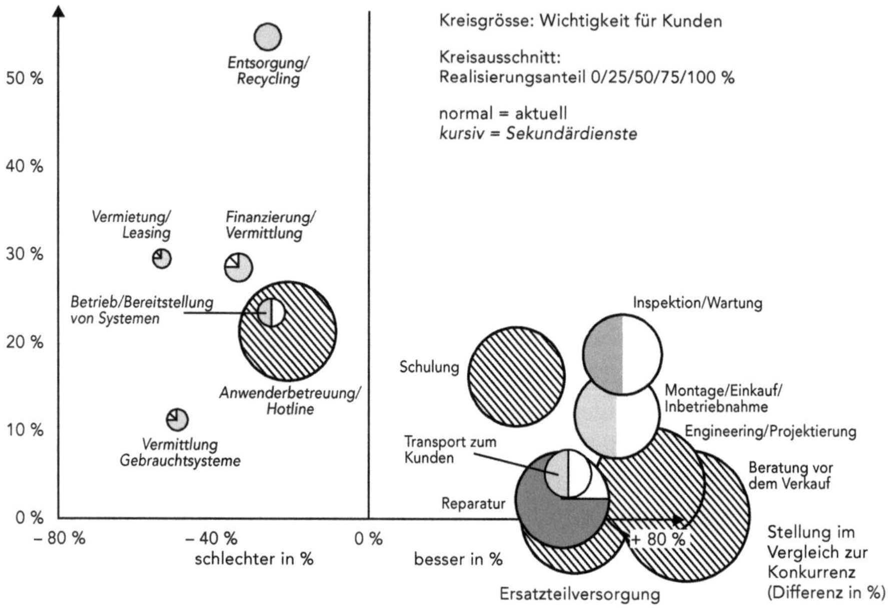

Abbildung 5.12: Wachstum der Wichtigkeit für Kunden in Prozent

Erstens sind solche Beurteilungen häufig analytisch und nur auf begrenzte Teilleistungen abgestützt (Gesamtlösungen sind schlechter zu erfassen, weil oft verschiedene Alternativen für einen Vergleich fehlen). Zweitens sind sie aber gleichzeitig auch häufig viel zu grob. Verschiedene spezifische Formen der Beratung oder Kundenschulung ließen sich beispielsweise in der Darstellung in allen vier Feldern finden. Die »Gefäße« oder Bezeichnungen sind damit zu grob.

Für die Leistungsbeurteilung und -entwicklung arbeiteten besonders Techniker zahlreiche Methoden aus. Einige Stichworte dazu lauten: Messungen im Total Quality Management, Prozessoptimierung, Quality-Function-Deployment, Target-Cost-Deployment, Variantenmanagement, informatikgestützte Nutzenanalysen (vgl. ausführlicher Belz et al. 1997, S. 65 ff.; für Dienstleistungen Bieger 2000). Die recht komplexen Methoden sollen hier nicht dargestellt werden.

Entscheidend sind auch die Kosten- und Ertragsanalysen. In manchen Unternehmen ist hier die Informationsbasis völlig ungenügend. Während die Kosten mit Akribie auf physische Produkte umgelagert werden, fehlen oft Auswertungen zu Kundenrentabilität und Prozesskosten, die für die Gestaltung und Steuerung von Leistungssystemen wichtig sind. Diese Aspekte greifen wir in Kapitel 9 zur Kommerzialisierung nochmals auf.

Im Vorgehen sind selbstverständlich nicht nur Informationen und deren Systeme zu beachten (vgl. auch *Exkurs*: *Kundenprozesse restrukturieren die Wirtschaft – Informatik als Enabler*). Leistungs- und Kundensysteme werden in Projekten entwickelt und Mitglieder der Projektteams stammen aus verschiedenen Unternehmensbereichen, teilweise auch von den Kunden. Die Teamarbeit und der informelle Austausch sowie implizites Wissen sind ebenso wichtig.

Dieses Kapitel schließt erneut mit Statements zur Diagnose.

Statements zur Diagnose

- Umfeld-, Kunden- und Leistungsanalyse sind im Marketingprozess zu integrieren. Die Orientierung am Customer-Value trägt dazu bei, dass die Kundenperspektive in jeder Phase der strategischen Analyse berücksichtigt wird (Matthias Haller).
- In der Praxis und auch in der Forschung sind mindestens zwei verschiedene Ansätze anzutreffen: So wählen manche Verantwortliche ein analytisches Vorgehen. Analytik, Systematik, Methoden und Bewertungen stehen im Vordergrund. Diesen Zugang wählen häufig auch Techniker. Andere Verantwortliche entwickeln eher intuitiv, interpretierend und ganzheitlich die neuen Lösungen; wenn auch sie sich auf Fakten und konkrete Erfahrungen stützen können. Für gute Lösungen im Customer-Value brauchen wir beide Zugänge, also die rechte und die linke Gehirnhälfte (Christian Belz).

6 Strategien und Ziele

Strategien bestimmen, wie sich Unternehmen langfristig ausrichten und welche Prioritäten sie dabei setzen. Die Grundfrage ist hierbei, mit welchen Leistungen der Anbieter in welchen Märkten aktiv ist. Märkte bezeichnen die Kunden(segmente), geografische Wirtschaftsräume sowie elektronische und reale Märkte. Diese Frage bleibt aktuell, denn jedes Unternehmen muss die Antworten laufend neu bestimmen. Die Antworten bewegen sich im zentralen Spannungsfeld von Integration und Spezialisierung.

In der Diskussion zu Strategien befassen sich die verantwortlichen Führungskräfte mit den grundsätzlichen Alternativen, um ein Unternehmen weiter zu entwickeln, die Positionen zu halten oder sich auch in besonderen Leistungen und Märkten zurückzuziehen. Das »Timing« für neue Strategien ist kritisch. Es ist wichtig, neue Lösungen im Markt rechtzeitig zu realisieren. Die Strategie muss für Kunden und den Wettbewerb zeitlich passen und den Zeitbedarf für Neuerungen realistisch einbeziehen. Die Strategien werden in operationale Ziele umgesetzt.

Unternehmen bieten selbstverständlich Produkte und Services an, die sich auch als Leistungssysteme oder »Customer-Value« interpretieren lassen. Die strategische Wahlfreiheit besteht in der Regel nicht darin, ob ein Unternehmen nur nackte Produkte oder Leistungssysteme anbieten soll. Entscheidend ist, wie treffend und professionell die Leistungen für Kunden gestaltet werden.

Die Hinweise zu erfolgreichen Strategien sowie entsprechenden Zielen sind vielfältig (vgl. Abschnitt 1.2). In diesem Kapitel klären wir spezifische Fragen für eine strategische Orientierung am Customer-Value.

Die Schlüsselfragen stellen sich wie folgt:

- Wie lassen sich die Kunden segmentieren und auf welche sollen die Anstrengungen fokussiert werden?
- Wie werden Leistungssysteme im Unternehmen strategisch (im Zeitablauf) gewichtet und gestaltet?
- Wie positioniert sich das Unternehmen? Wie löst das Unternehmen das Zusammenspiel zwischen Produkt- und Lösungsgeschäft?
- Wie werden Unternehmens- und Leistungsmarken strategisch geführt?
- Welche langfristigen Ziele gilt es zu setzen? Welche qualitativen Ziele einer Neuorientierung und quantitativen Ziele nach Geschäftsfeldern (Umsätze, Erträge, Marktanteile) lassen sich verfolgen?

- Wo und warum tritt man mit eigenen Kunden in Konkurrenz und welches Vorgehen ist richtig, um bestehende Geschäfte so wenig wie möglich zu gefährden?
- Welche Leistungen definiert das Unternehmen langfristig?

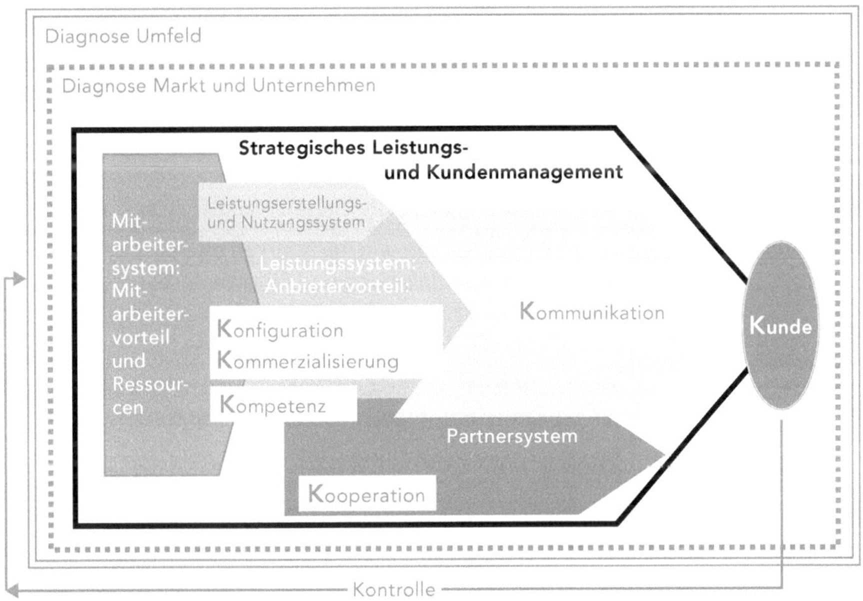

Abbildung 6.1: Strategisches Leistungs- und Kundenmanagement im Modell Customer-Value

Die strategische Ausrichtung und die operative Gestaltung sind eng miteinander zu verzahnen. Das Modell des Customer-Value erfasst im Bereich der Gestaltung fünf kritische Erfolgsvariablen sowie Kunden und Kontrolle. Die Strategie bereitet diese Gestaltungsvariablen vor. Die Zusammenhänge zeigt Abbildung 6.2.

In Praxis und Forschung ist es schwierig, die Trennlinie zwischen langfristigen Strategien und mittelfristigen Operationen zu ziehen. Zwar unterscheiden sich die Entscheidungen nach Bedeutung und Zeitrahmen, inhaltlich decken sich aber übergeordnete Grob- und Detailentscheidungen der Gestaltung. Es bewährt sich deshalb, in Konzepten und auch in diesem Buch pragmatisch zu ordnen: Nicht die Trennung ist erheblich, sondern dass die Entscheidungen an einem Ort getroffen werden. Für eine in sich geschlossene Darstellung fassen wir die wichtigen Themen in diesem Kapitel oder bei den operativen Bereichen (Kapitel 7 bis 11) zusammen. Strategien und Ziele stellen zudem einen wichtigen Bezug für das Controlling (vgl. Kapitel 12) dar.

Bereich der Gestaltung	**Strategische Richtung**
Kunden (-orientierung)	Marktsegmentierung und Kundenwahl, Wettbewerbsstrategien
Konfiguration	Leistungsselektion und strategische Konfiguration; angestrebtes Portfolio von strategischen Geschäftsfeldern mit Produkt- und Lösungsgeschäften
Kommunikation	Positionierung und Markenführung
Kommerzialisierung	Wertschöpfung des Unternehmens und Ertragsmodelle
Kompetenz	Langfristiger Aufbau von Ressourcen und besonders strategische Personalplanung und Mitarbeiterentwicklung; Out- und Insourcing von Leistungen; Investitionen in Informatik, Logistik- und Produktionssysteme
Kooperation	Kooperationsstrategie und Wahl der wichtigen Verhandlungspartner (strategische Allianzen und Netzwerke)
Kontrolle	Strategisches Controlling

Abbildung 6.2: Strategische Dimensionen für die Gestaltung der Erfolgsvariablen für Leistungs- und Kundensysteme

Schließlich weisen wir darauf hin, dass Unternehmen, die sämtliche kritischen und operativen Bereiche für Leistungs- und Kundensysteme neu gestalten, sehr innovative Geschäftsmodelle entwickeln (vgl. Kapitel 13). Damit schließt sich der Kreis von strategischen Vorgaben zur operativen Gestaltung und geht zurück zur Strategie mit innovativen Geschäftsmodellen.

In diesem Kapitel behandeln wir die Transformation von Unternehmen zum Lösungsanbieter (Abschnitt 6.1), die Markenführung (Abschnitt 6.2), Leistungsstrategien (Abschnitt 6.3), die Zielhierarchie für Leistungs- und Kundensysteme (Abschnitt 6.4) sowie die Marktsegmentierung und Leistungsselektion (Abschnitt 6.5).

6.1 Leistungsstrategien zwischen Optimierung und Transformation

Leistungs- und Kundensysteme sind für ein Unternehmen mehr oder weniger innovativ, oder sie richten sich an bestehende und/oder neue

Kunden. Das Aufgabenprofil für das Marketing von Leistungs- und Kundensystemen gilt es, differenziert zu bestimmen.

Die Ausgangslage und mögliche Stoßrichtungen für Leistungs- und Kundensysteme sind verschieden. Manche Unternehmen kämpfen mit dem Problem, ihre wuchernden Dienstleistungen und Zugeständnisse für Kunden zu bereinigen (zum Beispiel Anbieter von Investitionsgütern, Banken und Versicherungen). Andere versuchen mit allen Mitteln, ihre auswechselbaren Leistungen anzureichern (zum Beispiel Zulieferer von standardisierten Produkten (Willée 1991)). Manche Zulieferer entwickeln sich vom Teilefertiger zum Produktionsspezialisten, zum Entwicklungspartner und zum Wertschöpfungspartner (Wildemann 1993, S. 34 ff.; Kramer 1995). In Hightech-Märkten sind Unternehmen herausgefordert, die Prozesse des Lernens und der Akzeptanz von Kunden zu beschleunigen (Schicht 1993). In reifen, umkämpften und rezessiven Märkten spielen Differenzierung und Kostenoptimierung die entscheidende Rolle.

Im Dienstleistungsmanagement ist auch zu bestimmen, wie ein Unternehmen seine Dienstleistungen auf Vertretungen und Tochtergesellschaften ausrichtet. Partnerschaftssysteme und Unterstützungspakete fördern ein professionelles Management der nachgelagerten Stufe. Analogien ergeben sich zu Erfolgspaketen für den Handel (Engelhardt 1990; Pabst 1993; Schmickler 2001).

Optimierung und Transformation

Viele Unternehmen verfolgen mit ihren Leistungsstrategien eine Optimierung: Bestehende Leistungen werden durch ein spezifisches Know-how für Kunden und Dienstleistungen ergänzt. Dabei stehen im Kern der Aktivitäten die herkömmlichen physischen Produkte oder Dienstleistungen. Ziel ist es, diese Kernleistung zu profilieren, damit die Kundenbindung zu steigern und in einem Markt im Vergleich zu den durchschnittlichen Wettbewerbern höhere Preise durchzusetzen. Oft werden die Zusatzleistungen über die Marge der Kernprodukte finanziert. Grundsätzlich wird damit das Geschäftsmodell der Anbieter wenig verändert, wenn auch die Problemlösung für die Kunden einen höheren Stellenwert als bisher bekommt. Marketingaufgaben sind besonders die Leistungspflege und Kundenbindung (Tomczak/Reinecke 1998, S. 10).

Anspruchsvoller sind demgegenüber die eigentlichen Transformationsstrategien. Vergleichbar sind diese Strategien mit einer Diversifikation von Unternehmen mit neuen Leistungen in neuen Märkten. Entsprechend aufwändig und risikobehaftet ist die Transformation. Neue Fähigkeiten, Infrastrukturen und hohe Aufwendungen in Leistungsentwicklung und

-vermarktung sind erforderlich. Marketingaufgaben sind besonders die Leistungsinnovation und Kundenakquisition (Tomczak/Reinecke 1998, S. 10).

Manche Anbieter stellen in ihren Märkten fest, dass sich die attraktiven Gewinne in der Wertschöpfungskette ihrer Branche verschieben (vgl. *Praxisbeispiel: Managed Care und personalisierte Medizin*). Sie weiten deshalb ihre Leistungen auf diese Bereiche aus und verlagern die Schwerpunkte. Beispielsweise erweist sich besonders in gesättigten Märkten das gesamte After-Sales-Geschäft als besonders ergiebig.

In einem Vortrag stellte Günther Schuh (2001) die Frage: »Wo bleibt der Produzent zwischen Dienstleistern und Intermediären?« Er betonte damit die wichtige Entwicklung zu einer postindustriellen Gesellschaft und gewichtete Ansätze der intelligenten Wertschöpfung sowie kollaborativer Geschäfte. Integrierte, strategische Erfolgspositionen beruhen auf Produktdesign und Produkttechnologie, Produktion und Prozesstechnologie, Marke, Image und Marktzugang sowie Prozesskettenbeherrschung. Das Internet spielt dabei eine wichtige Rolle.

Prominentes Beispiel ist General Electric mit der 1995 eingeleiteten Transformation zum Dienstleistungsunternehmen. Dazu Jack Welch: »Services is so great an opportunity for the company that our vision for the next century is a GE that is a global service company that also sells high-quality products.« Während das Unternehmen 1980 noch 16,4 Prozent seiner Gewinne im Dienstleistungsgeschäft erwirtschaftete, waren es im Jahr 1999 schon 60 Prozent mit hohen angezielten Wachstumsraten für die Zukunft (in Müller-Stewens/Lechner 2001, S. 499 f.).

Auch IBM entwickelt sich schrittweise stärker zum Dienstleister. 2001 sank der Umsatz im Bereich Hardware um 24 Prozent, das bedeutet auf 8,7 Mrd. US-Dollar. Die Probleme im unrentablen PC-Bereich wurden mit einem Outsourcing im Wert von 5 Mrd. US-Dollar gelöst. Im Dienstleistungsbereich erzielte das Unternehmen ein Geschäftsvolumen von 9,1 Mrd. US-Dollar (minus 1 Prozent) bei einem guten Vorrat an Aufträgen trotz Krise und einer gesteigerten Bruttomarge. Im Jahr 2002 wurde die Übernahme des internationalen Beratungsunternehmens PriceWaterhouseCoopers (PWC) bekannt gegeben.

Technologiemarketing und Betreibermodelle

Eine Transformation erfordert beispielsweise auch neue Ansätze des Technologiemarketing: Unternehmen setzen ihre Produktionsanlagen, Fähigkeiten und Technologien nicht nur in den eigenen Produkten für angestammte Kunden ein, sondern vermarkten diese für weitere Kunden (Belz/Tschirky/Reinhold 2000; vgl. dazu Abschnitt 18.7).

Innovativ sind zudem neue Betreibermodelle. Hier einige Praxisbeispiele dazu:

Praxisbeispiel: Betreibermodelle in der Praxis

- Verschiedene Informationstechnologie-Anbieter übernehmen die Informatik von Kunden. So lagerte ABB als globaler Kunde im Laufe des Jahres 2003 die eigene Informatik an IBM aus und versprach sich dabei Einsparungen in dreistelliger Millionenhöhe. Die bisherigen Angestellten von ABB wurden weitgehend von IBM übernommen (Reinecke 1996).
- Siemens bietet ein Performance-Contracting und finanziert damit die technologische und bauliche Erneuerung von Gebäuden für Kunden. Der Kunde bezahlt bei-spielsweise für die Einsparungen im Energiebedarf. Damit übernimmt der Anbieter die Investitionskosten und der Kunde bezahlt während einer längerfristig vereinbarten Vertragsdauer für seinen Nutzen.
- Mercedes übernimmt für Transportunternehmen wie Dachser die gesamte Optimierung des Fuhrparks und stellt den Kunden eigene Fahrzeuge für Spitzenbelastungen zur Verfügung.
- Hilti Befestigungstechnik übernimmt im weltweiten Einsatz sämtliche Befestigungsgeräte (Bohrmaschinen et cetera) von Kunden. Mit diesem Fleet Management gelingt es, den Anteil der Hiltigeräte erheblich zu steigern und die Lebensdauer des Geräteeinsatzes ganzheitlich mit dem Anschaffungspreis und den Servicekosten zu optimieren, das heißt zu verkürzen. Der Mengeneffekt ist für Hilti erheblich. Der Kunde zahlt für das Fleet Management und kauft die Geräte nicht selbst.
- Das Bauunternehmen Zschokke übernimmt mit dem Ansatz des integralen Bauens gesamthaft die Risiken für Kosten, Termine und für die Qualität bei neuen Bauten.

Neue Fähigkeiten und Kulturwandel

Solche Transformationen gelingen nur, wenn ein Unternehmen von einer technologischen Produktions- auf eine kundenorientierte Dienstleistungskultur umstellen kann. Die Spielregeln für den Erfolg im Lösungs- und Servicegeschäft unterscheiden sich grundsätzlich vom Produktgeschäft (für die Maschinenindustrie vgl. zum Beispiel Baumbach 1998). Trotzdem ist ein Kulturwandel nur schrittweise zu vollziehen. In frühen Phasen der Orientierung an Kundenvorteilen setzen Unternehmen lediglich Zusatzservices ein und behandeln Dienstleistungen als eher zufälliges Accessoire. Später entwickeln sich Dienstleistungen und engere Problemlösungen zum wertvollen Akquisitionsinstrument im Produktgeschäft. Schließlich werden die Dienstleistungen in einer nächsten Phase zum bedeutenden und zukunftsträchtigen Geschäft. Erst in dieser Phase braucht das Unternehmen eine wirklich neue Strategie und Kultur (Belz et al. 1997, S. 42). Interessant bleibt aber, dass sich Unternehmen oft schwer tun, die Fortschritte gründlich und rasch zu erzielen. Zwischen dem Produktgeschäft mit enger Serviceinterpretation und einer umfassenden Strategieimplementierung im Customer-Value scheint eine unsichtbare Wand zu stehen: Aus dem Produktgeschäft heraus bleibt die Orientierung am Customer-Value eng begrenzt. Bei jeder Gelegenheit ziehen sich die Verantwortlichen auf das sichere Terrain von Technologien, bekannten, internen Prozessen und Produkten zurück.

Produkte, Projekte und Mandate als Geschäfte mit spezifischen Spielregeln

Im längeren Exkurs zu Produkten, Projekten und Mandaten wird am Beispiel von Dienstleistern im Bereich der Kommunikation dargestellt, wie grundsätzlich die erforderlichen Veränderungen für Unternehmen auf dem Hintergrund der Transformation von Märkten sind. Die Ausführungen erklären, weshalb manche Beratungsunternehmen nicht nur Projekte, sondern langfristige Mandate für Kunden übernehmen wollen, dafür aber weder kompetent sind noch erscheinen. Demgegenüber verfügen beispielsweise spezialisierte Mandatsanbieter über nachhaltige Wettbewerbsvorteile, sie sind aber nicht in der Lage, sich erfolgreich am Produkt- und Projektgeschäft zu beteiligen. Verschiebungen in der Art dieser einfach erscheinenden Zusammenarbeitsvarianten bezeichnen wir für ein Unternehmen bereits als Transformation.

Exkurs und Praxisbeispiel: Produkte, Projekte und Mandate für Dienstleister der Kommunikation

Von Christian Belz; viele Hinweise verdanke ich Jürgen Häusler, Interbrand Zintzmeyer & Lux, Zürich

Wie arbeitet ein Dienstleister im Bereich Kommunikation mit seinen Kunden zusammen? Entwickelt und verkauft er ein neues Signet für den Kunden? Begleitet der Dienstleister die Umstellung eines Unternehmens für einen neuen visuellen Auftritt oder betreut er eine Werbekampagne? Arbeitet er mehrere Jahre mit dem gleichen Kunden zusammen und optimiert er permanent die wichtigen Lösungen in der Kommunikation oder unterstützt er das Unternehmen in einer konsequenten Markenführung? Alle drei Arbeitsformen können erfolgreich sein: Produktangebot, Projektgeschäft oder Mandat. Es gilt jedoch, für jede Form der Zusammenarbeit die spezifischen Spielregeln zu beachten. Dieser Exkurs zeigt die Unterschiede.

Produkte, Projekte und Mandate

In der Kommunikation betreffen Produkte die abgeschlossenen Leistungen. Typisch sind ein neues Logo, ein Konzept und eine neue Gestaltung für Firmendokumentationen oder die Evaluation eines Markenwerts.
Zeitlich befristete und sachlich abgegrenzte Projekte sind in der Kommunikation am häufigsten anzutreffen. Beispiele sind etwa: Kommunikation für Produkteinführungen, Konzeption und Gestaltung wichtiger Messen oder Werbekampagnen.
Die kontinuierliche Zusammenarbeit kann sich auf ausgelagerte Spezialfunktionen beschränken. Oft sind aus dem Blickwinkel des Kunden Nebenaufgaben der Kommunikation betroffen. Beispiele dafür sind: Direktmarketing-Agenturen übernehmen das laufende Database-Management ihrer Kunden oder betreiben Kundenkontakt-Zentren oder Drucker verwalten die gesamte Dokumentation ihrer Kunden.
Mandate beruhen auf einer längerfristigen Zusammenarbeit und der Dienstleister übernimmt permanent Kommunikationsaufgaben für den Kunden. So können beispielsweise Werbeagenturen als »Outsourcingpartner« die Mehrheit der anfallenden Werbeaufgaben eines Unternehmens übernehmen und ähnlich wie eine interne Werbeabteilung funktionieren. Dienstleister für Markenführung betreuen Kunden umfassend, indem sie nicht nur Marken und Markenhierarchien entwickeln, sondern ebenso umsetzen und periodisch überprüfen. Die Zusammenarbeit konzentriert sich dabei auf den Umgang mit zahlreichen Kommunikationslösungen der Werbung, der Gestaltung von Niederlassungen, von Messen und von Dokumentationen im Rahmen eines konsequenten Gesamtmanagements einer Marke. Weitere beteiligte Kommunikationsspezialisten werden ergebnisorientiert koordiniert.
Abbildung 6.3 zeigt eine Matrix mit den Dimensionen Fristen und Umfang der Zusammenarbeit.

Fristen, Umfang und Intensität der Zusammenarbeit	**Punktuelle bis zeitlich befristete Zusammenarbeit**	**Kontinuierliche Zusammenarbeit**
Gezielte Zusammenarbeit	Produktgeschäft	Geschäft für ausgelagerte Spezialaufgaben
Umfassende Zusammenarbeit	Projektgeschäft	Mandatsgeschäft

Abbildung 6.3: Formen der Zusammenarbeit zwischen Kommunikationsdienstleister und Kunden

Die Form der Zusammenarbeit ist grundsätzlich unabhängig von den Budgets. Projekte können in einem Zeitraum weit höhere Umsätze bewirken als Mandate. Im gleichen Arbeitsbereich wird jedoch vom Produkt zum Projekt und zum Mandat die Wertschöpfung des Anbieters gesteigert.

Die Grenzen zwischen diesen Arbeitsformen sind fließend. Mehrere Produkte lassen sich für Projekte kombinieren, und einige Projekte mit dem Kunden führen zu einer längerfristigen Zusammenarbeit. Zudem schließen Mandate auch Projekte ein und Projekte stützen sich ebenso auf Produkte.
Produkte und Projekte sind kurzfristiger ausgerichtet und sind dementsprechend auch stärkeren Schwankungen unterworfen. Beispielsweise wurden Mandate von rezessiven Einbrüchen stärker verschont, wenn auch oft durch die Intensität der Zusammenarbeit in diesem Bereich die Abhängigkeit zunimmt. Die Krise bei einem Hauptkunden mit einem umfassenden Mandat kann den Kommunikationsdienstleister gefährden.
Ein Dienstleister für Kommunikation kann je nach Kundenbedarf die Arbeitsformen kombinieren, aber auch eindeutige Schwerpunkte setzen. Doch aufgepasst: Gute Projektanbieter vermarkten in der Regel nicht gleichzeitig Produkte und Mandate am besten. Anspruchsvoll ist es, wenn sich Anbieter von Produkten zu Projekten oder von Projekten zu Mandaten entwickeln wollen. Das Kundenverhalten, die Fähigkeiten des Anbieters und die Entscheidungs- oder Erfolgskriterien unterscheiden sich. Erfolgreiche Vorgehensweisen des Projektgeschäfts bei Mandaten verhindern die weiteren Geschäfte.
Auch der erfolgreiche Mandatsanbieter kann versuchen, zusätzlich im Projekt- und Produktgeschäft aktiv zu werden. Einerseits macht er sich aber beim Kunden selbst Konkurrenz und verhindert oft längerfristige Mandate. Andererseits kann er die Spielregeln in diesen Zusammenarbeitsformen häufig nicht erfüllen. Die abschlussorientierte, schlanke Zusammenarbeit widerspricht seinem bisherigen Vorgehen mit einer intensiven Entwicklungsarbeit für Kunden. Im Projektgeschäft sind deshalb Mandatsanbieter oft zu teuer und zu wenig beweglich.
Jedes Unternehmen sollte sich bei einer Transformation bewusst sein, dass neue Ressourcen (für andere Erfahrungen, neue Spielregeln, neue Formen der Marktbearbeitung et cetera) notwendig sind. Im bestehenden Geschäft sind die Ressourcen meistens bereits verteilt und nicht einfach für neue Aufgaben frei, umso mehr als im bestehenden Bereich verschiedene Runden zur Kostensenkung häufig die Infrastrukturen auf das Notwendige zurückstuften.
Aus einem geschlossenen Geschäftssystem lässt sich nicht einfach erfolgreich in neue Geschäftssysteme vorstoßen, wenn von den bestehenden Mitarbeitern ein neues Vorgehen gefordert wird. Ohnehin sind neue Geschäfte am Anfang klein und verlieren laufend den internen Wettbewerb um Ressourcen. Zwar versuchen manche Unternehmen, ihre Kapazitäten bei Einbrüchen im Hauptgeschäft in zusätzlichen Geschäftsfeldern zu nutzen, sobald aber im angestammten Bereich wieder genügend Aufträge erzielt werden, werden die neuen Aktivitäten rasch verdrängt und ein nachhaltiges Engagement damit nicht abgestützt. In jedem Bereich des Produkt-, Projekt- und Mandatsverkaufs sind deshalb getrennte Ressourcen notwendig, was die angestrebte Flexibilität oder die internen Kompensationsmöglichkeiten wieder schmälert. Weil diese Zusammenhänge nicht genügend berücksichtigt werden, scheitern manche neuen Initiativen kläglich. Nur wenige Mitarbeiter bewegen sich parallel erfolgreich in verschiedenen Geschäftsmodellen, weil auch die Führung (inkl. Lohnsysteme und Mangement-by-Objectives) je nach Geschäftssystem andere Akzente setzen muss.

Ansatz für Mandate – gegen den Strom schwimmen

Beispielsweise besteht der Ansatz von Interbrand Zintzmeyer & Lux darin, ihren Kunden umfassende Programme zur Markenentwicklung zu verkaufen und nicht im begrenzten Projektgeschäft tätig zu sein. Der Schwerpunkt ist eindeutig, während bei Wettbewerbern die Projekte dominieren und die langfristigen sowie umfassenden und intensiven Formen der Zusammenarbeit mit Kunden eher die Ausnahme sind.
Verschiedene Trends erschweren dieses Vorgehen. Die Verantwortlichen beim Kunden wechseln immer schneller und die Projektdenkweise setzt sich zunehmend in Unternehmen durch. Denn der Zeithorizont verkürzt sich, es kann nur noch in Projekten etwas bewegt werden und die Pflege des Bestehenden wird vernachlässigt. Generell steigt die Dynamik in den Märkten und die Entscheidungs- und Durchsetzungszyklen werden immer kürzer. Damit steigt der Bedarf nach nachhaltigen Lösungen. Angebote in diesem Bereich bewegen sich jedoch gegen diesen Trend. Sie beruhen darauf, dass Kunden auch entsprechende Entscheidungskriterien gewichten. Ein opportunistischer Ansatz bewegt sich im Markttrend und konzentriert sich zunehmend auf stärker abgegrenzte, kurzfristige, im Konkurrenzumfeld vergleichbare, wirtschaftlich abgegrenzte Angebote. Auch im Beratungsbereich scheint sich damit der Trend zu einem opportunistischen Verhalten in Richtung einer preisorientierten Produktangebotspolitik fortzusetzen.
Anbieter im Mandatsgeschäft schwimmen damit gegen den Strom, aber sie decken ein wachsendes Defizit bei ihren Kunden. Oft sind externe Mandatsträger und ihre Mitarbeiter länger für einen Kunden tätig als die Verantwortlichen beim Kunden selbst. Sie sind damit in der Lage, klare Positionierungen und wichtige Werte längerfristig mitzugestalten und entwickeln sich zur externen Instanz für das, was zum Unternehmen passt und was nicht.

Spielregeln für erfolgreiche Mandate

Die Spielregeln für das Mandatsgeschäft unterscheiden sich grundsätzlich vom Projektgeschäft (und Produktangebot):

- Aufwändiger Akquisitionsprozess: Die Entscheidungsprozesse für Mandate beim Kunden sind längerfristig angelegt. Die Akquisitionsphase kann sich durchaus über mehrere Monate oder sogar längere Zeit erstrecken.
- Kraft der Lösung: Mandate beruhen auf dem Einstieg beim Kunden in einer ausgesprochen frühen Impuls- oder Konzeptionsphase. Es braucht grundsätzliche Ideen und Ansätze, um eine längerfristige und permanente Zusammenarbeit abzustützen. Damit wird beispielsweise im Bereich der Markenführung ein enger Link zu strategischen Entscheidungen in Unternehmen und Institutionen hergestellt. Die strategischen Entscheidungsprozesse sind mit der Markenführung verknüpft und verlangsamen sich dadurch (vgl. Punkt 1.).

- Kundenpflege vor Kundenakquisition: Anbieter von Mandaten konzentrieren sich auf die Pflege und den Ausbau von bestehenden Kundenbeziehungen und weit weniger auf die Gewinnung von neuen Kunden. Bestehende Kunden sind die wertvolle Basis für ein langfristiges und zukünftiges Geschäft. In der Zusammenarbeit ist der Mandatsanbieter großzügiger und versucht nicht, die Ergebnisse kurzfristig zu optimieren. Anstrengungen für den Kunden und Umsätze sowie Erträge können zeitlich verschoben anfallen. Vorinvestitionen, Kulanz oder Sonderleistungen fördern die Kundenbindung und bereiten das zukünftige Geschäft vor.
- Neue Entscheider und Beeinflusser: Mandate sind häufig eine Form des Outsourcing für den Kunden und mit den entsprechenden Vor- und Nachteilen verknüpft. Beispielsweise stehen deshalb Mandate häufig in Konkurrenz zur Aufgabe der internen Kommunikationsverantwortlichen. Vorschläge können aufzeigen, dass sie ihre Aufgabe nicht richtig erfüllen und damit ist teilweise ihr Arbeitsplatz gefährdet. In der Regel ist es wichtig, vom (Top-)Management und den Kommunikationsverantwortlichen akzeptiert zu werden. Besonders geeignet sind Konstellationen, in denen der externe Dienstleister das bestehende Kommunikationsmanagement unterstützen kann, um sich gegenüber dem Topmanagement besser zu positionieren und Neuerungen einzuführen. Eine günstige Gelegenheit öffnet sich oft bei einem Wechsel in der Kommunikationsführung (und/oder im Topmanagement). Es geht also nicht mehr darum, ein bestimmtes Firmensignet im Auftrag der Kommunikationsverantwortlichen zu entwickeln oder eine Werbekampagne nach einem engen Briefing vorzuschlagen; die Aufgabe wird mitgestaltet, anstatt einfach erfüllt.
- Kritischer Entscheidungsprozess für Kunden: Für den Kunden ist die Entscheidungssituation für Mandate risikoreich. Der Kunde stützt sich sehr stark auf externe Partner ab. Entscheidungen und Kompetenzen werden delegiert. Preise, Qualität und Umfang der Zusammenarbeit sind nicht konkret abzuschätzen. Deshalb stellt sich auch für Mandate die kritische Frage, ob die Entscheidungs- und Risikosituation für Kunden vereinfacht werden kann. Ist es beispielsweise möglich, abgegrenzte und transparente Einstiegsangebote einzusetzen? Ist beispielsweise die Markenreview von Interbrand Zintzmeyer & Lux ein geeigneter Ansatz, um mit dem Kunden den Standort in der Markenführung zu bestimmen und mögliche Lösungen zu diskutieren? Fühlt sich dann der Kunde nach einer solchen Markenreview noch nicht gebunden, sondern kann wählen, mit welchen Partnern er anschließend eine Lösung verfolgen will? Gelingt es Interbrand Zintzmeyer & Lux, solche Einstiegsmodule zu rentabilisieren, indem sie richtig verrechnet werden oder indem solche Markenreviews genügend oft in ein umfassendes Mandat überführt werden können?

- Kundenbeziehung: Mandate beruhen auf langfristigen Kundenbeziehungen (vgl. Punkt 3.) und dem Vertrauensprinzip. Vorleistungen müssen auch häufig erbracht werden, weil die Bezugspersonen in einem Markenführungsprojekt nicht über die notwendigen Budgets verfügen. Der Fortgang des Projekts ist von ihrem internen Erfolg und dem Überzeugungsprozess gegenüber dem Topmanagement abhängig. Eine kurzfristige und ergebnisorientierte Vorgehensweise macht solche Vorinvestitionen unmöglich. Natürlich könnten die Voraussetzungen (Entscheidungsträger, Organisation et cetera) als Bezug genommen werden, um nur in jenen »Budgets« mitzumachen, die ausgesprochen hohe Erfolgschancen versprechen. Damit würde aber der Markt sehr eng werden. Gleichzeitig ist zu beachten, dass umfassende Ansätze des Change-Management in Unternehmen nicht einfach gesteuert werden können. In Unternehmen, bei denen Vorbehalte zur Markenführung anzutreffen sind, bei denen die Entscheidungsstrukturen nicht auf das Projekt oder das Mandat angepasst sind, bei denen gegenüber Markenführung in internationalen Ländern Widerstände bestehen et cetera, sind einerseits die Reserven der Markenführung besonders groß und andererseits können sich aus einer zurückhaltenden und »harzigen« Zusammenarbeit auch große Mandate entwickeln. Die momentane Beurteilung des Kunden schließt die langfristigen Prozesse und Möglichkeiten oft aus. Mandate stützen sich auf die Chancen in der Zusammenarbeit mit Kunden und nicht auf die momentanen, oft kleinlichen Begrenzungen. Vielleicht lässt sich im Zusammenhang mit Mandaten ein Prinzipienkatalog erstellen (Prinzip Großzügigkeit, Kundenbeziehung, Langfristigkeit et cetera). Gute Analogien sind auch zum Investitionsgüter- und Anlagengeschäft möglich.
- Kontraproduktives Hardselling: Im Projektgeschäft kann es durchaus sinnvoll sein, möglichst viele Offerten zu erstellen und beim Kunden hart am Ball zu bleiben, um eine Entscheidung herbei zu führen. Versucht ein Anbieter im Mandatsgeschäft die Entscheidungsprozesse des Kunden zu beschleunigen, rasch zum Abschluss zu kommen oder früh über Preise und Verträge zu verhandeln, so wird der Entscheidungsprozess in der Zusammenarbeit mit dem Kunden nicht gefördert, sondern unmöglich. Erfolgreiche Prinzipien im Projektgeschäft erweisen sich im Mandatsgeschäft als kontraproduktiv. Generell ist der Ansatz der Mandate im Vergleich zu Projekten auch in unserer Diskussion zu Leistungssystemen zu beachten und es sollte gelingen, diese Chancen weiter zu entwickeln! Analogien erkennen wir beispielsweise im Flottengeschäft von Mercedes, im Fleet Management von Hilti oder im Performance-Contracting von Siemens. Gleichzeitig muss im Mandatsgeschäft auch stärker definiert werden, was die Vorteile für die Kunden sind. Selbstverständlich ist es möglich, sich auch im Mandatsgeschäft laufend auf Verrechnungsstrategien auszurichten: Alle Sonderwünsche und Projektänderungen des Kunden werden möglichst sofort verrechnet. Oft werden aber damit die Bezugspersonen im Mandat brüskiert. Sie stehen plötzlich selbst im Erklärungsnotstand des eigenen Unternehmens, wenn sie beispielsweise Rechnungen der externen Partner einbringen, die nicht budgetiert oder verabschiedet worden sind. Solche Situationen sind für die betroffenen Führungskräfte unangenehm und führen mit großer Wahrscheinlichkeit dazu, dass eine Zusammenarbeit mit dem Mandatspartner abgebrochen wird.

- Ressourcen und Köpfe: Mandate beruhen darauf, dass Anbieter und Kunden gemeinsame Interessen verfolgen. Die Synergien der Ressourcen sind bei beiden Partnern entscheidend. Kurzfristiger Personalabbau, ein Wechsel der Betreuer et cetera können sich fatal auswirken. Neben Visionen und überzeugenden Konzepten sind vor allem die beteiligten Köpfe des Dienstleisters für den Kunden entscheidend. Der Kunde kauft kein Produkt oder ein Projekt, sondern »beteiligt« sich am Dienstleister. Eine optimale Zusammenarbeit ist dabei nur möglich, wenn die beteiligten Menschen als kompetent und vertrauenswürdig eingeschätzt werden. Andernfalls kann der Kunde seine Kommunikationsaufgaben nicht in ein Mandat delegieren.

Das Mandatsgeschäft ist längerfristig, grundsätzlich und beruht, wie bereits oben bemerkt, auf Visionen. Das Mandatsgeschäft stützt sich damit auf die Kraft und die Substanz neuer Lösungen. Die Kompetenz der beteiligten Köpfe beim Anbieter ist die Basis, dass sich in Zukunft die Chancen einer Zusammenarbeit vielfältig umsetzen lassen. Das Projektgeschäft geht eher davon aus, dass ein Unternehmen zwischen verschiedenen Offerten auswählen kann, die durchaus auswechselbar und begrenzt sind. Die Entscheidungsrisiken sind hier für das Unternehmen nicht besonders groß. Deshalb ist im Mandatsgeschäft die konzeptionelle und gründliche Vorarbeit entscheidend, denn tragfähige Ideen, die einen längerfristigen Entscheidungsprozess im Unternehmen prägen, beruhen nicht einfach auf zufälligen Einfällen oder Ideen für Signete und Kampagnen. Das Mandatsgeschäft beruht also auf der Attraktivität einer Gesamtlösung und nicht auf der Häufigkeit von Kundenkontakten und einer möglichst aggressiven Kundenbearbeitung.
Natürlich sind die Hinweise nicht so schwarz und weiß wie hier aufgeführt. Auch das Mandatsgeschäft bewegt sich in Spannungsfeldern. Die Gewichte sind aber im Vergleich zum Projektgeschäft anders zu setzen! Spannungsfelder sind beispielsweise rasche Verrechnung kontra Großzügigkeit, kurzfristige Ergebnisse kontra langfristige Zusammenarbeit und Erträge, Aggressivität kontra Kundeninitiative et cetera. Abbildung 6.4 zeigt die wichtigsten Unterschiede.

	Produkte	**Projekte**	**Mandate**
Leistung			
Beispiele für Kommunikationsdienstleistungen	Signete; Naming; Markenbewertung; Kommunikationsteillösungen	Werbe- und Direktmarketingkampagnen; Umpositionierungsprojekte; Projekte für einen neuen Kommunikationsmix	Strategisches und operatives Markenmanagement; integrierte Kommunikation; Outsourcinglösungen für Customer-Relationship-Management

Leistungsinhalte	Produkt und rasche Verfügbarkeit	Konzept und Projektmanagement	Partnerschaft und zukunftsträchtige Zusammenarbeit; tragfähige Visionen, Werte und Kommunikationslösungen; Outsourcing; Ressourcensynergien von Anbieter und Kunden
Misserfolg	Falsche »Produkte«	Ewige Produkte mit laufenden Zusätzen	Missbrauch des Vertrauens; Ausnutzung von Abhängigkeiten; Einbrüche in der Leistung (erlahmendes Engagement usw.)
Erfolgskriterien	Effizienz der erfüllten Kommunikationsdienstleistung; kurzfristige Optimierung; Flexibilität und Geschwindigkeit; Preis; rasche Rentabilisierung	Effizienz des Projekts (Inhalt, Timing, Kosten); mittelfristige Optimierung; Flexibilität und Geschwindigkeit; Preis/Leistung; Beschleunigung der Verhandlung (inkl. Kosten, Verträge usw.)	Effektivität; langfristige Optimierung (verschobene Phasen für Engagement und Erträge); Kontinuität und Qualität der Zusammenarbeit; zukünftige Erfolgspotenziale und Chancen der Partner (Plattform)
Kundenverhalten			
Entscheider	Verantwortliche für Kommunikation (Marketingservices; Werber; PR-Verantwortliche; Verantwortliche für Marken)		Topmanager; Linienverantwortliche; Kommunikationsverantwortliche

Entscheidungsinhalte	Produktwahl; intensiver Wettbewerbsvergleich; geringe wahrgenommene Risiken des Kunden	Kampagnenwahl; intensiver Wettbewerbsvergleich; mittlere wahrgenommene Risiken des Kunden	Wahl der strategischen Lösung; Wahl von fähigen »Köpfen« beim Dienstleister mit Zukunftspotenzial; offener Vergleich von Wettbewerbern mit sehr unterschiedlichen fähigkeiten und Lösungen; hohe wahrgenommene Risiken des Kunden
Entscheidungsphase	Später und gezielter Einbezug von Spezialisten in die Realisierung	Gezielte Ausschreibung und Vorbereitung von Kampagnen mit zeitlichen/inhaltlichen Spielräumen für Anbieter	Initiative von Dienstleitster für Impulse oder früher Einbezug in der Suchphase nach grundsätzlichen und langfristigen Kommunikationslösungen
Entscheidungsprozess	Rasche Entscheidung nach definierten Vorgaben	Entscheidung in Zusammenhang mit Kampagnen (Vergabe Jahresbudgets, Produkteinführungen usw.)	Anspruchsvolle und lange Entscheidungsprozesse, bestimmt durch den Prozess für Strategien (oft schnelle Entscheidungen bei Übernahmen und Verkäufen oder Umbesetzungen im Topmanagement)
Bevorzugte anbieter	Spezialist für Produkte; z. B. für Naming, rechtliche Abklärungen, Design, Messegestaltung	Spezialist für Kampagnen; mehrheitlich Werbeagenturen als Anbieter	Generalist; z. B. Interbrand Zintzmeyer & Lux

Marktbearbeitung			
Bearbeitungspersonal	Verkauf und Produktverantwortliche	Projektleiter, Projektteam, Verkauf, Innendienst	Topmanagement und Management als zukünftige Manager des Key-Accounts, Mandatteams mit Spezialisten für den Kunden
Kundenkategorie	Kundenakquisition	Kundenakquisition (auch bei bestehenden Kunden für neue Projekte)	Kundenbindung und Erweiterung der Zusammenarbeit; Großzügigkeit; Unterstützung der Kommunikationsverantwortlichen für eine erfolgreiche, interne Positionierung und Leistung
Optimierung	Quantitative Optimierung mit Marktpräsenz und Besuchshäufigkeit, Offertenzahl, Trefferquote usw.		Qualitative Optimierung mit Kundenselektion, Lösungssubstanz, Beziehungsintensität, Kundenzufriedenheit usw.
Vermarktungsansatz	»Transactional Selling« und Produktverkauf an zahlreiche Kunden; zahlreiche Offerten; rasche Verrechnung von Sonderleistungen	»Solution and Value Selling« an viele Kunden; zahlreiche Offerten mit kritischer Trefferquote; rasche Verrechnung	»Enterprise Selling« an wenige und stark selektionierte Kunden; gezielte Offerten und Einzelfallbezug; langfristige Verrechnung
Abschluss	Aggressive Abschlussorientierung	Präsenz im Entscheidungsprozess für die Kampagne	Kooperative und interaktive Marktbearbeitung; Ausbau der persönlichen Geschäftsbeziehungen und Vernetzung von Anbieter- und Kundenorganisation

	Starke Anbieterinitiative	Mittlere Anbieterinitiative	Starke Kundeninitiative und subtile Interaktion für gemeinsame Lösungen

Abbildung 6.4: Produkt-, Projekt- und Mandatsgeschäft für Dienstleister der Kommunikation (das Feld für ausgelagerte Spezialgeschäfte ist in dieser Aufstellung nicht berücksichtigt, weil sich das Produktgeschäft weitgehend damit deckt).

Nicht nur für Dienstleister der Kommunikation ist es wichtig, die Angebotsformen für Produkte, Projekte und Mandate zu unterscheiden. Auch für verschiedene weitere Dienstleister (zum Beispiel Berater) und Investitionsgüterhersteller (besonders Anbieter von Anlagen) ist diese Differenzierung bedeutend. Zudem befassen sich verschiedene Outsourcingpartner, beispielsweise in der Informatik oder auch im Bereich des Facility-Management, mit analogen Lösungen.

Die Anwendung, auf eine Branche bezogen, ist aber konkreter und lässt bessere Analogien zu als allgemeine Darstellungen. Während für Dienstleister der Kommunikation meist das Wechselspiel zwischen Projekten und Mandaten besonders wichtig ist, befassen sich Anbieter von Investitionsgütern eher mit dem Wechselspiel von Produkt- und Projektgeschäft, wobei Produkte als umfassende technische Lösungen und Projekte als integrierte, kommerzielle und technische Lösungen zu interpretieren sind.

Fragen der Positionierung und Markenführung sind eng verknüpft mit den erforderlichen Veränderungs- und Lernprozessen in Unternehmen und Markt.

6.2 Markenführung

Manche Unternehmen wählen ihre Positionierung im Bereich des Customer-Value. So verfolgt ABB seit Jahren intern und extern den »Customer-Focus« (vgl. Abbildung 6.5), der Konzern Schott propagiert »Total Customer Care« und Anbieter in Telekommunikation oder Informatik bezeichnen sich als »Solutions-Provider«.

Umfassende Lösungen für Kunden sind komplex und erklärungsbedürftig, während der Kunde gleichzeitig immer stärker durch zu viele Informationen überlastet wird. Markenführung und Kommunikation sind deshalb die herausragenden Anforderungen für erfolgreiche Strategien im Bereich des Customer-Value (Bieger/Tomczak 2003, S. 369 ff.). Unternehmen und Institutionen entwickeln sich laufend vielfältiger. Markenführung ist der Zugang, um die Grenzen der Komplexität auszuloten, sinnvoll

Abbildung 6.5: Kommunikationsbeispiele für den Customer Focus von ABB

zu vereinfachen und zu verbinden und damit eine Führung des Marketing überhaupt noch zu ermöglichen (umfassend Belz 2006).

Markenführung nach innen und außen

Marken kennzeichnen Produkte, Sortimente, Leistungs- und Marketingsysteme oder ganze Unternehmen. Sie sind der Zugang des Kunden zur spezifischen Kompetenz des Unternehmens oder seiner Leistungen und das Ergebnis vielfältiger Erfahrungen sowie seiner Aktivitäten im Marketing. Der Kunde verdichtet seine Haltung zu einem relativ stabilen und integrierten Gesamturteil. Marken sind das Ergebnis einer intensiven und/oder langfristigen Aufbauarbeit und sie schaffen Orientierung und Vertrauen in einem Umfeld von Hektik und Multioptionen (zur Markenführung zum Beispiel Esch 2000).

Besonders im Dienstleistungsmarketing ist es wichtig, die Markenführung zu gewichten. Dienstleistungen und Know-how sind für Kunden schwierig zu erfassen, sie werden vor dem Kauf nur kommuniziert. Gleichzeitig scheinen Anbieter in der Kommunikation für Dienstleistungen auch spezifische Fehler zu begehen: Diffuse Kommunikation, häufiger Wechsel von Argumentationen und von Darstellungen sowie ungenügende Kennzeichnung und Visualisierung von Leistungssystemen. Mit diesen Hinweisen sind bereits verschiedene Chancen bezeichnet, die Reserven sind enorm (vgl. Kapitel 8).

Nach innen ist in der Markenführung besonders wichtig, dass es gelingt, die relevanten Werte des Unternehmens zu bestimmen und durch den Konsens der beteiligten Mitarbeiter zu stützen (Belz/Crowden/Wolfisberg 2003). Klare Marken vereinfachen die Zusammenhänge, unterstützen die Kontinuität sowie Fokussierung und fördern die richtige Delegation von Aufgaben an die Mitarbeiter. Im Rahmen der Werte sind sie in der Lage, die vielfältigen Lösungen für Kunden strategiekonform zu gestalten. Auch Veränderungsprozesse werden zunehmend mit »Marken« bezeichnet und damit für alle Beteiligten fassbar. Nicht selten sind »strategische Schlachtrufe« mit Stichworten wie »Null-Fehler-Qualität«, »Systemführerschaft« oder »Global Player« anzutreffen (Müller-Stewens/Lechner 2001, S. 23).

Innen- und Außenwirkung hängen zusammen. In der Führung von Marken im Markt verwendet Esch das Markensteuerrad. Teilentscheidungen sind die Kompetenz der Marke, die Tonalität der Kommunikation, das Markenbild und die Kundenvorteile (Benefit and Reason Why). Abbildung 6.6 zeigt ein Beispiel.

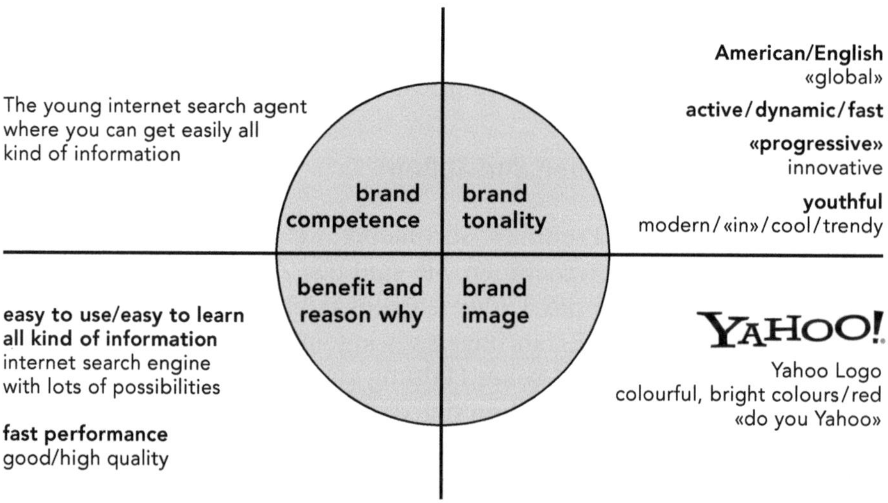

Abbildung 6.6: Markensteuerrad am Beispiel Yahoo! (Esch 2000)

Es bewährt sich, diese Entscheidungen bewusst zu treffen und in die Kommunikation zu integrieren (vgl. Kapitel 8). Das Ist-Steuerrad lässt sich mit einem Soll-Steuerrad vergleichen und durch Experten und Kunden beurteilen.

Duale Strategien

Nach innen und außen ist es für ein Unternehmen besonders anspruchsvoll, duale Strategien des Produkt- und Problemlösungsgeschäfts zu verfolgen. Abbildung 6.7 zeigt die Zusammenhänge. Bei einem markanten Anteil von Produkt- oder Problemlösungsgeschäft läuft ein Unternehmen Gefahr, für beide Bereiche nicht mehr kompetent wahrgenommen zu werden. Im Produktgeschäft erachten Kunden das Vorgehen des Unternehmens als zu aufwändig und sie vermuten, dass durch die Servicerargumentation und -kosten die Preise steigen. Im Problemlösungsgeschäft erahnen Kunden, dass das Unternehmen die Problemlösungen nur betont, um die Produkte möglichst zahlreich abzusetzen.

Abbildung 6.7 zeigt beispielhaft verschiedene Verhältnisse. (I) bezeichnet den aktuellen Umsatzanteil vom Produkt- und Problemlösungsgeschäft. In Zukunft soll der Anteil des Problemlösungsgeschäfts (II) gesteigert werden. Um sich richtig zu positionieren, setzt das Unternehmen bereits den größten Teil des aktuellen Kommunikationsbudgets (III) für das Problemlösungsgeschäft ein. Solche groben Positionen können helfen, die Probleme und Chancen einer dualen Strategie zu diskutieren.

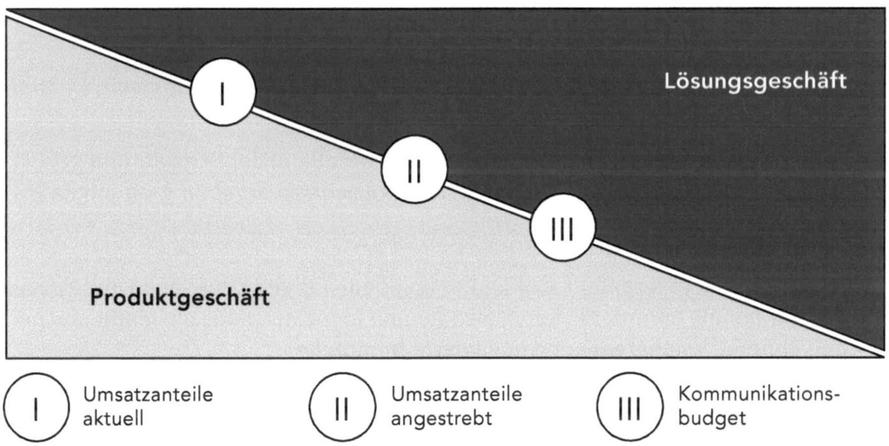

Abbildung 6.7: Duale Strategien in Produkt- und Problemlösungsgeschäft

Im Folgenden wird das Beispiel des Portable Shop angeführt. Aus dem Blickwinkel einer eindeutigen Positionierung müsste sich das Unternehmen weiter auf die Spezialisierung mit portablen Informatikgeräten und einem starken Service stützen. Die Preisorientierung von Kunden und Konkurrenz, eine erhöhte Kundenerfahrung, vermehrte Angebote der Wettbewerber im portablen Bereich und Markteinbrüche führen jedoch dazu, dass eine duale, und damit weniger klare Strategie verfolgt werden muss.

Ein Unternehmen kann oft nicht wählen, ob es eine Mono- oder eine duale Strategie einschlagen soll, weil sich neben dualen Strategien keine anderen Lösungen erkennen lassen. Es ist daher erheblich, wie ein Anbieter mit dualen Strategien umgeht.

Dabei besteht ein strategisches Dilemma: Unsere Beobachtungen zeigen, dass Unternehmen im Dienstleistungsgeschäft neue Erfolge verzeichnen können, wenn sie diese Aktivitäten organisatorisch, personell, führungsmäßig und manchmal auch örtlich trennen. Nur damit ist es möglich, dass neue und kleinere Problemlösungsgeschäfte im Kampf um interne Ressourcen nicht ständig verlieren. Das wichtigste Motiv für Unternehmen ist aber gleichzeitig die positive Rückwirkung des Problemlösungsgeschäfts auf das Produktgeschäft, was für eine enge Anbindung zu sprechen scheint (zur Organisation vgl. Kapitel 10). Dieser Konflikt wird teilweise aufgelöst, weil Unternehmen mit getrennten Sparten ihre Kunden glaubwürdiger und kompetenter beraten können und deshalb das Produktgeschäft besser beeinflussen als integrierte Servicestellen.

Praxisbeispiel:
Portable Shop zwischen Preis- und Servicestrategie

Von Christian Belz (diese Hinweise stützen sich auf einen Workshop vom 13. Juni 2003).

Portable Shop ist eine Filialkette für mobile Informatik in der Schweiz und gehört zur Jelmoli-Gruppe. Diskussionen zu den Markenwerten ergaben grob folgendes Bild:

- Angestrebt: Kompetenter Fachhändler (mit dem nötigen Know-how) und Spezialist für mobile Informatik, Serviceleader und Innovator, nahe am Markt und bei den Kunden, kompetente und engagierte Mitarbeiter
- Abgelehnt: Kein preisorientierter »Box-Mover« und Preistreiber, kein Alleskönner und Generalist

Diese Werte sind stark gestützt auf frühere Erfolge, aber widersprechen teilweise dem Entwicklungsprozess der Firma Portable Shop. Besonders in den letzten schwierigen Zeiten vom Markt und Unternehmen her weitete Portable Shop sein Sortiment aus und verfolgte eine preisaggressive Kommunikationsstrategie (Argumentation über den Preis, betonte Tiefpreisgarantien, weitgehend entfernte Informationstexte und Bilder, Verzicht auf emotionale Elemente).

Wenn sich Portable Shop bisher aus dem relevanten und wahrgenommenen Preisband des Markts aus dem Blickwinkel des Kunden heraus bewegte, so ist jetzt eine Korrektur notwendig. Es ist eine Hygienevoraussetzung für die Anbieter, im relevanten Preisband für die angestrebten Kunden vorzugehen. Diese Überlegungen hängen mit der Marktgröße zusammen. Wohl gibt es Kunden, die beispielsweise mehr bezahlen und Beratung anfordern. Der Markt muss in diesem Bereich aber genügend groß sein, um das Geschäft von Portable Shop zu stützen. Deshalb ist bei beiden Spannungsfeldern je eine duale Strategie von Spezialisierung und Ausweitung sowie Servicegeschäft und preisaggressivem Geräteverkauf verfolgt worden. Das Management von Spannungsfeldern ist eine anspruchsvolle Aufgabe, es führt aber kein Weg daran vorbei. Enge Positionierungen treffen auf enge Märkte. Auch bei der erweiterten dualen Strategie bleibt es für den Erfolg kritisch, ob bei den engen Margen das Marktfeld genügend breit definiert ist, um die angestrebten Erträge zu erreichen.

Natürlich sind mit diesen verschiedenen Ausrichtungen die Beteiligten eher verunsichert. Es gibt nicht mehr nur einfache und widerspruchsfreie Strategien. Die Kommunikation nach innen und außen ist deshalb für eine multiple Strategie des Erfolgs entscheidend. Die Betroffenen dürfen sich nicht als »schizophren« fühlen.

Portable Shop hat in der Kommunikation eine Preisinitiative ergriffen, um in der Wahrnehmung des Kunden wieder preiskompetent zu sein. Die Korrektur kann dabei durchaus massiv sein. Ausgehend vom bestehenden Profil wird ein neuer Akzent mit aller Vehemenz gesetzt. Wichtig ist es aber, in Zukunft auf kombinierte Kompetenzen für Preise und Leistung von Portable Shop zurückzugehen. Rückwirkend auf Januar 2003 wurde Portable Shop ab August im Schwesterunternehmen Fust integriert, um interne Synergien auszuschöpfen und Kosten einzusparen. Die Integration ist aus dem Blickwinkel der Marke nicht unproblematisch, aber betriebswirtschaftlich sinnvoll.

Ähnliche Herausforderungen bestehen, wenn sich Unternehmen vom Problemlösungsgeschäft zum Produktgeschäft entwickeln. Diese Richtung der Entwicklung ist aber seltener anzutreffen. Duale Strategien hängen eng mit der Positionierung des Unternehmens zusammen und prägen die Markenführung nach innen und außen.

6.3 Leistungsstrategien

Sämtliche Leistungsstrategien sind auch im Ansatz des Customer-Value zu beachten (vgl. Abbildung 1.9). An dieser Stelle weisen wir auf wichtige Besonderheiten hin und unterscheiden grob die Strategien Profilierung und Rationalisierung für Unternehmen (ähnlich Porter 1980), wobei auch Anbieter innerhalb der gleichen Branche verschiedene Strategien verfolgen oder kombinieren.

Profilierung und Rationalisierung

Profilierungsstrategien verfolgen besonders die Ziele der Differenzierung, Leistungserweiterung und Kundenbindung. Sie sind eher für Innovationen geeignet, deren Diffusion im Markt beschleunigt werden soll. Ebenso versuchen manche Anbieter, ihre auswechselbaren Leistungen für den Kunden einzigartig zu gestalten. Services können dabei ebenso eine Rolle spielen wie Emotionen, die sich etwa durch Markenführung und Events gestalten lassen.

Rationalisierungsstrategien setzen Schwerpunkte im Bereich der Selektion und Wirtschaftlichkeit. Rationalisierung ist für Unternehmen mit einem wuchernden Nebenleistungsdschungel (also mit vielen Produkten und Services) in umkämpften Märkten geeignet. Schließlich ist Rationalisierung auch eine wichtige Dienstleistung, die sich für Kunden erbringen lässt.

Während in der Hochkonjunktur Dienstleistungen häufig »à discrétion« abgegeben wurden, sind heute konkrete Nutzen- und Wirtschaftlichkeitspakete für Kunden erfolgreich und die Rationalisierung wird intern und beim Kunden immer wichtiger. Manche Unternehmen lancierten in den schwierigen Märkten der letzten Jahre so genannte Billiglinien. Logitech verfolgt mit dem getrennten Unternehmen Labtec diesen Ansatz, TUI lancierte günstige Nettoangebote, Sixt bietet seit Mai 2003 mit der Billiglinie Sixti auch Kleinfahrzeuge mit einer Tagespauschale von fünf Euro an. Kritisch ist bei solchen Doppelstrategien (vgl. oben), dass es gelingt, die entsprechenden spezifischen Fähigkeiten im Unternehmen zu verankern (zum Beispiel die Kostenvorteile im Billigsegment zu realisieren) und das Angebot für Kunden so zu trennen, dass eine zu starke Eigenkonkurrenz zum höherpreisigen Angebot vermieden oder mindestens die zunehmende Fremdkonkurrenz abgewehrt wird.

Es gibt in der Entwicklung einer Branche eine Pendelbewegung: Übertreiben viele Anbieter mit Zusatzleistungen, kann es sinnvoll sein, die Leistung abzuspecken und sich auf ihren Kern zu konzentrieren.

Während manche europäischen Hersteller eine Qualitätsstrategie einschlagen und Dienstleistungen ausbauen, spezialisieren sich gleichzeitig neue Anbieter erfolgreich mit einem abgespeckten Programm und standardisierten Angeboten. Das Beispiel der Fluggesellschaften veranschaulicht das: Die meisten Fluggesellschaften überbieten sich gegenseitig mit immer mehr Diensten für VIPs und Vielflieger (Anreicherungs- und Profilierungsposition). Demgegenüber scheint die Southwestern Airline in den USA gerade durch ihr spartanisches Angebot und die günstigen Preise besonders erfolgreich zu sein (Rationalisierungsposition). Die Neue Zürcher Zeitung bezeichnete Southwestern als »Holzklasse-Fluggesellschaft«. Das Unternehmen übertraf die Erwartungen der Kunden und erreichte den Triple Crown Award für Pünktlichkeit, Gepäck-Handling und Kundenzufriedenheit, und das bei schwarzen Zahlen und hoher Effizienz.

Diese Beispiele sollen verdeutlichen: Es ist falsch, den Ansatz des Customer-Value nur mit umfassenden Leistungsangeboten zu verbinden. Ein rationelles Vorgehen ist oft der wichtige Kern einer erfolgreichen Strategie des Customer-Value.

Gefahr von Flops

Neue Strategien werden oft »top down« entwickelt und erscheinen plausibel. Leicht werden jedoch die nötigen Veränderungen beim eigenen Unternehmen und beim Kunden unterschätzt und auch gute Lösungen lassen sich weder intern noch im Markt durchsetzen. So versuchte beispielsweise Sarnafil sich vom Flachdachanbieter zum Anbieter für gesamte Gebäudehüllen zu entwickeln und scheiterte dabei. Rank Xerox kündigte die Strategie der ganzheitlichen Optimierung von Informationsflüssen bei Kunden an (inklusive Informatik) und wagte sich damit von der Positionierung im Kopiergeschäft zu weit nach vorne (Ries/Trout 1989, S. 66 ff.). Manche Versicherungen und Banken versuchten, sich zu umfassenden Anbietern für Financial Services zu entwickeln. Inzwischen ziehen sich einige Anbieter wieder auf ihr Kerngeschäft zurück (vgl. Kapitel 20). Noch vor den Turbulenzen kündigte der damalige ABB-Chef Göran Lindahl den Weg zum wissensbasierten Dienstleistungskonzern an und wollte den Ertragsanteil seiner Dienstleistungen bis 2004 von 25 auf 50 Prozent steigern. Aktienzerfall, Druck der Investoren und weitere Herausforderungen durchkreuzten zumindest teilweise diese Strategie.

Nachdenklich stimmen folgende Ergebnisse über Zulieferer (Befragung von 70 Zulieferbetrieben durch die Management Partner GmbH, Stuttgart 1994): 45 Prozent der Zulieferer haben die Zielposition Systemlieferant, 25 Prozent erfüllen bereits die Voraussetzungen zum Systemlieferanten (Eigenbeurteilung) und schätzungsweise 5 Prozent können den Marktzugang als Systemlieferant gewinnen. Leistungssysteme scheinen oft eine nahe liegende Lösung zu sein. Wer jedoch nur wohlwollend neutral das Dienstleistungsgeschäft aufnimmt, kann nicht im rigorosen Selektionsprozess des Marktes bestehen. Der Zugang zum Markt für Problemlösungen ist umkämpft.

Verschiedentlich versuchen Unternehmen auch, ihre Schwächen mit ihren Dienstleistungen zu kompensieren. So begleiten sie ungeeignete Produkte mit überdurchschnittlichen Dienstleistungen, um damit Kunden zu gewinnen. Zu teure Produkte flankieren sie mit zusätzlichen Leistungen, um den Kunden zu akquirieren. Beide Ansätze sind kurzsichtig und längerfristig nicht erfolgreich. So kostet das teure Produkt in der Herstellung durch die zusätzlichen Dienstleistungen noch mehr und häufig rechnen Unternehmen diese Aufwendungen nicht direkt dem Kundenprojekt zu. Vielleicht kann das Dienstleistungsmanagement dafür geeignet sein, um schwierige Phasen mit einem Produkt zu überbrücken. Längerfristig gilt es aber, die Vorteile des Produkts und der flankierenden Dienstleistungen abzustützen.

Was sind die Ursachen, warum viele Unternehmen mit ihren Leistungs- und Kundensystemen scheitern? Ist eine solche Strategie zu risikoreich oder gibt es Bedingungen für den Erfolg? Verschiedene Gründe können für Misserfolge maßgeblich sein, und sie zeigen gleichzeitig, worauf es für Erfolge ankommt.

1. *Eingespieltes Kundenverhalten für herkömmliche Angebote:* Kunden sind gewohnt, sich in vorhandenen Marktstrukturen zu bewegen und einzukaufen. Die Entscheidungsprozesse für eine Zusammenarbeit mit Lieferanten sind eingespielt und werden Spezialisten übertragen. Neue und umfassende Lösungen erfordern neue Entscheidungsträger und -prozesse. Lässt sich der Kunde nicht auf diese umfassenden Lösungen ein, fehlt die Voraussetzung, um integrierte Leistungssysteme zu verkaufen. So können beispielsweise Einkäufer, die spezialisiert sind und am Erfolg für ihre Spezialgebiete gemessen werden, häufig nicht auf umfassendere Lösungen der Lieferanten eingehen. Es fehlen ihnen die Kompetenzen, das Wissen und die direkten Zugänge zu den weiteren Verantwortlichen, um die Zusammenarbeit mit den Lieferanten ganzheitlich zu optimieren. Teilweise scheinen diese Lösungen für bisherige Entscheidungsträger und ihre Erfolge nicht attraktiv genug. Erst wenn sie auch für ihre Position oder zumindest für das Unternehmen klare Vorteile erkennen, wären sie bereit, ihren Einfluss auf die Beziehung zum Lieferanten einzuschränken und Beschaffungsteams mit Managern, Technikern und Logistikspezialisten einzubeziehen. Einerseits können Leistungssysteme den Zugang zum Kundenmanagement öffnen und helfen, eine neue Partnerschaft aufzubauen. Andererseits sind Leistungssysteme auf den Zugang zu einem überlasteten Management angewiesen. Dem Anbieter fehlen oft die entsprechenden Beziehungen und durchschlagenden Argumente. Kritischer ist es also für Leistungssysteme, weitere Beeinflusser und Entscheidungsträger bei Kunden anzusprechen und die Einkaufskriterien und -prozesse zu verändern.

2. *Mangelnde Bereitschaft des Kunden für die gemeinsame Entwicklung neuer Fähigkeiten:* Auch für Anbieter stellen sich bei Leistungssystemen neue Herausforderungen der internen Koordination und des Aufbaus von neuen Leistungen. Die Kompetenzen lassen sich aber nur längerfristig und in einer engen Zusammenarbeit mit Kunden entwickeln und realisieren. Mit umfassenderen Lösungen gehen Kunden Risiken ein, die sich nur durch ihr Vertrauen in die bessere Leistungsfähigkeit von Lieferanten (im Vergleich zu bisherigen, meist internen Aktivitäten) verringern lassen. Erfolgreiche Referenzprojekte sind ein guter Zugang. Vielfach gelingt es nicht, bei einigen Kunden einzusteigen und damit Lösungen aufzubauen. Damit erschöpfen sich Leistungssysteme oft in guten Absichten und Konzepten, auf die die Kunden jedoch nicht eingehen. So werden neue Lösungen blockiert. Kunden haben gelernt, mit unsicheren Anbietern von Leistungssystemen geschickt umzugehen. Sie fordern Problemlösungen und drücken gleichzeitig rigoros die Preise. Ihre Bereitschaft für eine intensivere Zusammenarbeit verkaufen sie dem Lieferanten als besondere Leistung. Ihre Verhandlungen zielen auf Zusatzleistungen, die sie nicht honorieren müssen. Sie nutzen Dienstleistungen im Akquisitionsprozess der Anbieter und kaufen die Produkte woanders. Im Dienstleistungsbereich werden Anbieter gegenseitig ausgespielt, und sie spielen sogar selbst mit, indem sie mehr als ihre Wettbewerber verschenken. Meist hat der Kunde kein Interesse, die Leistungssysteme der Lieferanten durch seinen Beitrag zu festigen. Leistungssysteme scheinen nur gut genug, um im Selektionsprozess des Kunden dabei zu bleiben, schaffen damit aber eine geringe, zusätzliche Wertschöpfung. Dadurch fehlt das rasche Erfolgserlebnis bei den Kunden. Manager und Mitarbeiter zweifeln, ob die Ansätze der Leistungssysteme im Markt auch funktionieren können. Diese Vorgehensweisen werden dann oft als wünschbar, aber als unrealistisch abgetan. Der Kunde hilft wenig, das Dienstleistungsgeschäft zu etablieren. Naturgemäß nutzt er Lösungen lieber gratis als dafür zu bezahlen. Begleitet wird dieser kritische Prozess zur umfassenderen Zusammenarbeit auch dadurch, dass den Kunden die Fähigkeit fehlt, neue Ansätze der Wirtschaftlichkeit, des Outsourcing oder der Innovation zu beurteilen und wirksam daran mitzuwirken. Die Einkaufspreise für ein physisches Produkt sind dagegen leicht von den unterschiedlichen Lieferanten zu vergleichen (wenn die Leistung auch Äpfel und Birnen betrifft). Auch wird die Aufgabe der Einkäufer oft auf diesen Bereich fokussiert. Die vielfältige Unterstützung der Techniker, Nutzer et cetera einer Leistung betrifft nicht die Personen, die vor allem für Einkaufseinsparun-

gen zuständig sind und durch eine Kostensenkung in anderen Abteilungen nichts gewinnen. Kritisch wird es damit, mit guten Konzepten und Argumenten ausgewählte Kunden für eine zukünftige Zusammenarbeit zu überzeugen und mit Pilotprojekten die Voraussetzungen für eine Entwicklung der Kompetenzen für Leistungssysteme sowie eine breitere Vermarktung zu schaffen.

3. *Fehlende Innovation im Bereich der Leistungssysteme:* Die ersten Hinweise befassten sich eher mit der Initiative von Anbietern und einer kritischen Bereitschaft von Kunden, die neuen Lösungen auch anzunehmen. Ebenso häufig verhält sich der Kunde dynamischer als seine Lieferanten. Er bringt neue Ideen und Formen der Zusammenarbeit ein, fordert neue Leistungen für seine Probleme und bezeichnet die Reserven der Wirtschaftlichkeit. Viele Unternehmen entwickeln Leistungssysteme und Services nur auf Druck der Kunden. Ein reaktives Verhalten verschlechtert die Position des Anbieters in der Geschäftsbeziehung.
   Viele Anbieter machten mit Leistungssystemen und Services negative Erfahrungen, und sie scheiterten an Mitarbeitern oder Kunden. Deshalb sind die Services vielfach auch negativ besetzt. Diese Haltung begründet, dass manche Anbieter kaum innovative Lösungen für Leistungssysteme entwickeln, sondern einfach Bestehendes neu ordnen und umschreiben, bekannte Modelle des Marktes selbst aufgreifen, implizite Services bewusster machen, restriktive Regeln für die Berechtigung von Kunden für Services aufstellen oder die Spielräume der Mitarbeiter für Services verringern.
   Die gesamte Diskussion um die Verrechnung der Leistungssysteme folgt durch den Druck, den die Hersteller ausüben, mit steigenden Dienstleistungskosten und sinkenden Produktmargen umzugehen. Die Chancen im Markt sind bei vielen Dienstleistungen gering, weil sie für den Kunden selbstverständlich sind, durch ihn initiiert wurden und von den meisten Anbietern verschenkt werden. Vergleichbar ist die Verrechnungsstrategie für alle Dienste mit dem Bemühen, die Margen für besonders umkämpfte und auswechselbare Produkte zu steigern. Einige Erfolge sind möglich. Das Vorgehen schenkt aber nicht ein und gleicht eher einer Sisyphusarbeit. Nur innovative Leistungssysteme haben die Chance, wirklich erfolgreich zu werden.
   Kritisch für den Erfolg ist die Leistungsinnovation sowie eine prospektive Entwicklung und Vermarktung von Leistungssystemen. Anbieter müssen in Geschäftsbeziehungen die dynamische Rolle besetzen, falls sie diese Beziehung erneuern und ausbauen wollen.

4. *Ungenügende Synergien zwischen Produkt- und Lösungsgeschäft:* Manche Hersteller erzielen mit Dienstleistungen einige Erfolge. Ziel eines Produzenten bleibt es jedoch vor allem, eine innovative und effiziente Produktion auszulasten. Immer spielt für sie die Synergie zwischen Produkt- und Servicegeschäft eine wichtige Rolle. Servicegeschäfte ohne positive Wirkung auf den Produkteverkauf sind kaum interessant. So will beispielsweise die Lista AG (CH-Erlen) Büromöbel verkaufen und sich nicht zum Innenarchitekten wandeln. Eine Transformation vom Produzenten zum Dienstleister mit völlig neuen Geschäftsmodellen dürfte nur für wenige Anbieter die Strategie sein. Allerdings laufen Hersteller Gefahr, sich zunehmend auf wenig ertragreiche und differenzierbare Beiträge in der Wertschöpfung einer Branche zu konzentrieren. Das Produktgeschäft spielt in vielen Unternehmen die dominierende Rolle. Wohl können Dienstleistungseinheiten oft recht ertragreich arbeiten. Meist ist das erzielte Geschäftsvolumen aber im Vergleich zum Produktgeschäft so klein, dass die Aufmerksamkeit des Topmanagements im Produktgeschäft verharrt. Aus dem Wechselspiel zwischen Produktion und Services ergeben sich spezifische Chancen. Die gesamte Leistung lässt sich integriert optimieren. Gleichzeitig beschränkt die Produktionsdenkweise aber auch die Möglichkeiten in der Dienstleistung. Kritisch ist es in diesem Bereich, den strategischen Rahmen für Leistungssysteme abzustecken.
5. *Ressourcenkonkurrenz zwischen angestammtem Geschäft und Leistungsinnovationen:* Neue Leistungen eines Unternehmens als Teil der Leistungssysteme stehen im Wettbewerb zu angestammten Angeboten mit hohem Volumen und einem eingespielten Vorgehen. Damit entsteht der klassische Konflikt zwischen Leistungspflege und -innovation. Besonders in schwierigen Markt- und Unternehmenssituationen kann es sich kein Unternehmen leisten, in angestammten Leistungsbereichen zu verlieren und damit wird der zukunftsorientierte Aufbau verdrängt, auch wenn nach neuen Leistungen gesucht wird. Wenn Wachstum, Umsätze und Erträge im angestammten Bereich (zum Beispiel im reinen Produktverkauf) stimmen, werden die Kräfte des Unternehmens absorbiert und neuen Lösungen intern (und bei Kunden) Konkurrenz gemacht. Neue Leistungsbereiche, nach denen man in schwierigeren Zeiten suchte, werden also erneut verdrängt. Angestammte Bereiche sind größer als innovative Zukunftsbereiche und ihr Einfluss ist in den bestehenden Gremien von Unternehmen etabliert, während sich die Vertreter für neue Leistungssysteme oft kaum durchsetzen können. Kritisch ist es dabei, bei guten und

schlechten Bedingungen genügend Ressourcen für den Aufbau neuer Leistungsbereiche einzusetzen.

6. *Spartenbezogene Managementsysteme:* Oft streben Unternehmen an, ihre Sparten und Leistungsbereiche für Kunden zu verbinden und damit ihr Cross-Selling zu steigern. Sparten, die an Umsätzen und Erträgen mit ihren eigenen Produkten gemessen werden, setzen naturgemäß keinen Schwerpunkt bei integrierten Lösungen. Querbeziehungen innerhalb des Unternehmens werden erst genutzt, wenn sich damit der Erfolg im eigenen Leistungsbereich zuverlässig steigern lässt. Dabei wird eine Integration mit weiteren Angeboten und Sparten immer auch als Risiko betrachtet. Es fehlt der direkte Zugriff von Verantwortlichen auf das Engagement in weiteren Unternehmensbereichen. Mehrfache Unterstellungen der Mitarbeiter in einem Angebotsteam kommen häufig vor und meistens entscheidet die strukturelle Zugehörigkeit zu einer Sparte über die Prioritäten im Engagement: Der Einsatz für die Sparte dominiert und übergreifende Verantwortlichkeiten werden nur als Nebenaufgaben wahrgenommen. Oft fehlt auch das Vertrauen, dass weitere, in einem Gesamtangebot integrierte Sparten ihre Leistung professionell erbringen. Die Verantwortlichen befürchten, dass ein mangelndes Engagement der weiteren Bereiche die Leistung ihrer Sparte für den Kunden negativ prägt. Die Gesamtlösungen können damit die Spartenbeziehung zum Kunden gefährden. Zudem konkurrieren integrierte Leistungssysteme mit den Spartenangeboten und der Kunde kann sich bewusst für Produktangebote der Wettbewerber entscheiden. Es ist schwierig, abzuschätzen, welche Angebotsform den besten Erfolg verspricht und bei Unsicherheit neigen die Verantwortlichen dazu, sich in ihrem angestammten Bereich zu bewegen. Strategisch bedeutend ist auch, wo Unternehmen in der Wertschöpfung und in ihren Spezialeinheiten die Gewinne und Erfolge zuordnen. Offenbar gewichtet ABB die Gewinne stärker in den Produktbereichen als im Vertrieb, und Siemens eher umgekehrt. Wenn es sich bei diesen Einheiten um unabhängige Sparten oder Organisationsbereiche handelt, die eigene Erfolgsrechnungen ausweisen, werden damit die Spielräume und Entwicklungsmöglichkeiten im Produktgeschäft und in der Vertriebswertschöpfung gesteuert.
   Die Führung von Unternehmen nach strategischen Geschäftseinheiten (also Profitcenters und Sparten) wurde in Unternehmen oft über Jahre aufgebaut. Das Managementsystem mit Organisation, Führung und Erfolgsmessung ist darauf ausgerichtet. Es fördert eindeutig den spartenbezogenen, dezentralen Einsatz und verhindert eine Integration.

Nur wenn es gelingt, im Managementsystem den Einsatz für integrierte Gesamtlösungen zu gewichten, haben Leistungssysteme auch eine Chance. Dabei stehen die Führungsanforderungen für Leistungssysteme meistens im internen Wettbewerb zu den spartenorientierten Führungssystemen, weil die Unternehmen in der Regel eine Doppelstrategie von Produkt- und Lösungsverkauf verfolgen. Stehen Sparten unter Druck, so nimmt der interne Verteilkampf für Umsätze und Erträge zu und verhindert zusätzlich die übergreifende Zusammenarbeit. Zwar lässt sich das Angebot von Leistungssystemen organisatorisch vom Spartenverkauf trennen und damit stärker gewichten. Solche Doppelorganisationen sind jedoch aufwändig und eine Koordination zwischen Lösungsverkauf und Sparten bleibt immer bestehen und ist kritisch.

7. *Spartenprobleme als Ursache für eine Integration:* In welchen Situationen verlagern Unternehmen zunehmend ihre Führungsprinzipien von Sparten zu integrierten Lösungen? Die Beobachtung zeigt, dass eine Integration oft erst diskutiert und umgesetzt wird, wenn die Ergebnisse von einzelnen oder mehreren Sparten nicht mehr genügen. Solange Profitcenters stark wachsen und ausgezeichnete Erträge erwirtschaften, besteht kaum Anlass dazu, den Schwerpunkt auf ein Cross-Selling zu legen. Wohl deshalb sind solche Integrationsstrategien häufig wenig erfolgreich und es gelingt kaum, die vorhandenen großen Spartenprobleme mit der Integrationsstrategie zu lösen. Kritisch ist also auch der Zeitpunkt der Strategie. Nur Unternehmen, die ihre Leistungen früh auf Integrationschancen bei Kunden ausrichten und nicht erst bei schwerwiegenden internen Spartenproblemen reagieren, verfügen über den zeitlichen Spielraum, um eine Transformation zum integrierten Leistungsanbieter zu bewältigen.
8. *Ungenügende Kommerzialisierung:* Es ist bekannt, dass es anspruchsvoll ist, dem Kunden Know-how und Services in Rechnung zu stellen. Gelingt es aber nicht, die Gesamtlösungen zu kommerzialisieren, schöpfen Leistungssysteme nicht Werte, sondern zerstören sie: Erträge des Verkaufs von Produkten werden verwendet, um Services verschenken zu können.

   Oft stimmen aber bereits die »Geschäftsmodelle« für Leistungssysteme nicht. Erste Voraussetzung ist ein genügend großes Potenzial im Markt. Der Entwicklungsaufwand und die Absatzzahlen müssen im schlechtesten, realistischen und auch besten Szenario in einem vernünftigen Verhältnis stehen. Manche Lösungen werden für Kunden individuell entwickelt und müssen sich dann auch über diesen einzelnen Kunden finanzieren sowie die Gewinne steigern. Sollen Leistungssysteme an zehn, hundert oder zehntausend Kunden abgesetzt werden können, so sind präzise Marktabklärungen, flexible Strukturen des Leistungspakets, der Marktbearbeitung, des Preismanagements et cetera erforderlich. In der Regel lassen sich erfolgreiche Leistungssysteme multiplizieren. Wohl deshalb forderte Theodor Levitt sehr früh eine »Industrialisierung des Services« (Levitt 1976, S. 63 ff.). Auch im Bereich der Leistungssysteme brauchen Anbieter »Economies-of-Scale and -Scope«. Leistungssysteme müssen sich ebenso wie neue Produkte an attraktive Märkte richten. Sonst lässt sich der große Aufwand für einzelne Kunden nie zurückspielen. Kritisch für den Erfolg ist auch das Controlling der Strategie von Leistungssystemen. Es beginnt mit der Kostentransparenz über Services für Kunden oder Kundengruppen.

Manche der Strategien zum »Solutions-Provider« scheitern auch, weil sie nicht genügend robust sind.

Robuste und subtile Strategien

Neue Leistungsstrategien, die sich umfassend am Kundenvorteil orientieren, sind herausfordernd. Strategien der Problemlösung für Kunden sind nicht ähnlich robust wie beispielsweise die Lancierung von Produktinnovationen, die Optimierung der internen Prozesse, neue Informatiklösungen oder preisaggressive Angebote. Abbildung 6.8 unterscheidet robuste und subtile Strategien.

Robuste Strategien und robustes Marketing (z. B. Produktangebot)	Subtile Strategien und subtiles Marketing (z. B. Lösungsangebot)
Einfach, verständlich, plausibel, relevant, anerkannt, gelernt und erlebt, abgestürzt	Komplex, neu und vielfältig; Lernprozesse von Kunden und Mitarbeitern, um die neue Relevanz beurteilen zu können
Fassbar, standadisiert, konzentriert	Wenig fassbar, geprägt durch Lösungen, Know-how, Werte, Verhaltensweisen von (vielen beteiligten) Menschen; individuelle Zusammenarbeit von Anbietern und einzelnen Kunden

Abgestützt auf vorhandene Ressourcen, insbesondere durch bestehende Fähigkeiten der Mitarbeiter; robustes Marketing und Management bewegt sich im bestehenden Führungssystem und Incentive-System	Wirkungsschwellen intern und bei Kunden werden nicht leicht erreicht, neue Arbeitswelten sind gefordert; Systemwettbewerb in der Führung; Lösungskonkurrenz (Bewährtes kontra Neues)

Abbildung 6.8: Robustes und subtiles Management und Marketing

Problemlösungen für Kunden setzen sich nicht selbst am Markt durch und die Strategien verstärken sich nach den ersten Erfolgen nicht automatisch. Kundenorientierung sowie die Umsetzung von Lösungen über zahlreiche Mitarbeiter im Kontakt mit den Kunden sind nie abgeschlossen, sondern ein andauernder Prozess. Die Merkmale von Know-how und Services als »Intangibles« verlangen eine vielfältige Kommunikation, schließen aber laufend Missverständnisse, eigenwillige Interpretationen der Beteiligten et cetera mit ein. Wohl deshalb bringen Strategien des Customer-Value keine raschen Durchbrüche, und Initiativen versanden in manchen Unternehmen. Dienstleistungen und Lösungspakete für Kunden sind nicht fertig geformt, sondern flexibel; sie sind nicht standardisiert und zentral produziert, sondern werden durch viele Beteiligte im Unternehmen für viele Kunden dezentral erbracht. Die Leistungsmerkmale werden nicht durch optimierte Produktionsprozesse, sondern durch die Fähigkeiten der Mitarbeiter und der Kunden bestimmt.

Leistungssysteme entwickeln auch weniger eine eigene Dynamik, obschon Erfolge motivieren können. Immer besteht die Versuchung, sich auf die fassbaren Produkte und Lösungen zurückzuziehen, die Anstrengungen für das Geschäft der Leistungssysteme drohen immer zu versanden, abzunehmen oder sich zu verselbständigen. Ist der Produktionsbetrieb besonders erfolgreich, scheinen Leistungssysteme nicht mehr besonders wichtig, weil sich Umsatz und Ertrag im angestammten Kernbereich ergeben. Steht das Unternehmen unter Druck, so gewinnt häufig wieder eine Volumendenkweise Oberhand: Hauptziel ist die Produktionsauslastung. Management und Marketing für Leistungs- und Kundensysteme sind anfällig für Krisen, Personalwechsel, für neue Trends in der Nachfrage oder auch für Missverständnisse im Markt. Problemlösungen lassen sich oft nicht durchsetzen. Sie bleiben kränklich und scheinen den Fähigkeiten und dem Engagement der Mitarbeiter und den vorhandenen Verhaltensweisen und Gewohnheiten der Kunden nicht richtig zu entsprechen. Manche plausiblen Konzepte erweisen sich als zu kompliziert und sind kaum kommunizierbar.

Manche Unternehmen und ihre Führungskräfte und Mitarbeiter haben ein untrügliches Gespür dafür entwickelt, was intern und im Markt funktioniert. Andere Dinge greifen sie einfach nicht mehr auf. Kritisch sind eingeschlagene und funktionierende Wege nur, wenn das Potenzial ausgeschöpft ist oder sich der Markt in andere Richtungen bewegt.

Robuste Strategien sind einfach verständlich, fassbar, gelernt und abgestützt. Sie beruhen auf bestehenden Ressourcen und besonders auf den Fähigkeiten von Mitarbeitern, bewegen sich im vorhandenen Führungssystem und konzentrieren sich auf das Wesentliche.

Verschiedene Faktoren beeinflussen und zeigen, wie robust eine Strategie ist. Diese Faktoren lassen sich gestalten.

1. *Relevanz:* Robuste Lösungen im Marketing sind relevant für Kunden und für Mitarbeiter. Grundsätzlich schaffen diese Lösungen Vorteile für Kunden und Vorteile für Mitarbeiter, die von den Betroffenen auch richtig erkannt werden. Diese Lösungen sind auch auf die kritischen Erfolgsvariablen eines Geschäfts ausgerichtet. Wenn allerdings Nebensächlichkeiten tangiert werden, so ist es nicht weiter schade, wenn neue Ansätze beliebig verändert werden oder versanden. Neben den Vorteilen gilt es auch, die empfundenen Risiken durch Mitarbeiter und Kunden einzubeziehen.
2. *Kommunikation:* Schlecht kommunizierbare oder schlecht kommunizierte Lösungen werden nicht verstanden, unterschiedlich interpretiert oder beliebig umgesetzt. Besonders komplexe, qualitative und subtile Lösungen müssen deshalb sorgfältig erklärt und den betroffenen Mitarbeitern und Kunden transparent gemacht werden. Erst ein wirklicher Dialog erlaubt es, komplexe Marketinglösungen robuster zu machen. So spielt es zum Beispiel bei Leistungssystemen eine Rolle, wie diese strukturiert werden und sie damit auf die Erwartungen von Kunden und Mitarbeitern passen. Erst geeignete Strukturen schaffen Voraussetzungen, damit die Lösungen auch kommuniziert werden können.
3. *Gewicht und Integration:* Kunden und Mitarbeiter können Neuerungen besser aufnehmen und gezielter nutzen, wenn sie nicht allzu komplex und umfassend sind. Sie sind in Teilinnovationen zerlegt, die sich selektiv nutzen lassen oder im Zeitablauf erweitert werden. Diese Teilbarkeit stößt aber an eigene Grenzen, kann zu Zersplitterungen, verzerrten Teillösungen et cetera führen, die eine Gesamtneuerung gefährden. Es braucht deshalb nicht nur abgegrenzte Teile, sondern ebenso eine genügend starke Integration, damit die Innovation nicht beliebig zerpflückt oder zu selektiv eingeführt werden kann. Erst eine

gewisse Integration schafft das nötige Gewicht, dass eine Innovation bedeutender und damit robuster wird. Deshalb kann es auch sinnvoll sein, verschiedene Veränderungen im Marketing von Unternehmen mit einer Gesamtausrichtung, mit einer Gesamtstrategie oder Idee zu verknüpfen und teilweise die Neuerungen an bestehende Erfolge anzuknüpfen. Damit lässt sich eine kritische Masse für die interne und externe Aufmerksamkeit gewinnen. Viele Teilprojekte wirken in die gleiche Richtung und entwickeln eine gemeinsame Schubkraft.

4. *Erfolg:* Rasche Erfolge für Mitarbeiter und Kunden verstärken eine Neuerung. Liegen zwischen dem Einsatz und der Wirkung mehrere Jahre, so ist es schwierig, bestehende Initiativen weiter zu führen. Langfristige Projekte werden auch immer wieder durch das Tagesgeschäft oder andere Beanspruchungen sowie neue Ideen verdrängt. Natürlich lassen sich kurzfristige Erfolge zum Teil bewirken, indem Projekte richtig angelegt sowie etappiert und auch entsprechende Messungen eingesetzt werden. Erfolge verstärken sich selbst und sind wahrscheinlich der mächtigste Ansatz, um Initiativen robust zu machen. Deshalb wirken beispielsweise besondere Incentivesysteme für Neuerungen ausgesprochen stark. Sie verbinden den persönlichen und kurzfristigen Nutzen der beteiligten Mitarbeiter mit dem Einsatz für neue Projekte und Lösungen. Ähnliche Zusammenhänge lassen sich mit Preissystemen für Kunden installieren. Allerdings ist die Gefahr einer Verzerrung durch Incentivesysteme ausgesprochen hoch. Die Primärmotivation für eine gute Lösung wird nicht selten durch eine Sekundärmotivation für persönliche Vorteile abgelöst und überholt.
5. *Führbarkeit:* Neuerungen lassen sich leicht führen, wenn wenige Menschen betroffen sind, wenn die Aufgaben an einem Ort (beispielsweise in der Produktion) erfüllt werden, wenn sich die Neuerung in klar spezifizierte und repetitive Aufgaben umsetzen lässt und wenn die Ziele und erwarteten Ergebnisse präzise festgelegt sind. Will beispielsweise ein Unternehmen mit 150 Verkäufern mit jeweils 100 monatlichen Kundenkontakten eine neue Problemlösung für Kunden einführen, so ist die Realisierung stark erschwert. Jeder Mitarbeiter interpretiert die Aufgaben verschieden, die Kunden beeinflussen spezifische Lösungen, die persönliche Interaktion spielt eine große Rolle und jede Lösung wird dezentral beim Kunden entwickelt et cetera. Die Aktivitäten lassen sich kaum überwachen oder steuern. Umso wichtiger sind klare Signale durch das Management, ausgereifte Problemlösungen, geteilte Werte zur Marketinginitiative von den beteiligten Mitarbeitern, ein enger Führungsrhythmus et cetera. An-

fällige Lösungen lassen sich durch Führungssysteme robuster gestalten. Beispielsweise kann es auch sinnvoll sein, die Veränderungen mit einem konsequenten Prozessansatz, mit Teamentwicklungen, klaren Verantwortlichkeiten et cetera voranzutreiben. Anfällige Lösungen im Marketing versanden sofort, wenn die Aufmerksamkeit der Führungskräfte und beteiligten Mitarbeiter nachlässt. Gleichzeitig werden solche Initiativen rasch durch andere Aktivitäten verdrängt.
6. *Vergleichbarkeit:* Mitarbeiter brauchen die Motivation, die Fähigkeiten und die Kapazitäten, um Neuerungsvorhaben im Marketing voranzutreiben. Wichtig ist dabei, was Mitarbeiter können, was zu ihren Stärken passt, was mit den Marketingvorhaben grundsätzlich verstärkt und erweitert und nicht völlig verändert wird. Robuste Marketinglösungen verstärken bestehende Fähigkeiten und Ansätze. Gleichzeitig ist es aber wichtig, dass Neuerungsansätze eine Veränderung klar definieren. Ähnliche Lösungen lassen sich durch die Mitarbeiter und Kunden nicht genügend abgrenzen, sie werden mit der früheren Lösung vermischt. Natürlich kann auch im Bereich der Motivation und bei den Kapazitäten angesetzt werden.

Im Marketing gibt es zahlreiche kränkliche Lösungen. Sie sollen sterben, wenn sie nicht überleben können, und sie entlasten für neue ergiebigere Ansätze. Robustes Marketing interessiert uns nur dort, wo Unternehmen relevante Neuerungsvorhaben aufgreifen, diese aber nicht besonders robust sind. Dort setzen die Gestaltungsmöglichkeiten ein, um anfällige Lösungen zu verstärken.

Robuste Strategien und robustes Marketing verstärken sich also selbst. Typisch ist die Vermarktung von bestehenden oder neuen Produkten mit klaren Vorteilen für Kunden. Subtile Ansätze werden laufend weiter entwickelt, weil sie nie vollständig sind. Sie sind laufend gefährdet, weil Mitarbeiter und Kunden sie verschieden interpretieren und oft je nach Gelegenheit beliebig ausgestalten. Lösungen drohen sich zu zersplittern und werden verwässert. So ist eine Problemlösung für den Kunden immer schlechter zu beschreiben als ein physisches Produkt. Die zwei folgenden Aspekte sind für den Erfolg kritisch.

Robuste Umsetzung: Erstens muss es gelingen, auch die Strategien der Leistungssysteme robust zu gestalten, sie intern und extern fassbar zu machen und abzustützen. Eine subtile Strategie wird damit in einen robusteren Ansatz umgesetzt. Nützlich sind beispielsweise:

- unterstützende Informatiksysteme für Problemlösungen,
- standardisierte Prozesse für Kunden und Anbieter,

- interne und externe Dokumentationen zu Services und Gesamtlösungen,
- ausgewertete Erfolgsbeispiele,
- klare Erfolgsausweise und Kostentransparenz für umfassende Lösungen (zum Beispiel zur gesteigerten Wirtschaftlichkeit),
- Positionierungen und Markenführung für Lösungen.

Im Investitionsgüterbereich (und auch bei weiteren Anbietern) scheint die Verknüpfung von Produkten, Services und Informatik besonders wirksam zu sein. Informatiksysteme sind fassbar und binden den Kunden. Beim Großhändler Bossard (Zug/Schweiz) für Befestigungslösungen spielen seit langer Zeit in der C-Teile-Logistik für Kunden die Informatik- und Kommunikationssysteme eine bedeutende Rolle. Steeltec (Emmenbrücke/Schweiz) stützt als Stahlproduzent die Problemlösungen für Kunden mit Informationssystemen und Logistiklösungen ab. ABB verfolgt eine Kundenloyalitätsstrategie mit ihrem »IndustrialIT«, einer übergreifenden Produkt- und Systemarchitektur. Schrittweise zertifiziert das Unternehmen ihre Produkte und Systeme in verschiedenen Stufen. In der ersten Stufe sind im Konzern einheitliche Produktdokumentationen, Artikelnummerierungen et cetera, was auch die interne Produktivität steigert und neue vereinfachte Lösungen in der Entwicklung neuer Produkte fördert. Nicht einzelne Produkte werden standardisiert und modularisiert, sondern das gesamte, vielfältige Angebot. Auch Standardisierung kann damit zur Innovationsstrategie werden, so wie früher über eine gewisse Zeit die Qualitätszertifizierungen nach DIN 9000 ff. einen Vorsprung bewirkten und teilweise noch bewirken. Technik und Problemlösung für Kunden lassen sich damit Hand in Hand entwickeln. Grundsätzlich gilt es, die Kommunizierbarkeit (eine vereinfachte Kommunikation) von Lösungen zu steigern und sie damit für Mitarbeiter und Kunden zu vereinfachen. Das folgende Praxisbeispiel zeigt, dass auch weitere Ansätze für die Konsequenz bei neuen Lösungen eine Rolle spielen.

Praxisbeispiel: BMW-Bauliche Maßnahmen und Kleidung

Von Christian Belz, gestützt auf Hinweise von Jürgen Häusler, Interbrand Zintzmeyer & Lux, Zürich

Interbrand Zintzmeyer & Lux zum Kunden BMW:
Verschiedene äußere Eingriffe können das kundenorientierte Verhalten von Mitarbeitern nachhaltig verändern. Beispielsweise zog BMW bereits vor über 20 Jahren in den neuen Autohandelsbetrieben zwischen Verkaufsräumen und Werkstatt eine Glaswand ein. Die Böden der Autowerkstätten waren hell. Zudem wurden die Werkstattmitarbeiter mit weißer Werkbekleidung ausgerüstet. Während bis dahin in der Regel behauptet wurde, dass es in der Natur von Werkstätten liegt, dass der Boden ölig wird, ein gewisser Schmutz nicht zu vermeiden ist oder für Sauberkeit laufend große Anstrengungen (inkl. Kontrollen) nötig sind, bewirken diese Maßnahmen heute automatisch, dass Werkstätten kundengerecht gestaltet werden und auch die Zusammenarbeit zwischen Werkstatt und Verkauf gefördert wird. Ähnliche Effekte haben neue Arbeitsplätze, wie die Arbeitsvorbereitung in der Produktion, offene Lager und Produktionsstätten.

Backhaus (2003, S. 681 ff.) empfiehlt unter anderem mit dem Aufbau von Sachkapiteln, die Leistungsfähigkeit zu dokumentieren. Er nennt dabei die Beispiele Referenzen, Testinstallationen, Kompetenzzentren und Servicenetze. Das sichtbare Engagement des Unternehmens und die Vorleistung steigern das Vertrauen der Kunden.

Führung subtiler Strategien: Zweitens braucht es aber eine andere Führung für subtile Strategien. Unternehmen, die nur robuste Ansätze aufgreifen, setzen sich einem harten Wettbewerb aus, weil auch die meisten Konkurrenten am ehesten robuste Lösungen gestalten können, falls die Ressourcen (zum Beispiel für Systeme in Informatik und Vertrieb) ausreichen. Die extreme Suche nach der Greifbarkeit verhindert manche attraktiven Lösungen und Profilierungen. Das Management muss deshalb lernen, die subtilen Angebote weiter zu entwickeln. Es wird ein Konsens der Mitarbeiter (und auch der Kunden) über Werte und Strategien angestrebt. Es gilt, Know-how intern und zusammen mit den Kunden zu entwickeln und zu teilen. Eine rein zahlenorientierte Führung greift bei subtilen Strategien zu kurz und muss einem differenzierten »Mangement-by-Objectives« weichen. Problemlösungen für Kunden sind eher qualitativ und weniger quantitativ zu steuern. Weil sich Leistungssysteme leicht verändern lassen, muss sich die Führung laufend um eine langfristige Konsequenz in der Umsetzung der Strategie bemühen.

Weitere Hinweise zu Strategien des Customer-Value

Auf einige weitere Aspekte zur Strategie des Customer-Value wird nur kurz eingegangen.

- *Introvertierte und kundenorientierte Strategie; Leistungs- und Kundenfokus:* Leistungssysteme lassen sich ausdenken und intern entwickeln sowie vorbereiten. Viele introvertiert entwickelte Leistungssysteme scheitern aber, weil sie niemand im Markt braucht.
  Wichtige Veränderungen in der Leistung erfordern meist eine neue Arbeitsteilung des Kunden mit seinen Lieferanten, neue Entscheidungskriterien und Verhaltensweisen im Einkauf. Zudem sind häufig beim Kunden andere Personen betroffen als bisher. Viele verändern beispielsweise verschiedene Outsourcingangebote für Kunden. Nur eine kundenorientierte Vorgehensweise, kombiniert mit den erforderlichen internen Arbeiten, ist erfolgreich. Es gilt, den Leistungsfokus und den Kundenfokus parallel zu gewichten.
- *Individualisierung und Standardisierung:* Problemlösungen für Kunden lassen sich an kompetente Mitarbeiter delegieren und die Produkte und Services auf die Bedürfnisse der Kunden anpassen. Dabei ist die Abhängigkeit von Mitarbeitern entsprechend hoch, die Kosten und Erfolge sind schwierig zu überprüfen und zu steuern, wenn auch der Ansatz richtig sein kann. Manche Unternehmen standardisieren ihre Leistungsbausteine. Sie entwickeln Module, die sich kombinieren lassen. Sie unterstützen Mitarbeiter und Kunden mit Informatiksystemen. Damit gelingt es, die bisherigen »Unantastbaren« fassbar und multiplizierbar zu gestalten, und sie werden für eine Durchsetzung robuster. Ohnehin lässt sich eine professionelle Individualisierung in der Regel nur auf professionellen Standards aufbauen. Erfindet jeder Mitarbeiter spontan im Gespräch eine Lösung für Kunden, bleibt das Vorgehen meist dilettantisch.
- *Local und Global Marketing:* Leistungssysteme sind stark durch verschiedene Kunden in den Ländern geprägt. Meist bewirken bereits die unterschiedlichen Mentalitäten, dass beispielsweise Services in jedem Land gezielt umschrieben und vermarktet werden müssen. Entsprechend lokal und differenziert wird das Dienstleistungsgeschäft in Unternehmen geführt. Gleichzeitig verfolgen internationale Anbieter häufig auch im Bereich der Leistungssysteme eine standardisierte und globale Vorgehensweise, um besonders gegenüber globalen Kunden einheitliche Leistungen weltweit verwirklichen zu können. Im Vergleich mit physischen Produkten ist es aber weit anspruchsvoller, Services international zu vermarkten.

- *Alleingang oder Kooperation:* Viele Leistungen, die ein Anbieter mit Leistungssystemen für Kunden integrieren will, werden bereits im Markt von Spezialisten erbracht. Beispiele sind Lösungen des Facility-Management, die verschiedene, bisher dezentral erbrachte Unterhalts-, Reinigungs- und Servicearbeiten an technischen Anlagen zusammenfassen. Dadurch ist es möglich, Schnittstellenprobleme und Doppelspurigkeiten sowie Kosten abzubauen und die Qualität für Kunden zu steigern. Ein Spezialist kann versuchen, mit eigener Kraft in eine Gesamtlösung für Kunden hineinzuwachsen. Er steht aber in Konkurrenz zu anderen Spezialanbietern, die vielleicht auch eine ähnliche Verbreiterung ihres Angebots anstreben. Möglich und meist sinnvoll sind Kooperationen mit Ergänzungsanbietern. In der Regel ist es zu anspruchsvoll, verschiedene Spezialleistungen professionell für sich allein zu erbringen und gleichzeitig zu integrieren. Ebenso spielen Akquisitionen eine wichtige Rolle.

Gewählte Strategien gilt es, in die langfristigen Ziele des Unternehmens umzusetzen.

6.4 Zielhierarchie für Leistungs- und Kundensysteme

Abbildung 6.9 zeigt die Ziele für Leistungs- und Kundensysteme. Sie beziehen sich auf die übergeordneten Unternehmensziele (Homburg/ Garbe 1996, S. 69) und werden nach Rationalisierungs-, Profilierungs- und kombinierten Zielen kategorisiert. Differenzierter unterscheidet Sanche (2002, S. 28 ff.) die Nutzenpotenziale aus dem Blickwinkel des Unternehmens: Akquisition, Differenzierung, Diffusion, Ertrag, Kundenbindung, Diversifikation, Information, Image und Beschäftigung. In jedem Bereich lassen sich entsprechende Gewichte und Ziele setzen.

Wichtig ist es, im folgenden Katalog von Zielen die geeigneten Schwerpunkte zu setzen und operationale Ziele zu formulieren, die auch eine Grundlage für ein erfolgreiches Controlling bilden können. Die spezifischen Ziele für Mitarbeitergruppen sind nicht erfasst. Beispielsweise kann die Aufgabe eines Problemlösers für Kunden weit attraktiver sein als der herkömmliche Verkauf.

Es erweist sich als zweckmäßig, das Zielsystem für Unternehmen zu strukturieren und mindestens die Stufen der Gesamtziele und der Geschäftseinheiten zu unterscheiden. Zudem gilt es, die Umsätze, Investitionen, Kosten und Erträge im Zeitablauf zu planen. Eine Matrix mit Kunden- und Leistungsgruppen ist dafür geeignet.

Es ist sehr wichtig, die Ziele zu klären und nicht einfach die Zusammenarbeit mit den Kunden breit zu optimieren.

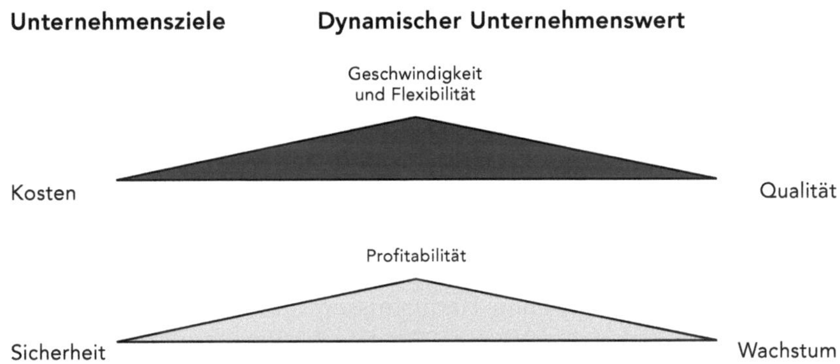

Ziele für Leistungs- und Kundensysteme		
Rationalisierung	**Kombination**	**Profilierung**
• Kostensenkung der Leistungserbringung • Modulare Leistungsstrukturen als Grundlage einer wirtschaftlichen Individualisierung • Sortimentsbereinigung der Produkte und Services • Kompensation von Produktvarianten durch Kundenservices • Delegation von Aufgaben (und Kosten) an Kunden • Kostenteilung mit Kooperationspartnern • Konzentration der Angebote auf Kunden/Projekte mit hoher Erfolgswahrscheinlichkeit • ...	• Zusammenarbeit mit Kunden aktiv gestalten • Selektion attraktiver Kunden • Feedback von Kunden und frühzeitige Erfassung von Trends • Multiplikation erfolgreicher Einzellösungen mit Kunden • Konzentration auf Kernkompetenzen • Selektion attraktiver Leistungsbausteine • Kooperation mit Ergänzungsanbietern • Realisierung höherer Leistungspreise • Absatzsteigerung • Kommerzialisierung von Services und Steigerung der Wertschöpfung • Kompensation von Produktnachteilen durch Services • ...	• Kundenpflege und • -bindung; Kundenzufriedenheit • Dialog und Partnerschaft mit Kunden • Ansprache neuer Beeinflusser und -entscheider bei Kunden (Vernetzung) • Kommunikation relevanter Leistungsvorteile für Kunden • Cross-Selling mit integrierten Lösungen • Leistungsinnovation • Leistungsdifferenzierung und -steigerung • Ausstrahlung einzigartiger Teilleistungen • Attraktive Leistungszusätze für Kunden • ...

Abbildung 6.9: Unternehmensziele und Ziele für Leistungs- und Kundensysteme

6.5 Marktsegmentierung und Leistungsselektion

Problemlösungen sind kundenorientiert. Leistungssysteme sind auf definierte Märkte, Kundensegmente, Kundengruppen und einzelne Kunden ausgerichtet. Strategisch ist es bedeutend, diese Kunden präzise abzugrenzen. Typische Segmente sind beispielsweise Key-Accounts, Global Accounts, Stammkunden, preisorientierte Kunden oder Kleinkunden. Spezifische Lösungen für solche Gruppen bezeichneten wir bereits früher als Kundensysteme. Die Hinweise zur Segmentierung im Marketing sind weitgehend allgemeingültig (Belz 1989, S. 230 ff.).

Mit Marktsegmentierungen teilen Unternehmen ihre Kunden in homogene Gruppen mit spezifischen Bedürfnissen und Problemen ein, die sie maßgeschneidert, selektiv und rentabel bearbeiten können. Die dynamische Marktsegmentierung erfasst, wie Unternehmen im Zeitablauf mit Marktsegmenten umgehen und, wie sie im Vergleich zu Konkurrenten ihre Kunden, ihre Leistung und Kommunikation aufteilen oder zusammenfassen und sich damit im Spannungsfeld von Differenzierung und Kundennähe sowie Wirtschaftlichkeit bewegen. Es kann auch erfolgreich sein, später als die Konkurrenten zu differenzieren.

Es ist sinnvoll, die Märkte hierarchisch zu segmentieren. Dabei teilen die Unternehmen ihre Märkte schrittweise spezifischer ein. Den Begriff der »Zielgruppe« verwenden wir für die spezifische Gruppe von Kunden, nach der das Marketing differenziert wird. Für Banken ist beispielsweise das Hauptsegment der Privaten (in Abgrenzung zu Unternehmen und Institutionen) bedeutend; in ihm findet sich das Teilsegment der Jugendlichen (neben Führungskräften, Senioren et cetera) und hier wiederum die Zielgruppe der Studierenden. Vor kurzer Zeit waren die Jugendlichen noch eine eigene Zielgruppe. Inzwischen differenzieren manche Banken noch stärker und konzentrieren sich, wie beispielsweise bei den Studierenden der Betriebswirtschaft, auf die Hauptbankverbindungen als Plattform für eine zukünftige Zusammenarbeit.

Für die Segmentierung im Zeitablauf lässt sich ein Entwicklungspfad bestimmen. Eine erste Variante besteht darin, bestehende Segmentierungen laufend zu verfeinern. Die zweite Variante geht von eng begrenzten Teilsegmenten aus und fasst sie im Zeitablauf zu größeren Gruppen zusammen (beispielsweise Medizinstudenten > alle Studenten > verschiedene Gruppen von Jugendlichen). Diese Variante hat den Vorzug, dass sie schneller zu Ergebnissen führt, sich auf attraktive Kleinsegmente konzentriert und konkreter fassbar ist.

Ziele und Strategien der Marktsegmentierung

»Versuche, allen zu gefallen und Du wirst niemandem gefallen«, lautet ein Sprichwort. Trotzdem zersplittern sich manche Unternehmen und betreiben »Passantenmarketing«. Sie erfüllen die Wünsche aller Kunden, die sich mehr oder weniger zufällig an sie richten. Zudem »subventionieren« nicht selten gute Kunden die schlechten. Unternehmen verlieren damit an Leistungsfähigkeit für ihre tragenden Kundengruppen. Ziele der Marktsegmentierung sind:

1. *Positionierung und Differenzierung:* Durch Vorteile für Kunden (im Vergleich zu Konkurrenten) gelingt es, die Leistung zu positionieren und die bestehenden Kunden an das Unternehmen zu binden.
2. *Selektion:* Erst eine geeignete Selektion von Kunden ermöglicht es, die Kräfte zu konzentrieren und für Zielgruppen einzigartige Leistungen zu vermarkten. Eine geeignete Kundenselektion erweist sich im Marketing als wirksame Strategie zur Kostensenkung, denn Einsparungen lassen sich mit einer Vorwärtsstrategie verbinden. Selektive Strategien der Marktsegmentierung helfen auch, die »Rentabilität der Unternehmen« zu steigern.

Ziele der Segmentierung sind situativ anzupassen. Marktführer und fokussierte Nischenanbieter setzen andere Akzente. Der Generalist, der neu den Gesamtmarkt differenziert bearbeiten will, um seine Position zu sichern, unterscheidet sich vom ausländischen Anbieter, der selektiv einige »Rosinen aus den Zielgruppen« des Marktes wählt.

Die grundsätzlichen Strategievarianten eines Anbieters sind:

1. Strategie der innovativen Zusatzbearbeitung von attraktiven Einzelsegmenten: Selektive Ertragssteigerung
2. Umorientierung von einer generellen zu einer segmentierten Gesamtmarktabdeckung: Marktsicherung und Wettbewerbsvorteile
3. Erschließung neuer Marktsegmente für Unternehmen
4. Strategie des Aufbaus neuer Marktspielregeln und Märkte

Im aktuellen Umfeld spielt besonders der Ansatz der selektiven Segmentierung eine Rolle. Die Literatur beschränkte sich bisher auf die Erschließung neuer Segmente, die heute seltener zur Diskussion steht.

Leistungsinnovationen können die Spielregeln in Märkten verändern und häufig neue Kunden erschließen. Solche wegweisenden Durchbrüche unterscheiden sich von der feinen »Ziselierungsarbeit« des Marketing, um die Zusammenarbeit mit spezifischen Kunden marginal zu verbessern.

Arbeitsprozess für Segmentierungen

Abbildung 6.10 zeigt die sinnvollen Arbeitsschritte, um die Kunden für Unternehmen und Institutionen zu segmentieren.

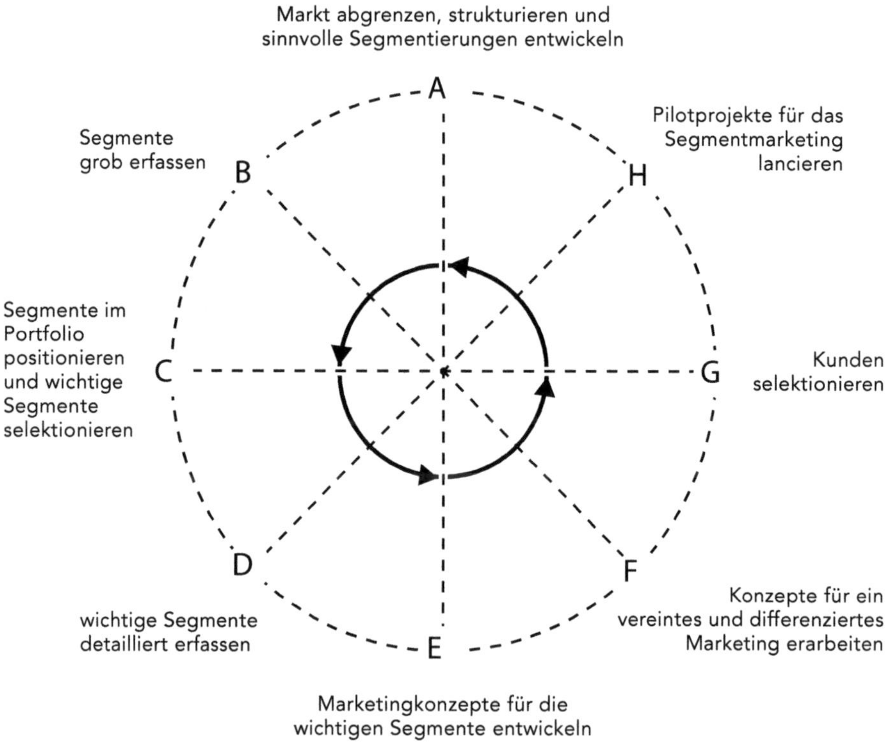

Abbildung 6.10: Arbeitsschritte der Segmentierung

Die Arbeitsschritte aus Abbildung 6.10 beschreiben wir hier in kurzer Form.

1. *Den Markt abgrenzen, strukturieren und sinnvolle Segmentierungen entwickeln:* In einem ersten Schritt gilt es, den Markt geeignet zu strukturieren. In einem Markt stehen viele Möglichkeiten zur Wahl. Die Märkte lassen sich, gestützt auf bestehende eigene Segmente, Konkurrenzangebote und vor allem Kundenanalysen, differenzieren. Diese Strukturierung ist aber auch eine kreative und innovative Leistung und lässt sich nicht nach einer Checkliste erstellen.

Typische Trennvariablen für Konsummärkte sind (Kotler/Bliemel 1992, S.419 ff.):

- geografische Räume;
- demografische Kriterien wie Alter, Geschlecht, Einkommen, Beruf und Ausbildung;
- psychografische Kriterien wie Lebensstil, soziale Schicht oder Persönlichkeit;
- verhaltensbezogene Kriterien wie Qualitäts- und Preiskäufe, Verwendungsrate, Stadium der Kaufbereitschaft oder Einstellung.

Bei Investitionsgütern und im Business-to-Business-Marketing spielen oft eine Rolle:

- Abnehmerbranchen und Endkundenmärkte
- Art der Unternehmensstrategie von Abnehmern auf den Folgemärkten (zum Beispiel Technologie-, Qualitäts- oder Kostenführer)
- Unternehmensgröße
- Kundenkompetenz
- Innovatoren und Traditionalisten als Abnehmer
- unterschiedliche Mitglieder von Buying-Centers (zum Beispiel Techniker und Einkäufer, Topmanager et cetera)
- Einkaufsstrategie und Kaufkriterien (zum Beispiel Preissensibilität)
- Entscheidungsnetz und Hierarchie im Unternehmen
- Beeinflusser außerhalb des Unternehmens (zum Beispiel Opinion-Leaders in der Branche, Architekten und Ingenieure für die Bauwirtschaft)

Im internationalen Marketing werden Segmentierungen nach Wirtschaftsregionen und Ländern durchgeführt, die Extreme sind Global und Local Marketing. Global Marketing bedeutet, zwar auf Länder- und Regionendifferenzierungen zu verzichten, aber damit lässt sich teilweise gerade der Freiraum für Segmentierungen nach anderen Kriterien gewinnen. Wichtig ist es festzustellen, dass unterschiedliche Anbieter in einem Markt oft völlig andere Kriterien der Marktsegmentierung verwenden, die ihren Stärken und Strategien entsprechen. Bereits wenige Variablen (zum Beispiel Alter, Lebensstil, Wohnort, Einkommensklasse, spezifische Probleme) ergeben sehr viele sinnvolle Kombinationen für Zielgruppen. Auf Anhieb nennen Marketingverantwortliche mehrere Zielgruppen, die sich besser bearbeiten ließen. Die Problematik besteht nicht darin, neue Zielgruppen zu finden, sondern sie auszuwählen und genügend Kraft aufzuwenden, um sie gezielt zu bearbeiten. Zudem ist ein Unternehmen bereits pro Jahr intensiv mit einem oder zwei Programmen für neue Segmente oder mit einer zusätzlichen einfachen Differenzierung beschäftigt. Konzeptionell faszinierende, mehrdimensionale Segmentierungen funktionieren häufig nicht. Welche Vorteile erreichen Unternehmen, wenn sie ihre Kunden stärker segmentieren? Es gilt, die Wirkung einer Segmentierung im Zeitablauf auf Kosten, Erträge, Komplexitätsmanagement und Kundennähe kritisch zu bewerten. Ausgehend von generellen Lösungen steigern Segmentierungen meist die Kosten und vom individuellen Marketing her gesehen, entlasten die Segmentierungen.

2. *Segmente grob erfassen:* Die bezeichneten Segmente müssen grob erfasst werden. Mindestens gedanklich soll geprüft werden, ob sich die gewählten Teilsegmente konkret umschreiben lassen. Die Beurteilungskriterien, wie Ergiebigkeit, Abgrenzbarkeit, Erreichbarkeit et cetera, spielen für die Segmente bereits eine Rolle: Eine grobe Evaluation entlastet die folgende Arbeit der Vertiefung. Steckbriefe für Segmente werden hier und mit den nächsten Phasen laufend verfeinert und enthalten Bereiche wie: 1) Definition/Abgrenzung des Segments, 2) Struktur des Segments und Zielgruppen, 3) Ergiebigkeit und Wachstum des Segments, 4) Relevanz des Segments für das Unternehmen, 5) Anforderung an die Leistung, 6) Verhalten des Kunden und 7) Konkurrenzaktivitäten.
3. *Segmente berechnen, Segmente im Portfolio positionieren und wichtige Segmente selektionieren:* Welche Wirkungen auf den Erfolg sind zu erwarten, wenn ein Unternehmen als genereller Anbieter nicht mehr viele Kunden bearbeitet, sondern attraktive Segmente gezielt angeht? Zur Grobevaluation gehört eine Segmentrechnung. Sie schätzt die Kosten und Erträge einer Segmentierung in Teilsegmenten im Zeitablauf und bestimmt den Break-Even-Point.
   Wir vermuten, dass ein Übergang zum segmentierten Marketing häufig nur intuitiv vollzogen und zu wenig kritisch bewertet wird. Meistens sind die Unternehmen bereits in einem Segment tätig. Eine Segmentierung betrifft also nicht einen neuen Markt, sondern erschließt vielleicht Zusatzkunden in einem Segment. Die Differenz der zusätzlichen Kunden und Umsätze ist entscheidend. Deshalb erstaunen beispielsweise manche Marketingkonzepte für Senioren und Jugendliche, die sich in der Bewertung auf die Attraktivität des Gesamtmarkts beziehen und nicht auf erreichbare Zusatzumsätze und -erträge. Einfache Berechnungen verdeutlichen, dass Segmentierungen zu weit gehen und kaum erfolgreich sein können. Natürlich ist es auch möglich, dass in einem Segment ein vollständig oder weitgehend neues Geschäft erschlossen wird. Viele Unternehmen sind bisher kaum in der Lage, die Rentabilität und Zukunftschancen von Kunden und Kundengruppen zu belegen. Um eine Portfolioanalyse zu

erstellen, gilt es, jedes Segment nach Volumen, Wachstum und Marktanteil zu beurteilen. Auch in Segmentportfolios lassen sich die Kriterien für die Marktattraktivität und Wettbewerbsvorteile beliebig erweitern. Besonders wichtig scheint es, dass es Unternehmen gelingt, attraktive Partner zu bestimmen, bei denen ihre Chancen für eine Zusammenarbeit besser ausfallen als bei den Wettbewerbern. Sobald sich alle Anbieter einer Branche mit ihrem Marketing auf die gleichen, oft nur sehr allgemein definierten »Schlüsselkunden« und »Heavy Users« ausrichten, ist eine aufwändige Konfrontation unvermeidbar. Ideale Partner können meist nur einen Teil des Absatzes eines Unternehmens bestreiten; sie sind aber wichtig, um die Leistungsfähigkeit des Unternehmens (beispielsweise mit Preis- und Leistungssystemen) gezielt zu entwickeln. Es gilt zudem, die Kundengruppen nicht einfach nach »gut« und »schlecht« zu kategorisieren, sondern in jedem Bereich aus dem Blickwinkel der Kunden und des Unternehmens professionelle Lösungen zu verwirklichen. Deshalb beziehen wir klassische Kundenportfolios mit so genannten »Melkkunden«, »Fragezeichenkunden« oder »Abbaukunden« nicht mit ein.
Nach Freter (1983, S. 43 ff.) sind detailliertere Beurteilungskriterien für ein Marktsegment:

- *Relevanz für das Kaufverhalten:* Die Kriterien zur Einteilung des Segments müssen das Kaufverhalten beeinflussen.
- *Aussagefähigkeit für den Einsatz der Marketinginstrumente:* Die Segmentierungskriterien müssen Ansätze für eine Differenzierung des Marketingmix bieten.
- *Zugänglichkeit:* Die Kriterien sollen erlauben, das Segment mit den Medien und Distributionskanälen zu erreichen.
- *Messbarkeit und Operationalität:* Die Segmente sollen mit den bestehenden Marktforschungsmethoden, Datenerfassungen, Adressmaterialien et cetera erfasst werden können.
- *Zeitliche Stabilität:* Die Kriterien zur Segmentbildung sollen über mehrere Jahre relevant bleiben.
- *Wirtschaftlichkeit und Ergiebigkeit:* Das Segment soll genügend ergiebig sein, wirtschaftlich bearbeitet werden können und damit zusätzliche Gewinnchancen öffnen.

In diesen Kriterien wird die Konkurrenzsituation zu wenig berücksichtigt. Die Besetzbarkeit und Schützbarkeit von Marktsegmenten ist ein wesentliches Kriterium. Zudem gilt es auch, Prozesse der Segmentierung zu beachten. Denkbar sind langfristige Stufenkonzepte einer zunehmenden Segmentierung. Aktuelle Segmente sollen dabei künftige Lösungen erleichtern. Es kann auch wichtig sein, ob ein Marktsegment mit weiteren Märkten zusammenhängt und vielleicht eine »Leuchtturmfunktion« erfüllt. So kann es beispielsweise für einen Reifenhersteller äußerst attraktiv sein, mit Mercedes und Porsche für ein Modell zusammenzuarbeiten, wenn auch für die Zusammenarbeit weder Marge noch Volumen interessant sind. Der Nutzen dieser Zusammenarbeit mit Partnern in einer führenden Position und mit positiver Ausstrahlung in der Branche liegt in der Wirkung auf andere Abnehmer (zum Beispiel Wirkung von »Opinion-Leaders« auf »Normalkonsumenten«). Die Aktivitäten von Unternehmen im Luxusbereich, für anspruchsvolle Kunden oder im Sektor Hightech kann sich auf Massenmärkte auswirken und helfen, die Fähigkeiten des Unternehmens zu steigern. Wir vermuten, dass heute immer mehr Segmentierungen nicht wirtschaftlich begründet sind, sondern sich lediglich durch die positive Ausstrahlung rechtfertigen lassen. Neue Segmentierungen dokumentieren dann die Innovationskraft und Dynamik des Unternehmens im Markt. Auch interne Mitarbeiter lassen sich mit solchen Innovationen häufig motivieren. Für die Ausstrahlung ist bedeutend, ob sich breitere Kundengruppen (auch außerhalb des Segments oder der Zielgruppe) mit dem Auftritt und der spezifischen Leistung identifizieren können. Zusammenhänge wirken aber nicht nur positiv, auch eine »Kannibalisierung« ist möglich. Mit neuen Segmenten kann sich ein Unternehmen in anderen Bereichen selbst Konkurrenz machen oder seine Position schwächen. In der Praxis sind besonders die Fähigkeiten des Unternehmens und der verantwortlichen Führungskräfte für ein Marktsegment entscheidend, wie auch die intensive Diskussion über den Erfolg und Misserfolg von Diversifikationen und über die Produkt- oder Marktentwicklung zeigt. Das Unternehmen muss mit seinen Strategien und spezifischen Fähigkeiten die besonderen Anforderungen von Kundengruppen aufgreifen können.

4. *Wichtige Segmente detailliert erfassen:* Die gewählten Segmente (aus der Portfolioanalyse) sind vertieft zu erfassen. Vorerst werden die Anforderungen an erfolgreiche Segmentierungen detailliert geprüft. Oft ist es auch notwendig, die Kundenbedürfnisse und -probleme oder die Absatzchancen durch Marktforschungen zu ermitteln. Um die Segmentanalysen wieder zusammen zu führen, ist es sinnvoll, einen differenzierten Steckbrief für jedes Segment zu bestimmen. Teilweise ist es notwendig, innerhalb der Segmente noch engere Zielgruppen zu bestimmen. Grundsätzlich lassen sich für Zielgruppen im Segment die gleichen Schritte 1 bis 7 anwenden.
5. *Marketingkonzepte und Leistungssysteme für die wichtigen Segmente entwickeln:* Analog zum allgemeinen Marketing gilt es, für die defi-

nierten Segmente gezielte Marketingkonzepte und Leistungen zu entwickeln. Die verschiedenen Marketinginstrumente können unterschiedlich vom generellen bis zum individuellen Marketing beitragen. Eine Segmentierung vom Produkt bis zur Kundenberatung ist in sich geschlossen und umfassend, entsprechend aber auch aufwändig und risikoreich. Manchmal genügt es, nur die Marktbearbeitung zu differenzieren oder sich lediglich auf ein zielgruppenorientiertes Direktmarketing zu konzentrieren. Produkt, Distributionswege, Preise, Medienwerbung und Messen sind aufwändiger zu segmentieren als Dienstleistungen, Dokumentationen, Kundenanlässe und Direktmarketing. Durch die Segmentierung lassen sich die Kundenberatung und der Verkauf oft entlasten.

Wichtig ist es, die Differenzierung auch auf den Informations- und Entscheidungsprozess des Kunden auszurichten. Der Interessent ist anders zu bearbeiten als die potenziellen Kunden, Erstkunden oder Stammkunden. So fördert das allgemeine Marketing die Bekanntheit und Reputation. Es schafft eine grundsätzliche Plattform für die Unternehmensaktivitäten. Auf dieser Basis setzt die gezielte Marktbearbeitung ein, die beispielsweise bei Investitionsgütern von zweihundert Kunden in einem Segment zu dreißig Gesprächen mit potenziellen Kunden, zu zwölf Offerten, zu vier Erstaufträgen und zu zwei Stammkunden führen kann. Es bewährt sich, diese Stufen bis zum angestrebten Umsatz in einem Segment umzusetzen.

6. *Konzepte für ein vereintes und differenziertes Marketing erarbeiten und Konsequenzen für die Führung und Organisation festlegen:* Sobald einzelne Konzepte für Segmente vorliegen, lässt sich prüfen, welche Maßnahmen sich für mehrere Segmente zusammenfassen lassen und wo eine Differenzierung notwendig ist. Ein modulares Marketing erlaubt eine wirtschaftliche Differenzierung. Auch gilt es, die Infrastrukturen (Organisation, Informationssysteme, Personaleinsatz und Führung) anzupassen. Zu treffende Entscheidungen sind dabei:
   - Gesamtinnovation für eine Kundengruppe oder selektive Differenzierung (zum Beispiel nur eine differenzierte Kommunikation bei gleichen Produkten)
   - Differenzierungsbeiträge in der Marketinghierarchie von der Strategie, dem Mix bis zur Taktik (in einem Extremfall kann ein Unternehmen völlig unabhängig am Markt mit einer neuen Einheit auftreten; im anderen Extremfall lässt sich ein Standardprodukt individuell im einzelnen Kundengespräch an Kundengruppen anpassen.)

- Anpassung der Marketinginfrastruktur (Organisation, Personal, Informatik et cetera) an die Segmentierung
- Differenzierungsbeiträge der Organisationseinheiten (beispielsweise bei Versicherungen: Generaldirektion und zentrales Marketing, Regionaldirektion, Generalagenturen, Agenten, Außendienst).

Allgemeine Antworten sind nicht möglich, die aufgeworfenen Entscheidungen sind jedoch für den Erfolg von Segmentierungen wichtig. Oft ist es nur möglich, neue Segmentierungen mit umfassenden Reorganisationen zu realisieren. Grundsätzlich ist es kritisch, neue Kundensegmentierungen im Marketing aufzugreifen und den Kundensegmenten im Vergleich zu weiteren Differenzierungen genügend Gewicht zu geben. Eine Segmentierung lässt sich in verschiedenen Stufen von der Geschäftseinheit bis zum Einzelkunden verwirklichen. Entscheidend ist dabei, welche Marketingfunktionen auf welcher Stufe differenziert und damit mehr oder weniger zersplittert werden. Manche Unternehmen suchen nach durchgängigen »Alles-oder-Nichts-Segmentierungen« und schöpfen damit feinere Lösungen nicht aus. Zudem gilt es, auch regionale Strukturen zu berücksichtigen, die in Unternehmen oft über Jahrzehnte gewachsen sind. Die Sprache und die räumliche Nähe waren in wachsenden Anbietermärkten wichtiger als eine weitgehende Spezialisierung für Kundengruppen. Heute differenzieren Unternehmen oft stärker nach Segmenten, fassen dafür aber die Regionen zusammen. So verzichten heute manche Anbieter auf Importeure in der Schweiz, Österreich und Deutschland und bearbeiten den ganzen deutschsprachigen Raum mit einer Zentrale. Die Organisation und Marketingschwerpunkte (beispielsweise der Außendienst bei Versicherungen und die Werbung bei Banken) prägen den Spielraum für innovative Segmentierungen. Soll beispielsweise eine Filialorganisation mit Hunderten von Außendienstmitarbeitern neue Segmente bearbeiten, trifft eine Umorientierung spontan auf Widerstände und ist nur langfristig und mühsam durchsetzbar. Versicherungen setzen beispielsweise seit vielen Jahren auf die selbständige Initiative ihres Außendiensts, ihrer Agenten sowie Maklern in der Kundenbearbeitung. Heute zeichnen sich die Grenzen ab und die interne Durchsetzung neuer Marketinglösungen wird problematisch, weil sich die Mitarbeiter an der Front gegen alle Eingriffe der Zentrale wehren oder sich abschirmen. Segmentierungen des bisherigen Generalisten schränken den Freiraum des Außendienstes massiv ein, falls nicht neue Segmente bearbeitet werden. Vielleicht fühlt sich der Außendienst sogar ungerecht behandelt und meint, dass er offenbar die Kunden besser bearbeiten könnte, als er es bisher tat. Solche Widerstände lassen sich nicht leicht überwinden, denn nicht nur die Akzeptanz, sondern die Initiative sämtlicher Mitarbeiter ist für den Erfolg notwendig. Eine innovative Segmentierung ist erstens davon abhängig, ob der Außendienst sie akzeptiert, zweitens, ob er neue Segmente in seinem Zeitbudget gewichtet und drittens, ob er fähig ist, diese Segmente auch wirksam anzusprechen. Kurzfristige Umsatzziele und Erfolge der Mitarbeiter widersprechen häufig der langfristig geplanten Kundenstruktur und werden klarer vorgegeben und kontrolliert.

Einige Hinweise zur Lösung lauten: Einbezug des Außendiensts in der Erarbeitung neuer Segmentierungen, Betonung der Unterstützungsfunktion von Zentralen, problemorientierte Individualberatung und auch hier Pilotprojekte in der Außendienstorganisation und in einzelnen Filialen sowie Multiplikation konkreter, erfolgreicher und belegter Lösungen, die gemeinsam entwickelt wurden.

Oft orientieren die Unternehmen das Marketing und den Verkauf zuerst nach Kundengruppen. Die Produktion, Forschung und Entwicklung, Beschaffung et cetera bleiben eher nach technologischen Unterscheidungen gegliedert. Es entstehen Probleme, weil sich dann Marketing- und Produktionsstruktur nicht mehr entsprechen. Es gelingt dem Verkauf und dem Marketing oft ungenügend, die kundenbezogenen Ansprüche in der restlichen Organisation durchzusetzen. Auch dafür eingesetzte Produkt- und Kundenmanager lösen diese Koordinationsprobleme häufig zu wenig. Aus dem Blickwinkel des Marketing sind unausgeschöpfte Potenziale des Cross-Selling ein Indiz für Probleme der Organisation. Erst die kundenorientierte Gesamtorganisation erlaubt eine professionelle Segmentierung. Es entstehen daraus jedoch auch wieder andere Doppelspurigkeiten und Koordinationsprobleme.

7. *Kunden selektionieren:* Auf definierten Segmenten aufbauend müssen Unternehmen auch innerhalb der Segmente attraktive Kunden selektionieren und die Zieladressen konkret festlegen. Diese Grundlage ist für das Direktmarketing, den persönlichen Verkauf oder generell für die Kundenansprache und -betreuung wichtig.
8. *Pilotprojekte für das Segmentmarketing lancieren:* Falls ein Unternehmen nicht sehr rasch eine neue Segmentierung einführen muss, lohnt es sich, für wenige ausgewählte Segmente und Zielgruppen Pilotprojekte zu bestimmen. Damit lernt das Unternehmen durch Projekte, wie es Segmentmarketing erfolgreich realisieren kann. Auch gelingt es so besser, sich zu konzentrieren und die Organisation, Führung und Mitarbeiter werden weniger überfordert.

   Es gilt, aus der Vielfalt zu wählen und Entwicklungs- sowie Realisierungsprogramme über mehrere Jahre zu führen. Nur durch eine konzentrierte Arbeit ist es möglich, im Wettbewerb noch Herausragendes zu leisten. Vollständiges Marketing zersplittert sich und wird mittelmäßig. Die Anwendung und Forschung des Marketing fördern die Vielfalt. Wer versucht, mit allen Trends mitzugehen, ist vielbeschäftigt und verändert wenig. Modisches Geplänkel um Begriffe des »New Marketing« unterhält die Mitarbeiter und wirkt kontraproduktiv. Vielleicht ist es für die Durchsetzung nötig, dass »an der Front« die Pilotprojekte für spezifische Segmente gebildet werden. Erstens wird damit das segmentspezifische Vorgehen von einer Marktorganisation und nicht von einer Zentrale entwickelt. Zweitens kann mit einer Multiplikation erfolgreicher Pilotprojekte ein enormes Know-how und ein Erfahrungskurveneffekt erreicht werden.

Marktsegmentierung und Zielgruppenmarketing sind in einem intensiven Wettbewerb ausschlaggebend. Sie begleiten manche produktorientierten Unternehmen auf ihrem Weg zur umfassenden Kundenorientierung. Um es nochmals zu betonen: Es fehlt nicht an Ideen und Ansätzen, welche Dimensionen einer Segmentierung zusätzlich berücksichtigt oder welche neuen Nischen besetzt werden sollen. Der Engpass sind auch nicht die Vorschläge, sondern der Konsens der betroffenen Führungskräfte und Mitarbeiter sowie die Realisierung. Bereits mit einem oder zwei Segmentprogrammen pro Jahr oder mit einer zusätzlichen einfachen Differenzierung sind Unternehmen stark gefordert. Die Grenzen der Segmentierung sind in der Praxis schnell erreicht. Deshalb erstaunt es nicht, dass zwischen den theoretisch anspruchsvollen Vorschlägen und den nahe liegenden pragmatischen Segmentierungen eine große Lücke klafft.

Im Zusammenhang mit den Kunden spielt bei Leistungs- und Kundensystemen das Thema der Konkurrenz mit Kunden eine wichtige Rolle (vgl. Exkurs unten). Ein Unternehmen kann sich erlauben, mit den Kunden dann in Konkurrenz zu treten, wenn deren Vorteile im Vergleich zu den Angeboten der Wettbewerber überwiegen.

Exkurs: Konkurrenz unter Kunden

Von Christian Belz

Wenn Unternehmen in neuen Geschäftsbereichen tätig werden, ihre bestehende Leistung ausweiten oder auch innovative Distributionskanäle nutzen, konkurrieren sie oft mit ihren eigenen, bestehenden Kunden. Es kann bereits kritisch sein, verschiedene Kunden zu beliefern, die untereinander am Markt konkurrieren.

Praxisbeispiele

- *Mikron* (Biel/Schweiz) ist als Unternehmen zugleich im Bereich der Anlagen- und der Komponentenproduktion tätig. Diese Integration bringt viele Vorteile, beispielsweise ist das Know-how der Produktion für den Anlagenbau im Hightech-Bereich wichtig. Wenn aber Erstausrüster und Komponentenhersteller ihre Anlagen evaluieren, schließen sie Mikron als Lieferant in diesem Bereich häufig aus, wenn sie gleichzeitig im Komponentengeschäft bei den gleichen Kunden in Konkurrenz zu Mikron stehen. Sie befürchten, von Mikron über die Anlagen und das Know-how sowie auf den Märkten im Komponentengeschäft in die »Zange genommen« zu werden. Bereits vor Jahren gingen Gessner und Mitlödi (Wädenswil/Schweiz) mit dem Kunden Création Baumann (Langenthal/Schweiz) ein Joint Venture ein. Sie entwickelten eine exklusive und ausgewogene Partnerschaft im Bereich Kreation, Produktion und Marketing, um die Stoffkollektion »Living« zu vermarkten. Diese intensive Zusammenarbeit wurde im Markt für Heimtextilien intensiv diskutiert. Andere Kunden, denen Gessner und Mitlödi die Stoffe lieferten, befürchteten, dass das Know-how aus der Zusammenarbeit mit ihnen weitergegeben wird. Zwei der größten Kunden (die im Markt auch Konkurrenten von Création Baumann sind) verminderten deshalb schrittweise die Zusammenarbeit mit Gessner und Mitlödi. Ein Kunde ist inzwischen weggefallen und mit dem zweiten gelang es später wieder, die Zusammenarbeit aufzubauen. Durch die Skepsis gegenüber der verstärkten Partnerschaft mit einem Konkurrenten wurde der Rückzug vom wegfallenden Kunden nicht offen angesprochen und diskutiert. Die Unsicherheit, dass Informationen weitergegeben würden, genügte, um die Zusammenarbeit zu beenden.
- *Walter Reist Holding und Ferag* (Hinwil/Schweiz) haben ein eigenes Druckzentrum errichtet. Es ist möglich, in diesem Druckzentrum die neueste Technologie der intelligenten Weiterverarbeitung und der Transportsysteme für Medien zu erproben. Damit ist dieses Druckzentrum nicht nur eine Druckerei, sondern gleichzeitig Entwicklungs- und Anwendungszentrum. Das Druckzentrum soll aber nicht in Konkurrenz zu den bestehenden Kunden stehen. Auf das Kerngeschäft von Ferag würde es sich negativ auswirken, wenn das Druckzentrum bei den gleichen Kunden wie die bestehenden Druckkunden (NZZ, Tages-Anzeiger et cetera) um neue Aufträge kämpfen würde. Deshalb konzentriert sich das Druckzentrum auf diejenigen Aufträge, die in Kooperationen mit den Akzidenzdruckereien der entsprechenden Verlage entstehen und übernimmt teilweise Druckaufträge im internationalen Geschäft. Eine direkte Konkurrenz zu den Kunden soll also vermieden werden, um das Commitment nicht zu schmälern und um damit nicht gleichzeitig die eigene Position im Kerngeschäft zu schwächen.

- *Lista AG* (Büromöbel, Erlen/Schweiz) engagiert sich mit dem Office Consulting Team und einem Design Center (Nänikon/Schweiz) in den vor- und nachgelagerten Aufgaben für Kunden im Bereich der Büroeinrichtung und -organisation.
- *Zschokke AG* (Genf/Schweiz) verfolgt eine Strategie des integralen Bauens. Für gewisse Objekte werden weitgehende Leistungen der Finanzierung und Leistungserstellung mit Garantien für Fristen, Qualität und Wirtschaftlichkeit übernommen. Das Unternehmen steht damit auch in Konkurrenz zu Generalunternehmen, die bei anderen Objekten wichtige Partner sind.
- *Schulthess Waschmaschinen AG* (Wolfhausen/Schweiz) und weitere Hersteller von Waschmaschinen oder Haushaltsgeräten stehen mit ihrem Geräteservice teilweise in Konkurrenz zu ihren Handelskunden, die selbst eine Serviceorganisation unterhalten. Vereinzelt wickeln Hersteller auch durch ihren Kundenservice direkt einen großen Teil des Ersatzgeschäfts ab. Allerdings löste beispielsweise Schulthess diese Problematik, indem die im Kundenservice abgesetzten Ersatzmaschinen über die Händler abgerechnet werden. Schulthess AG bearbeitet größere Objekte (zum Beispiel Überbauungen et cetera), mit einem Bedarf von dreißig oder vierzig Waschmaschinen, teilweise direkt und parallel über den Handel. Dadurch entstehen Konflikte. Es gibt Händler, die für größere Objekte gleichzeitig die Angebote von V-Zug, Schulthess und Elektrolux einholen. Sie präferieren dabei einen dieser Anbieter, blockieren aber für dieses Objekt die beiden anderen. Geht nun ein Hersteller nur über den Handel, so sieht er sich plötzlich beim Zuschlag für das Objekt mit der Situation konfrontiert, dass er durch den Handel vom Endkunden abgeschirmt wurde und leer ausgeht. Deshalb kann es notwendig sein, direkt bei den Entscheidern für das Objekt ein eigenes Angebot zu platzieren. Beim Kunden entsteht eine Konkurrenzsituation des gleichen Herstellers über den Handel und vom Hersteller direkt. Beschränkt sich der Hersteller auf den Handel, so läuft er Gefahr, durch seine Zurückhaltung wichtige Geschäfte zu verlieren. Wünschenswert wäre es, wenn der Handel und der Hersteller sich mit dem indirekten und direkten Angebot abstimmen und gemeinsam vorgehen würden. In der Realität besteht aber zwischen dem Hersteller und dem Handel häufig ein Versteckspiel, um eigene Interessen durchzusetzen. Natürlich spielt in solchen Situationen auch das gegenseitige Vertrauen eine wichtige Rolle. Andernfalls kommt es zu unerwünschten Konkurrenzsituationen. Für den Hersteller ist es häufig nicht zumutbar, dass er ein attraktives Geschäft verliert, bis er die entsprechenden Händler einschätzen kann, und er verfolgt deshalb berechtigterweise eine Doppelstrategie.

Diese Liste ließe sich erweitern. Häufig führen Leistungs- und Kundensysteme zu einer Konkurrenz zu Kunden.

Schlüsselfragen

Verschiedene Fragen stellen sich zur Konkurrenz von Kunden:

- Unter welchen Voraussetzungen akzeptieren Kunden, dass sie mit ihren Lieferanten konkurrieren werden?

- Gibt es wichtige Unterschiede zwischen den einzelnen Branchen? Akzeptieren gewisse Branchen die mehrfachen Aktivitäten, während andere Märkte und ihre Mitglieder sehr empfindlich reagieren?
- Welche Formen der Konkurrenz mit Kunden können unterschieden werden?
- Wie soll ein Unternehmen vorgehen, wenn es neue Aktivitäten lanciert, die in einer Konkurrenz zu Kunden stehen?

Beurteilung

Bisher wurde in Unternehmen meist recht grob mit der Thematik umgegangen. Manche Betriebe und ihr Management stützen sich auf pauschale Urteile. So ist beispielsweise für verschiedene Anbieter die Konkurrenz der eigenen Kunden ein Tabuthema: Wir machen unseren eigenen Kunden keine Konkurrenz. Die Beurteilung eines solchen Geschäfts ist aber von verschiedenen Aspekten abhängig:

- Attraktivität des Geschäfts im Vergleich zu bestehenden Aktivitäten mit den entsprechenden Kunden (heute und in Zukunft),
- Position des Unternehmens als Anbieter im bestehenden Geschäft (Auswechselbarkeit, Preisdruck et cetera),
- Branchenentwicklung hinsichtlich multipler Angebote auf verschiedenen Wertschöpfungsstufen,
- Ertrags- oder Bedrängungssituation der eigenen Kunden.

Beispielsweise ist es die Automobilindustrie inzwischen offensichtlich gewohnt, dass verschiedene Marktpartner und Konkurrenten in unterschiedlichen Geschäften verschieden zusammenarbeiten. Modell-Outsourcing der Automobilindustrie führt dazu, dass Zulieferer häufig in unterschiedlichen Konstellationen für Automobilhersteller tätig sind. Diese Zulieferer sind in den einen Fällen Partner und in den anderen Konkurrenten. Coopetition lautet ein Stichwort. Die Eigenkonkurrenz, auch in Konzernen, ist normal. In anderen Märkten sind die Strukturen vertikal und horizontal noch stärker gefestigt. Ein Durchbruch der bestehenden Spielregeln führt zu mehr oder weniger expliziten Vergeltungsmaßnahmen oder Boykotten der Marktpartner.

Aspekte im Umgang mit Konkurrenz zu Kunden

Folgende Aspekte geben einige Hinweise zum Umgang mit der Konkurrenz zu Kunden:

- *Kundennachteil:* Die Konkurrenz von Kunden ist ein Nachteil für die Kunden. Für diese Kunden stellt sich deshalb die Frage, ob durch diesen Nachteil die Gesamtzusammenarbeit im Vergleich zu den Wettbewerbern weniger attraktiv wird. Kurz: Jeder Anbieter mit einer starken Position und mit klaren Kundenvorteilen wird sich auch im Bereich der Kundenkonkurrenz mehr erlauben können. Lieferanten, die bei den Kunden ohnehin anstehen, laufend Schwierigkeiten haben, sich stärker mit Zugeständnissen beschäftigen als mit positiven Themen et cetera, werden durch die Kundenkonkurrenz zusätzlich geschwächt. Natürlich wird der Kundennachteil und -vorteil nicht nur rational bewertet. Die

Thematik der Konkurrenz unter Kunden ist häufig stark emotional belastet. Die Emotionen werden aber auch ansteigen, wenn der Kunde eine starke Stellung einnimmt.

- *Kundenvorteil:* Konkurrenz zu Kunden kann auch Vorteile für Kunden bewirken. Das erhöhte Know-how kann positiv sein, weil sich beispielsweise ein Lieferant in den nachgelagerten Märkten selbst betätigt. Verschiedene andere Aspekte können eine Rolle spielen, so lässt sich beispielsweise durch solche Engagements in nachgelagerten Märkten auch teilweise die Konkurrenzsituation besser erfassen (z.B. der Druck von Konkurrenzangeboten in Verhandlungen realistisch beurteilen et cetera).
- *Verhandlung:* Die Konkurrenz mit Kunden ist ein Element in der Verhandlung mit Kunden. In den komplexen Vereinbarungen zwischen dem Lieferanten und den Kunden ist sie ein Baustein, der eine Gegenleistung des Lieferanten erfordert. Deshalb stellt sich die Frage, was die Konkurrenz mit den Kunden den Lieferanten kostet (zum Beispiel die Leistung von Lieferanten bei der Konkurrenz durch höhere Margen oder erhöhtes Engagement für Kunden; Leistung des Kunden bei Nichtkonkurrenz durch verstärkte Marktpräsenz und einen Ausbau des Lieferantenanteils).
- *Umstellung:* Die Konkurrenz gegenüber den Kunden wird in der Regel schrittweise ausgebaut. Längerfristig kann die Konkurrenz mit Kunden durch dieses zusätzliche Geschäft erstens attraktiver als das angestammte Geschäft werden und zweitens die Leistungsfähigkeit gegenüber den bestehenden Kunden maßgeblich erhöhen. Vielleicht sind diese Zusammenhänge auch bei den eigenen Kunden nachvollziehbar. Die breitere Abstützung eines Unternehmens bewirkt eine höhere Leistungsfähigkeit für alle Kunden. Vielleicht sind auch spezifische Hinweise möglich, die beispielsweise mit dem Know-how bei neuen Kundengruppen zusammenhängen. Viele Anbieter argumentieren ja damit, dass sie wesentlich besser arbeiten können, wenn sie die verschiedenen vertikalen Schritte vom Rohstoff bis zum Endkunden beherrschen. Früher hatten beispielsweise einige Hersteller kleine Verkaufsgeschäfte an ihrem heimischen Standort und begründeten dies damit, dass sie dadurch den direkten Kontakt zum Markt und den Kunden spüren. Allerdings schaffen solche beschränkten Engagements häufig mehr Irritation als Nutzen.
- *Kundenschutz:* Im Bereich des Kundenschutzes der Lieferanten von konkurrierenden Kunden sind verschiedene Möglichkeiten der organisatorischen und personellen Trennung denkbar. Auch die Leistungen lassen sich unterscheiden, so dass die Lieferantenleistungen durch die verschiedenen Kunden nicht unmittelbar konkurrieren (Sortimentsabgrenzungen et cetera). Zudem spielen vertragliche Absicherungen eine Rolle. Weil Kunden konkurrieren, ist eine intensive Zusammenarbeit mit den Lieferanten begrenzt. Das liegt daran, dass Kunden Leistungsstufen nicht den Lieferanten übertragen, um ihr Know-how zu schützen.

- *Kunden der Kunden:* Oft verlangen die Kunden der Kunden auch selbst, direkt mit einer Zentrale zusammen zu arbeiten und suchen nur die flankierende Unterstützung ihrer Vertriebspartner oder der Zwischenlieferanten. Niedrigere Preise, bessere Leistungen und schlankere Abläufe durch den direkten Zugang spielen eine Rolle. Immer übernimmt jedoch die Zentrale in diesem Fall (meist für attraktive und große Kunden) eine aktivere Rolle. Dieser Aufwand muss gedeckt werden. Flexible Zusammenarbeitsmodelle und differenzierte Provisionen sind dazu eine wichtige Voraussetzung. Sonst schmälert das Engagement der Zentrale einfach ihren Gewinn.

Zusammenfassend besteht ein Trend zu mehr Konkurrenz unter Kunden. Viele Unternehmen gehen bereits erfolgreich damit um. Allerdings ist jede Anpassung in diesem Bereich vorerst kritisch.

Leistungsselektion

Die Leistungsselektion wird wesentlich durch die Konfiguration der Leistungs- und Kundensysteme geprägt (vgl. dazu Kapitel 7). Analog zu den Marktsegmenten lassen sich bei der Leistungsselektion für Systeme oder Leistungsbausteine die Marktattraktivität und die Wettbewerbsvorteile beurteilen.

Für jedes bestehende und neue Leistungssystem und jeden Leistungsbaustein gilt es, kritisch die aktuellen und zukünftigen Ertragsmöglichkeiten zu prüfen. Während Unternehmen ihre Produktsortimente oft professionell steuern, setzen sie die gleichen Verfahren fälschlicherweise oft nicht für integrierte Produkte und Dienstleistungen oder getrennte Services ein.

Das folgende Praxisbeispiel zeigt in kurzer Form, wie Schott vorging, um die Möglichkeiten der Verselbständigung eines Leistungsbereichs zu prüfen.

Praxisbeispiel: Verselbständigung der Dienstleistungen für Schott Spezialglas

Schott Schweiz stellte fest, dass das eigene Unternehmen zahlreiche Dienstleistungen für Kunden im Bereich Spezialglas erbrachte. Produkte sind in diesem Bereich Fassaden und Fenster, spiegelfreie Fenster, Decken, Laborware, Geräteoptik, Faseroptik, Ceran und andere. Die Dienstleistungen sind beispielsweise eng produktbezogen wie dic Konzeption, Logistik, Montage, Lagerhaltung, Zusammenarbeit mit Partnern et cetera, gehen aber oft weiter im Bereich der Beleuchtungskonzeptionen oder baulichen Gestaltung.

Das Unternehmen stellte sich deshalb die Frage, ob der Bereich der Dienstleistungen im Bereich Spezialglas als Sparte oder sogar als eigenes Unternehmen zu führen ist.
Vorerst wurden die zahlreichen Dienstleistungen und Lösungen für Kunden aufgelistet, der Aufwand abgeschätzt und der Kundennutzen diskutiert. Im zweiten Schritt unterschieden die Verantwortlichen zwischen produktnahen Leistungen (die auch die Wettbewerber erbringen) und unabhängigen sowie innovativen Leistungen. Die kommerzielle Analyse zeigte, dass ein großer Teil der Leistungen zu den Kernprodukten gehört und sich deshalb nicht trennen lässt. Das Volumen für die innovativen und eigenständigen Leistungen erschien den Führungskräften aber zu klein und zu wenig entwicklungsfähig, um eine eigene Führungseinheit zu rechtfertigen.

In der Praxis hat sich eine einfache Portfoliodarstellung bewährt, um bestehende Leistungen und Services zu überprüfen und erfolgreiche Strategien zu diskutieren. Abbildung 6.11 zeigt ein Beispiel.

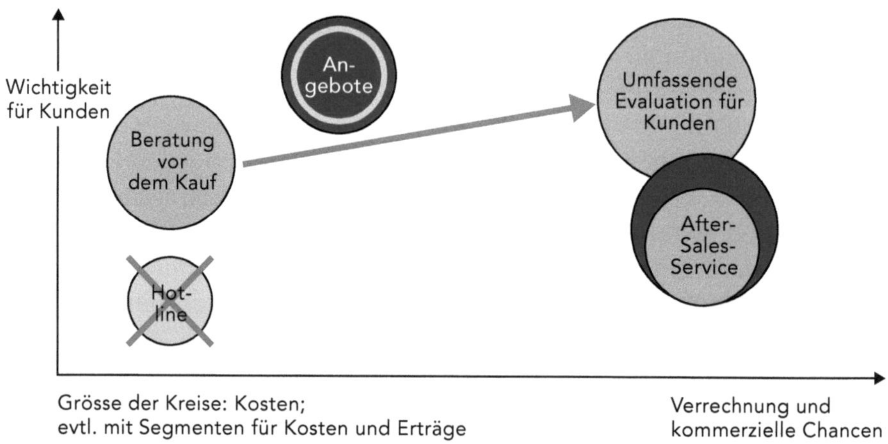

Abbildung 6.11: Leistungsportfolio

Die Bewertungsdimensionen sind: 1) die Wichtigkeit für die Kunden und 2) die Verrechnung und kommerziellen Chancen. Mit der Größe der Kreise lassen sich die Kosten und weitere Größen, wie beispielsweise die Erträge, berücksichtigen. Im Fallbeispiel sind die folgenden Grundpositionen und möglichen Vorgehensweisen zu erkennen.

1. Hotline mit geringer Wichtigkeit für die Kunden und geringen Verrechnungschancen bei mittleren Kosten: Es gilt zu prüfen, ob sich dieser Bereich abbauen lässt *(Abbau)*.

2. Beratung vor dem Kauf mit hoher Wichtigkeit für die Kunden, geringen Verrechnungschancen und hohen Kosten: Diesen Bereich gilt es zu rationalisieren oder mit einer Vorwärtsstrategie aufzuwerten, das heißt, beispielsweise für Kunden eine umfassende und unabhängige Evaluation durchzuführen *(Ausbau und Leistungsverbesserung)*.
3. After-Sales-Service mit geringer Wichtigkeit für die Kunden, hohen Verrechnungsmöglichkeiten und mittleren Kosten: Dieser Bereich lässt sich allenfalls erweitern, indem nach dem Kauf für den Kunden umfassendere Aufgaben der Prävention, der Wartung, für Ersatzteile et cetera (teilweise nicht nur für eigene Maschinen) übernommen werden. Auch Preiserhöhungen lassen sich prüfen *(Ausbau)*.
4. Angebote mit einer hohen Wichtigkeit für die Kunden, eher geringen Verrechnungschancen und erheblichen Kosten: Hier kann eine Rationalisierungsstrategie im Angebotswesen sinnvoll angesetzt werden *(Rationalisierung)*.

Mit den Leistungen sind lediglich die Beratung, Hotline, After-Sales-Service oder Angebote als Leistungsbausteine berücksichtigt. Solche Vorgehensweisen sind beispielsweise sinnvoll, um bestehende (Dienst-) Leistungssortimente kritisch zu prüfen und zu bereinigen. Auch alternative, umfassende Leistungssysteme für spezifische Kundengruppen ließen sich aber ähnlich vergleichen.

Dieses Kapitel schließt mit einigen kritischen Hinweisen.

Statements zu Strategien und Zielen des Customer-Value

- Strategisch ist bedeutend, wie Unternehmen ihr Produkt- und Lösungsgeschäft trennen und verbinden (Christian Belz).
- Insbesondere für KMU steckt ein großes Potenzial im Strategischen Management. Banken wollen heute im Rahmen des Ratingprozesses einen Einblick ins strategische Management erhalten. Schließlich liegt in der Zukunft das Potenzial, den Kredit termingerecht und vollständig zurückzuzahlen. Für KMU's muss die Devise deshalb lauten: Agieren anstatt reagieren (Urs Fueglistaller).
- Strategien für »Solutions-Provider« sind so plausibel und überzeugend, vielleicht gibt es aber in diesem Bereich mehr Flops als Erfolge (Christian Belz).
- Eine Form der Dienstleistungs- oder Problemlösungsstrategie von Unternehmen besteht auch darin, dass sie ihre bisherigen Abteilungen für Immobilien, Personalmanagement, Werbung, Informatik et cetera neu als unabhängige(re) Einheiten führen und neben den internen Dienstleistungen auch Leistungen gegenüber Dritten erbringen. Diese Vorgehensweise ist unterschiedlich erfolgreich. Die Entwicklung vom internen Dienstleister (und Cost-Center) zu einer unabhängigen Einheit auf dem Markt (als Profit-Generator) ist anspruchsvoll (Christian Belz).

- Marken haben die Kraft, die Welt zu verändern. ... Im Brandmanagement muss man vom Produkt ausgehen und nicht vom Kunden. Die Kunden können noch gar nicht wissen, was sie wollen (Jürgen Häusler, Interbrand Zintzmeyer & Lux, Zürich).

In den folgenden Kapiteln 7 bis 11 behandeln wir, wie sich Leistungs- und Kundensysteme gestalten lassen. Dabei beziehen wir uns auf die kritischen Erfolgsvariablen für solche Systeme: Konfiguration, Kommunikation, Kommerzialisierung, Kompetenz und Kooperation.

7 Konfiguration der Leistung

Bereits für Strategien von Unternehmen spielt die Konfiguration von Leistungen für Kunden eine Rolle: »Konfiguration ist auf den Umfang eines Unternehmens gerichtet – auf seine produktbezogenen, geografischen oder vertikalen Grenzen. Hier gilt es festzulegen, in welchen Geschäftsfeldern man tätig sein will und ob und wie man diese zu kombinieren gedenkt.« (Müller-Stewens/Lechner 2001, S. 210). Die Konfiguration der Leistungs- und Kundensysteme konkretisiert die strategische Abgrenzung und ist auf spezifische Leistungen für attraktive Kunden gerichtet.

Aufgabe in diesem Bereich ist es, die Leistungen so aufzubauen und zu strukturieren, dass sie sich einzigartig im Markt positionieren und die Kundenansprüche wirksam treffen. Dabei gilt es, die Dynamik der Märkte zu beachten. Voraussetzung ist eine wirksame Diagnose (vgl. Kapitel 5). Strukturen festigen und klären das Angebot und fördern damit die Kontinuität nach innen und außen. Gleichzeitig müssen aber das Gesamtsystem und die Bausteine der Leistung entwicklungsfähig bleiben und schrittweise Verbesserungen oder sogar Neupositionierungen erlauben.

Leistungsstrukturen werden intern und im Markt kommuniziert (vgl. Kapitel 8). Beat Schmid bezeichnet in seiner Terminologie unsere Konfiguration auch als Design und gewichtet damit bereits im Begriff die Kommunikation stärker.

Die Positionierung der Konfiguration im Modell zeigt Abbildung 7.1.

Die Schlüsselfragen zur Konfiguration sind:

- Wie lässt sich die Leistung eigenständig und verständlich abgrenzen und strukturieren?
- Wie gelingt der wirtschaftliche »Fit« zwischen der Leistung und dem Bedürfnis spezifischer Kunden?

7.1 Ansätze der Konfiguration im Überblick

Die Konfiguration wählt den Blickwinkel für die Umschreibung einer Leistung, strukturiert sie und erfasst die Leistungsbausteine. Damit geht es auch darum, die Leistungsbausteine auszuwählen und zu gewichten.

Abbildung 7.2 zeigt im Überblick die verschiedenen Ansätze für die Konfiguration.

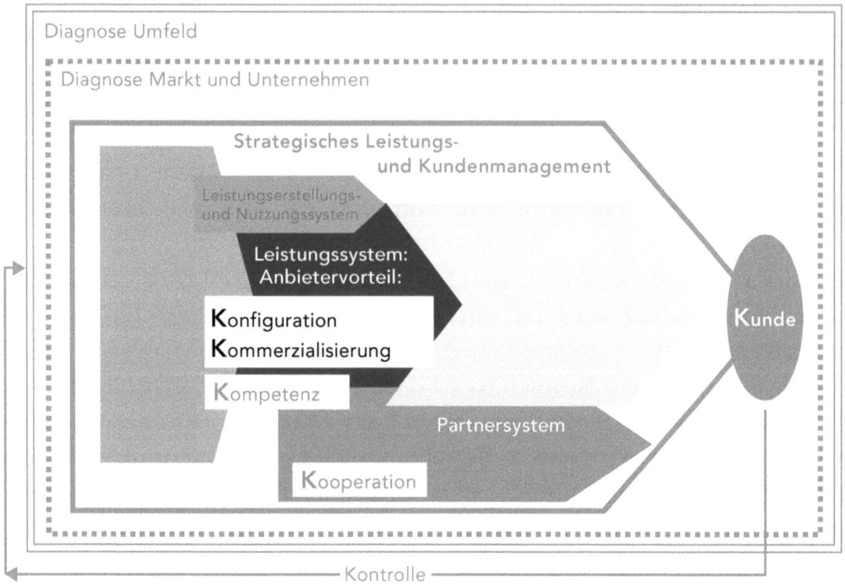

Abbildung 7.1: Konfiguration im Modell Costumer-Value

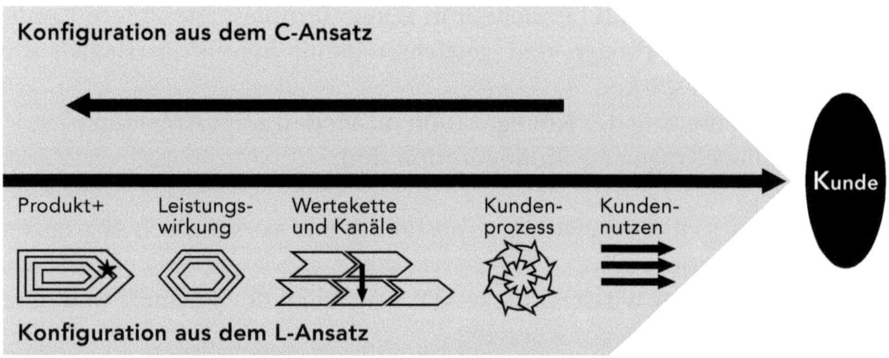

Abbildung 7.2: Konfigurationsvarianten (Design)

Die Konfiguration richtet sich auf den Kunden aus. Wieder ist der Leistungs- oder Community-/Communication-Ansatz möglich, um eine Leistung zu erfassen, was die Pfeile andeuten. Die verschiedenen Vorgehensweisen im Leistungsansatz lassen sich wie folgt beschreiben (zum C-Ansatz vgl. Teil IV).

1. *Produkt+:* Sind Produkte auswechselbar oder besonders innovativ, so lassen sie sich mit zusätzlichen Leistungen ergänzen, die für den

Nutzen des Kunden wichtig sind. Das Produkt steht im Mittelpunkt und wird gezielt begleitet.

2. *Leistungswirkung und -stufen:* Leistungen lassen sich nach der Wirkung im Markt oder den Ausbaustufen für die Kunden ordnen. So sind beispielsweise selbstverständliche Grundservices und zusätzliche Aufbauservices zu unterscheiden.
3. *Wertekette und Kanäle:* Werteketten oder Wertschöpfungsaktivitäten von Marktpartnern (zum Beispiel zwischen dem Hersteller und dem Handel oder zwischen dem Hersteller und dem Kunden) lassen sich gezielt prüfen, und auf dieser Grundlage kann die Zusammenarbeit neu bestimmt werden. Ordnungskriterium für das Leistungssystem ist die Wertekette des Markts und der Partner oder Marktteilnehmer.
4. *Kundenprozess:* Leistungssysteme lassen sich nach den Phasen im Informations- und Entscheidungsprozess des Kunden ordnen. So gibt es beispielsweise verschiedene Services, die vor, während oder nach dem Kauf eingesetzt werden.
5. *Kundennutzen:* Bezug für die Beschreibung und Strukturierung der Leistung sind die Nutzenbereiche des Kunden wie beispielsweise die Wirtschaftlichkeit oder die Entlastung.

In aufsteigender Reihenfolge bewegen sich die Ansätze zunehmend von der Angebots- zur Kundenorientierung hin. Grundsätzlich steigt für die meisten Märkte und Anbieter gleichzeitig der Grad der Innovation und damit die Chance, die Strukturen einzigartig zu umschreiben und zu gestalten.

Als weiteren Ansatz unterscheiden wir die Kooperationslösungen. Es geht dabei darum, mit potenziellen und aktuellen Kooperationspartnern neue Lösungen für Leistungssysteme zu entwickeln und durchzusetzen. Die Suche nach Partnern und die gemeinsame Erarbeitung von Lösungen führen zu einer eigenen Dynamik und zu neuen Ideen, die explizit von den Fähigkeiten der Partner und möglichen Synergien ausgehen. Partnerschaften entstehen häufig recht zufällig und sobald die Beteiligten zueinander passen, gilt es, die Chancen der Zusammenarbeit zu erweitern. Wir verzichten in diesem Kapitel darauf, diesen Kooperationsansatz zu beschreiben und verweisen auf Kapitel 11.

Erstens sind diese Ansätze aber nicht immer klar zu trennen, und zweitens sind auch Kombinationen denkbar. Unterschiedliche Ansätze und damit Gewichte führen zu verschiedenen Lösungen. Möglich ist beispielsweise folgende Sequenz: Kundennutzen > Wertekette > Leistungen+ > Kundenprozess. Gehen wir beispielsweise von einem Hersteller aus, der in Zusammenarbeit mit einem Key-Account des Handels ein Rationalisierungspaket anbieten will. Eine Grundlage ist die Analyse der

Wertekette von Hersteller und Handel. Sie kann ergeben, dass eine Logistikpartnerschaft (als erweitertes Leistungspaket) ergiebig ist. Um eine Logistikpartnerschaft aufbauen zu können, wird der Hersteller den Entwicklungsprozess des Handels mitgestalten und die Phasen des Projekts begleiten. Dieses Vorgehen stellt einen wichtigen Nutzenbereich (Rationalisierung) des Kunden an den Beginn der Leistungskonfiguration. Erst später befassen sich die Beteiligten mit den vielfältigen Dienstleistungen. Verschiedene Reihenfolgen sind denkbar. So kann ein Unternehmen auch mit den Dienstleistungen (Leistung+) oder mit den verzahnten Werteketten beginnen. Allerdings ist auch vor vielfältigen Kombinationen zu warnen: Einfache Strukturen sind wichtig, um die Realisierung und Kommunikation zu erleichtern.

Abbildung 7.3 stellt diese Zusammenhänge noch umfassender dar und berücksichtigt die grundsätzlichen Bausteine des Marketing.

Interdependenzen und Gewichte der Konfigurationsansätze

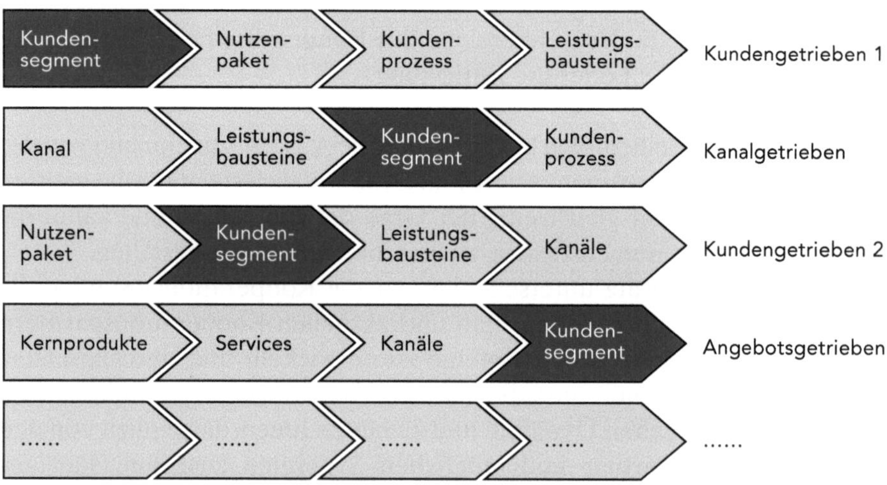

Abbildung 7.3: Prioritäten für die Leistungsgestaltung

Jede Lösung enthält die gleichen Bausteine, aber die Reihenfolge und damit der Blickwinkel und die Gewichte unterscheiden sich. Die kanalgetriebenen Lösungen von Dell, beruhend auf den Möglichkeiten des Internets, führen zu anderen Lösungen als jene von produkt- und angebotsgetriebenen technischen Zulieferern, die zu 80 Prozent von den Produkten ausgehen und sich erst anschließend mit den ergänzenden Bausteinen befassen. Unternehmen bieten Produkte und Services weit offener an, wenn sie von den Kundensegmenten (oder sogar einzelnen Kunden) und ihren Bedürfnissen oder Nutzenkategorien ausgehen (also kundengetrieben agieren).

Welcher Ansatz zur Konfiguration ist wann geeignet? Der Trend geht zu kundengetriebenen Lösungen. Allerdings ist dabei zu berücksichtigen, welchen Stellenwert das Problemlösungsgeschäft für Anbieter im Vergleich zum Produktgeschäft einnimmt, über welche Kompetenzen ein Unternehmen bereits verfügt und wie die Chancen zur glaubwürdigen Weiterentwicklung stehen. Zudem ist erheblich, wie die Wettbewerber vorgehen und ob Kunden bereits für neue Lösungen bereit sind. So ist es oft richtig, in produktions- und technologieorientierten Branchen und Unternehmen (etwa derjenigen Komponenten oder der Investitionsanlagen) den Produkt+-Ansatz zu wählen.

Ein Konfigurationsansatz setzt die Gesamtidee für die Problemlösung von Kunden in Leistungsstrukturen und -bausteine um. Jeder der folgenden Ansätze lässt sich mehr oder weniger ausbauen. Der Konfigurationsansatz bestimmt nicht den Grad der Innovation, den Umfang und die Komplexität einer Lösung. So ist es mit der Konfiguration von Leistung+ möglich, sehr umfassende und komplexe Dienstleistungen zu entwickeln oder im Projektmanagement einfache und bewährte Tools des verzahnten Projektmanagements zwischen Kunde und Anbieter zu vermarkten.

In der Folge behandeln wir vertieft die möglichen Zugänge zur Konfiguration und unterlegen sie mit praktischen Beispielen. Eine Konfiguration umfasst aber nicht nur die Struktur einer Leistung für Kunden. Ebenso gilt es, einzelne Bausteine zu beschreiben und zu gestalten. So sind beispielsweise zahlreiche spezifische Erkenntnisse für die Betreibung von Hotlines, Reparaturdiensten, Kundenschulungen, E-Services, Logistiklösungen, die Beratung von Kunden et cetera zu beachten. Jede Dienstleistung kann besonders effizient oder innovativ gestaltet werden. Innovation und Erfolg liegen oft in der Konkretisierung und nicht etwa in der Entscheidung, ob eine Dienstleistung erbracht wird oder nicht. Die Servicebausteine sind zu vielfältig, um sie hier vernünftig erfassen zu können. Wir empfehlen, erfolgreiche Lösungen von Unternehmen (besonders auch außerhalb des eigenen Marktes) gründlich auszuwerten. Während im Produktbereich eine Wettbewerbsanalyse meist üblich ist, wiederholen Unternehmen im Servicebereich unnötige Fehler, weil sie alles selbst erfinden wollen und die Services nicht entwickeln, sondern lediglich benennen.

7.2 Produkt+

Der Produkt+-Ansatz ist grundsätzlich angebotsorientiert. Erstens stehen die Kernprodukte des Anbieters im Mittelpunkt. Zweitens begleiten die Unternehmen ihre Produkte zunehmend mit den Servicesortimenten. Drittens ziehen Unternehmen in ihrem Entwicklungsprozess vorerst die produktnahen Services vor, um ihre Wertschöpfung zu steigern und sich zu profilieren; auch wenn sich die Bereiche um das Produkt beliebig erweitern lassen und sich damit auch folgende Konfigurationslösungen weitgehend integrieren ließen. Der Produkt+-Ansatz bildet eine Basis, um Leistungssysteme zu erklären und begründet den gesamten Ansatz (Belz 1989).

Das Praxisbeispiel zeigt das typische Produkt+-Angebot am Beispiel der Jobstellenbörse StepStone.

Praxisbeispiel:
StepStone Deutschland AG

www.stepstone.de

Von Philipp Biermann/Christian Schmitz, Universität St. Gallen, gestützt auf die Fallstudie StepStone

Die StepStone Deutschland AG (seit 1999) ist eine der führenden Online-Jobbörsen im deutschsprachigen Raum. Sie gehört seit 1994 zu der norwegischen Muttergesellschaft StepStone ASA, die in Oslo und in London an der Börse notiert ist. Inzwischen ist das Unternehmen in 16 europäischen Ländern aktiv. Der Slogan lautet: Your Career. Your Life. Your Future.

Als typischer Vermittler ist das Unternehmen zwischen den Anbietern und Stellensuchenden tätig und muss sich auf beiden Märkten bewähren.

Die stellensuchenden Nutzer des StepStone-Internetportals nutzen die Leistungen, die durch die Jobbörse im Internet angeboten werden, kostenlos. Einerseits können User, komfortabel nach Branchen, Funktionen und Unternehmensgrößen differenziert, in einer großen Anzahl von Stellenanzeigen suchen und sind dabei weder regional noch national eingeschränkt. Der User kann darüber hinaus seine persönlichen Bewerbungsdaten und seine Präferenzen in den »Bewerberpool« eingeben und wird, im Fall eines unternehmensseitigen Interesses, von diesem kontaktiert. Darüber hinaus bietet die Jobbörse etliche Zusatzdienste, wie Informationen über das Arbeitsrecht, die Bewerbungsunterlagen oder Gehaltsinformationen rund um den Job und die Bewerbung an.

Renommierte Unternehmen, wie Deutsche Telekom, Bertelsmann oder Deutsche Bank, nutzen in Deutschland die Online-Dienstleistungen von StepStone für ihr Personalrecruiting. Diese Unternehmen schalten bei StepStone kostenpflichtige Stellenanzeigen (Listings) und können mithilfe einer Suchmaske auf die Bewerberdatenbank (Bewerberpool) zugreifen. Hierbei kann das Unternehmen aus einem Pool von Bewerbern die für sie interessanten Kandidaten, nach unterschiedlichen Kriterien geordnet, heraussuchen. Die Unternehmenskunden setzen diese Leistungen teilweise als Ersatz und auch als Ergänzung zu ihren klassischen Rekrutierungsinstrumenten ein. Weiterhin unterhält StepStone Deutschland Kooperationen mit Focus-Online (Onlineportal des Magazins »Focus«) und T-Online (Tochter für elektronische Medien der Deutschen Telekom AG).

Rund um die Möglichkeiten des Internets entwickelte das Unternehmen ein Dienstleistungsangebot, wie die Abbildung zeigt. Das Geschäftsmodell stützt sich auf die Refinanzierung durch die Unternehmen, was bei einer großen Zahl an Stellensuchenden und wenigen Stellenangeboten in einer Rezession kritisch ist.

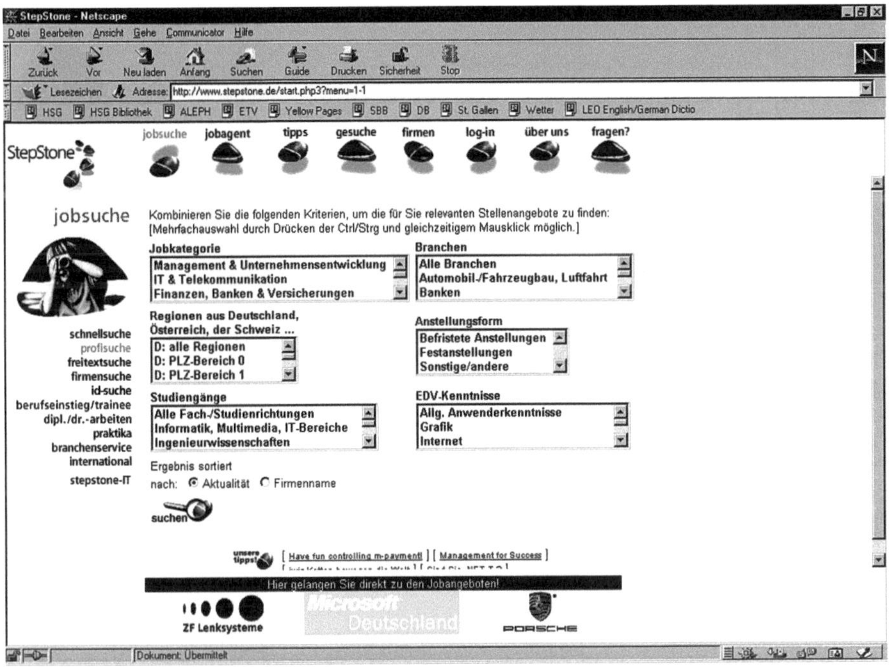

Abbildung 7.4: Internetseite www.stepstone.de

Wie sich Leistungen systematisch vom Produktkern zum umfassenden Leistungssystem für Kunden erweitern lassen, zeigt Abbildung 7.5.

Die gesamte Leistung oder einzelne Bausteine lassen sich für alle Kunden, für spezifische Marktsegmente oder auch auf Einzelkunden ausrichten. Grundsätzlich sind die inneren Bereiche eher für breite Kundengruppen geeignet, während die äußeren Leistungen meist für Kundengruppen und einzelne Kunden differenziert werden. Eine Sonderstellung haben das emotionale Profil und das Erlebnis, weil sich jede der aufgezeigten Schalen einer Leistung emotional gestalten lässt.

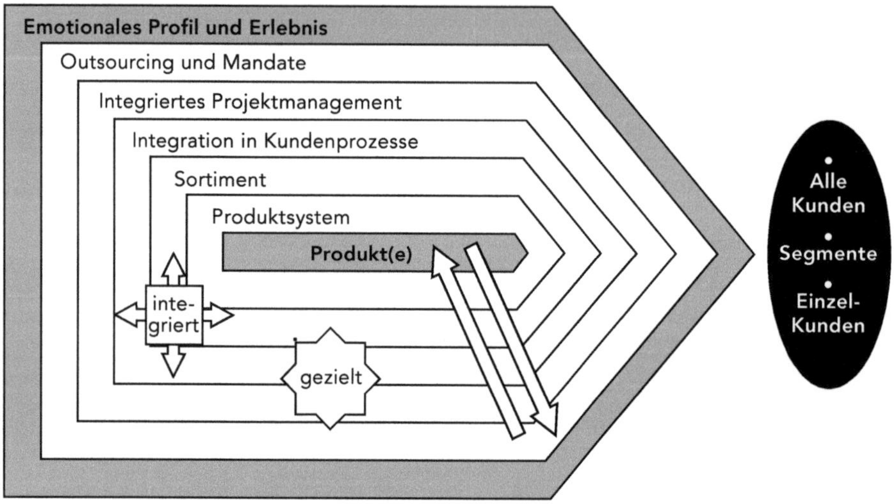

Abbildung 7.5: Konfiguration Produkt+

Die Inhalte jeder Stufe werden mit den folgenden Stichworten charakterisiert.

1. *Produktsystem:* Anwendervorteile, Baukasten, Produktqualität, intelligente Produkte, integrierte Elektronik, Design
2. *Sortiment:* Einkaufs- und Verwendungsverbund der Sortimente für spezifische Kundengruppen oder Bedarfssituationen
3. *Flankierende Dienstleistungen:* Kundendienst, Dokumentationen für Kunden, Hotline, Informatik und Informationsdienste, Finanzierung, Zahlungssysteme, Indirektes Marketing und Kundenschulung
4. *Integration der Leistung in Abläufe des Kunden:* Effiziente Arbeitsteilung und Einordnung in Kundenprobleme; Kundenbegleitung im Produktleben (inkl. Ökologie-Leistungssysteme); neue Formen der Zusammenarbeit in Entwicklung/Fertigung/Logistik; Beitrag zum Erfolg des Kunden
5. *Integriertes Projektmanagement:* Umstellungsmanagement (zum Beispiel für neue Materialien und Produktionsverfahren), Projektführung vom Impuls bis zur Ausführung, früher Einstieg für Kundenprojekte, Koalitionsmanagement und »virtuelle Unternehmen« für Großprojekte

6. *Outsourcing und Mandate:* Outsourcing von eigenen Abteilungen und Aufgaben durch den Kunden, permanente Zusammenarbeit
7. *Emotionales Profil und Kundenerlebnis:* Markenführung und Image, Vertrauen, Sicherheit, Beziehung, Events

Wie sind die Schalen des Leistungssystems zu gewichten? Grundsätzlich ist es am einfachsten, ein standardisiertes, einzigartiges Produkt ohne zusätzliche Dienstleistungen zu verkaufen. Die wachsenden Ansprüche des Kunden und ausgefeilten Leistungen der Konkurrenz bestimmen aber, was in einer Branche als Wettbewerbsvorteil gilt. Während in einzelnen Märkten eine rasche Lieferung bereits viel bewegt, ist diese in anderen ausgeklügelten Leistungssystemen bereits selbstverständlich.

Grundsätzlich beobachten wir in der Praxis zwei Vorgehensweisen.

- *Integrierte Angebote:* Unternehmen decken ganzheitlich die verschiedenen Schalen des Leistungssystems ab. Beispielsweise ist das Unternehmen Plastic Omnium nicht nur Hersteller von Müllbehältern, sondern umfassender Problemlöser für Müllprobleme (Abbildung 7.6). Integrierte Leistungen führen allerdings häufig zu vielfältigen Angeboten und die Anbieter laufen Gefahr, sich zu zersplittern und in den einzelnen Bausteinen nur durchschnittliche Leistungen zu erbringen.

1. Produkte	• Plastikbehälter
2. Produktsystem	• verschiedene Typen von Plastikgefäßen, differenziert nach Größe und Abfallkategorien (Müll, Glas, Metall, Öl et cetera)
3. Dienstleistungen	• Markierung der Behälter mit Stadtemblem, Namen und Adresse • richtige Behälter am richtigen Ort • Anpassung bis Unterhalt der Kippvorrichtungen am Müllwagen • Garantie des Ersatzes gestohlener oder beschädigter Behälter • Hochdruckreinigung der Behälter • Installation, Unterhalt und Reinigung von Papierkörben
4. Integration in Kundenabläufe	• Tourenplanung • Lösungen für Abfallminderung und Recycling • Führen elektronischer Benutzerkarteien
5. Integriertes Projektmanagement	• Analysen des bestehenden Abfuhrsystems (Tourenanalyse, Bedürfniserfassung bei jeder betroffenen Wohneinheit) • Information und »Erziehung« des Publikums
6. Innovative Zusammenarbeit mit Kunden	• umfassende Verantwortung, oft als Generalunternehmer • klare Kundensegmentierung (Städte, Gemeinden, größere Unternehmen)

7. Emotionales Profil und Kundenerlebnis	• professionelle und umfassende Entlastung • aktive Ökostrategie für ein gesellschaftlich brisantes Problem • Zeitschrift »Ville Propre«

Abbildung 7.6: Plastic Omnium – integrierter Problemlöser für Müllprobleme (Die Kategorien des Beispiels entsprechen nur teilweise der Abbildung 7.4)

- *Gezielte Anbieter:* Andere Anbieter decken zwar die Grundleistungen für Kunden umfassend ab, schaffen aber gezielte Schwerpunkte, die eine spezifische Kompetenz ausstrahlen. Typisches Beispiel ist die Firma Bühler Druckguss (Uzwil/Schweiz). Das Unternehmen investierte rund 3 Mio. Schweizer Franken in ein neues Technologiezentrum für die Automobilbranche (4/5 des Umsatzes von gesamt 160 Mio. Schweizer Franken), um den Wandel vom Anlagenbauer zum Technologiepartner für Kunden markant aufzuzeigen.
  Hitachi Schweiz wählte diesen selektiven Weg in der Zusammenarbeit mit dem Fachhandel für Unterhaltungselektronik. Das Unternehmen führte gemeinsam mit einem unabhängigen Forschungsinstitut eine Studie durch, welche die Lagerhaltung der Händler untersuchte, weil in diesem schnelllebigen Markt ein zentraler Erfolgsfaktor liegt. Gestützt auf die Erkenntnisse entwickelte Hitachi mit dem Handel ein Lageroptimierungsprogramm. Diese selektive Vorgehensweise unterschied sich von den vollmundig angepriesenen und umfassenden Partnerprogrammen der Wettbewerber und schaffte eine besondere Kompetenz und Glaubwürdigkeit. Grundsätzlich ließe sich jeder Baustein eines Leistungssystems besonders gewichten und einzigartig ausgestalten. Angestrebt wird damit eine Ausstrahlung von Spitzenleistungen auf die Gesamtleistung. Die kommunikative Wirkung dieser Sonderleistungen ist entscheidend.

Manche Anbieter kündigen umfassende Leistungssysteme an. Sie beschreiben diese in aufwändigen Dokumentationen und weisen in Kundenschulungen, Pressegesprächen et cetera daraufhin, die Probleme für Kunden ganzheitlich zu lösen. Oft sind diese Anbieter aber erst in der Lage, rund 30 Prozent der kommunizierten Leistungen abzudecken. Teilweise wollen sie prüfen, ob überhaupt eine Resonanz im Markt besteht, bevor sie entsprechende Voraussetzungen schaffen. Solche »hohlen« Angebote fördern die Skepsis des Kunden. Deshalb sind Unternehmen oft erfolgreich, wenn sie nicht Gesamtsysteme vermarkten, sondern relevante Einzeldienstleistungen optimieren.

Ein Vorteil der Konfiguration nach »Leistungsschalen« ist es, dass die Kernleistung und die flankierenden Leistungen als Gesamtheit betrachtet werden. Zudem lassen sich die einzelnen Leistungsbausteine wie After-

Sales-Service im Internet, Kundenschulung, Beratung vor dem Kauf, Ersatzteilmanagement und viele mehr konkret bezeichnen, selektionieren und vertiefen. Gleichgültig welcher Ansatz der Konfiguration gewählt wird: Irgendwo im Arbeitsprozess spielt es eine Rolle, wie die konkreten Dienstleistungen für Kunden gestaltet werden.

Obschon in diesem Modell in den Schalen nach außen keine Grenzen gesetzt sind, ein Angebot sogar von außen nach innen gestaltet werden kann, geht dieser Ansatz grundsätzlich vom bestehenden Angebot aus. Diese »Inside-out-Perspektive« greift in manchen Fällen zu kurz, entspricht aber besonders gut der Sichtweise von Anbietern und Kunden in vielen Business-to-Business-Märkten, vor allem wenn die Kernprodukte noch weit wichtiger sind als kundenorientierte Services.

Verschiedene Anwendungen für Hightech-Märkte (Schicht 1993), ökologische Leistungen (Trapp 1993), Bauwirtschaft (Bächi 1999), Energiewirtschaft (Breu 1996), Zulieferbranche (Willée 1991; Kramer 1995), Groß-Anlagenbau (Zoller 2001), Werkzeugmaschinen (Müller 1998), Leistungen für Global Accounts (Müllner 2001) wurden in spezifischen Forschungsarbeiten mit diesem »Schalenmodell« vertieft. Die Form der Darstellung hat sich zudem in manchen Unternehmen durchgesetzt.

Abschließend ist zu diesem Ansatz des Produkt+ zu bemerken, dass in jeder Schale der Produkterweiterung wichtige Innovationen möglich sind. Elgar Fisch befasst sich in dem folgenden Exkurs mit »Smarten Dingen«, und Peter Gross zeigt daraufhin, dass sich Produkte emotional aufladen lassen. Somit sind zwei Belege für Innovationen in der innersten und äußersten Schale des Modells von Abbildung 7.5 gegeben.

Exkurs: Kundennutzen Smarter Dinge

Von Prof. Dr. Elgar Fleisch, Universität St. Gallen

Smarte Dinge als Folge des Ubiquitous Computing

Ubiquitous Computing (UbiComp = allgegenwärtiges Rechnen) denkt die heute beobachtbare Miniaturisierung der Informations- und Kommunikationsverarbeitung konsequent weiter und kommt zum Schluss, dass bald jedes Ding dieser Welt mit einem praktisch unsichtbaren, weil sehr kleinen Minirechner ausgestattet wird, sofern dies betriebswirtschaftlich Sinn macht, das heißt, Kundennutzen erzeugt. Die Unternehmen von morgen können also prinzipiell alle physischen Dinge dieser Welt zu so genannten »Smarten Dingen« aufladen. Diese physischen Dinge bestehen heute vorwiegend aus Atomen und Molekülen und gehorchen damit den Gesetzen der Physik. Smarte Dinge sind beispielsweise in der Lage, über Funktechnologien ohne menschliche Intervention, das heißt direkt von Maschine zu Maschine, mit dem Internet zu kommunizieren, etwa um die Inhalte ihrer eigenen Homepage (Aufenthaltsort, Temperatur, Verbindung zu anderen Smarten Dingen) fortzuschreiben. Damit tragen sie zur Vision des Internets von Dingen bei.

UbiComp ist ein zwingender, nächster Entwicklungsschritt in der betrieblichen Informationsverarbeitung. Integrierte Informationssysteme wie R/3 von SAP haben einzelne Funktionen und Abteilungen innerhalb von Unternehmen miteinander verknüpft und damit durchgängige Geschäftsprozesse ermöglicht. Internet und E-Business-Systeme wie Supply-Chain-Management-Systeme oder elektronische Märkte haben diese Prozesse über die Unternehmensgrenzen hinweg verlängert und unterstützen das Management von Unternehmensnetzwerken.
Mit UbiComp erfährt die betriebliche Informationsverarbeitung nun Ihre »Erdung«. Während integrierte Informationssysteme und E-Business-Systeme die Verknüpfung von immer mehr Applikationen und Datenbanken verfolgen, zielt UbiComp auf die Integration dieser Applikationen und Datenbanken mit der realen betrieblichen Umgebung, wie etwa dem Lagerhaus, ab. UbiComp schließt die heute sehr kostspielige Lücke zwischen Informationssystem und Realität. Mittels Sensorik (und Aktuatorik) können UbiComp-basierte Systeme Zustandsänderungen in der realen Welt automatisch erkennen (bzw. herbeiführen). Sie treffen ihre Entscheidungen daher auf faktenbasierten Echtzeit-Daten aus der Realität und nicht auf fortgeschriebenen buchhalterischen Werten aus den Informationssystemen. Die Folge sind neue Prozessfähigkeiten, die zu Kosteneinsparungen, Qualitätssteigerungen und neuen Geschäftsmodellen sowie Kundennutzen führen.

Kommunikationsfähigkeit Smarter Dinge

Jedes Produkt kommuniziert mit seinem Anwender auf der Beziehungs- und Inhaltsebene. Ein Nutzen der Kommunikation auf der Beziehungsebene kann etwa der Effekt sein, den eine italienische Espressomaschine auf den Anwender hat, der ihre Formen einer deutschen Kaffeemaschine vorzieht. Die Maximierung des ästhetischen Nutzens ist ein klassisches Ziel des industriellen Designs. Es hilft sowohl dem Kunden, der sich in der Umgebung der Maschine wohl fühlt, als auch dem Produzenten, der seine Marktposition verteidigen beziehungsweise verbessern kann.
Für die Gestaltung des funktionalen Nutzens eines Produkts ist vor allem die Produktentwicklung zuständig. Ihr Ziel ist es, den vom Anwender wahrgenommenen Nutzen zu maximieren. Kommunikationsdesign und Funktionsdesign sind dementsprechend untrennbar. Je reichhaltiger die Funktionalität eines Gegenstands, desto umfangreicher ist dessen Kommunikationsbedürfnis: Während ein Hammer heute noch gut ohne Leuchtdioden, Pfeiftöne oder Minibildschirm auskommt, sind funktional reichhaltigere Dinge wie neben Kaffeemaschinen Videorekorder, Mobiltelefone oder Autos auf Kommunikationshilfen angewiesen. Dieser Zusammenhang zwischen Funktionsvielfalt und Kommunikationsbedürfnis ermutigt zum Umkehrschluss: UbiComp erhöht die Kommunikationsfähigkeit und mit ihr auch den wahrnehmbaren Nutzen aus zusätzlicher Funktionalität.
Damit stellt sich folgende Gestaltungsfrage: Welches sind die neuen, durch UbiComp ermöglichten, nutzenstiftenden Zusatzfunktionen? Wie können Hersteller von Produkten solche Funktionen identifizieren?

Ein Ansatz zur Beantwortung dieser Frage ist die provokante These: »Gute Produkte wollen kommunizieren.« Genauer müsste sie lauten: Produzenten wollen, dass ihre Produkte durch Kommunikation Wettbewerbsvorteile schaffen. Sie nutzen das Produkt als Agenten, dem sie die Fähigkeit mit auf den Weg geben, seiner Umgebung, insbesondere dem Kunden, aber auch dem Produzenten selbst, durch Kommunikation Nutzen zu stiften.
Um die neuen Funktionen abzuleiten, sehen Produzenten ihre Produkte als Schnittstelle zu ihren Kunden und stellen folgende zwei Fragen: Welche Zusatzfunktionen können sie dem Kunden zur Verfügung stellen? Welche Zusatzfunktionen vermitteln den Produzenten Vorteile?

Kommunikation und Kundennutzen

Typische Informationen, mit denen ein Produkt sowohl dem Kunden als auch dem Produzenten Nutzen stiften kann, sind Statusinformationen wie etwa Ort und Produktidentifikationsnummer bzw. Umgebungszustand. So könnte ein Hammer seinem Besitzer mitteilen, wo er sich befindet, und seinem Produzenten, wie oft er schon verwendet wurde. Liegt das Werkzeug in einem »fremden« Koffer, meldet es sich selbständig. Auch beim Verlassen eines vordefinierten Raumes sendet das smarte Werkzeug eine Meldung an die betroffenen Parteien und trägt so beispielsweise zur Diebstahlsicherung bei.
Im Bereich »Business-to-Business« wenden Unternehmen UbiComp-Technologien heute in der Regel bei Produktionsmitteln an, zum Beispiel Maschinen, Werkzeugen, Transportbehältern und Regalsystemen. Der Zusatznutzen für den Produzenten von Produktionsmitteln basiert auf den gewonnenen Daten über die Art und Weise ihrer Verwendung durch den Kunden beziehungsweise Nutzer. Dies ist beispielsweise der Fall, wenn ein Transportbehälter laufend seine Position und Auslastung, eine Bohrmaschine ihren Betriebszustand sowie die beim Gebrauch genutzte Funktionalität oder ein Regalsystem laufend seine aktuelle Belegung und seinen derzeitigen Umschlag mitteilt.
Jedes Produktionsmittel wird damit zur Prozessschnittstelle und »neuen« Informationsquelle für seinen Hersteller und seine Nutzer. Auf der Herstellerseite interessieren insbesondere Informationen über die genutzte Funktionalität, Nutzungsfrequenz und -charakteristik der Produktionsmittel, die in zukünftige Produktentwicklungen und -konfigurationen sowie in die Sortimentspolitik einfließen. So können Auslastungen, Transport- und Stillstandszeiten von Transportbehältern, Paletten und Lastkraftwagen bilanziert oder Drehzahlen und Beanspruchungsspitzen von Bohrmaschinen mit dem Ziel erfasst werden, produktivere Produktionsmittel oder produktivitätsstiftende, ergänzende Produkte zu entwickeln beziehungsweise dem Nutzer besser geeignete Produktionsmittel zur Verfügung zu stellen.

Auf der Nutzerseite interessieren zum Beispiel der Ort, die Auslastung sowie die mit einem Werkzeug erzielte Produktivität für die eingesetzte Aufgabe. Zusätzlich können über mehrere Einsätze des Produktionsmittels automatisch Benchmark- und Prozessinformationen gewonnen und dem Nutzer mitgeteilt werden. Das »smarte Regal weiß selbst«, wie gut sein Nutzer das Lager organisiert und betreibt. Der Zusatznutzen wird in Form einer eingebauten Analysefähigkeit, bei der durch Sensoren- und Kennzeichnungstechnologien kritische Prozesszustände erfasst und entsprechend am Objekt selbst angezeigt werden können, realisiert. So teilt ein Transportbehälter zukünftig selbst mit, dass er schon zu lange nicht bewegt wurde oder seine Ladung überhitzt ist. Weitere Services im Bereich der Prozess-Benchmarks werden direkt im Zusammenhang mit diesen smarten »Produktionsmitteln« erbracht. Mit UbiComp-Technologien versehene Transportmittel bieten zukünftig die Möglichkeit, Auslastungsprofile im Vergleich zu anderen Nutzern zu erstellen und auf Prozessineffizienzen hinzuweisen. Die Aufgabe des »Prozessoptimierers« und des Produktionsmittelherstellers fließen mit dem Einsatz »smarter Produktionsmittel« zunehmend zusammen.
Neben der Analyse ist insbesondere die Überwachung des Produktions- oder Transportprozesses für das Qualitäts- und Risikomanagement sowie für das Controlling von Bedeutung. Zudem können Sachschäden durch die lückenlose Erfassung des Einsatzes von Produktionsmitteln, wie zum Beispiel eine Messung der Transporterschütterungen oder Temperaturüberwachung des Transports, minimiert und bei Eintreten verursachungsgerecht zugeordnet werden. Smarte Produktionsmittel inkludieren Elemente der Begutachtung und ermöglichen beispielsweise eine differenziertere Aufteilung von Versicherungsprämien für Sachschäden auf verschiedene Kunden.
Dies alles verdeutlicht, dass das Smarte Ding »Produktionsmittel« bald im Zentrum eines Netzwerks aus Nutzern, Herstellern und verschiedenen Organisationseinheiten oder Dienstleistern wie Versicherern, Controllern, Prozessoptimierern und Qualitätsmanagern steht und die zukünftige Wettbewerbslandschaft rund um den Produktions- und Nutzungsprozess beeinflussen wird (siehe Abbildung).
Inzwischen entwickelte sich in diesem Bereich ein interessantes Forschungsfeld (Ferguson 2003; Fleisch/Dierkes 2003; Mattem 2003; Norman 1998; Weiser 1991 sowie www.m-lab.ch und www.rfidjournal.com).

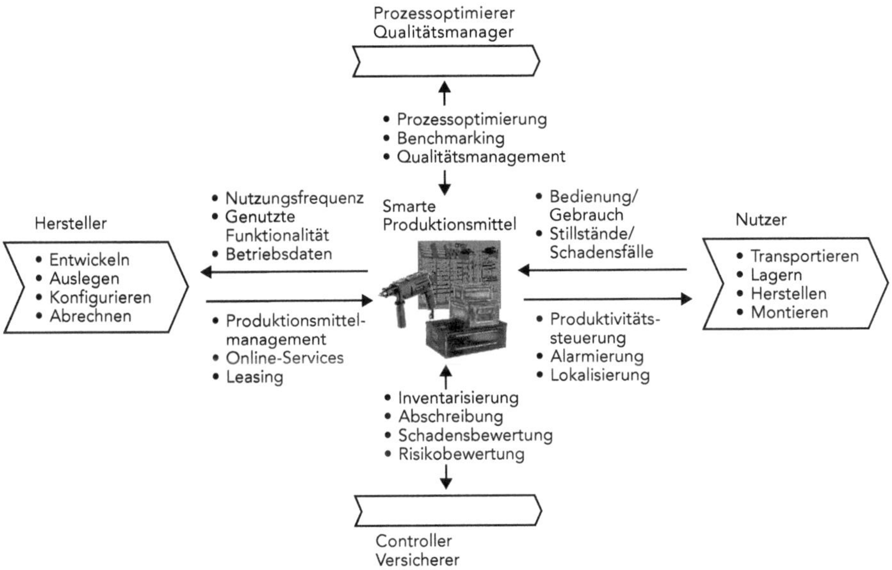

Abbildung 7.7: Das Smarte Ding »Produktionsmittel« im Zentrum eines Netzwerks

Exkurs: Wenn die Nebensache zur Hauptsache wird – Aufladungstechniken

Von Prof. Dr. Peter Gross, Universität St. Gallen

Der leistungs- und der kundenorientierte Ansatz lassen sich, wenn man beide über die Zeit betrachtet, nicht als sich ausschließende Optionen, sondern als sich dynamisch verändernde Größen sehen. Je nach wirtschaftlicher Situation, angesprochenem Markt und anvisierten Zielgruppen treten manchmal die Leistungs- und manchmal die Kundenbedürfnisse in den Vordergrund. Gelegentlich wird der Customer-Value durch Leistungskomponenten, hin und wieder eher durch Kundenbezug, gesteigert. Der Begriff »Aufladungstechnik« beinhaltet, dass Produkte nicht einfach Produkte sind, sondern leistungs- und kundenbezogene Funktionen haben.

Funktionen sind, so unsere terminologische Festlegung, dasselbe wie Aufladungstechniken. Sie lassen sich einerseits analytisch in Haupt- und Nebenfunktionen unterscheiden, andererseits in interne und externe Aufladungstechniken. Die Hauptfunktion, wie bei einer Uhr, ist die Zeitangabe; ihre Nebenfunktion kann der Geltungsnutzen sein, der mit einer Uhr verbunden wird. Interne Aufladung heißt Aufladung von den Entwicklungsabteilungen erarbeiteten technischen Verfeinerungen (inside out) her. Externe Aufladung bedeutet das »Loaden« von Produkten oder Dienstleistungen mit Geschichten, mit Brands, mit Idolen, mit Szenen, mit Communitys (vielleicht outside in). Die Frage ist, ob sich dieses dynamische Verhältnis von interner und externer Aufladung beziehungsweise Haupt- und Nebenfunktion für die Unternehmen und ihre Leistungen in das Berechenbare bringen lässt, und welche Aufgabe das Marketing dabei hat.

Urszene

Die Urszene einer solchen Betrachtungsweise ist die Face-to-Face-Kommunikation, in der bekanntlich unterschiedliche Kommunikationsdimensionen, teils intuitiv, teils virtuos gemixt und eingesetzt werden. Eine Mitteilung oder Äußerung ist auch in der herkömmlichen Kommunikationstheorie nur eine Dimension von vielen. Man hört bekanntlich mit vier Ohren und redet, so Schulz von Thun, mit vier Schnäbeln.
Es braucht keine große Phantasie, entsprechende Kommunikationsmodelle auf Produkte anzuwenden und zu fragen, ob sich daraus eine systematische Theorie der Produktaufladung entwickeln ließe. Ist es doch nichts Neues, dass in Überflussgesellschaften alle Konsumgüter (wie Äußerungen!) Haupt- und Nebenzwecke haben. So dient ein Handy zwar zunächst in der Hauptfunktion der Nachrichtenvermittlung, aber auch der Festigung des Ichs, der Selbstoffenbarung, zum Beispiel durch seine waffennahe Verwendung oder durch eine Anzeige der Zugehörigkeit. Der Mensch ist nicht mehr in die Natur eingebunden, sondern aus ihr herausgefallen; er hat sein Fell verloren, sich aufgerichtet und muss sich seinen Platz in der Welt suchen und aufbauen. Die fehlende Natur wird kompensiert durch Kultur, und Kultur wird, als individueller oder interaktiver Lebensstil, von innen nach außen gestaltet und geformt. Dazu gehören neben Communitys auch Dinge und konsumierbare Güter, deren Gebrauch nicht zuletzt wieder die Zugehörigkeit zu Communitys anzeigen.

Thesen

Die erste These ist, dass die Produkte typischerweise einen Zyklus durchlaufen, der von der intrinsischen oder inneren, der leistungsmäßigen Aufladung mit eher technischen Funktionen zur extrinsischen oder externen Aufladung mit Nebenfunktionen fortschreitet. Wird die Schreibmaschine erfunden, dauert es beispielsweise eine beträchtliche Zeitspanne, bis die »Valentino« von Sottsass für Olivetti den Schreibmaschinenmarkt von der Funktionalität zum Lifestyleprodukt transformiert (1969). Der Zyklus eines Produkts beginnt mit der radikalen Innovation (etwa derzeit die Nespresso-Kaffeemaschine), geht weiter mit marktfüllenden Optionen, die nun extern (mit Brands, Geschichten, Idolen et cetera) aufgeladen werden, und endet mit »intelligenten« oder ausgefallen kombinierten Innovationen. Der Zyklus ist im Prinzip durchlaufen, wenn das Produkt seine Hauptfunktion vollständig verliert und nur mehr seine Nebenzwecke (Emotion, Geschichten, Lifestyle, Zugehörigkeiten et cetera) zeigt. Das ist typischerweise bei der Uhr der Fall, bei deren Kauf ihre Hauptfunktion entweder nebensächlich erscheint (lässt sich doch die Zeit überall ablesen oder abhören) oder selbstverständlich geworden ist in dem Sinn, dass eine Uhr als Uhr funktioniert. Wenn jede Uhr die Zeit genauestens anzeigt und jeder Pullover wärmt, dann verschwindet die Hauptfunktion.

Zweitens lässt sich dieser Zyklus vermutlich auf der Kundenseite abbilden. Es lässt sich möglicherweise zeigen, dass zwischen der Position des Produkts im Lebenszyklus und der Zahl der gleichen Produkte, was ihre Hauptfunktion betrifft, ein Zusammenhang besteht. Gewiss ist bei einem Produkt wie etwa dem Handy, einer Brille, einem Pullover, einer Uhr oder einer Weinsorte die Hauptfunktion wichtig. Sobald das Produkt jedoch in unterschiedlichen Varianten im Besitz des Kunden ist, treten die Nebenfunktionen in den Vordergrund. Vielleicht ließe sich behaupten, dass etwa das Handy noch mit seiner Hauptfunktion (dem Mobilfunk- und natürlich entsprechenden technischen Aufladungen und Vernetzungsmöglichkeiten) brilliert, jetzt aber mit den neuen, auch ästhetisch befriedigenden Versionen (wie etwa das T 610 von Sony-Ericsson) auf dem Weg zur externen Aufladung, zur Aufladung mit Nebenfunktion wird. Wobei ein technisches Problem offenbar den Kauf eines zweiten, dritten, vierten Handys erschwert, das heißt, verschiedene Handys sich nicht mit einem Abonnement abschließen lassen. In der Mitte der Skala zwischen reiner Verkörperung der Hauptfunktion und Aufladung mit Nebenfunktionen könnte die Brille stehen. Technisch, in ihrer Hauptfunktion als Sehhilfe, wird sie weiterhin verbessert, gleichwohl sind ihre Nebenfunktionen sehr ausgeprägt. Auf Kundenseite spielt sich ein sukzessiver Wandel dahingehend ab, dass immer mehr Brillenträger über zwei, drei oder ein ganzes Arsenal von Brillen verfügen, nachdem die Brille früher, jeweils bis zur Verordnung eines neuen Rezepts, meist über Jahre hinweg »ausgetragen« wurde.
Drittens schließlich ließe sich vermutlich ein Zusammenhang zwischen dem Kundenlebenszyklus und der Nachfrage nach Nebenfunktionen ausmachen. Der Säugling will trinken, der Weinkenner will probieren. Der Hungrige will seinen Hunger stillen, für den Besucher eines Feinschmeckerlokals beginnt das Essen erst, wenn der Hunger gestillt ist. Produkte mit Aufladung, also solche, die über ihren Funktionswert hinaus einen Mehrwert kommunizieren, werden erst relevant, wenn der Kunde selbst individuell Produktunterschiede, die ihre Aufladung betreffen, wahrnimmt und diese in seinen Lebensstil zu integrieren versucht. Das heißt natürlich nicht, dass die Eltern, die Babynahrung für ihre Kinder einkaufen, nicht Nebenfunktionen sehen. Es könnte indes sein, dass es Kategorien von Produkten gibt (im Therapie- und Medizinalbereich), bei denen die Hauptfunktion prinzipiell zentral bleibt.

Forschungsbedarf

Verschiedene Hinweise zu Aufladung, zum Kontingenzmanagement et cetera sind veröffentlicht (Gross 2001; Gross 2003 a-c). In Bezug auf eine Integration und den Dialog zwischen dem L-Ansatz und dem C-Ansatz wären folgende Punkte diskussionswürdig:

- Lassen sich die typischen Produktlebenszyklen mit einer Skala oder Kurve darstellen, die, ausgehend vom L-Ansatz, zu einem C-Ansatz strebt?
- Haben Produkte typischerweise, wenn sie extern aufgeladen sind, eine Mehrfachnachfrage durch die gleiche Person? Sind Lebensmittel (etwa Käsesorten), Gebrauchsgegenstände (Lampen) und Dienstleistungen (ärztliche Dienstleistungen) vergleichbar?

- Wird die externe Aufladung dann wichtiger, wenn die Märkte gesättigt, die Anzahl von Varianten nicht mehr überschaubar und die zunehmende Austauschbarkeit von Produkten und Dienstleistungen evident ist?
- Inwiefern ist die Face-to-Face-Situation die Urszene aller Aufladungspraktiken? Wie lassen sich die in der Urszene eingesetzten Praktiken in unternehmensrelevante Techniken der Aufladung umsetzen? Liegen allenfalls in der sozialpsychologischen, der kommunikations-, in literatur- beziehungsweise musiktheoretischen Gattungstypologien brauchbare Vorarbeiten vor, die sich für eine Systematik der Aufladungstechniken verwenden lassen?

7.3 Leistungswirkung und -stufen

Leistungssysteme sind oft komplex und schwierig zu kommunizieren. Einfache Kategorisierungen können deshalb intern und im Markt nützlich sein (und wurden beispielsweise bei Zahlkarten – wie bei American Express – schon lange verwendet):

- Grund- und Wahlleistungen für Kunden,
- Integrierte und verrechnete Leistungen,
- Produkte, Projekte, spezifisches Outsourcing und Mandate in der Zusammenarbeit mit Kunden,
- Operative Optimierung und strategische Zusammenarbeit mit Kunden,
- Leistungsstufen; beispielsweise unterscheidet die Marketingfachzeitschrift Thexis die Stufen Basis (4 Zeitschriften pro Jahr), Profund (4 Zeitschriften und zwei Fachbücher pro Jahr) und Professional (4 Zeitschriften, zwei Fachbücher und vier Studien pro Jahr),
- Leistungen für Neukunden und bestehende, erfahrene Kunden,
- Anbieterspezifische und anbieterunspezifische Leistungen (die sich auch bei einer Kaufentscheidung für Konkurrenzprodukte nutzen lassen),
- Leistungen für Grundanforderungen, Leistungsanforderungen und Begeisterungseigenschaften (Kano 1984),
- Sicherheits-/Profilierungs- und Zukunftsleistungen.

Beispielsweise unterscheidet Rudolph (1993) in seinem Profilierungsansatz die letztgenannten Stufen und ordnet mögliche Leistungen den folgenden Zonen zu.

- *Sicherheitszone:* Deckt Leistungen ab, die vom Kunden vorausgesetzt und von den direkten Konkurrenten bereits angeboten werden.

- *Profilierungszone:* Leistungen sind auf dem Markt einzigartig, finden beim Kunden eine hohe Wertschätzung und verleihen dem Unternehmen ein positives Image.
- *Früherkennungszone:* Leistungen der Früherkennungszone versuchen, latente Kundenbedürfnisse anzusprechen. Das Risiko besteht aber darin, dass die innovativen und von der Konkurrenz noch nicht angebotenen Leistungssysteme von der Kundschaft auch (noch) nicht nachgefragt werden.

Diese Kategorien berücksichtigen einerseits die Wirkung auf den Kunden, aber ebenso den Stand des Wettbewerbs. Erfüllt ein Anbieter eine Sicherheitsleistung nicht, so folgt beim Kunden eine deutlich höhere Unzufriedenheit als dies bei den Früherkennungsleistungen der Fall ist. Auch ist zu beobachten, dass je nach Zielgruppe die erwarteten Leistungen in den verschiedenen Zonen unterschiedlich wirken. Um eine homogene Einordnung der Kundenbedürfnisse in die verschiedenen Kategorien zu erlangen, bewährt es sich, nach Kundensegmenten und -gruppen zu differenzieren.

Abbildung 7.8 zeigt die Fallbeispiele der Profilierungskonzepte von Ikea und der Apotheke Witikon. Dabei ist zu beachten, dass sich diese Profile auf eine strategische Positionierung des Unternehmens beziehen müssen (ausführlich vgl. Abbildungen 17.18 bis 17.21).

- Ikea verfolgt eine einzigartige Kombination von Erlebnismarketing und Kostenführerschaft (inkl. der Arbeitsteilung mit den Kunden). Das Profil ist recht ausgeprägt.
- Die Apotheke Witikon positioniert sich als Serviceanbieter für Gesundheit. In allen Stufen der Leistungen geht das Unternehmen vielfältig vor. So sind beispielsweise auch in den zukunftsträchtigen Leistungen im Früherkennungsbereich überall viele neue Ansätze erfasst. Solche umfassenden Konzepte können die Aktivitäten zersplittern. Auch lassen sie sich schlecht multiplizieren, weil sie zu komplex sind. Für ein kleines Unternehmen mit motiviertem Personal besteht aber gerade in diesem lebendigen und vielfältigen Gesamtansatz eine besondere Chance.

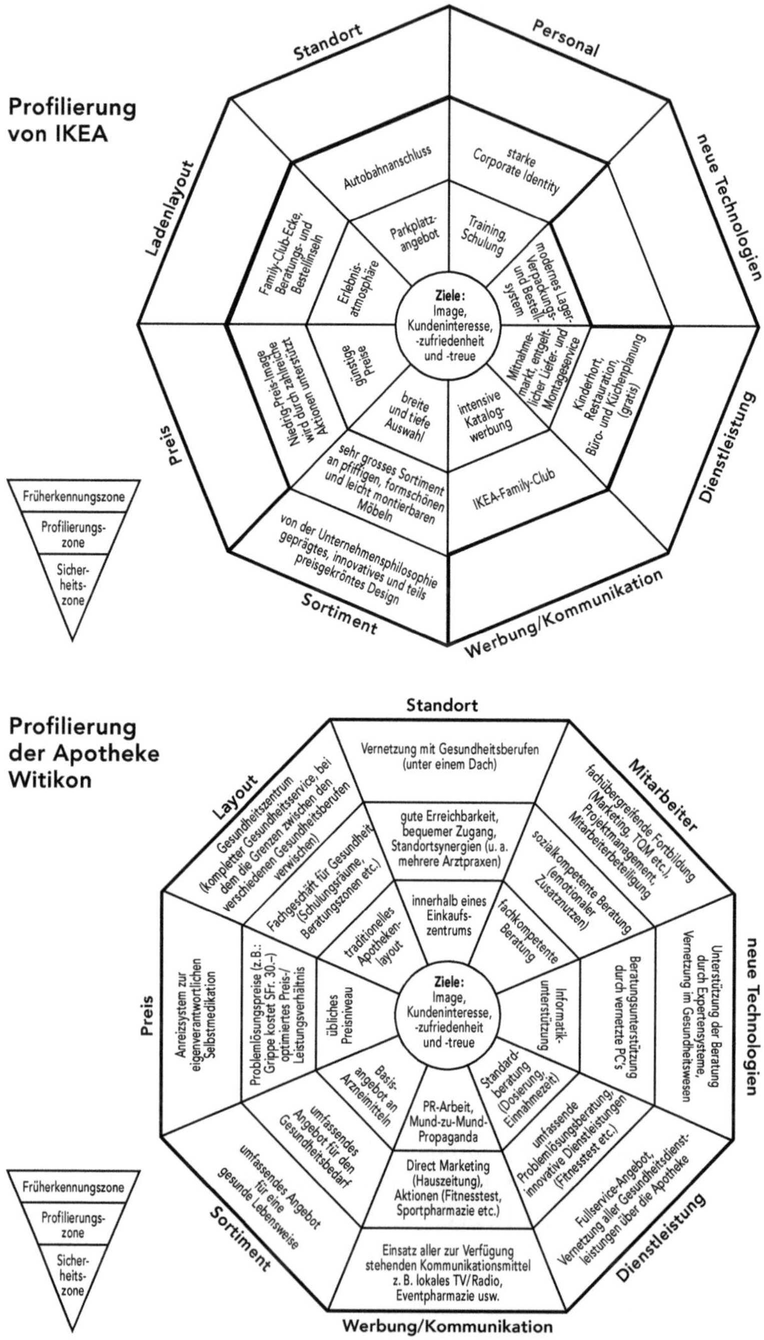

Abbildung 7.8: Sicherheits-, Profilierungs- und Früherkennungsleistungen von Ikea und der Apotheke Witikon (nach Rudolph 1997, S. 119, S. 182)

Die Methodik wurde ursprünglich im Einzelhandel entwickelt, ist aber in der Anwendung kaum beschränkt (Rudolph 1997a). Die Form der Darstellung bewährt sich und lässt sich besonders auch in Teamarbeiten nutzen. Für jedes Leistungs- oder Kundenkonzept lassen sich die maßgeblichen Felder (im Beispiel Standort et cetera) bestimmen und mögliche Bausteine entwickeln und zuordnen. Sie fördert eine »Triage« zwischen wichtigen und unwichtigen Leistungskomponenten und berücksichtigt auch, dass sich die aktuellen Leistungen im Bereich der Früherkennung im Erfolgsfall zu den Profilierungsleistungen der Zukunft entwickeln, wenn heutige Profilierungsleistungen in die Sicherheitszone zurückfallen. Allerdings fallen für Leistungen der Früherkennungszone sofort Kosten an und die Ansätze wirken erst in der Zukunft und sind risikoreich. Die Bezeichnungen der Zonen sind eher für interne Diskussionen ausgerichtet und für eine Kommunikation gegenüber Kunden weniger geeignet. Die drei Stufen für Kunden attraktiv zu umschreiben, dürfte aber nicht besonders schwierig sein.

Abschließend zeigt Abbildung 7.9 das modulare Servicesystem im Fleet Management von Hilti.

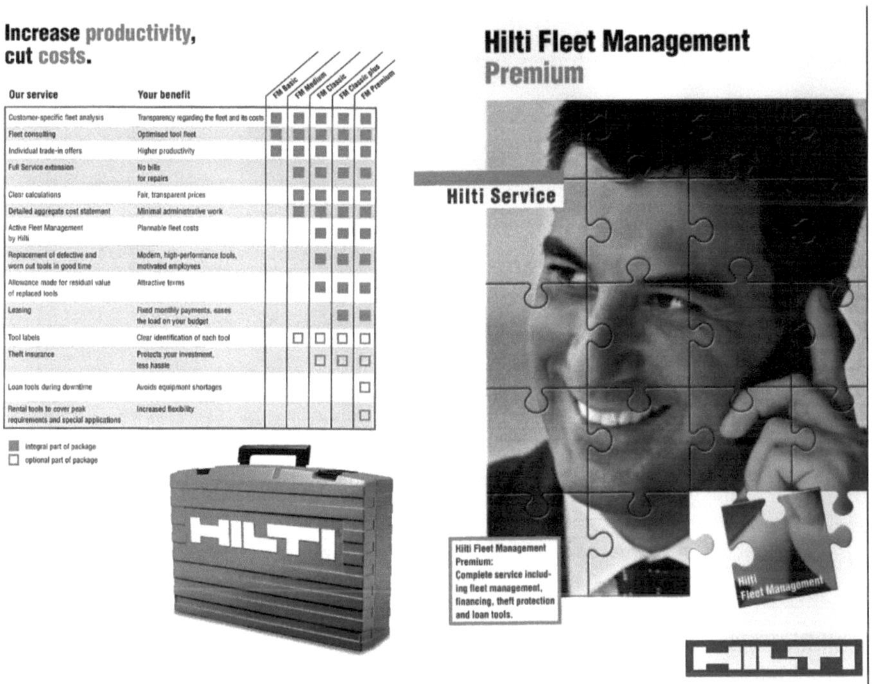

Abbildung 7.9: Stufen des Hilti Fleetmanagement

Die Stufen Basic bis Premium erlauben, die verschiedenen Teilleistungen zu bündeln und damit das System zu vereinfachen. Die Unterscheidung von integrierten Services und zusätzlichen Optionen für Kunden steigert die Flexibilität für passende Kundenlösungen. Jede Wahlmöglichkeit fördert die Bereitschaft des Kunden zu Gegenleistungen. Inzwischen wurden die fünf Stufen für Kunden in drei Wahlmöglichkeiten zusammengefasst, um das Angebot noch weiter zu vereinfachen.

7.4 Effektivität und Effizienz in der Wertekette

Um eine geeignete Leistung zu bestimmen, kann es sinnvoll sein, die Werteketten von den Grund- bis zu den Endleistungen eines Markts über verschiedene vertikale Stufen zu analysieren, neu zu bündeln und neue Formen der Arbeitsteilung zwischen Hersteller und Handel (oder Vertretungen) sowie Handel und Endkunden zu bestimmen (Porter 1985).

Ein einfaches Beispiel zeigt Abbildung 7.10. Dabei unterscheidet ein Hersteller für Damenoberbekleidung die Leistungspakete für Warenhäuser, Fachhändler, Filialketten oder Versender (Pabst 1993). Zwischen Hersteller und Handel entstehen oft neue Partnerkonzepte. So unterstützt beispielsweise auch Hewlett Packard mit dem Konzept der »Total Cost of Operations« ganzheitlich den Erfolg des Handels.

Konfiguration nach Werteketten

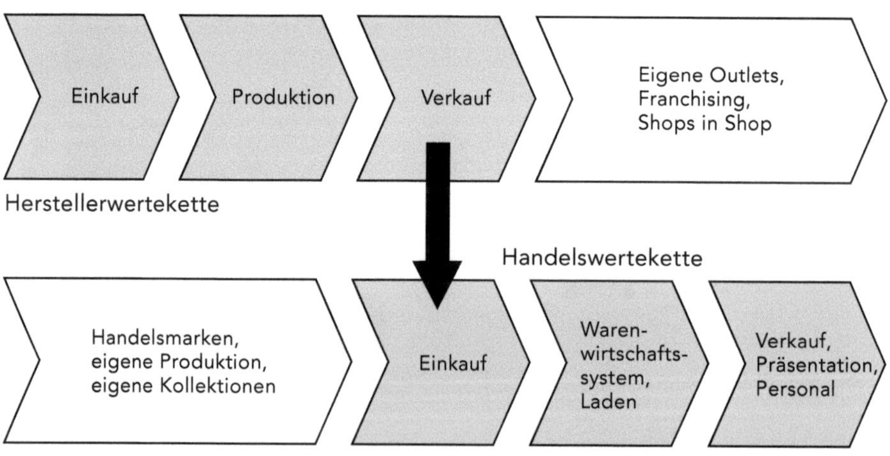

Abbildung 7.10: Verzahnte Werteketten von Hersteller und Handel in der Damen-Oberbekleidungsbranche (Pabst 1993)

Typische Unterstützungsbausteine für den Handel schließen 1. den professionellen Einkauf, das Lagermanagement und die verzahnte Logistik, 2. das Management des Handelsbetriebs und 3. das Marketing und den Abverkauf ein. Die Selektion der Partner ist für Handel und Hersteller strategisch wichtig. Die Zusammenarbeit wird in der Regel mit den besten Handelspartnern intensiviert. Das äußert sich in besseren Leistungen, Exklusivitäten und Konditionen.

Ein integriertes und vielfach eingesetztes Konzept ist »Efficient-Consumer-Response«. Die stufenübergreifende Zusammenarbeit umfasst dabei »Enabling-Technologies«, »Supply-Management« sowie »Demand-Management« und »Category-Management« (Schmickler 2001). Abbildung 7.11 zeigt die anerkannten Bausteine. Damit hat sich ein System im Bereich der Werteketten-Konfiguration anbieterübergreifend durchgesetzt, wenn auch in spezifischen Beziehungen von Hersteller und Handel verschiedene Schwerpunkte bestimmt sind und vor allem unterschiedliche inhaltliche Lösungen entwickelt werden (vgl. auch Kapitel 17). Diese Ansätze sind zweifellos ergiebig und notwendig, werden aber oft nur langsam als Branchenstandard entwickelt. Damit sind die nachhaltigen Profilierungsmöglichkeiten der beteiligten, vertikalen Partner begrenzt (vgl. auch *Anwendungsbeispiel Hilti Fleet Management*).

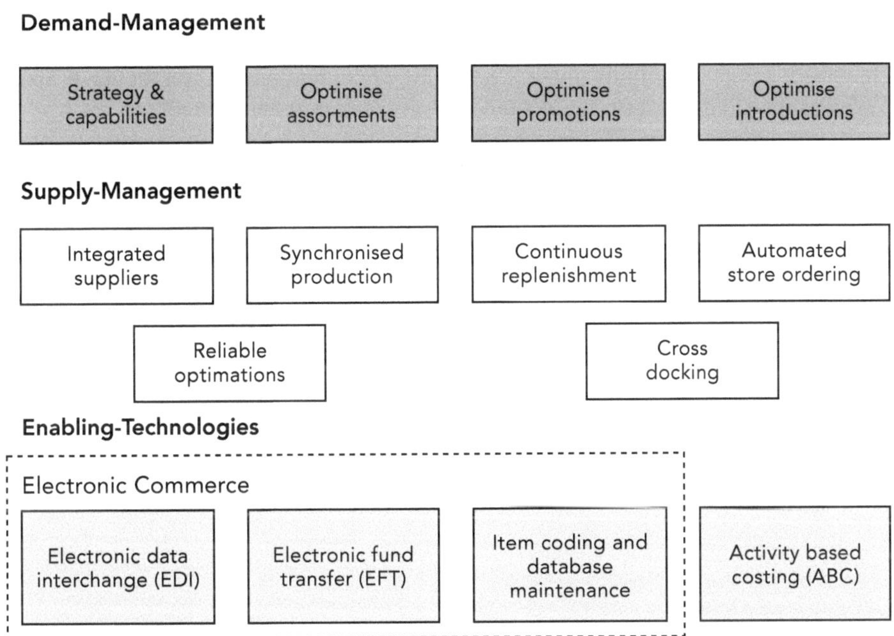

Abbildung 7.11: Arbeitsbereiche für Hersteller und Handel für Efficient-Consumer-Response (ECR)

Werteketten-Analysen spielen auch im Bereich der ökologischen Optimierung von Unternehmensleistungen beteiligter, vertikaler Partner eine Rolle. So entwickelte Dyllick und sein Forschungsteam eine Belastungsmatrix nach vertikalen Stufen, um ökologische Leistungen dort einsetzen zu können, wo die Belastung am größten ist (Dyllick et al. 1994).

Vorteil der Konfiguration nach Werteketten ist es, dass sich die Leistungsgestaltung an den stufenübergreifenden Kernprozessen eines Marktes orientiert. Es soll damit gelingen, gemeinsame Wettbewerbsvorteile aufzubauen und sich nicht gegenseitig in »Konditionen-Kriegen« zu zerschleißen. Auch neuere Geschäftsmodelle im Internet oder integrierte Konzepte der »Old« und »Net Economy« lassen sich mit Werteketten erklären. Gesamthaft bewegt sich diese Sichtweise dennoch nahe an bestehenden Angeboten und Strukturen.

Das Praxisbeispiel zeigt schließlich, wie e-Sixt sich über mehrere Jahre vom Autovermieter zum Online-Mobilitätsprovider entlang der gesamten Wertekette entwickelte.

Praxisbeispiel:
e-Sixt entwickelt sich vom Autovermieter zum »Online-Mobility-Provider«

www.sixt.de

Von Karsten Sausen, Universität St. Gallen (gestützt auf seine Fallstudie 2001)

»Our aim is to be an online mobility provider, not just for local transportation, but for a wide range of mobility needs«, sagte Mr. Klein, Marketing Director von e-Sixt. E-Sixt entwickelte sich in Deutschland zur größten und am schnellsten wachsenden Unternehmensgruppe in diesem Bereich mit Marktanteilen in der Autovermietung von 24 Prozent (1999) und im Leasing mit 35 Prozent. Das Unternehmen lancierte im Februar 2000 neue Angebote im Bereich Internet und Reisen und differenzierte die Lösungen konsequent in das B-to-C- und B-to-B-Segment. Damit entwickelte sich e-Sixt zu einem Online-Mobility-Provider und engagierte sich auch im Sektor des Handels mit Gebrauchtfahrzeugen.

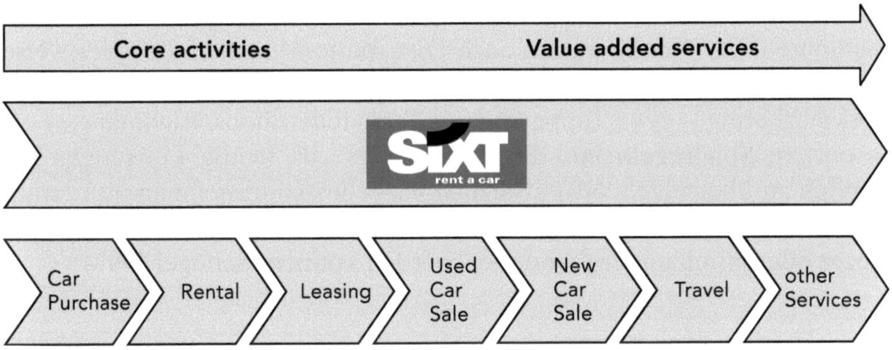

Abbildung 7.12: Geschäftsmodell von e-Sixt, orientiert an der Wertekette

Die Leistungsbereiche von e-Sixt orientieren sich an der Wertekette der Branche und qualifizieren das Unternehmen im B-to-B-Segment, d.h. für andere Unternehmen, das gesamte Flottenmanagement zu übernehmen und zu optimieren. Gestützt wird die Leistung durch eine umfassende Markenführung, welche sich an den Kundenvorteilen orientiert.

Brand mission	Independent e-brand of an established corporation			
Personality	The first and unique mobility provider			
Competence	Innovative, high-quality services, flexibility, affordability			
Strategic role	Aggressive marketing activities and innovation leader			
Competitors	None			
Business segments	Rental	Travel	Leasing	Car sales
Competitors	Europcar, Avis, Hertz, …	TUI, Travel 24, …	VW, Avis, Hertz, ASL, …	Autoscout24, OEM's, …
Regional focus	Worldwide activities with focus on Europe	Worldwide activities with focus on Europe	Europe	Europe with focus on Germany

In die Lösungen schließt e-Sixt verschiedene Partner wie Fluggesellschaften, Hotels, Automobilhersteller und den Öffentlichen Verkehr mit ein. Dabei spielen Loyalitätsprogramme der Anbieter und Distributionspartnerschaften eine Rolle. Im Mai 2003 lancierte e-Sixt die Billiglinie »Sixti« und bietet Kleinfahrzeuge für eine Tagespauschale von 5 Euro an.

Abbildung 7.13: Markenführung und Geschäftsaktivitäten von e-Sixt

Grundsätzlich ließe sich im Ansatz der Wertekette ein weiteres Feld bestimmen: Die Konfiguration nach Distributionskanälen. Beispielsweise haben alternative Distributionskanäle (zum Beispiel E-Business, Networkmarketing – etwa Tupperware –, Tankstellenshops, Fachmärkte) oft besondere Spielregeln und Formate, die es gilt, in die Leistungen für Kunden zu übersetzen. Grundsätzlich hat jedes Unternehmen zu bestimmen, wie neue oder parallele Distributionskanäle gegeneinander abgegrenzt oder miteinander verbunden werden können (Schögel 1997).

7.5 Kundenprozesse

Ergiebig kann es auch sein, die Leistungspalette auf den Kundenprozess auszurichten. Kunden informieren sich, evaluieren, prüfen, entscheiden und nutzen. Diesen Prozess des Kunden gilt es, mit einem Sales-Cycle zu begleiten (vgl. Exkurs *Prädisposition und Entscheidung bei der Wahl des Verkehrsmittels (im Fernverkehr in der Schweiz)*). Für komplexe, internationale und häufige Prozesse ist in der Regel die Informatik ein Schlüssel (vgl. Exkurs *Kundenprozesse restrukturieren die Wirtschaft – Informatik als Enabler*).

Üblich ist es, beispielsweise im Investitionsgütermarketing, die Phasen der Entstehung von neuen Projekten, der Evaluation, der Verhandlung, der Kaufentscheidung, der Einführung und Installation, der Nutzung bis zur Erneuerung und Entsorgung zu unterscheiden. Ähnliche Phasen sind auch für weitere Anbieter wichtig. So können besondere Impuls-Kits, Evaluations-Kits et cetera dem Kunden helfen und den frühen Einstieg eines Anbieters sichern. Zudem verändern sich die Ansprüche des Kunden in diesen Phasen, wenn er Anfänger oder auch Erfahrener ist. Ein Einsteigerpaket für Multimedia muss im Vergleich zu einem Professionalpaket verschieden gestaltet werden. Der Erfahrene ist nicht mehr bereit, für Grundleistungen zu bezahlen, die für ihn inzwischen selbstverständlich sind. Bei ihm jedoch von einem Käufer auszugehen, der lediglich die nackten Produkte zum günstigsten Preis sucht, wäre einseitig und meist falsch.

Interbrand Zintzmeyer & Lux ist ein Dienstleister für eine umfassende Markenführung von Unternehmen. Größte Kunden sind beispielsweise BMW und die Deutsche Telekom. Sie unterscheiden in der Mandatsentwicklung die Phasen »Create, Manage and Evaluate«. In diesen Phasen erbringt das Unternehmen verschiedene Leistungen, wie Abbildung 7.14 verdeutlicht.

Das Beispiel Gallus Ferdinand Rüesch (St. Gallen/Schweiz) zeigt, wie sich ein Leistungssystem, welches das Unternehmen zuerst für einen speziellen Typ einer Etikettendruckmaschine entwickelte, am Kundenprozess orientieren lässt. In einem ersten Schritt kategorisierte das Unternehmen die Leistungen in funktionale, Problemlösungs- und Erfolgsbedürfnisse. Im zweiten Schritt teilte es die spezifischen Leistungen dieser Kategorien dem Kundenprozess zu (vgl. Abbildung 7.15). Natürlich ist es wichtig, solche Schemas konkret zu gestalten. So bezeichnet beispielsweise das Feld Erfolg/Evaluation den Strategie- und Potenzialsupport. Konkret gilt es, den Etikettendruckern aufzuzeigen, ob Weinproduzenten für sie eine neue Kundenkategorie sind, welche Potenziale überhaupt für einen Etikettendrucker bestehen und allenfalls, was kritisch für den Erfolg in diesem Segment ist. Dazu lassen sich die Erfahrungen in vielen Ländern, von Australien bis Frankreich und Italien, auswerten und teilweise auf neue entstehende Weinanbaugebiete übertragen.

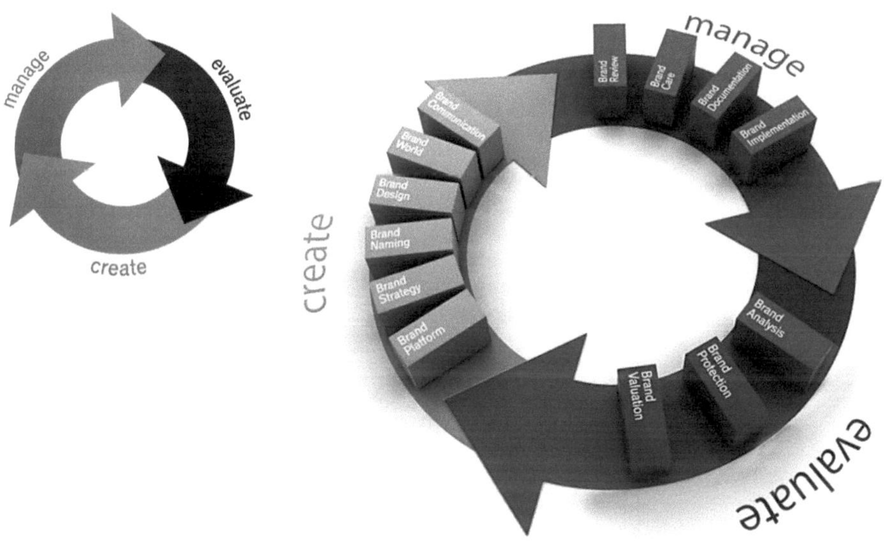

Abbildung 7.14: The Brand Cycle von Interbrand Zintzmeyer & Lux – Unterstützung der Markenführungsprozesse von Kunden

Auch Kundenereignisse können den Prozess prägen. So orientiert sich beispielsweise Lista (Erlen/Schweiz), der Hersteller von Büromöbeln, mit seiner spezialisierten Office-Consulting-Group an Veränderungssituationen von Kunden: Wachstums- oder Schrumpfungsschritte von Unternehmen, Standortwechsel und Umzug, Restrukturierungen, Projekte zum Einsatz neuer Arbeitsformen (zum Beispiel wechselnde Teamarbeiten oder »Hotelkonzepte« für Büroarbeitsplätze), Prozessorientierung oder Integration von Büro und Produktion.

Kundenprozesse sind auch ein geeigneter Bezug, um Umweltmanagement und entsprechende Leistungen zu integrieren. Es spielt nicht nur eine Rolle, welches mehr oder weniger umweltfreundliche Automobil ein Kunde kauft, sondern ebenso, wie umweltfreundlich er beispielsweise dieses Automobil nutzt.

In den Kundenprozessen, die häufig nicht logisch ablaufen, wechseln die Wahlkriterien. Ein häufiger Fehler des Marketing besteht darin, dass Anbieter zu einseitig auf den Verkaufsabschluss zielen und versuchen, den Prozess zum Kauf zu beschleunigen. Falsche Leistungen und Argumente werden damit in diesen Phasen eingesetzt und die Bedrängung des Kunden führt nicht selten zum Abbruch von Beziehungen oder auch zu Zugeständnissen im Preis, die nicht nötig wären (vgl. *Exkurs zum Wert für Kunden und Kundenvorteil*).

Kundennutzenkette im Markt für Etikettendruck (Gallus)

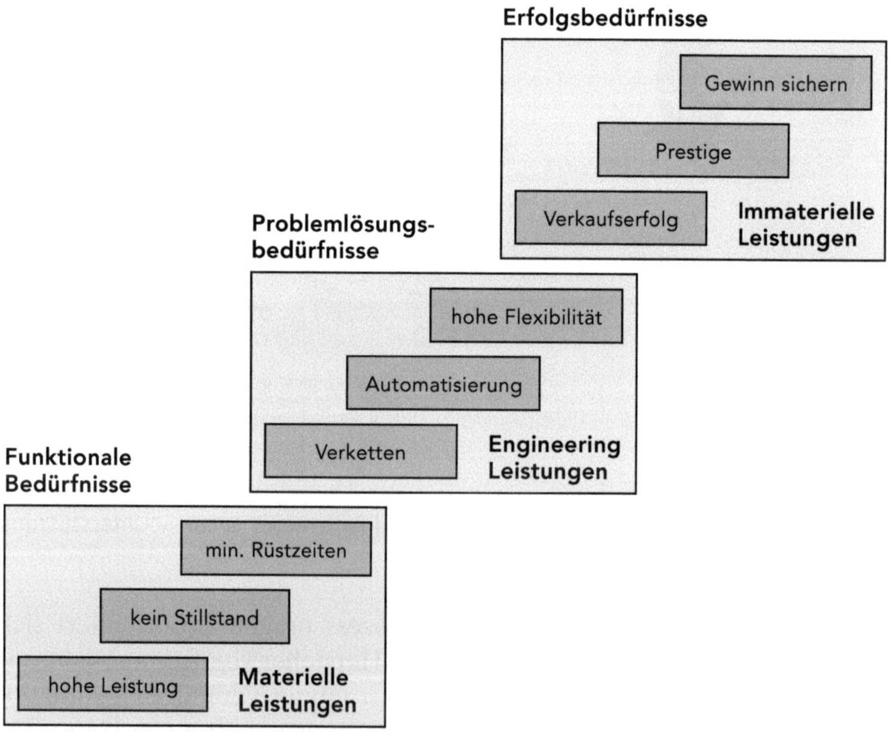

Abbildung 7.15: Kundennutzenkette (nach Hauser 1996) im Markt für Etikettendruck (Gallus)

	Evaluation	Investition/ Entscheid	Umstellung	Nutzung
Erfolg	Strategie und Potenzial-Support	Wachstum und Zukunftssicherung	Verbreiterung Kundenbasis	Ausbau der Anwendungen und Produktionskapazitäten
Problemlösung	Optimale Grobkonfiguration	Finanzierungsalternativen, Umstellungserleichterung	Erschließungshilfen für Marktsegmente	Erfahrungstransfer mit anderen Anbietern
Funktion	Transparenz des Angebots	Wirtschaftlich-keitsrechnung	Ausbildung, Schulung, betriebliche Logistik	Minimierung Down-Time

Abbildung 7.16: Kundenprozess, Beispiel Gallus T250

Vorteil dieses Ansatzes zur Konfiguration nach Kundenprozessen ist es, dass die Leistungen dynamisch am Kundenprozess ausgerichtet werden. Dadurch ist es auch möglich, vielfältige Aktivitäten und Instrumente des Marketing kundenbezogen zu integrieren. Vorausgesetzt, es gelingt, die unterschiedlichen, realen Kundenprozesse (beispielsweise von Segmenten) zu erfassen. Abstrakte und generische Kundenprozesse genügen allerdings kaum, um wirksame Lösungen ableiten zu können. In den Geschäften für komplexe Anlagen, bei größeren Umstellungen des Kunden oder bei wichtigen Projekten, ist dieser Ansatz der Konfiguration verbreitet, wenn auch häufig nicht genügend professionell ausgestaltet. Auch in Märkten für Gebrauchsgüter, im Geschäft mit dem Internet et cetera sollte zukünftig der Kundenprozess im Marketing stärker gewichtet werden. Die Prozessorientierung im Marketing ist leider im Vergleich zu anderen Funktionen unterentwickelt. Interne Probleme der Abstimmung zwischen Marketing und Verkauf, zwischen Werbung, Direktmarketing und Internet sowie weiteren Instrumenten lassen sich durch die Orientierung am Kundenprozess besser und sachlicher lösen (Klumpp 2000).

Neuere Ansätze des Customer-Relationship-Management stützen sich meistens auf die wichtigen Kundenprozesse. Allerdings beschränken sich bestehende Systeme häufig nur auf die Auftragsabwicklung und Kundeninformationssysteme (vgl. Abbildung 1.13).

Der Kundenprozess lässt sich nicht nur auf ausgewählte Geschäftstransaktionen ausrichten. Verschiedene Lösungen orientieren sich am Lebenszyklus einer langfristigen Geschäftsbeziehung. Viele Versicherungen und Banken beziehen ihre Kundenlösungen auf die typischen Lebensphasen eines Kunden (zum Beispiel Kinder, Jugendliche, Berufseinsteiger, Singles, Paar 1, volles Nest (mit Kindern), leeres Nest, Paar 2, Presenior, Senior). Solche Phasen lassen sich beliebig differenzieren.

Praxisbeispiel:
Leifecycle-Beratung der Neuen Aargauer Bank

NEUE AARGAUER BANK
www.nab.ch

Von Peter Dubs, Neue Aargauer Bank, Aarau/Schweiz (Dubs 2003)

Die Neue Aargauer Bank orientiert sich am Lebenszyklus des Kunden und will damit Umsätze und Erträge in langfristigen Kundenbeziehungen steigern. Im Lebenslauf eines potenziellen Kunden erkennt der Anbieter verschiedene, finanziell relevante Szenarien: Szenario Träume, Szenario Wohneigentum, Szenario Wohneigentum finanzieren, Szenario Vorsorge, Szenario Pensionierung, Szenario Ruhestand. Für diese Szenarien werden verschiedene Lösungen und Beratungsansätze entwickelt. Die Umsetzung in die Kundenberatung ist entscheidend. Lifecycle-Beratung ist bedürfnisorientiert, fokussiert und strukturiert. Das produktorientierte Verkaufsgespräch wird ersetzt durch eine Lifecycle-Beratung. Die gesamte Geschäftsbeziehung wird damit ebenso verändert wie das einzelne Gespräch. Die Phasen zeigen die folgenden Darstellungen.

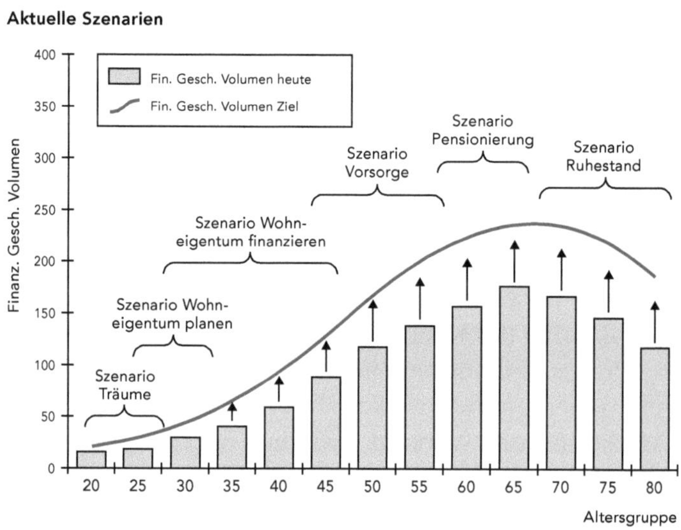

Abbildung 7.17: Lifecycle-Beratung zur Verbesserung der Kundenrentabilität

Die eigentlichen Schwierigkeiten bei der Realisierung des Lifecycle-Konzepts zeig-ten sich nicht im Gestalten, sondern bei der Umsetzung von Szenarien. In der NAB wurde diese Beratungsdienstleistung den Kunden von ca. 160 Beratern an über 40 Standorten angeboten. Ein großer Teil der Berater war vorher entweder anlagen- oder kreditorientiert. Das Lifecycle-Konzept verlangte aber keine Produktorientierung mehr, sondern eine Kundenorientierung. Damit taten sich einige Berater trotz intensiver Schulung schwer. Um sie besser zu motivieren, wurden die Produktverkaufsziele wie Fondsplatzierung, Kartenverkauf et cetera durch die Anzahl an Lifecycle-Gespräche ersetzt. Daneben wurden den Beratern während eineinhalb Jahren Coaches zur

Verfügung gestellt, die sie in den Kundengesprächen begleiteten und ihnen anschließend Feedback über die Beratungsqualität gaben. Eine Reihe von weiteren Fördermaßnahmen führte schließlich zum gewünschten Ziel von ca. 10.000 Lifecycle-Beratungsgesprächen pro Jahr und zu einem markanten Wachstum, sowohl des Anlagevermögens als auch des Kreditvolumens bei den auf diese Weise betreuten Kunden.

Gesprächsphase	Nutzen für Kunden	Nutzen für Bank
1. Diskussion der Gesprächsziele: Kunde soll seine Situation erkennen und richtig einschätzen können	Kunde fühlt sich sicher	Kunde «öffnet» sich
2. Gemeinsame Erfassung der Kundendaten	Kunde erkennt die Kriterien, die bei einer Bank wichtig sind	Bank erhält viele Daten über den Kunden
3. Aufzeigen der Konsequenzen für den Kunden	Kunde realisiert seine aktuelle Situation	Berater versetzt sich in Kundensituation
4. Anpassen/Ergänzen der Kundendaten	Kunde erhält Handlungsalternativen	Berater beweist Kundenkompetenz
5. Festhalten des Kundenzieles	Kunde realisiert seine zukünftige Situation	Berater erkennt Potenzial
6. Angebote von Bankprodukten, die Kundenprobleme optimal lösen	Kunde wählt aus verschiedenen Produkten die für ihn richtigen aus	Berater verbessert Qualität und Quantität des Verkaufs

Abbildung 7.18: Lifecycle-Beratung der Neuen Aargauer Bank

Neben einzelnen Geschäftstransaktionen und einer lebenslangen Beziehung sind manche weitere Abgrenzungen für Kundenprozesse möglich.

7.6 Kundennutzen

Konfigurieren Unternehmen ihre Leistungssysteme nach dem relevanten Nutzen des Kunden, so wird die Kommunikation und Vermarktung wesentlich erleichtert. Kundennähe ist im Ansatz bereits integriert. Bereits das Beispiel Gallus in Abbildung 7.15 bezog die Leistung auf die Nutzenkategorien Funktion, Problemlösung und Erfolg.

Mögliche Kundenvorteile zeigte Abbildung 2.3. Sie sind ein wichtiger Bezug für die Nutzenpakete in Abbildung 7.19. Leistungssysteme schaffen Kundenvorteile, indem sie dem Kunden mehr Emotionen, mehr Beziehungen, mehr Erklärungen, mehr Individualisierung, mehr Entlastung, mehr Sicherheit, mehr Leistung, mehr Qualität, mehr Innovation, mehr Wirtschaftlichkeit, bessere Koordination oder mehr Geschwindigkeit bieten.

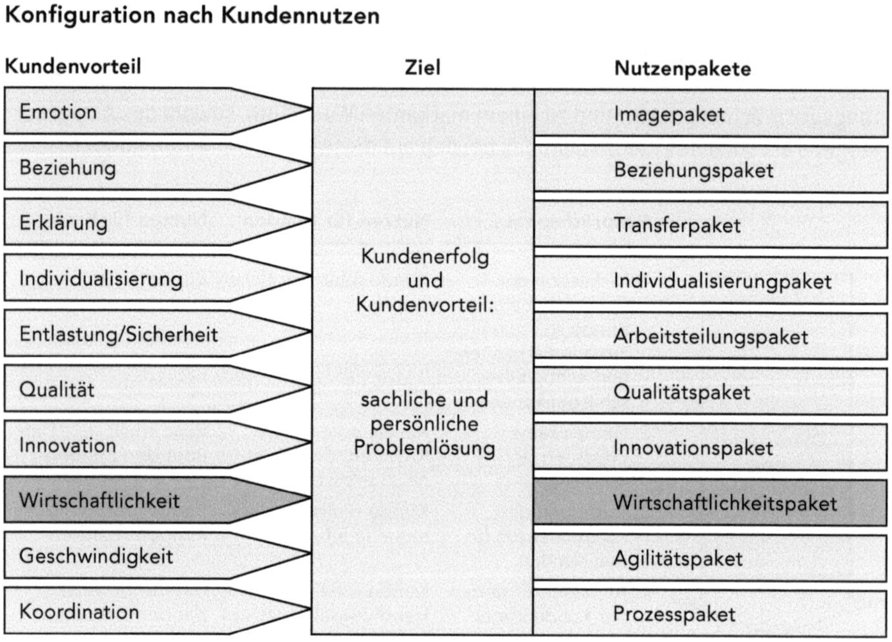

Abbildung 7.19: Kundennutzen als Bezug für Leistungssysteme (Belz 1996)

Die Kategorien des Kundenbedarfs lassen sich wie folgt charakterisieren und mit den Lösungen der Anbieter verknüpfen.

1. *Imagepaket:* Images und Marken sind in umkämpften und vielfältigen Märkten für alle Leistungen der Konsum- bis Industriegüter relevant, aber eigentlich nur im Konsumgüterbereich genügend gewichtet. Profilierte Marken geben dem Kunden Orientierung und Anerkennung. Weil Marken das Ergebnis der Kommunikation und der gesamten Erlebniskette von Kunden sind, können sämtliche Maßnahmen des Marketing eine eindeutige und erfolgreiche Positionierung unterstützen. Systemverkauf, Events für Kunden oder Internetauftritt spielen ebenso eine Rolle wie Medienkampagnen. Entscheidend sind die bewirkten Emotionen und Gesamturteile in den Köpfen der Kunden.
2. *Beziehungspaket:* Der Kunde hat auch ein mehr oder weniger ausgeprägtes Bedürfnis, dass der Anbieter auf seine Persönlichkeit eingeht. Er möchte akzeptiert oder anerkannt werden, sich im Kaufprozess und der gesamten Zusammenarbeit mit dem Anbieter gut fühlen. Er will die Fähigkeiten von Bezugspersonen beim Anbieter realistisch einschätzen können. Beziehungsprogramme pflegen die persönliche Beziehung zum Kunden (Belz et al. 1998). Vorerst müssen sich Verkäufer und Käufer entsprechen. Beispielsweise setzen manche

Unternehmen im Seniorensegment auch ältere Außendienstmitarbeiter ein. Zudem sind zahlreiche Kundenanlässe geeignet, um die besonderen Interessen des Kunden aufzugreifen, die aber nicht unmittelbar mit dem Produktkauf zusammenhängen (etwa Anlässe im Bereich Sport, Kultur, zu Wirtschaftsthemen, Sozialem et cetera). Auch zwischen den Kunden können interessante Beziehungen entstehen, die ein positives Umfeld für das Unternehmen schaffen. Wichtig ist auch eine Transparenz über die Verantwortlichkeiten und Einsätze in der Anbieter- und Kundenorganisation. Informationssysteme sind eine wichtige Grundlage.

3. *Transferpaket:* Der Informations- und Erklärungsbedarf ist naturgemäß hoch für neue und komplexe Entscheidungen des Kunden. Auch gilt es in internationalen Unternehmen, die Informationen und Dienstleistungen neben und über Vertretungen bis zum Kunden zu transferieren. Mögliche Ansätze für Transferpakete sind: Kosten-/Nutzen-Analysen für Kunden, konkrete Vorleistungen für eine frühe Zusammenarbeit mit Kunden zur Gesamtoptimierung, Kundenschulungen, erklärende Dokumentationen, vernetzte Informatik zwischen Kunde und Anbieter sowie sämtliche Ansätze der Marketingkommunikation von Messen, Verkaufsgesprächen und Beratung bis zur Werbung. Neue direkte Kundeninformationen sind durch geschlossene oder offene Netze (zum Beispiel das Internet) möglich. Informationspakete für Vertretungen und Multimediaprogramme fördern die gezielte Information der Kunden.
4. *Individualisierungspaket:* Der Bedarf zur Anpassung ist hoch, wenn der Kunde einzigartige Probleme lösen will. Die spezifische Lösung schafft hier gegenüber dem Standardangebot wesentliche Vorteile. Auch bei der Beschaffung von Prestige- und Luxusgütern spielt erfahrungsgemäß ein Bedarf nach Individualisierung eine große Rolle. Individualisierungspakete zeigen, wie die Kundenbedürfnisse mit dem Angebot gezielt abgedeckt werden. Mögliche Lösungen sind: Spielräume im Angebot für eine Individualisierung sowie Modulkonzepte für maßgeschneiderte Kombinationen. Auch die Zusammenarbeit selbst, beispielsweise die Beratung, gilt es anzupassen.
5. *Arbeitsteilungspaket:* Der Kunde will sich zuerst von Aktivitäten entlasten, die er als unwichtig oder unangenehm einschätzt. Zudem überträgt er auch die Aktivitäten dem Anbieter, die dieser besser oder wirtschaftlicher erbringt. Entlastung verlangt, die Arbeit mit dem Kunden wirksam zu teilen. Gewisse Aufgaben übernimmt der Kunde vielleicht gerne und verspürt dabei persönliche Erfolge (von Preisvorteilen bis zum Gefühl der Cleverness oder dem Stolz über die eigenen

Leistungen beim Aufbau von Möbeln et cetera). Arbeitsteilungspakete erleichtern die Zusammenarbeit zwischen Anbieter und Kunde, indem diese Beziehung bewusst definiert wird. Lösungen, wie Kunden zu entlasten sind, lassen sich im gesamten Buying-Cycle des Kunden (vor, während und nach dem Kauf) bestimmen (vgl. Abschnitt 7.5). Beispiele sind Anleitungen für Konkurrenzvergleiche, Logistik, Installation, Nutzungshinweise, Wartung, Entsorgung oder generell Zeitersparnis. Die differenzierten Bedürfnisse nach Entlastung und Anreicherung lassen sich durch Wahlalternativen für den Kunden (im Möbelhandel etwa Heimlieferung/Selbsttransport) decken.

6. *Qualitätspaket:* Qualität ist ein umfassender Anspruch und bedeutet, dass erbrachte Prozesse und Leistungen die Erwartungen des Kunden treffen (vgl. Abschnitt 1.2, Punkt 7). Nicht nur das Management der Angebotsqualität, sondern ebenso der Kundenerwartungen ist deshalb wichtig. Qualität wird in Märkten mit standardisierten Leistungen oft eng definiert und vorausgesetzt. Die Qualitätsreserven und Profilierungsmöglichkeiten bei komplexen Leistungen und Kundenerwartungen sind jedoch weit höher. Ansätze sind beispielsweise Qualitätszertifizierung, Service-Qualitätsprogramme, Qualitätsprogramme für Führungskräfte im Umgang mit Mitarbeitern und Kunden, Fehlerdiagnosen, Informationsdienste für Kunden oder Qualitätskommunikation.
7. *Innovationspaket:* Auch Innovationen sind übergreifend und schließen neben den Produkt- ebenso Angebotsinnovationen ein. Produktinnovationen spielen besonders in schnelllebigen Märkten eine Rolle, können aber gerade in statischen Märkten besonders viel bewirken. Innovationen sind für Kunden erwünscht, aber auch erklärungsbedürftig und risikoreich. Es gilt, die Innovationskraft des eigenen Unternehmens zu belegen und gleichzeitig dem Kunden Sicherheit zu geben sowie Innovationen im Markt rascher durchzusetzen. Beispiele für Lösungen sind die kundenorientierte Entwicklung und Entwicklungszusammenarbeit, Referenzen und Pilotlösungen, Programme für Innovatoren und Opinion-Leader, Einführungspakete für Kunden oder richtige Ankündigungen und entsprechende Kommunikation der Innovationen.
8. *Wirtschaftlichkeitspaket:* Das Bedürfnis nach Wirtschaftlichkeit schließt den Einkaufspreis, die Nutzungskosten im Zeitablauf (Wartung und Unterhalt, Verbrauch et cetera), die Lebensdauer und die Rationalisierung beim Kunden ein. Mögliche Lösungen sind Wirtschaftlichkeitsanalysen inkl. sämtlicher Dienstleistungen eines Anbieters, die nicht nur den Einkaufsprozess beim Kunden erfassen, sondern die Nutzung und Rationalisierung des Kunden verbessern.

Wichtig sind auch »entbündelte« Preissysteme, die es dem Kunden erlauben, die Dienstleistungen und Produkte selektiv einzukaufen.

9. *Agilitätspaket:* Das Bedürfnis nach Geschwindigkeit bedeutet oft, dass der Kunde auch seinen Spontanbedarf möglichst sofort und flexibel erfüllen möchte. Er wird damit von Planungsarbeiten und Risiken einer Fehlplanung entlastet. Neben der Liefergeschwindigkeit spielt die Lieferzuverlässigkeit eine entscheidende Rolle. Die Zuverlässigkeit wird auch dadurch beeinflusst, ob der Lieferant den Kunden über Abweichungen sofort und transparent informiert. Typisch sind Just-in-Time-Lösungen der Zulieferer, welche die eigene Produktion, die Lagerhaltung, Informationssysteme intern und zum Kunden sowie die Logistik einschließen.
10. *Prozesspaket:* Der Koordinationsbedarf ist hoch, wenn beim Abnehmer und Anbieter mehrere Personen betroffen sind, die mitentscheiden und mitimplementieren. Besonders gilt dies, wenn die Mitarbeiter mehrerer Abteilungen zu koordinieren sind. Die Koordination betrifft zudem die Komplexität der Arbeitsteilung von Anbieter und Kunde. Sie ist besonders hoch, wenn internationale Anbieter mit internationalen Kunden zusammenarbeiten. Prozesspakete strukturieren die interne und externe Zusammenarbeit. Mögliche Lösungen sind strukturierte Angebots- und Beschaffungsprozesse, Team- und Projektmanagement, Beziehungsmanagement und eine persönliche und elektronische Vernetzung der Angebots- und Abnehmerorganisation.

Bei einem hohen Involvement des Kunden sind sämtliche Bedürfnisbereiche besonders wichtig. Die Bereiche hängen zusammen und es empfiehlt sich, nur wenige Ansätze zu verfolgen.

Selbstverständlich gilt es, diese Vorteile für spezifische Unternehmen, Märkte und Kunden zu konkretisieren. Besonders in Business-to-Consumer-Märkten für Konsum- und Gebrauchsgüter wird häufig ein vielfältiges Verhalten von Kunden festgestellt: Sie wählen nacheinander sehr verschiedene Nutzenclaims und kaufen beispielsweise einmal preis- und ein anderes Mal serviceorientiert ein. Damit wird eine Segmentierung erschwert oder unmöglich, weil die Kunden ein Angebot in einem bestimmten Markt nicht konsistent wählen. Klare Nutzenangebote können helfen, das Angebot klar zu positionieren und die Wahl des Kunden für bestimmte Situationen zu erleichtern. So lassen sich beispielsweise im Verpflegungsbereich die Verzehrsituationen oder Nutzenclaims wie preiswert essen, genussvoll essen, gesund essen oder schnell essen unterscheiden. Schnell essen schließt dann zum Beispiel über die Gasse und unterwegs essen, am Arbeitsplatz essen oder in einem Café bzw. Bistro essen ein (Rudolph/Becker 2003, S. 25 ff.).

Nutzenpakete lassen sich in verschiedener Form in der Praxis finden. Sie entsprechen dem grundsätzlichen Ansatz des Marketing und der Forderung, sich beispielsweise an der Mobilität anstatt am Automobil, an der Gesundheit anstatt an Medikamenten, am Risikomanagement anstatt an den Einzelversicherungen auszurichten.

Im Bereich der Nutzenorientierung ist der Ansatz von Bossard (Befestigungstechnik, CH-Zug) typisch.

Praxisbeispiel:
Bossard Firmengruppe Zug:
Rationalisierung und komplette
C-Teile-Versorgung von Kunden aus einer Hand

Bossard

www.bossard.com

Bossard bietet drei Leistungsbausteine an: 1) Produkt, 2) Technischer Support und 3) Kommerzieller Support.

»Die kommerzielle Unterstützung der Kunden ist der dritte Pfeiler unseres Leistungsangebots. Sie baut auf der hohen Verfügbarkeit unserer Produkte und der Tatsache auf, dass 50 Prozent des gesamten Beschaffungsaufwands auf C-Teile entfallen, die jedoch nur einen Warenwertanteil von 5 Prozent aufweisen. Wir haben deshalb in vielfachem Einsatz bewährte Systeme entwickelt, die den Aufwand für Beschaffung, Lagerhaltung und Montage um 30 Prozent und mehr senken können. Da von den Gesamtkosten einer Verbindung nur rund 15 Prozent auf das Verbindungselement entfallen, steckt in der zweckmäßigen Nutzung solcher Logistiksysteme ein beträchtliches Sparpotenzial, das von vielen Unternehmen noch nicht genutzt wird. Weltweit ist ein Trend zur Bewirtschaftung aller C-Teile aus einer Hand hin zum kompletten C-Teile-Management festzustellen.« Bossard hat die Kompetenzen dazu aufgebaut, um sich als Vollversorger für C-Teile zu profilieren.

Ein Vorteil der nutzenorientierten Konfiguration ist die explizite Kundenorientierung. Der Nutzen ist also Ausgangspunkt der gesamten Leistung und wird nicht erst bei Kommunikationskonzepten oder bei der Argumentation für Verkäufer behandelt. Gleichzeitig ist die konsequente Nutzenorientierung in vielen Märkten innovativ und erlaubt einen erfolgreichen und eigenständigen Auftritt.

Betreibermodelle und Angebote für das umfassende Outsourcing von Leistungen durch Kunden gehen im Bereich der Nutzenorientierung sehr weit. Nicht das Eigentum wird verkauft, sondern die Nutzung selbst (vgl. auch *Praxisbeispiel: Betreibermodelle in der Praxis*). Im Folgenden wird das erfolgreiche Beispiel Hilti Fleet Management vorgestellt. Kunden sind von dieser Form der Zusammenarbeit häufig gut zu überzeugen. Allerdings bleibt es ihre Sorge, wie sich die Lösungen im eigenen Unternehmen mit Hilti durchsetzen lassen. Deshalb konzentriert sich Hilti Fleet Management inzwischen besonders auf transparente und strukturierte Einführungsprozesse.

Anwendungsbeispiel:
Hilti Fleet Management

HILTI
Fleet Management
www.hilti.com

Von Christian Belz, gestützt auf Präsentationen und Gespräche mit Michael Baumbach, Hilti AG, FL-Schaan

Hilti Fleet Management ist ein innovatives Serviceprogramm, welches das professionelle Management der Flotte von Hilti-Geräten für ausgewählte professionelle Kunden auf dem Bau und in der Gebäudeinstandhaltung umfassend unterstützt. Der Name betont die Analogie zu anderen Flottenlösungen, die sich beispielsweise für Geschäftsfahrzeuge schon früher durchgesetzt haben.

Größere und internationale Kunden setzen auf den Baustellen ihrer vielen Kunden oft mehrere Hundert Geräte ein. Die anspruchsvolle Aufgabe des Managements und der optimalen Koordination dieser Geräte wird oft vernachlässigt, da im Tagesgeschäft der Projektfortschritt inklusive Bereitstellung von großem Equipment und Baumaterial eine höhere Priorität hat. Ziel des Services ist es, die gesamten Betriebskosten der Geräteflotte für Kunden zu senken, indem die Struktur der Geräteflotte optimiert sowie die Geräte sinnvoll unterhalten und erneuert werden.

Spezifische Kundenvorteile sind je nach Ausbaustufe der Zusammenarbeit:

- Optimierung und Transparenz der eingesetzten Geräte
- Monatliche Gesamtrechnungen anstatt vieler Rechnungen für einzelne Gerätebestellungen und Reparaturen
- Konstante und einfach budgetierbare Kosten pro Monat
- Vermeidung von nicht wirtschaftlichen Reparaturen und Kostenvoranschlägen
- Transparente Preise mit planbaren Flottenkosten
- Produktive, moderne und sichere Geräte mit motivierender Wirkung auf die Mitarbeiter
- Attraktive Möglichkeiten der Flottenmodernisierung
- Geschonte Liquidität und Steuervorteile durch Leasing
- Vereinfachte Verfolgung der Flottengeräte durch individuelle Kennzeichnung mit Kundenlogo, Inventarnummer et cetera
- Rahmenvereinbarung mit attraktiven Flottenkonditionen anstelle von ständigen Verhandlungen bei regelmäßigen Beschaffungsvorgängen

Zusammengefasst bietet der Service »mehr Produktivität und weniger Administration« bei der Bereitstellung und Nutzung der Geräteflotte. So kann sich der Kunde von diesen Aufgaben, die nicht seine Kernkompetenz betreffen, durch das Knowhow eines weltweiten Spezialisten entlasten. Das System ist konsequent auf die Kundensicht und Kundenvorteile ausgerichtet.

Die abgestuften Fleet-Management-Servicepakete enthalten die folgenden Leistungen (nachfolgende schließen vorhergehende Stufen mit ein; Inhalt aus der Kundendokumentation; vgl. auch Abbildung 7.9):

- Fleet Management Classic: Kundenspezifische Flottenanalyse und -beratung, rechtzeitiger Geräteaustausch unter Berücksichtigung garantierter Restwerte, Full-Service-Verlängerung während der gesamten, kunden- und geräteindividuell festgelegten Nutzungsdauer, transparente Kalkulation, übersichtliche Gesamtrechnungen, kundenindividuelle Kennzeichnung der Flottengeräte (Kundenlogo, Inventarnummer et cetera)
- Fleet Management Classic Plus: zusätzliches Geräteleasing
- Fleet Management Premium: Leihgeräte während der Ausfallzeiten, Mietgeräte bei Bedarfsspitzen und Spezialanwendungen

Der Erfolg dieser Lösung von Hilti ist eindrücklich. Anzahl Kunden, Umsatz und Ertrag verlaufen sehr positiv. Ein Mengeneffekt ergibt sich durch eine starke Steigerung des Hilti-Anteils an der Geräteflotte des Kunden sowie eine raschere und für den Kunden wirtschaftliche Erneuerung der Geräte. Herausfordernd ist es, diese Lösungen im Vertrieb zu integrieren sowie die Serviceprozesse exzellent zu erbringen. Zudem konkurrieren neuere Geräte im Einsatz mit dem bestehenden Geräteservice, allerdings im Interesse des Kunden.
Der Ansatz ist durch Wettbewerber nicht leicht nachzuahmen. Voraussetzungen sind beispielsweise: Klares Committment des Managements auf der Basis von Businessplänen in diesem Bereich, direkte und tragfähige Geschäftsbeziehungen zu Endkunden (ohne Zwischenhandel) mit der Unterstützung durch qualifizierte Hilti-Mitarbeiter, überzeugende Servicemodule und Wahlalternativen für Kunden (auch für den zeitlichen Übergang), organisatorische Verankerung, Serviceexzellenz, geeignetes Sortiment qualitativ hochwertiger und zuverlässiger Produkte, Finanzierungspotenzial und -kompetenz, standardisierte Prozesse und Informationssysteme sowie das Image eines starken und verlässlichen Partners. Die Optimierung für Kunden ist möglich, weil Hilti die Informationen über jedes Gerät im Lebenseinsatz beim Kunden erfasst. Kurz: Das gesamte Geschäftsmodell ist neu gestaltet.

Schließlich stützen sich Nutzenkonzepte häufig nicht in erster Linie auf einzelne Vorteile des Kunden, sondern ebenso auf umfassende Konzepte. Das Praxisbeispiel zeigt einen Geschäftsansatz der Kiosk AG. Typisch für solche Ansätze sind auch übergeordnete Bezüge von Lösungen für Kunden an Bedürfnissen wie Mobilität (vgl. Abbildung 7.13), Gesundheit oder Sicherheit.

Praxisbeispiel:
Markterschließungspaket der Kiosk AG für neue Produkte

www.kiosk.ch

Von Reto Hartmann; gestützt auf Gespräche mit dem früheren CEO der Valora Gruppe, Bern

Die Kiosk AG dominiert den schweizerischen Kioskmarkt und ist durch ihre Geschäfte flächendeckend in der gesamten Schweiz präsent. Die hoch frequentierten Standorte befinden sich beispielsweise an Bahnhöfen und in Stadtzentren.

Für Hersteller bietet das Unternehmen ein Paket für die wirtschaftliche Einführung von neuen Produkten an und belegt den Erfolg mit verschiedenen Beispielen zu eingeführten Büchern oder Konsumgütern. Für den Hersteller ergeben sich bei der Lancierung im Vergleich zu weiteren Distributionskanälen erhebliche Einsparungen. Die Kiosk AG erweitert damit seine Partnerschaft mit ausgewählten Lieferanten und entwickelt sich weg vom üblichen Einkaufsgespräch für neue Produkte.

Es folgen einige kritische Statements zum Abschluss des Kapitels.

Statements zur Konfiguration

- Kunden kaufen keine Produkte, sondern eine emotionale Welt, die im sozialen Umfeld zählt (Wolfgang Armbrecht, BMW AG, München)
- Die wichtigsten weltweiten Firmenkunden werden von globalen Teams geplant und koordiniert – nur so ist eine integrierte Finanzberatung möglich (Peter Schmid, UBS AG, Zürich).
- Nicht nur der positive Einzelnutzen zählt, sondern die Funktion eines Produkts für seine Communitys ist entscheidend (Matthias Haller).
- Kunden wollen Optionen besitzen, obwohl sie diese nicht nutzen – das heißt, Optionen zu haben (falls man sie braucht) und diese zu zeigen, zählt. Wer Leistungen mit vielen Optionen kauft, braucht sich zudem noch nicht festzulegen (Peter Gross, Universität St. Gallen).
- In Netzwerken und Partnerschaften liegt für KMU ein oft unterschätztes Potenzial für die Konfiguration oder Rekonfiguration von Leistungen (Urs Fueglistaller).

8 Kommunikation

Kommunikation ist der Zugang des Menschen zur Wirklichkeit, er hat keinen anderen, ob als Mitarbeiter, Kunde, Intermediär, Kapitalgeber oder in einer anderen Rolle. Kommunikation spielt deshalb im Modell des Customer-Value eine prägende und übergeordnete Rolle.

Weil Kundenvorteile ungenügend kommuniziert werden, scheitern manche Strategien zum »Solution Provider«. Besonders für innovative Leistungs- und Kundensysteme ist es meist eine Voraussetzung, dass die beteiligten Mitarbeiter und auch sämtliche Partner im Markt anspruchsvolle Lernprozesse durchlaufen. Lernen beruht auf Kommunikation.

Wichtige Schlüsselfragen zur Kommunikation von Leistungs- und Kundensystemen sind:

- Wie lässt sich die Leistung wirksam nach innen kommunizieren?
- Wie lässt sich die Leistung wirksam mit Anspruchs- und besonders Beeinflusser- und Kundengruppen nach außen kommunizieren?
- Wie lässt sich die Interaktion zwischen den Kunden initialisieren und erweitern?

Die Strategien des Unternehmens sollen bereits auf die Kommunikationsfähigkeit ausgerichtet werden und eine erfolgsträchtige Positionierung unterstützen. Die Orientierung und Vereinfachungen sind dafür besonders wichtig, um ein Unternehmen mit seinen Leistungs- und Kundensystemen als Marke zu führen (vgl. Kapitel 5). Kunden und Mitarbeiter sind in der Kommunikation die zentralen Bezugsgruppen und werden auch in diesem Buch besonders gewichtet. Auch weitere Anspruchsgruppen können aber für die Legitimation und den Erfolg eines Unternehmens entscheidend sein. Dabei ist festzustellen, dass Unternehmen die Kommunikation häufig nach innen und im Markt vergleichsweise gut beherrschen, aber den Dialog mit Kritikern, Kapitalgebern, Politikern et cetera hilflos oder reaktiv angehen (vgl. auch Teil IV).

Mit den fünf »Ks« für erfolgreiche Leistungs- und Kundensysteme ist Kommunikation eng verknüpft.

- *Konfiguration:* Eine geeignete Konfiguration ist die Grundlage für die Botschaft, die sich direkt an Kunden oder über Intermediäre an sie richtet. Es gilt, den Aufbau des Leistungs- und Kundensystems zu erklären und es bereits kommunikationsfähig zu strukturieren. Kommunikation ist gleichzeitig ein Leistungsbereich, die Interaktionen selbst sind Teil des Mehrwerts für Kunden. So kann es für den Kunden wichtig sein, dass er sich mit der Erlebniswelt einer Marke identifizieren kann, und auch die Leistungen für Beratung und Individualisierung sind oft für ihn entscheidend. Weitere Beispiele sind Kundenzeitschriften, E-Services und Callcenters für Kunden. Der persönliche Verkauf ist oft nicht nur Vermittler, sondern ein bedeutender Teil des Mehrwerts für Kunden. Matthias Haller brachte die neue Haltung im Gespräch auf den Punkt: »Ich verkaufe nicht nur Produkte, ich bin als Verkäufer das Produkt.« Kommunikation schafft selbst neue Formen der Leistungsbeziehungen. Sie werden durch den Kunden mitgestaltet oder sogar dominiert und es entstehen beispielsweise neue Marktangebote durch Communitys im Internet. Diesen Blickwinkel wählt besonders der Community- und Communication-Ansatz (vgl. Teil IV).

- *Kommerzialisierung:* Die Kommerzialisierung gelingt erst dann, wenn sich der Kunde von der Leistung überzeugen lässt, damit er die höheren Preise für den gebotenen Mehrwert bezahlt oder andere Gegenleistungen (etwa durch vertragliche Bindung) erbringt. Entscheidend ist auch, dass der Kunde die Preissysteme versteht und als gerechtfertigt akzeptiert. Hier stoßen beispielsweise ausgeklügelte Yield-Management-Systeme und auch komplexe Wahlalternativen für Kunden an ihre Grenzen.
- *Kompetenz und Ressourcen:* Die Kompetenz des Unternehmens und seiner Mitarbeiter lässt sich durch vielfältige Kommunikation unterstützen, beispielsweise durch geeignete Informationssysteme, die Führung durch eine Zielvereinbarung oder spezifische Schulungen. Ebenso sind Informationssysteme eine wichtige Grundlage für die interne und externe Kommunikation.
- *Kooperationsfähigkeiten:* Die Kooperationsfähigkeiten beruhen auf einer anspruchsvollen Wissenskoordination. Ebenfalls entscheidend ist die Kommunikation für den notwendigen Aufbau von Vertrauen und die entsprechenden offenen und verborgenen Signale in der Zusammenarbeit. Im Markt sind Kooperationen für Kundenvorteile erklärungsbedürftig.
- *Kontrolle und Realisierung:* Schließlich sind sogar Kontrolle und Realisierung durch Kommunikationsprozesse geprägt. Controlling entfaltet seine Wirkung nicht nur über die definierten Prüf- oder Messvariablen, sondern besonders auch dadurch, wie Führungskräfte und Mitarbeiter sie gewichten und darüber kommunizieren. Die Zusammenhänge im Modell zeigt Abbildung 8.1.

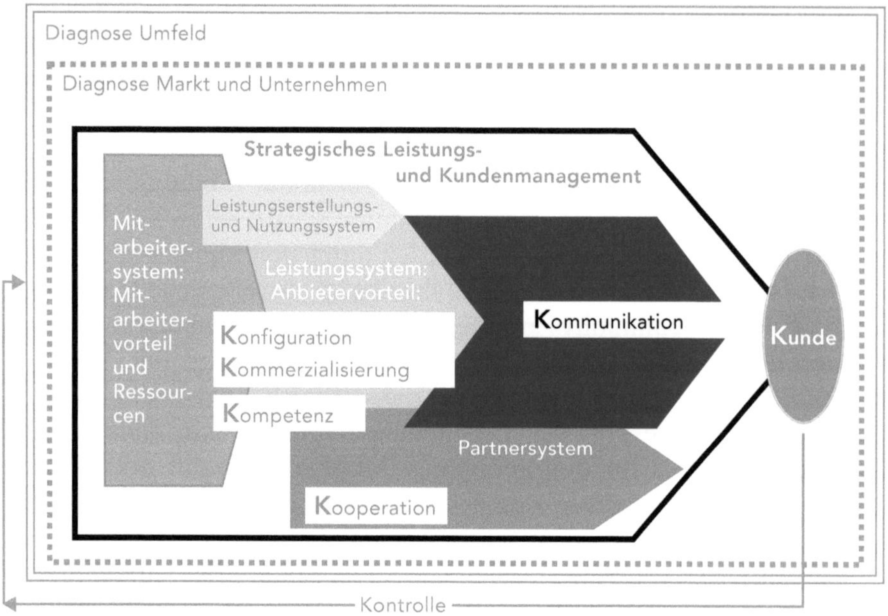

Abbildung 8.1: Kommunikation im Modell Customer-Value

8.1 Kommunikationsbedingungen für Leistungs- und Kundensysteme

Die allgemeinen Bedingungen prägen auch die Kommunikation für Leistungs- und Kundensysteme. Die Vielfalt der Angebote und der nachgefragten Leistungen ist enorm und jedes Unternehmen versucht, seine einzelnen Produkte, Services und Leistungspakete wirksam mitzuteilen. Zwar brachen in den Phasen einer Rezession die Werbeeinnahmen für viele Medienunternehmen ein. Die Herausforderungen einer Kommunikationsflut, bei der mehr als 95 Prozent der Informationen für den Müll bestimmt sind, bleiben aber bestehen (Kroeber-Riel/Esch 2000, S. 13). Kunden fühlen sich überlastet und Unternehmen gelingt es nur mit hohem Aufwand, die erwünschten Botschaften zu vermitteln. Nur wenige Unternehmen verfügen über den Spielraum, antizyklische Kommunikation zu betreiben und dann ihre Budgets zu halten oder auszubauen, wenn Wettbewerber sich in ihrer Notsituation zurückziehen müssen. Wohl deshalb schreibt Franck (1998) von einer Ökonomie der Aufmerksamkeit. Die Hinwendung des Kunden wird zum Engpass.

Leistungssysteme umfassen Produkte und Dienstleistungen. Produkt- und Lösungskommunikation begründen ein Spannungsfeld. Die Produkte sind greifbar und der Kunde kann sie vergleichen oder er kennt sie bereits. In Inseraten, an Messen oder in Verkaufsgesprächen dominieren naturgemäß die Produkte, sobald sie in der Kommunikation einbezogen werden (zum Beispiel Schrauben und Verbindungselemente). Dienstleistungen sind geprägt durch das »Unantastbare«, wie beispielsweise Know-how oder persönliche Services. Es handelt sich oft um Erfahrungsgüter, die der Kunde erst nach einer Nutzung wirklich beurteilen kann. Manche Problemlösungen für den Kunden sind abstrakt, spezifisch und vielfältig, dynamisch sowie generell komplex (zum Beispiel optimierte Logistik für C-Teile) und damit erklärungsbedürftig. Es stellt sich dementsprechend die Herausforderung, differenzierte Informationen in einer wachsenden Informationsflut durchzusetzen oder in den intensiven Dialog mit überlasteten Kunden einzutreten, um maßgeschneiderte Lösungen für ihn überhaupt anbieten zu können. Die Kommunikation für Leistungs- und Kundensysteme betrifft oft neue Kunden und bei diesen Kunden andere Entscheider und Beeinflusser. Neue Bedürfnisse und Entscheidungskriterien und -prozesse der Kunden werden angesprochen. Die Risiken und der Lernbedarf sind entsprechend hoch und die Zuständigkeiten und Budgets sind für die neuen Lösungen noch nicht geregelt. Erschwert wird die Kommunikation für Leistungs- und Kundensysteme zusätzlich, weil sich die Kommunikation international stärker unterscheidet als bei Produkten.

Weil Lösungen abstrakt, komplex und schlecht zu überprüfen sind, können sämtliche Anbieter in einem Markt behaupten, die besten Gesamtleistungen für Kunden zu erbringen. Der folgende Text zeigt einige typische Ursachen für eine einseitige Ankündigungspolitik.

Ankündigungskommunikation für Leistungssysteme

Es ist verhältnismäßig einfach, die Probleme von Kunden zu erfassen und großartig eine Lösung zu versprechen. Viele Unternehmen kommunizieren Problemlösungen, ohne ihre Versprechen einzulösen.
Verschiedene Ursachen sind typisch:

- Unternehmen versprechen mehr als sie halten können. Durch ihre Kommunikation wollen sie sich besser stellen, als sie sind. Nachteile der Leistung sollen verdeckt werden. Unterschiede zu anderen Anbietern mit professionellen Leistungssystemen werden verwischt.
- Die schwierige Fassbarkeit von Lösungen und Services wird benutzt. Oft kann der Kunde nicht zweifelsfrei belegen, dass ein Unternehmen in diesem Bereich lügt. Vereinzelte Schwierigkeiten von Kunden im Umgang mit dem Unternehmen lassen noch kein Gesamturteil zu.

- Manche Anbieter verwenden Services und Leistungssysteme weitgehend als Kommunikationsmaßnahmen für eine bessere Positionierung. Es entsteht daraus ein Schein- oder Trugbild.
- Natürlich kann die Absicht in Unternehmen bestehen, den Kunden Problemlösungen zu bieten. Oft fehlen aber die Ressourcen oder die Bereitschaft, entsprechende Aufwendungen für einzelne Kunden auch zu erbringen. So stehen den breiten Versprechungen häufig nur vereinzelte Leistungen gegenüber. Typisch ist beispielsweise die Kommunikation von verschiedenen Anbietern, wie sie mit Klein- und Mittelunternehmen als Kunden individuell und problemorientiert zusammenarbeiten wollen. Die Realität zeigt dann, dass es den Anbietern mit Problemlösungen für kleine Kunden kaum ernst ist. Rationalisierung und Standardisierung dominieren im Segment der Kleinkunden. Erwartungen werden geschürt, ohne sie zu erfüllen.
- Viele Unternehmen bezeichnen mit ihrer Kommunikation zu Leistungssystemen lediglich die Richtung oder ein Ziel. Sie wollen eine neue Strategie der Leistungssysteme vor der Konkurrenz besetzen und die Kunden sowie auch die eigenen Mitarbeiter in diese Richtung mobilisieren. Deshalb wird kommuniziert, bevor entsprechende Voraussetzungen geschaffen wurden. Die Leistungssysteme sind noch nicht fertig entwickelt und sorgfältig realisiert worden, doch trotzdem wird schon intensiv über diese Lösungen kommuniziert.
- Gute Kommunikationsspezialisten haben ein Gespür für mögliche und bessere Leistungen für Kunden. Allerdings sind sie von der Linie, welche Ergebnis- und Umsetzungsverantwortung trägt, getrennt tätig und damit verselbständigt sich auch leichter ihre Kommunikation bezüglich dem konkreten Engagement für Kunden.
- Der Fokus in Unternehmen liegt auf der technischen Problemlösung. Die für den Kunden notwendige Transparenz und Convenience wird nicht sichergestellt.

Trotz der geschilderten Schwierigkeiten funktioniert die Kommunikation für Leistungssysteme mit den gleichen Spielregeln wie jede andere Kommunikation. Kritisch ist nur, dass Unternehmen in diesem Bereich ihre Kommunikation häufig nicht ebenso professionell gestalten wie sonst. Dies äußert sich beispielsweise in fehlenden internen und externen Dokumentationen zu Leistungssystemen. Vorhandene Dokumentationen sind zudem oft unsorgfältig erstellt. Während für Produktprospekte beispielsweise ein aufwändiges und einzigartiges Design besteht und emotionale Bildwelten eingesetzt werden, führen Dokumentationen über Leistungssysteme häufig ein Eigenleben und wirken nicht selten grob oder zusammengebastelt. Indirekt wird damit die Wertschätzung solcher Problemlösungen für die Kunden bereits ausgedrückt. Abbildung 8.2 zeigt einige kritische Aspekte der Kommunikation für Leistungs- und Kundensysteme in der Praxis.

Besonders kritisch ist dabei, dass Unternehmen in der Kommunikation für Leistungs- und Kundensysteme beliebig im bereits verwendeten Stil von Argumenten, Design, Bildern und Texten wechseln. Während bei Produkten ein konstanter Bezug (zum Produkt selbst) vorgegeben ist, verstärken Unternehmen durch die Beliebigkeit bei der Kommunikation für Leistungssysteme deren schlechte Fassbarkeit und Komplexität. Sachverhalte werden nicht vereinfacht, schrittweise kommuniziert und mit Markenzeichen langfristig bei den Kunden verankert. Zudem wird die Kommunikation ungenügend integriert und irgendwo im Unternehmen von Dilettanten mit anderen Hauptaufgaben bearbeitet. Interessant ist auch die Beobachtung, dass Unternehmen mit sehr begrenzten Leistungssystemen oder Services ihre Leistungen besonders sorgfältig und intensiv kommunizieren (vgl. Abbildung 8.2), während umfassende Problemlöser die Kommunikation vernachlässigen. So betont beispielsweise Media-Markt seinen Kundenservice markant mit deutlich beschrifteten Räumen in den Geschäften und beschreibt den Service für Kunden auch in Werbeunterlagen, während die Fachhändler für Unterhaltungselektronik

Aspekte	**Konsequenzen**
Unternehmen verwässern ihr Vorgehen durch ein multiples Vorgehen und wirken weder als Box-Mover noch als Solutions-Provider kompetent (Preis-Produkt-Kommunikation des Problemlösers).	Die Kommunikation gewinnt die neuen Beeinflusser und Entscheider bei Kunden nicht. Die Kommunikation ist zu komplex und setzt keine Akzente. Die Lösungen sind nicht fassbar und die Wahlmöglichkeiten für Kunden bleiben diffus.
Lösungsstrategien werden vom Kunden nicht akzeptiert und als Schwäche interpretiert (schön-geistige Ansätze im intensiven Wettbewerb).	Die Kommunikation wechselt zu häufig und ist nicht nachhaltig und konsequent. Die Kommunikation ist zu einseitig (Image/Emotion oder Sachlichkeit).
Lösungsstrategien wirken unehrlich und werden im Markt nicht bewiesen (aufgebauschte Kommunikation).	Design und Bildkommunikation wirken oft beliebig und auswechselbar, konsequente Anker fehlen. Die Kommunikation erfolgt in begrifflichen und logischen Kategorien, die anbietergetrieben sind und nicht denjenigen der Kunden entsprechen. Beispiele dafür finden sich oft in technologielastigen Leistungsbereichen, wo dem marktunerfahrenen Kunden kein Überblick gewährt wird.

Abbildung 8.2: Kritische Aspekte in der Kommunikation für Leistungs- und Kundensysteme

ihre weit reichenden Dienstleistungen nur in Gesprächen mit Kunden erwähnen. Kurz: Die Kommunikation für Leistungs- und Kundensysteme wird häufig nicht genügend ernst genommen und ist weniger durch Besonderheiten als vielmehr durch spezifische Fehler von Unternehmen geprägt. Deshalb verweisen wir gleichzeitig auf die allgemeinen Erkenntnisse von Kommunikation und Markenführung (Kroeber-Riel/Esch 2000; Esch 2000) und behandeln in der Folge nur einige spezifische Aspekte. Manche Hinweise zur Kommunikation (oder mindestens zu kommunikationsfähigen) Lösungen berücksichtigen wir zudem auch bei den übrigen »Ks« für Leistungssysteme, weil sich die Kommunikation und entsprechende Lösungen kaum voneinander trennen lassen.

8.2 Bausteine der Kommunikation

Mit welchen Ansätzen der Kommunikation gilt es, den aufgezeigten Bedingungen zu begegnen? Allgemeine Regeln, wie zum Beispiel enge Selektion von wichtigen Botschaften, differenzierte Ansprache von Kunden oder eindeutige Profilierung und Kontinuität liegen auf der Hand.

Wichtige Entscheidungen in der Kommunikation für Leistungs- und Kundensysteme betreffen Kommunikationsstrategien, Zielgruppen, Botschaften, Kommunikationswege und Budgets. In der Folge zeigen wir Varianten zu diesen Entscheidungsbereichen auf. Selbstverständlich gilt es aber, in sich stimmige Gesamtkonzepte zu verwirklichen.

Kommunikationsstrategien

Kommunikationsstrategien tragen zu den definierten Unternehmens- und Marketingstrategien bei. Typische Aspekte sind die Markenführung (vgl. Abschnitt 6.2), die Positionierung und der interne Kulturwandel zum Lösungsanbieter. Die strategische Kommunikation wird für ein Unternehmen oder eine Sparte integriert oder für die definierten Geschäftseinheiten (nach Kunden und Leistungen) differenziert.

Eine wichtige Rolle spielt, wie ein Unternehmen das Produkt- und Lösungsgeschäft gewichtet. Grundsätzlich sind duale Kommunikationsstrategien für das Produkt- und Lösungsgeschäft oder eine dominierende Lösungspositionierung möglich. Besonders duale Strategien, die in der Industrie meistens verfolgt werden, weil auch die Hauptumsätze und -erträge aus dem Produktgeschäft stammen, sind anspruchsvoll. Leicht wirkt dadurch ein Unternehmen weder für das Produkt noch für das Lösungsgeschäft kompetent.

In der Kommunikation für Leistungssysteme unterscheiden wir die drei folgenden Ebenen (Simão 2003, S. 41ff.).

- *Unternehmen:* Auf der Unternehmensebene positioniert sich das Unternehmen als Problemlöser für die Kunden.
- *Interaktion:* Auf der Interaktionsebene gestaltet das Unternehmen die Kommunikation in der Interaktion mit den Kunden.
- *Leistung:* Auf der Leistungsebene kommuniziert das Unternehmen über umfassende Leistungs- und Kundensysteme und einzelne Leistungsbausteine.

Es gilt, die geeigneten Schwerpunkte in der Kommunikation zu bestimmen. Diese Struktur ist grundsätzlich und wird deshalb in Abbildung 8.7 nochmals aufgegriffen und den Kommunikationsentscheidungen gegenüber gestellt.

Im Lösungsgeschäft gibt es die Top-Down-Strategie oder den »Big Bang Approach«, wenn ein Unternehmen sich grundsätzlich in diesem Bereich neu verankern und positionieren will. Die Gefahr ist dabei, dass das Unternehmen nicht mit den breiten Ankündigungen Schritt hält. Ein vorsichtiger Ansatz besteht im Gegensatz darin, das Lösungsgeschäft schrittweise aufzubauen, zu erproben und erst dann über Teillösungen zu kommunizieren, wenn sie im Markt funktionieren und sich bewähren. Es handelt sich dabei eher um einen »Bottom-Up-Ansatz« der Kommunikation.

Schließlich spielt es eine Rolle, wie im Zeitablauf die Kommunikation nach innen und außen gewichtet wird. Kommunikation nach innen konzentriert sich darauf, die Motivation und Kompetenz für das Lösungsgeschäft im Unternehmen zu entwickeln und ist der Außenkommunikation oft vorgelagert. Gleichzeitig ist aber zu berücksichtigen, dass die Außenkommunikation auch die internen Fortschritte beschleunigen hilft. Interne und externe Kommunikation verstärken sich (Bieger 2000).

Generell kann ein Anbieter die Kommunikation für die Zielgruppen mit den entsprechenden Inhalten und Wegen breit abstützen oder sehr selektiv Akzente setzen. Mit vergleichsweise geringen Budgets empfehlen wir quasi »Leuchttürme« aufzubauen, die Spitzenleistungen verkörpern und positiv ausstrahlen. Leider wird der Effekt der Ausstrahlung im Marketing häufig nur defensiv verwendet, wenn es gilt, unvernünftige Budgets mit wenig belegbaren Wirkungen zu begründen. Ausstrahlungseffekte sind aber ein wichtiger Teil eines professionellen und gezielten Vorgehens und sollten proaktiv genutzt werden.

Das Beispiel von Hilti (Befestigungstechnik, FL-Schaan) verdeutlicht den Zusammenhang zwischen Strategie und Kommunikation. In den Neunzigerjahren formulierte das Unternehmen bereits die folgenden Strategien.

- *Our Vision:* Throughout the world we strive to be the leading supplier of high-quality selected tools and fastening systems for professional customers in the construction and building maintenance industries.
- *We add Value:* We create success for our customer by providing superior added-value products and services.
- *We aim for the Top*
  - *Customers:* We want to be our customers' best partner. Their requirements drive our actions.
  - *Competency:* We are committed to excellence in innovation, total quality, direct customer relationship and effective marketing.
  - *Concentration:* We focus on products and markets where we can achieve and sustain leadership positions.

Die folgende Darstellung verdeutlicht, wie Hilti den Mehrwert definierte. Mit den aufgeführten Stichworten lassen sich Programme für die Dienstleistungen und deren Kommunikation über mehrere Jahre gestalten, obschon das System ausgesprochen übersichtlich ist. Der rote Koffer ist ein Symbol für die dezentrale und mobile Kompetenz und Präsenz bei den Kunden.

Mehr-Wert-Philosophie von Hilti

Die Mehr-Wert-Philosophie von Hilti geht davon aus, dass der Kunde nicht ein Produkt braucht, sondern eine Problemlösung. Diese Problemlösung soll ihm zudem einen Nutzen bringen. Diesen Nutzen für den Kunden nennen wir den Hilti-Mehr-Wert. Diese Philosophie ist in unserer Firmenvision verankert und ist für alle Mitarbeiter ein Ziel, nach dem sie ihre tägliche Arbeit ausrichten.

- Mehr Sicherheit = Mehr-Wert
- Mehr Service = Mehr-Wert
- Mehr Wirtschaftlichkeit = Mehr-Wert
- Mehr Innovation = Mehr-Wert
- Mehr Qualität = Mehr-Wert

Mit einem umfassenden Kommunikationsmix wurde diese Mehr-Wert-Idee auch nach außen kommuniziert.

Zielgruppen

Es gilt, attraktive Segmente, Zielgruppen und einzelne Kunden zu bestimmen, mit denen das Unternehmen kommunizieren will. Dabei lassen sich auch Absatzmittler (zum Beispiel Vertriebspartner oder Einzelhändler) oder Beeinflusser (zum Beispiel Architekten in der Baubranche oder Ärzte in der Pharmabranche) als Kunden definieren. Die grundlegenden Erkenntnisse zur Kundensegmentierung und der Wahl von attraktiven Segmenten sind hier zu berücksichtigen (Belz 1998, S. 232 ff.; vgl. Abschnitt 6.5).

Beim Kunden sind besonders im Business-to-Business-Marketing häufig verschiedene Beeinflusser und Entscheidungsträger in die Informations- und Kaufprozesse involviert. Topmanager, Techniker oder Einkäufer verfolgen beim Kunden verschiedene Ziele und erfüllen unterschiedliche Rollen, die in der Kommunikation zu berücksichtigen sind. Beispielsweise sind beim gleichen Kundenunternehmen eines Zulieferers für einen Automobilkonzern mehr als 200 Personen wichtig. Für neue Leistungs- und Kundensysteme gilt es auch, bei bestehenden Kunden neue Beeinflusser und Entscheider zu gewinnen, ohne die Unterstützung der bestehenden Partner (beispielsweise im Einkauf) zu verlieren.

Im Business-to-Business-Marketing spielen zudem die Kunden der Kunden eine Rolle und das Unternehmen muss darüber entscheiden, wie das Marketing gegenüber direkten Kunden (Push-Marketing) und Endkunden (Pull-Kommunikation) gewichtet wird. So ist beispielsweise Shimano nicht nur bei den Fahrradherstellern im Zuliefermarketing engagiert, sondern verfolgt auch ein Ingredient-Branding für Fahrräder gegenüber den Endkunden.

Für die Kommunikation ist die Zahl der angestrebten Kunden bedeutend: Massen- und Individualkommunikation sind die möglichen Extreme (obschon hier auch relative Unterschiede zu Wettbewerbern wichtig sind und der eine Anbieter auch mit vielen Kunden individueller kommunizieren kann als der andere). Die Kommunikationslösungen für eine große Anzahl von Kunden im Retailbanking unterscheiden sich grundsätzlich von den Lösungen für das Bankgeschäft mit wenigen internationalen Konzernen.

Grundsätzlich sollte ein Unternehmen die Kommunikation sorgfältig gestalten und für spezifische Anspruchsgruppen, einzelne Kunden oder Kundensegmente nach Möglichkeit wirksam aufteilen oder zusammenfassen.

Botschaften

Relevante Inhalte sind für die Wirkung der Kommunikation entscheidend. Die Botschaften werden für die definierten Zielgruppen zusammengefasst oder differenziert. Sie stützen sich auf eine tiefe Kenntnis ihrer Bedürfnisse, Entscheidungskriterien und -prozesse, Erwartungen und Probleme (vgl. Kapitel 2 und Abschnitt 4.2).

Für die Kommunikation ist die Komplexität der Leistung von Bedeutung. Im Markt lassen sich bekannte und einfache Problemlösungen eher mit Massenkommunikation begleiten, wohingegen innovative und komplexe Leistungs- und Kundensysteme einen hohen Bedarf an Erklärung und Überzeugung benötigen. Für die Kommunikation im Lösungsgeschäft sind Selektion und Vereinfachung besonders anspruchsvoll.

Ein Unternehmen wählt im Inhalt der Kommunikation auch zwischen einem standardisierten Vorgehen mit fertigen Lösungen, die der Kunde wählen kann und einem offenen Ansatz, der einfach die Bereitschaft ausdrückt, neue Lösungen mit interessierten Kunden engagiert und flexibel anzugehen. Für Unternehmen mit dem Ansatz der fertigen Lösungen ist es typisch, dass sie über mehrere Jahre ihre Lösungen analytisch verfeinern und die Arbeitsprozesse und Bausteine immer genauer definieren und transparent beschreiben. Typisch für die zweite Variante sind eher der strategische Vorstoß und der visionäre Wurf, hinter dem die Leistung des Unternehmens eventuell nachhinkt.

Zusätzlich spielt es eine Rolle, ob ein Unternehmen sich in der Kommunikation eher auf eine qualitative Zusammenarbeit mit den Kunden konzentriert und Appelle oder Argumente in einer Partnerschaft verwendet oder eher fassbare Leistungen wie Informatik, Kundenauftragsabwicklung, Logistik oder Technologiezentren und Labors betont, die auch durch entsprechende Infrastrukturen bewiesen werden können.

Botschaften lassen sich eher leistungs- oder kundenorientiert ausrichten. Die Kommunikation kann Leistungsstrukturen und einzelne Services herausstellen oder gesamte Kundensegmente ansprechen (zum Beispiel Klein- und Mittelunternehmen als Kunden von Informatikanbietern) und erfolgreiche, spezifische Lösungen für typische Kunden aufzeigen.

In der Kommunikation bewegen sich Unternehmen zudem im Spannungsfeld der emotionalen und sachlichen Ansprache von Kunden. Emotionen stützen sich oft auf die Bildkommunikation und verkörpern die Werte der Kunden wie z.B. eine attraktive Zukunft, die Teilnahme am Fortschritt, die Delegation von Mühe und Sorgen, die Zugehörigkeit oder Sicherheit. Allerdings lassen sich diese Kundenvorteile auch mit sachlichen Argumenten und umfassenden Dokumentationen ausdrücken.

Typische Botschaften, abgeleitet aus den oben stehenden Ausführungen, sind zum Beispiel:

- Wir orientieren uns an den Lösungen für Kunden, erweitern die übliche Geschäftsmission im Markt und übernehmen eine umfassende Verantwortung.
- Wir beteilig(t)en uns an erfolgreichen Kundenlösungen (Testimonials und relevante Success-Stories).
- Wir investieren in wegweisende Konzepte und Prozesse der Zusammenarbeit und belegen unsere Kompetenz mit analytischen Konzepten.
- Wir setzen uns für attraktive Services ein und konzentrieren uns auf Dinge, die für den Kunden wichtig sind.
- Unser Servicesortiment ist umfassend und der Kunde kann das Passende wählen.
- Unsere Leistungssysteme stützen sich auf fassbare, robuste Lösungen und sind keine »warme Luft« (informatikgestützte Lösungen, Serviceprodukte, et cetera).

Abbildung 8.3 zeigt einige Kommunikationsbeispiele von verschiedenen Unternehmen.

KMU-Kampagne von SAP

Inserate- und Plakatkampagne von Zschokke (Bauunternehmen}

Broschüre von Bossard (Befestigungstechnik) zur Rationalisierung in der C-Teile-Logistik)

Dienstleistungskatalog von Interio (Möbelhaus) als Teil des Katalogs

Dokumentation zur Akademie von Heidelberg (Druckmaschinen)

»Redaktionelles« Inserat von Swisscom (Mobilnetz) zum Call Center für Kunden

Broschüre zur Mobilitätslösung von Mercedes für Dachser (Transportunternehmen)

Broschüre von Hilti (Befestigungstechnik) für den Key-Account ABB

Abbildung 8.3: Kommunikationslösungen von Unternehmen

Abbildung 8.4 zeigt einige Hinweise, welche Unternehmen zur Kommunikation für Leistungssysteme verwenden.

- »Wie der Kunde den Mehrwert unserer Leistungen erkennt.«
- »Wie der Kunde in der Zusammenarbeit mit uns rationalisiert.«
- »Welche Anforderungen wir an unseren Kunden als professionellen Partner stellen.«
- »Wie unsere Kunden professionell evaluieren und entscheiden.«
- »Was uns in der Zusammenarbeit mit Kunden wichtig ist.«
- »Wie wir den Kunden nach dem Kauf unterstützen.«
- »Wie wir Effektivität und Effizienz im Service steigern.«
- »Wie wir den Lebenszyklus unserer Produkte beim Kunden begleiten.«
- »Wie wir Synergien mit unseren Partnern erzielen.«

Abbildung 8.4: Typische Dokumente zur Kommunikation von Leistungssystemen nach innen und im Markt

Wie weit entfernt bewegen sich die Inhalte der Kommunikation von der Kaufentscheidung? Je früher die Argumente und die Unterstützungen für Kunden im Informations- und Entscheidungsprozess einsetzen, desto höher ist die Trefferquote. Diese Zusammenhänge sind beispielsweise im Direktmarketing bekannt. So erzielen Mailings für den Verkauf von Autos häufig nur Rückläufe im Promillebereich, während Kundenevents ohne Kaufbezug oder Themen zur Mobilität teilweise zweistellige Prozentreaktionen bewirken. Beim früheren Einstieg bleibt es jedoch kritisch, die angesprochenen Zielpersonen schrittweise und gezielt in ihren Prozessen weiter zu führen und bis zur Kaufentscheidung nicht zu verlieren. Jedes »Ja« eines Kunden in frühen Informations- und Vorentscheidungsphasen schafft dazu günstige Voraussetzungen. Ziel- oder abschlussorientiertes Marketing, das den Kunden zur Kaufentscheidung drängt, ohne ihn vorher auf den Kauf vorzubereiten, wird in der Regel zu teuer (etwa über Preiszugeständnisse) oder es führt dazu, dass die Kundenbeziehung abgebrochen wird (vgl. auch Abschnitt 2.2).

Wege der Kommunikation

Wege der Kommunikation betreffen Ansätze der persönlichen Interaktion mit den Kunden, den Einsatz der Medien sowie unterstützende Systeme der Informatik und Prozesse.

Zahlreiche spezifische Möglichkeiten der Kommunikation wie Mitarbeiterschulungen, Kundenberatungen, Kundenworkshops, Kundenzeitschriften, Hotlines oder Kundenkontaktzentren ließen sich vertiefen. Abbildung 8.5 gibt einen Überblick.

Unternehmen wählen oft Schwerpunkte, indem sie beispielsweise die Medienwerbung gewichten, sich intensiv auf Dokumentationen und Prospekte konzentrieren, Anlässe für Kunden durchführen oder auch die Leistungssysteme in der individuellen Interaktion mit dem Kunden umsetzen. Teilweise sind diese Ansätze zu einseitig. Es ist aber trotzdem richtig, passende Schwerpunkte zu setzen. Schon ein intensives Programm mit Kundenworkshops kann helfen, den Anbieter als kundenorientierten Problemlöser im Markt eindeutig zu profilieren (auch wenn Wettbewerber dieses Instrument ebenfalls vereinzelt einsetzen). Durch eine Konzentration ist es möglich, im Informationswettbewerb herauszuragen und damit eine erwünschte Ausstrahlung auf sämtliche anderen Aktivitäten des Unternehmens zu erreichen.

Externe Kommunikationswege	Interne Kommunikationswege	Interne und externe Kommunikationswege
Inserate in Fachmedien	Differenzierte/typologisierte Zusammenarbeit mit Kunden	Dokumentationen
Messen	Definierte Prozesse	Elektronische Arbeitshilfen für Kunden
Systemverkauf/ Beratungsgespräche	Definierte Aufgaben für interne »Dienstleister« aus Management und Technik	Internet und Intranet
Kundenevents	Kostentransparenz, Kundenwert und Offer-Screening	Hotline, Kundenkontakt-Center
Public and Specialists Relation und Vorträge	Anleitungen für Argumente und Verkaufsgespräche	Angebote und Rechnungen
Forschungsergebnisse	Workshops/Schulungen	
Partner und Beeinflusser als Absender mobilisieren		
Specials		

Abbildung 8.5: Spezifische Möglichkeiten der Kommunikation von Leistungssystemen – Überblick

Einige Hinweise sind beispielsweise im folgenden Exkurs zum Performance-Selling und Systemverkauf aufgeführt. Besonders bei relativ wenig Kunden und komplexen Leistungen spielt der persönliche Verkauf eine Schlüsselrolle, um Leistungssysteme mit den Kunden erfolgreich zu verwirklichen (vgl. auch die anschließenden Ausführungen zu den Budgets). Es ist einfach, den flexiblen Alleskönner im Verkauf, den Generalisten und Team- sowie Global-Player zu fordern und eine Tendenz vom Produktverkäufer zum Betriebswirtschaftler und schließlich zum Kundenproblemlöser zu beschreiben. Die Verkaufsmannschaften von Unternehmen stützen sich allerdings seit vielen Jahren häufig auf den traditionellen Produkteverkauf. Für neue Vorgehensweisen gilt es, Motivationen und Fähigkeiten zu entwickeln oder teilweise neue Mitarbeiter einzusetzen. Zudem ist es wichtig, die Ängste der Mitarbeiter abzubauen, weil sie sich im Problemlösungsverkauf auf das »Terrain« des Kunden begeben, auf dem sich die Kunden sicherer als die Verkäufer fühlen.

Exkurs: Performance-Selling und Systemverkauf

Von Christian Belz

Performance-Selling geht davon aus, dass der Verkauf einen gezielten Mehrwert für Kunden bietet. In einer internationalen Studie (n=376, Business-to-Business-Marketingverantwortliche verschiedener Branchen in 13 Ländern) stimmten dieser Anforderung 89 Prozent zu. Für 80 Prozent wird strategisches Verkaufen entscheidend. Für 64 Prozent geht der Trend in Richtung Leistungssysteme und Systemverkauf. Unternehmen fordern breitere Qualifikationen des Systemverkaufs (62 Prozent), Teamplayer (80 Prozent), Projektleiterfähigkeiten (70 Prozent) und Generalisten (58 Prozent). 85 Prozent erkennen, dass die Verkaufsaufgaben auch vom Topmanagement, dem Management, vom Innendienst und den technischen Mitarbeitern erfüllt werden müssen (Belz/Bussmann 2002).
Der persönliche Verkauf von Leistungssystemen verbindet konsequent die operative und strategische Zusammenarbeit mit Kunden und gewichtet damit die langfristige Geschäftsbeziehung mit sinnvollen Erweiterungen. Spezifische Voraussetzungen des Systemverkaufs sind (Belz 1999a, S. 178 ff.; Loss 1996; Zoller 2001):

- Kompetenz bezüglich Kunden: Kundenkenntnis wird ebenso wichtig wie Angebotskenntnis. Der Verkäufer muss in der Lage sein, zuzuhören, gemeinsam mit dem Kunden neue Lösungen zu entwickeln und aus dem Blickwinkel und in der Sprache des Kunden zu argumentieren.

- Projektkompetenz: Die langfristige Geschäftsbeziehung zu Kunden und grundsätzliche Umstellungen und Erweiterungen der Zusammenarbeit führen bei den Kunden und Anbietern zu Projekten mit mehreren Beteiligten. Der Verkäufer leistet in solchen Projekten als Leiter, Moderator oder Mitglied wichtige Beiträge. Bei laufenden Kundenprojekten (etwa dem Kauf einer neuen Anlage, neuen Gebäuden, Umstellungen im Produktionsprozess, Reorganisationen) ist es wichtig, in frühen bis späten Phasen dieser Projekte gezielt mitzuwirken und die Möglichkeiten der eigenen Beiträge im gesamten Kundenprojekt realistisch abzuschätzen. Um erwünschte, neue Personen beim Kunden wirksam einzubinden, bewährt es sich oft, die entsprechenden Personen in gemeinsam bestimmte Arbeitsprojekte zu integrieren. Konkrete Zwischenschritte und Aufgaben motivieren die Beteiligten stärker als Events und Informationstreffen.
- Koordinationskompetenz intern, mit Partnern und beim Kunden: Die Koordinationsleistung beim Kunden, beim Anbieter und zwischen den Partnern ist ein Schlüssel für den Erfolg von anspruchsvollen Leistungssystemen. Auch intern gilt es meist, die geeigneten (und überlasteten) Mitarbeiter für den Kunden zu mobilisieren. Es handelt sich um eine Motivationsaufgabe, weil meistens eine direkte Weisungsbefugnis fehlt.
- Beziehungs- und Verkaufskompetenz für Buying-Centers und komplexe Entscheidungsprozesse bei Kunden: Leistungssysteme betreffen beim Kunden bestehende Beziehungen und neue Beeinflusser sowie Entscheider. Wichtig ist die Fähigkeit des Verkäufers, die bestehenden Beziehungen zu pflegen und neue Beziehungen beim Kunden aufzubauen sowie gleichzeitig weitere Mitarbeiter bei seinem eigenen Unternehmen mit Mitarbeitern des Kunden zu vernetzen. Kundensitzungen und -workshops muss er so gestalten, dass sie für die erwünschte Zusammensetzung des Kundengremiums attraktiv sind.
- Effizienz der Marktbearbeitung: Die effiziente Marktbearbeitung setzt die finanzielle Führung in der Akquisition und in der Zusammenarbeit mit Kunden, den gekonnten Umgang mit Informationssystemen, die Synergie zu weiteren Maßnahmen in der Kommunikation (Callcenter, Direktmarketing, Messen et cetera) und die realistische Abschätzung der Erfolgschancen von Kundenprojekten voraus.
- Kompetenz für die Verrechnung von Services und Leistungssystemen: Der Verkäufer muss in der Lage sein, den Mehrwert für Kunden in höhere Preise umzusetzen. Beispielsweise soll sich das eigene Unternehmen an erreichten Kostensenkungen von Kunden beteiligen können.

Diese Fähigkeiten erhalten je nach spezifischer Beziehung und Geschäft zwischen Anbieter und Kunden ein besonderes Gewicht. Bezug für sämtliche Kompetenzen im Systemverkauf sind die operativen und strategischen Kundenvorteile.

Kommunikationsbudgets

Die Wirkung der Budgets ist geprägt durch den Einsatz von Mitteln im Vergleich zu den Kommunikationsaufgaben für eine bestimmte Anzahl von Zielkunden und durch den Erklärungsbedarf für mehr oder weniger komplexe Leistungen. Auch in diesem Bereich gibt es selbstverständlich Anbieter mit hohen und niedrigen Budgets gegenüber dem Umsatz. Außerdem besitzt der Marktführer gegenüber kleineren Nischenanbietern unterschiedliche Voraussetzungen. Zusätzlich bestehen Unterschiede der Gewichtungen je nach Branche.

Untersuchungen in den Jahren 2001 und 2003 belegen, dass Unternehmen ihre Kommunikationsbudgets (besonders in der Rezession) im Bereich der kundennahen, dezentralen Marktbearbeitung verstärken und allgemeines Massenmarketing mit Image- und Medienkampagnen zurücknehmen. Grundsätzlich betreffen die Erhebungen die Phasen der Hochkonjunktur (2001) und der Rezession (2003). Die Ergebnisse zeigt die folgende Auflistung.

Marketing-Budgets – Empirische Ergebnisse

Gewichtung und Trends der vergangenen/zukünftigen 2 Jahre

1. Persönlicher Verkauf/Außendienst (1) (++/++)
2. Prospekte, Dokumentationen, Kataloge (3) (Minus)
3. Kundenservice (6) (+/++) (Plus)
4. Verkaufsförderung (9) (+/++)
5. Verkaufsinnendienst (4) (Minus)
6. Direktmarketing und Customer-Relationship-Management (5) (+/++)(Plus)
7. Medienwerbung (2) (/) (Minus)
8. Messen (8) (/) (Minus)
9. Specials der Kommunikation (7)
10. Konditionen (10) (Minus)
11. Kunden/Marktinformationssysteme (11) (++/++) (Plus)
12. Internet und Multimedia (12) (Plus)
13. Marketingprojekte (13)
14. Public Relations (15)
15. Marktforschung (16)
16. Sponsoring (14) (/) (Minus)

Legende: Die Budgets sind in der Reihenfolge ihrer relativen Größe in der Untersuchung 2003 aufgeführt. Die Zahlen in Klammern zeigen die Position in der Untersuchung 2001. Beispielsweise entwickelte sich der Kundenservice 2001 von Platz 6 auf Platz 3 in 2003. Zudem wird bezeichnet, wo Führungskräfte in den vergangenen zwei Jahren sparten oder die Budgets für die nächsten zwei Jahre steigern wollen. Beispielsweise erhöhten die Unternehmen 1999 bis 2001 die Budgets des Services leicht (+) und wollen in den nächsten zwei Jahren dieses Budget stärker gewichten (/++). Mit (Minus) oder (Plus) wird die Tendenz für die Vergangenheit und Zukunft 2001 zusammengefasst. Beispielsweise wurde der Kundenservice bereits in der Untersuchung 2001 gesteigert (Plus). Die ausgeschöpfte Stichprobe umfasste 2001 n=150 und 2003 n=162. Befragt wurden Manager und Marketingverantwortliche sämtlicher Branchen.

Bereits in Abschnitt 8.2 bemerkten wir, dass viele Unternehmen die Kommunikation für Leistungssysteme nicht genügend gewichten und deshalb kaum Mittel dafür einsetzen. Oft bewegt sich die Kommunikation für Leistungssysteme außerhalb der verabschiedeten Budgets für Kommunikation und stützt sich mehrheitlich auf den Arbeitseinsatz der beteiligten Mitarbeiter als Ressource. In diesem Fall sind nur Konzepte und einfache Broschüren das Ergebnis. Es gilt daher, die Kommunikation in diesem Bereich in den professionellen Kommunikationsanstrengungen des gesamten Unternehmens explizit zu berücksichtigen. Allerdings betrifft die festgestellte Zurückhaltung mehrheitlich Unternehmen mit wenigen Kunden und komplexen Leistungen. Zwar spielt dann die Interaktion mit dem einzelnen Kunden die herausragende Rolle in der Kommunikation, es besteht aber die Gefahr, sich zu zersplittern und eine klare Position des Unternehmens zu verhindern.

8.3 Integrierte Lösungen der Kommunikation

Die aufgezeigten Wahlmöglichkeiten für die Kommunikation von Leistungs- und Kundensystemen zeigt Abbildung 8.6 im Überblick. Die Entscheidungsbereiche hängen zusammen und eine in sich stimmige Gesamtlösung wird angestrebt. Dabei spielt eine Rolle, was zum Unternehmen und den Kunden passt und glaubwürdig ist. Im Weiteren ist entscheidend, ob kleine oder große Budgets zur Verfügung stehen, oder ob ein Unternehmen mit der Strategie und Marktbearbeitung für Leistungs- und Kundensysteme erst beginnt oder bereits ein Vorbild im Markt ist.

Im umfassenden Kommunikationskonzept sind selbstverständlich auch Controlling und Realisierung zu berücksichtigen. Wir verweisen dafür auf Kapitel 11.

<table>
<tr><th>Entscheidungsbereich der Kommunikation</th><th colspan="4">Entscheidungsoptionen</th></tr>
<tr><td rowspan="4">Kommunikationsstrategie</td><td>Lösungsgeschäft (Leistungs- und Kundensysteme)</td><td colspan="2">Duale Strategie</td><td>Produkte</td></tr>
<tr><td>Unternehmen</td><td colspan="2">Interaktion</td><td>Leistung</td></tr>
<tr><td colspan="2">Top-Down-Kommunikation und »Big Bang«</td><td colspan="2">Bottom-Up-Kommunikation und schrittweiser Aufbau</td></tr>
<tr><td colspan="2">Kommunikation im Markt</td><td colspan="2">Kommunikation nach innen</td></tr>
</table>

<table>
<tr><td></td><td colspan="3">Breite Kommunikation für Zielgruppen, mit vielfältigen Botschaften und mehreren Kommunikationswegen</td><td colspan="3">Enge Kommunikation mit aufgebauten Spitzenleistungen und »Leuchttürmen« mit Ausstrahlung</td></tr>
<tr><td></td><td colspan="3">Lancierung innovativer Leistungsformen zum Marktaufbau und zur Marktgestaltung (Durchsetzung neuer Angebots- und Nachfragegrenzen)</td><td colspan="3">Lösungen in der Gesamtentwicklung der Branche (zum Beispiel Nachahmung erfolgreicher Anbieter, Ausnutzung von Markttrends)</td></tr>
<tr><td></td><td colspan="3">Unternehmensdominanz in der Kommunikation (tendenziell Leistungsansatz (L-Ansatz)</td><td colspan="3">Förderung der kundeninitiierten Kommunikation (insbesondere zwischen Kunden), zum Beispiel durch unabhängige Kundenclubs und Chatrooms im Internet et cetera) (tendenziell Communication- und Community-Ansatz (C-Ansatz); Selbstorganisation der Kunden)</td></tr>
<tr><td>Zielgruppen</td><td colspan="3">Klare Marktsegmentierung und Selektion attraktiver Schwerpunktsegmente</td><td colspan="3">Breites Marketing und Bereitschaft zu vielfältigen Kundenprojekten</td></tr>
<tr><td></td><td colspan="2">Kommunikation für alle Kunden</td><td colspan="2">Kommunikation für Zielgruppen</td><td colspan="2">Kommunikation für einzelne Kunden</td></tr>
<tr><td></td><td colspan="2">Ansprache von Beeinflussern (zum Beispiel Architekten, Ärzten et cetera)</td><td colspan="2">Ansprache von Absatzmittlern (Vertriebspartnern)</td><td colspan="2">Ansprache von Kunden der Kunden (zum Beispiel Ingredient-Branding)</td></tr>
<tr><td></td><td colspan="3">Kundenakquisition</td><td colspan="3">Kundenpflege und Erweiterung der Zusammenarbeit</td></tr>
<tr><td></td><td colspan="2">Ansprache von allen relevanten Anspruchsgruppen (zum Beispiel Kapitalgebern, Personalmarkt, Öffentlichkeit)</td><td colspan="2">Ansprache vieler Kunden</td><td colspan="2">Ansprache weniger ausgewählter Kunden (zum Beispiel Key-Accounts)</td></tr>
<tr><td></td><td colspan="3">Gewinnung neuer Entscheider und Beeinflusser bei Kunden</td><td colspan="3">Pflege der bestehenden Beziehungen bei Kunden</td></tr>
</table>

<table>
<tr><td></td><td>(Top-) Management der Linie</td><td>Differenzierte Kommunikation im Buying-Center</td><td>Technik (F&E, Produktion, Service, Logistik)</td><td>Marketing und Vertrieb</td><td>Einkauf</td></tr>
<tr><td rowspan="6">Botschaften</td><td colspan="2">Komplexe Leistungen: Offene Vorschläge für eine innovative und gezielte Zusammenarbeit und entsprechende Lösungen mit den Kunden (strategischer Wurf)</td><td colspan="3">Einfache Leistungen: Standardisierte Lösungen mit Wahlmöglichkeiten des Kunden, analytischer Detailansatz für Prozesse, Wirtschaftlichkeit usw.</td></tr>
<tr><td colspan="2">Qualität der Leistung (z. B. Argumente und Appelle zur Partnerschaft)</td><td colspan="3">Fassbare Leistungen, gestützt durch Infrastrukturen (z. B. Informatik, Auftragsabwicklung, Logistik, Technologiezentren usw.)</td></tr>
<tr><td colspan="2">Leistungsorientierte Kommunikation (Leistungen, Mitarbeiterkompetenz)</td><td colspan="3">Kundenorientierte Argumentation (Testimonials von Kunden, Referenzen und erfolgreiche Kundenlösungen, Ansprache von Kundensegmenten (z. B. KMU))</td></tr>
<tr><td>Lösungskompetenz für Kunden</td><td>Lösungspakete (Strukturen der Leistung)</td><td>Attraktive Leistungsmodule</td><td colspan="2">Spezifische Services</td></tr>
<tr><td colspan="2">Emotionale Ansprache der Kunden (Fortschritt, Sicherheit usw.)</td><td colspan="3">Sachliche Ansprache der Kunden</td></tr>
<tr><td colspan="2">Kontinuität</td><td colspan="3">Flexibilität</td></tr>
<tr><td>Kommunikationswege</td><td>Medien und Messen (z. B. Inserate in Fachzeitschriften)</td><td>Kundenanlässe (z. b. Workshops, Schulungen usw.)</td><td>Dokumentation und Prospekte (inkl. Einsatz im Verkauf, im Direktmarketing, an Messen usw.)</td><td colspan="2">Interaktion mit Kunden (z. B. Bedarfsanalysen, Verkaufsgesräche, Angebote, Rechnungen)</td></tr>
<tr><td>Kommunikationsbugdets</td><td colspan="2">Einsatz hoher Budgets im Branchen- und Wettbewerbsvergleich</td><td colspan="3">Einsatz kleiner Budgets im Branchen- und Wettbewerbsvergleich</td></tr>
</table>

	Streuung der Budgets auf vielfältige Aktivitäten	Konzentration der Budgets auf wenige »Leuchttürme« des Leistungssystems
	Integration der Kommunikation für Leistungs- und Kundensysteme in die Gesamtkommunikation des Unternehmens	Getrennte Budgets und Verantwortlichkeit für die Kommunikation von Leistungs- und Kundensystemen

Abbildung 8.6: Entscheidungsoptionen der Kommunikation

Abbildung 8.7 zeigt die Zusammenhänge zwischen der grundsätzlichen Strukturierung der Kommunikationsebenen Unternehmen, Interaktion und Leistung (Simão 2003, S. 6 ff.) und den Entscheidungsbereichen. Auch diese Tabelle dient als Überblick und gleichzeitig als weitere Checkliste.

Kommunikationsebene	**Herausforderungen**	**Strategie/Ziel**	**Zielgruppen**	**Botschaften**	**Kommunikationswege: Instrumente und Medien**
Unternehmen	Interner Kulturwandel vom Produkt- zum Lösungsanbieter Glaubwürdige Positionierung im Markt	Wachstum und Wertschöpfung durch integrierte Problemlösungen für Kunden Duale Positionierung des Unternehmens als Problemlöser und Produktanbieter	Breite Zielgruppen mit potenziellen Kunden und potenziellen Mitgliedern von Kaufprozessen Neue Kunden und neue Entscheider sowie Beeinflusser bei Kunden	Kompetenz-Kommunikation	Kulturwandel und Change-Management Kommunikationsfähige Strategie Markenführung nach innen und außen Werbekampagnen und Dokumentationen Specials (zum Beispiel Sponsoring) Direktmarketing Messen Schulung und Workshops PR und Vorträge

Interaktion	Konzeption und Plattform für dezentrale Interaktion Kundenakquisition und Ansprache neuer Partner bei bestehenden Kunden; Sicherung der Unterstützung bestehender Einkaufspartner	Kommunikative Unterstützung der Zusammenarbeit zwischen Anbieter und Kunden Kundenbindung und erweiterte Zusammenarbeit	Spezifische Kundensegmente Spezifische Mitglieder von Buying-Centers: Topmanagement, Spartenleiter, Technik (F&E, Produktion), Marketing, Kundendienst, Logistik, Einkauf (zum Beispiel bis zu 200 und mehr Zielpersonen bei Key-Accounts)	Projektkommunikation	Forschungsberichte zu Kundensituationen Kunden- und Kundenprozess-Typologien Differenzierte Zusammenarbeitsformen mit Kunden Beziehungsmanagement für Buying-Centers Value- und Enterprise-Selling: Systemverkauf und Teamselling Hotline und Kundenkontaktzentren Elektronische Arbeitshilfen für Kunden und Mitarbeiter; Internet und Intranet Kundenevents Preislisten, Offerten, Rechnungen Kunden-Informationssysteme Definierte Aufgaben für interne Dienstleister aus Management und Technik, Argumentationen für Verkaufsgespräche Kostentransparenz, Kundenwerterfassung, Offer-Screening

Leistung	Transparenz des Kundennutzens	Steigerung der Wertschöpfung Leistungstransparenz oder individuelle Kundenlösungen als Vorgehensoption	Differenzierte Leistungsargumente (vgl. Interaktion)	Nutzenkommunikation	Strukturierte und transparente Leistungskonzepte und -dokumentationen Pilotkunden und Pilotprojekte; Anwendungsbeis piele und »Best Practices« Verschiedene Kommunikationsinstrumente (vgl. Unternehmen, Interaktion)

Abbildung 8.7: Kommunikationsebenen und Konzeptbausteine (Simão 2003)

Mit den kritischen Statements werden diese Ausführungen zur Kommunikation abgeschlossen.

Statements zur Kommunikation von Leistungs- und Kundensystemen

- Kommunikation ist der Zugang des Menschen und Kunden zur Wirklichkeit (Christian Belz).
- Orientieren, echt sein und sich behaupten sind drei Trends, an denen sich das Brandmanagement orientieren muss (Jürgen Häusler, Interbrand Zintzmeyer & Lux, Zürich).
- Es ist schwieriger, das Gleiche immer wieder neu zu konzipieren und zu kommunizieren – darauf kommt es beim Brandmanagement aber an. Immer neue Ansätze sind verhältnismäßig einfach aufzugreifen. Marken gehen eher an der Pflege kaputt als bei der Kreation (Jürgen Häusler, Interbrand Zintzmeyer & Lux, Zürich).
- Die Differenzierung nach Marktsegmenten und Anspruchsgruppen ist in der vernetzten Gesellschaft vielfach obsolet. Es entstehen Rückkoppelungen, Verstärkungseffekte und neue Themen zwischen den Communitys. Es bilden sich deshalb integrierte »Kommunikationsmärkte« für Anbieter und die Schauplätze und Themen lassen sich nicht mehr sauber abgrenzen (Christian Belz).
- Vor einiger Zeit analysierte ich die Internetauftritte der fünfzehn größten Immobiliengeschäfte in der Schweiz. Erschreckend war, wie gleichförmig Immobiliensparten und -Konzerne ihre Angebote für ein integriertes Facility-Management präsentieren. Allgemeine Markttrends werden in der Kommunikation rasch umgesetzt, nur finden sich dann Kern- und Nebenleistungen, Leistungen mit großen und kleinen Umsätzen sowie realisierte und nur gewünschte Leistungen plötzlich gleich gewichtet nebeneinander. Unglaubwürdigkeit und verwischte Unternehmensprofile sind die Folge, weil sich die Konzepte zu wenig unterscheiden. Unternehmen tun gut daran, ihre Kernkompetenzen auch in der Kommunikation richtig zu gewichten. Andernfalls verheizt die Kommunikation neue Marktchancen, bevor diese wirklich aufgegriffen werden (Christian Belz).

9 Kommerzialisierung

In den meisten Märkten erweitern die Anbieter im intensiveren Wettbewerb ihre Leistungen oder sie senken die Preise. Profilierung und Rationalisierung spielten bereits in der Diskussion zu Unternehmensstrategien des Customer-Value eine Rolle (vgl. Abschnitt 6.4).

Leistungen, Preise und Kommunikation bedingen sich gegenseitig und lassen sich deshalb kaum voneinander trennen. Unternehmen erkennen aber die grundsätzliche Gefahr, dass sie laufend neue Funktionen für Kunden und Absatzmittler übernehmen und ihre Aktivitäten doch nicht in kommerzielle Erfolge umsetzen können: Sie unternehmen laufend mehr bei gleichzeitig schwindenden Margen. Diese Entwicklung ist die normale Folge eines steigenden Wettbewerbs. Allerdings ist diese Sichtweise defensiv. Leistungen, die Mehrwert für Kunden schaffen, sollen nicht verschenkt, sondern verrechnet werden. Dazu werden in diesem Kapitel verschiedene Lösungen erarbeitet.

Nur Innovationen erlauben dem Anbieter, sich mindestens für eine gewisse Zeit dem Preisdruck zu entziehen, bis erneut andere Anbieter mit ähnlichen oder sogar besseren Leistungen auftreten. Problemlösungen können demgemäß als attraktives Geschäft betrachtet werden. Kommerzialisierung schließt die defensive Verrechnung ebenso ein wie den Aufbau attraktiver und neuer Geschäfte. In diesem Bereiche sind auch innovative Ertragsmodelle möglich, die beispielsweise dem Kunden nicht die Leistungen oder den Input verkaufen, sondern sich am Nutzen des Kunden beteiligen.

Kommerzialisierung ist eng verknüpft mit einer erfolgreichen Konfiguration der Leistung, die das Bedürfnis der Kunden trifft. Die Konfiguration bestimmt die Gesamtleistungen und die Leistungsbausteine. Bei der Kommerzialisierung gilt es, für die Bausteine und die Gesamtleistungen die richtigen Preise für die Kunden- und Unternehmensvorteile zu erzielen. Wir verzichten hier darauf, das Modell des Customer-Value erneut abzubilden und die Kommerzialisierung zu positionieren (siehe Abbildung 7.1).

Bei der Kommerzialisierung ist der Bezug zu den Wettbewerbern besonders wichtig. Wenn beispielsweise eine ganze Branche ihre Preismodelle nur an den Produktpreisen ausrichtet und damit viele Serviceleistungen verschenkt (oder sie im Produktpreis einrechnet), ist eine andere Vorgehensweise einzelner Anbieter besonders anspruchsvoll. In Bedrängnis sind dann jene Anbieter, die überdurchschnittliche Lösungen für Kunden vermarkten und trotzdem nur Produktpreise anbieten. Zwar gelingt es damit, Aufträge zu gewinnen oder einen etwas höheren Preis zu erzielen als die meisten

Wettbewerber, die Spielräume für eine höhere Wertschöpfung bleiben aber durch den engen Bezug zum Produktpreis immer sehr eng begrenzt. Akzentuiert wird diese Entwicklung durch die Schere von steigenden Dienstleistungskosten und sinkenden Margen der Hardware in Branchen oder bei einzelnen Unternehmen (vgl. Abbildung 5.6).

Der Bereich der Kommerzialisierung stützt sich auf die umfassenden Grundlagen der Preisgestaltung. Preiskonzepte sind von drei Seiten beeinflusst: 1.) von den eigenen Kosten, 2.) von den Preisen der Konkurrenz und 3.) vom Nutzen des Kunden (Reinecke 2004, S. 334 ff.). Auch die Preise für Problemlösungen bewegen sich in diesem Spannungsfeld. Wir verweisen auf die umfangreichen Veröffentlichungen in dieser Disziplin (Diller 2000; Simon 1992) und behandeln nur einige spezifische Besonderheiten für den Ansatz des Customer-Value. Im Marketing scheint die Preisgestaltung besonders klar zu sein. Endlich spielt eine Zahl eine Rolle und wir erörtern nicht qualitative Positionierungen, Kundenbindung oder Kommunikation. Dennoch werden Preise häufig »aus dem Bauch heraus« und somit intuitiv entschieden (Diller 2000), obwohl dem Preis als dritten Bestimmungsfaktor für den Gewinn (neben Kosten und Absatzmengen) eine entscheidende Bedeutung zukommt. Doch kann der Preis nicht isoliert gesehen werden; er führt nicht allein zum Kauf, sondern ist vielmehr ein integrierter Zugang des Kunden zum Angebot. Der Kunde bewertet sämtliche Maßnahmen und Wirkungen des Marketing, um zu entscheiden, ob er zu diesem Preis kauft oder nicht. Der Preis ist somit die Gegenleistung des Kunden für den subjektiv wahrgenommenen Wert einer integrierten Leistung. Deshalb sind Probleme der Preisgestaltung mit dem gesamten Marketing zu lösen. Die Zahl wird damit durch viele Maßnahmen der Leistung, der Nutzenkommunikation und des Images geprägt.

Schlüsselfragen zur Kommerzialisierung sind:

- Welche Selektion von Kunden, Projekten und Leistungen öffnet genügend Chancen im Markt und verhindert einen wenig ergiebigen Einsatz?
- Wie gelingt es, die Leistungs-, Projekt-, Prozess- und Kundenkosten transparent zu erfassen, zu steuern und rationeller vorzugehen?
- Wie lassen sich die Wertschöpfung sowie die Erträge mit den Leistungssystemen steigern? Wie lassen sich die Preise langfristig und kurzfristig differenzieren und optimieren, um in langfristigen Kundenbeziehungen den geschaffenen Kundenwert fair abzuschöpfen?
- Wie lässt sich die Kompetenz der Mitarbeiter für eine wertorientierte Kommerzialisierung fördern?

Das Kapitel befasst sich mit den Antworten; die Stichworte lauten situative Kommerzialisierung (Abschnitt 9.1), Ertragsmodelle, Rationalisierung und Selektion sowie umfassende Kommerzialisierung (Abschnitt 9.2).

9.1 Situative Kommerzialisierung

Strategien und Preise für Dienstleistungen gilt es, situativ zu gestalten. Abbildung 9.1 zeigt, was die Verrechnung erschwert oder erleichtert. Es ist sehr differenziert vorzugehen, denn jeder Faktor lässt sich aktiv gestalten.

Allgemeine Appelle, die Dienstleistungen dem Kunden doch vermehrt zu belasten, greifen zu kurz. Die Möglichkeiten der Preisgestaltung sind ähnlich vielfältig, wie bei Produktsortimenten. Jede Dienstleistung ist mehr oder weniger einzigartig, zum Beispiel durch Innovation oder Qualität, und sie passt dem Kunden besser oder weniger gut.

Bereich	Erschwerte Kommerzialisierung	Erleichterte Kommerzialisierung
Kaufentscheidung der Kunden	Kunden kaufen einseitig preisorientiert oder beachten wenige Leistungsmerkmale (Nutzung Preiswettbewerb). Kunden nutzen frei die Vorleistungen verschiedener Anbieter und wählen unabhängig. Kunden orientieren sich an Produkten. Kunden sind nicht gewohnt, Dienstleistungen zu bezahlen.	Kunden bewerten Leistungen der Anbieter differenziert und professionell (Nutzung Leistungswettbewerb). Kunden verbinden die Vorleistungen und Kaufentscheidungen mehrheitlich und gehen fair vor. Kunden suchen Problemlösungen und integrieren Produkte sowie weitere Leistungen. Kunden sind gewohnt, Dienstleistungen zu bezahlen. Vorhandenes »Dienstleistungsbudget« der Kunden.
Kunden- und Verkaufsprozess	(Vor-)Leistungen mit großer Distanz zur Kaufentscheidung. Beteiligung von vielen Anbietern mit unsicherer Wahl eines Lieferanten. Starke und unerwartete Belastung des Kunden (z. B. mühsame Informations- und Entscheidungsprozesse usw.)	(Vor-)Leistungen nahe an der Kaufentscheidung. Beteiligung von ein bis drei (oder wenigen) Anbietern mit wahrscheinlicher Wahl eines Lieferanten. Starke Entlastung des Kunden (z. B. Verminderung des Evaluationsaufwands, Delegation des erfassten Aufwands von Kunden) Hoher Aufwand an Vorleistungen im Verhältnis zum erzielbaren Gesamtvolumen

Geschäftsbeziehung	Gezielte Transaktion mit geringer Kundenbindung und kurzfristige Optimierung Geringe Kosten für Vorleistungen und Services im Vergleich zum (möglichen) Umsatzvolumen (aktuell und längerfristig)	Bereitschaft des Kunden für eine langfristige Zusammenarbeit; hohe Intensität und lange Dauer der Geschäftsbeziehung Hoher Aufwand an Vorleistungen im Verhältnis zum erzielbaren Gesamtauftragsvolumen
Leistung	Generelles Angebot ohne besondere Anpassung für Kunden Diffuse Leistungen für den Kunden Nutzung von Services und Dienstleistungen nur im Verbund mit dem leistenden Lieferanten Kundennutzen nur bei Kauf Selbstverständlich integrierte Leistungen, die zum Produkteinsatz gehören Intransparente Leistungen in der Zentrale des Lieferanten mit niedrigem, wahrgenommenem aufwand Geringe interne und externe Transparenz der Leistung und Leistungskosten Durchschnittliche Dienstleistungen oder völlig neue Lösungen mit anderen Entscheidungsprozessen und –kriterien des Kunden Vermischtes Produkt- und Service-Angebot	Individualisierte und als spezifisch erlebte Leistungen für Kunden Abgegrenzte, fassbare Leistungen für Kunden mit klaren Vorteilen Herstellerunabhängiger Nutzen von Vorleistungen (z. B. Bedarfsabklärungen usw.) Kundennutzen auch ohne Kauf Zusatzleistung, die für eine Produkteinsatzfähigkeit als nicht absolut notwendig erkannt wird Leistungen vor Ort beim Kunden und Personalintensive Leistungen Hohe interne und externe Transparenz der Leistung und Leistungskosten Einzigartige Dienstleistung (in Innovation und Qualität) mit erlebtem Mehrwert des Kunden gegenüber Wettbewerbsangeboten Getrenntes Produkt- und Serviceangebot
Konkurrenz	Die Konkurrenz verspricht selbstverständlich den Kunden Problemlösungen Generalisten als Anbieter mit Mischrechnungen zwischen mehreren Angebotsbereichen Die Konkurrenz verschenkt Services und Vorleistungen Hohe Intensität des Wettbewerbs (z. B. massive Überkapazitäten usw.) und Überlebenskampf oder aggressives Vorgehen einzelner Anbieter Kein abgestimmtes Verhalten zur Verrechnung	Klare Differenzierung zwischen Box-Movern und Solution-Providern in der Branche Spezialisten als Anbieter Servicekultur der Branche und selbstverständlich verrechnete Services und Vorleistungen für Kunden Geringe Intensität der Konkurrenz und wenige Konkurrenten Explizite und implizite Spielregeln im Markt für eine Verrechnung von Dienstleistungen

Abbildung 9.1: Einflussfaktoren für eine erschwerte oder erleichterte Verrechnung (in Anlehnung an Müller 1996)

Die Verrechenbarkeit von einzelnen Dienstleistungen in Verbindung mit ihrer Bedeutung für Kunden wurde empirisch untersucht (Belz/Müller/Walti 1996; Trachsler 1996; Stauss 1993, S. 112 ff.; VDMA 1999). Die letztgenannte Studie des VDMA zeigte übrigens gleichzeitig, dass ausgerechnet bei den wichtigsten Dienstleistungen, bei denen Kunden zur Bezahlung bereit sind, die Kundenerwartungen nicht erfüllt werden (VDMA 1999, S. 16). Professionalisierung, Kundenzufriedenheit und Verrechnung gehen aber Hand in Hand.

Situativ ist auch zu berücksichtigen, welche Leistungen in welcher Phase des Kundenprozesses erbracht werden. Trachsler (1996) untersuchte diese Probleme der Verrechnung für die Branchen Informatik und Gebäudetechnik in den Informations- und Kaufphasen.

- *Vorphase:* Generell ist es schwierig, die Leistungen vor der Kaufentscheidung (Kosten für Beratung, Problemanalysen, Machbarkeitsanalysen) zu verrechnen. Im Extremfall lassen sich die Kosten nicht einmal dann decken, wenn es gelingt, den Auftrag zu gewinnen. Oft lässt sich der Break-Even der Vorleistungen erst nach mehrjährigen Geschäftsbeziehungen erreichen, weil diese Leistungen bis zu 30 Prozent der Umsätze des ersten Jahres ausmachen können.
- *Projektphase:* Diverse Koordinationskosten zwischen vielen Projektteilnehmern (zum Beispiel bei Informatiklösungen für Kunden, EDV-Beratern, Subunternehmern, Architekten, Unternehmensberatern) steigen und lassen sich schlecht verrechnen.
- *Nutzungsphase:* Die Dienstleistungen wie Wartung und Reparaturen nach dem Kauf werden vom Kunden eher als Sonderleistung akzeptiert und bezahlt. Der Kunde beansprucht den Lieferanten aber oft über den Wartungsvertrag hinaus für Ergänzungsarbeiten, Umstellungen, Einbindung externer Systeme, Behebung von Fehlern im »Umsystem« et cetera. Es ist schwierig, diese Zusatzarbeit zu verrechnen. Häufig wälzt der Kunde auch eigene Arbeiten auf den Lieferanten ab, beispielsweise weil sein Personal nicht genügend qualifiziert ist.

Abbildung 9.2 zeigt die typischen Zusammenhänge im Projektablauf für Aufwand und Verrechenbarkeit bei komplexen Kaufprozessen. Die aufgeführten Phasen entsprechen beispielsweise der Anschaffung einer Anlage oder einem Bauprojekt. Analogien zu einfacheren Kaufprozessen sind möglich.

Drei Verläufe sind in Abbildung 9.2 erfasst.

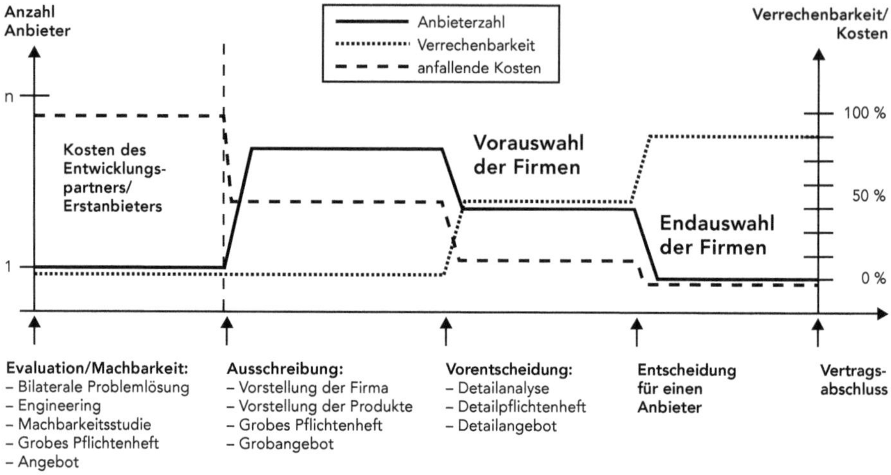

Abbildung 9.2: Zahl der Anbieter für Kunden, Kosten und Verrechenbarkeit im Projektablauf (Trachsler 1996, S. 180)

1. *Zahl der Anbieter:* In einer ersten Phase kann ein Anbieter ein Innovationsprojekt bei einem Kunden sogar initiieren. Anschließend ist es aber wahrscheinlich, dass sich der Kunde für verschiedene Anbieter öffnet, um vergleichen zu können. Oft verwendet er für die Verbreiterung des Anbieterfelds die Erkenntnisse und die Konzeption des Erstanbieters und Impulsgebers. Schrittweise vermindert der Kunde die Zahl der Anbieter, bis bei der Kaufentscheidung ein Lieferant (oder allenfalls Erst- und Zweitlieferant) zurückbleibt. Der Impulsgeber hofft auch am Schluss wieder dabei zu sein, das rechtfertigt seinen Initialaufwand. Die Risiken im Prozess, auf der Strecke zu bleiben, sind aber hoch, umso mehr als verschiedene Anbieter sich darauf konzentrieren im Kaufprozess des Kunden spät einzusteigen und dafür kostengünstig anzubieten (und »abzudrücken«).
2. *Aufwand:* Der Aufwand für Anbieter ist bei komplexen Kaufprozessen sehr hoch, besonders in der Initialphase. Dort gilt es, die Voraussetzungen beim Kunden zu schaffen und die Lösungen zu entwickeln. Bis zur Kaufentscheidung sinkt der Aufwand, allenfalls gibt es kurz vor der Entscheidung nochmals besondere Anstrengungen (die in der Graphik nicht berücksichtigt sind). Erkennen die Anbieter in frühen Phasen des Kaufprozesses ein hohes Risiko für den Zuschlag des Auftrags (erwarten sie also eine geringe Trefferquote) und gelingt es ihnen nicht, die Vorleistungen zu verrechnen, so minimieren sie ihren Aufwand. Sie lösen das Kundenproblem nicht umfassend, weil sie

befürchten, viele Vorleistungen zu erbringen, ohne sie nachher nutzen zu können.

3. *Zahlungsbereitschaft der Kunden:* Der Kunde ist umso stärker zur Zahlung von Leistungen bereit, desto näher die Leistungen der Lieferanten bei der Kaufentscheidung liegen und desto weniger sie daran beteiligt sind. Am höchsten ist die Zahlungsbereitschaft für Services nach der Kaufentscheidung.

Das Beispiel einer Analyse der Verrechenbarkeit von Services in der Werkzeugmaschinenindustrie bestätigt die erörterten Ergebnisse. Erstens ist jeder Service spezifisch verrechenbar. Zweitens ist die Zahlungsbereitschaft des Kunden nach dem Kauf größer (vgl. Abbildung 9.3).

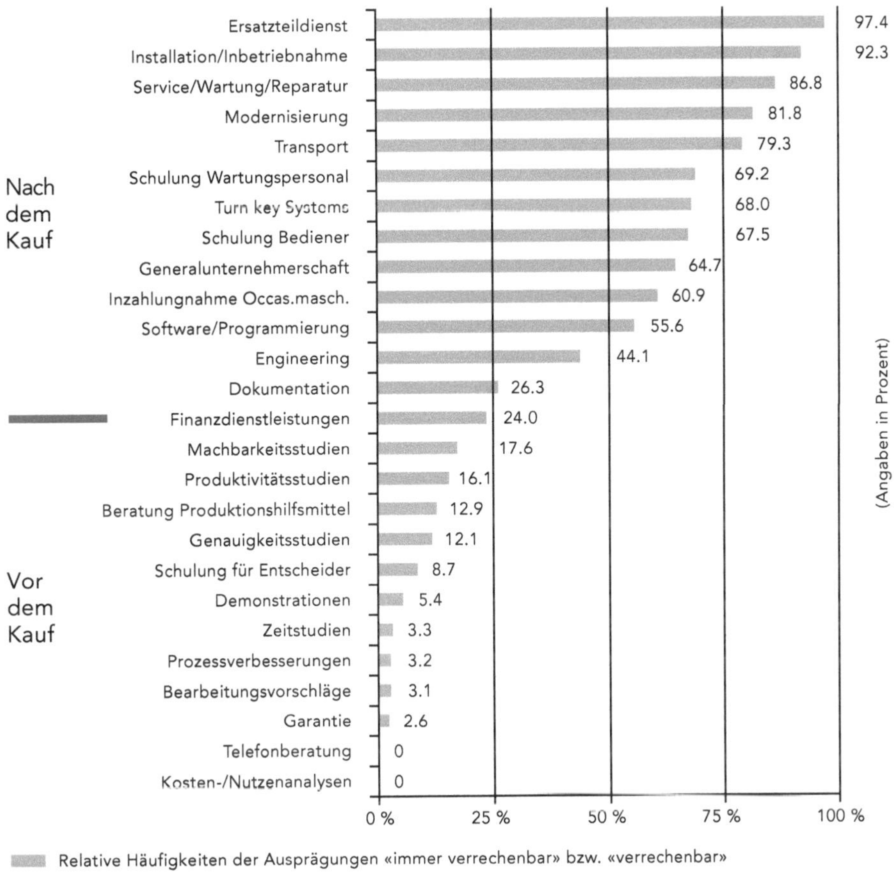

Abbildung 9.3: Verrechenbarkeit von Dienstleistungen für Werkzeugmaschinen (Belz/Müller/Walti 1996)

9.2 Bausteine der Kommerzialisierung

Die Kommerzialisierung lässt sich auf der Ebene von einzelnen Leistungsbausteinen und umfassenden Lösungen für Kunden gestalten. In der Regel gilt es, die Kosten, die Wettbewerbssituation und den Kundennutzen für einzelne Leistungen zu betrachten und anschließend die Leistungsbausteine zu Gesamtpreisen zusammenzufügen.

Abbildung 9.4 zeigt die grundsätzliche Entwicklung der Kommerzialisierung und verbindet sie mit der Wirkung von Lösungen und Leistungen.

Früherkennungs- und Zukunftsdienste • innovativ • für Kunden neu • Diffusionsrisiken • kritischer Vorsprung gegenüber der Konkurrenz	**Kommerzialisierungs- und Aufbaustrategie** Aufbau eines attraktiven Dienstleistungsgeschäfts mit neuen Diensten und Kunden, evtl. Koalitionen mit Spezialdienstleistern oder getrennte Dienstleistungssparte
Profilierungsdienste • einzigartig • vom Kunden geschätzt • von Konkurrenz vernachlässigt	**Verrechnung** Bundling durch höhere Gesamtpreise Integrierter Goodwill Entkoppelung der Preise und Wahlmöglichkeiten für Kunden Konsens mit Konkurrenten
Standarddienste • vom Kunden vorausgesetzt • im Markt etabliert • von der Konkurrenz verschenkt	**Rationalisierung und Selektion** Kostensenkung (inkl. wirtschaftliches Outsourcing) Leistungsselektion Modulares Dienstleistungssystem Kundenselektion (z. B. Offer-Screening, Leistungsdelegation an Kunden)

Abbildung 9.4: Stufen der Kommerzialisierung von Leistungs- und Kundensystemen (vgl. zu den Dienstleistungskategorien Abbildung 6.7)

Grundsätzlich folgt die im Weiteren angegebene umfangreichere Checkliste dem gleichen Schema. Erste Ansätze der Kommerzialisierung sind innenorientiert und betreffen Lösungen zur Kostentransparenz und Steuerung. Fortlaufend werden Wettbewerber und Kunden stärker integriert und der innovative sowie strategische Anteil der Kommerzialisierungsansätze steigt. Im Prozess der Professionalisierung wird ein Unternehmen mit den ersten Schritten beginnen.

Ansatz	Mögliche Bausteine
1. Kostentransparenz und -belastung sowie Incentives	• Erfassung der Dienstleistungskosten • Erfassung der Kundenrentabilität und Akquisitionsaufwendungen • Erfassung der Prozesskosten • Erfassung von Kosten des Kunden als Grundlage für die Übernahme durch den Anbieter • Klare Strategie und operationale (getrennte) Ziele für Lösungsangebote und Services • Kostenintegration in den Erfolgsausweis von Sparten und Abteilungen • Incentives und Provisionssysteme für Dienstleistungen für die Beteiligten in Verkauf, Technik, Innendienst et cetera
2. Selektion	• Vorleistungs- und Serviceselektion • Kundensegmentierung nach Leistungsbedürfnissen und Zahlungsbereitschaft für Lösungen • Kundenselektion • Angebotsselektion (Offer-Screening) zur Optimierung von Chancen und der Trefferquote
3. Rationalisierung	• Generelle Kostensenkung für Lösungen, Vorleistungen, Services • Vorgehensweise mit Zielkosten • Standardisierung der Prozesse und Informatikunterstützung • Rationelle Modularisierung
4. Abstimmung mit Wettbewerbern	• Dialog für Problemlösungen in der Kommerzialisierung von Vorleistungen und Services mit Wettbewerbern • Mitwirkung bei sinnvollen und zulässigen Marktordnungen für die Kommerzialisierung von Leistungen (Tarif- und Preissysteme et cetera)
5. Akquisition	• Nutzung von Vorleistungen und Services als Akquisitionsinstrument und zur Steigerung der Trefferquote
6. Wert-Kommunikation	• Image und Positionierung als Problemlöser • Erklärung von komplexeren Leistungen und Kommunikation in Kampagnen, Dokumenten, Angeboten sowie Rechnungen • Leistungs- und Nutzenargumentation für Kunden(gruppen) • Transparente Wahlmöglichkeiten für Kunden und Wertalternativen in Angeboten, Differenzierung verschiedener Zusammenarbeitsprozesse und Leistungspakete
7. Produktmehrpreis	• Realisierung von überdurchschnittlich hohen Produktpreisen (Preispremium, Bundling)

8. Verrechnung	• Gemeinsame Beteiligung von Kunden und Anbieter für Vorleistungen (zum Beispiel 50:50) • Rückvergütung von verrechneten Vorleistungen, Verrechnung von auswertbaren Leistungen für Kunden, die der Kunde auch mit anderen Anbietern nutzen kann (Trennung anbietergebundene und unabhängige Leistungen und Verstärkung unabhängiger Leistungen) • Leistungsaufwertung und Verrechnung, klare Teilleistungen mit hohem Kundennutzen (zum Beispiel Evaluationsstudien, Konzeptentwicklung, definierte Pilotprojekte et cetera) • Entwicklung und Vermarktung von permanenten Leistungen (zum Beispiel Serviceabonnements, periodische Evaluationen et cetera) • Trennung von Produkt- und Servicepreisen (Unbundling) • Preisaktionen und -systeme (zum Beispiel Bonus-/Malussysteme für die Beanspruchung von Serviceleistungen, Checkhefte und Couponsysteme et cetera, Rabatte für Produkte (und nicht Dienstleistungen) et cetera)
9. Preisgestaltung in Projekten	• Verlagerung von Leistungen und Verrechnung nahe zur Kaufentscheidung oder nach dem Kauf • Schrittweise Erweiterung der Zusammenarbeit und Einbringen von Zusatzleistungen nach der Kaufentscheidung neben dem Angebot (zum Beispiel Regiearbeiten) • Trennung von Leistungen für die Kaufphasen des Kunden und optimierte Lösungen für jede Phase • Refinanzierung von hohen Vorleistungen durch ein langfristiges Folgegeschäft und Kundenbindung; Optimierung verschobener Aufwände und Erträge; vertragliche und leistungsorientierte Kundenbindung
10. Nutzenorientierte Preisgestaltung	• Gemischte Preissysteme mit bezahlter Grundleistung und Beteiligungsformen am Mehrnutzen für Kunden (Performance-Beteiligung) • Performance-Contracting und Nutzen- anstatt Leistungsverkauf (Verlagerung vom Besitz des Kunden zur Nutzung (und Finanzierung) sowie Besitz durch den Anbieter) • Modelle des »Total Cost of Ownership« und der »Total Cost of Operations«
11. Spezialisierung im Problemlösungsgeschäft	• Entwicklung zum klar positionierten Solution-Provider; Entwicklung vom Produkt-, zum Projekt- und Mandatsgeschäft

12. Getrenntes Lösungs- und Serviceangebot sowie Aufbau neuer Geschäftsfelder	• Getrennte Dienstleistungsangebote mit Wahlmöglichkeiten für Kunden (Unbundling) • Zusammenarbeit mit externen Dienstleistern als gemeinsame Partner für Kunden und Anbieter (Outsourcing der Dienstleistung durch Lieferanten) • Getrennte Dienstleistungseinheiten (Abteilungen und Sparten) mit spezifischem Erfolgsausweis im Lösungs- und Servicegeschäft • Akquisition und Aufbau von unabhängigen Dienstleistungsunternehmen • Technologievermarktung

Abbildung 9.5: Bausteine der Kommerzialisierung (zu einzelnen Hinweisen Trachsler 1996)

Ausgewählte Hinweise zu den vorgeschlagenen Lösungsbereichen folgen.

Kostentransparenz und -belastung sowie Incentives (1)

Wichtige Voraussetzung für ein Leistungsmanagement ist es, die Kosten und Erträge von Vorleistungen und Services zu erfassen und ihre Wirkungen bei der Akquisition und Kundenbindung zu spezifizieren. Manche Unternehmen kennen weder Dienstleistungskosten, Prozesskosten noch Kundenrentabilität und verfügen damit über keine Grundlage, um diese Kosten auch zu steuern. Sinnvoll begleitet wird die Kostenbetrachtung durch Kundeninformationssysteme, welche die Aktivitäten für potenzielle und aktuelle Kunden transparent erfassen. Kostentransparenz sensibilisiert die verantwortlichen Mitarbeiter, die die Zusammenarbeit mit Kunden gestalten. Ein umfassendes Preiscontrolling unterstützt die Realisierung von gewählten Vorgehensweisen in der Kommerzialisierung.

Diese Forderungen betreffen das gesamte System des Rechnungswesens sowie des Controllings. Sie sind entsprechend aufwändig. Für wichtige Leistungen und Prozesse können aber auch die Schätzungen der Verantwortlichen zum Aufwand bereits nützlich sein. Dabei lassen sich auch Aufwandvarianten unterscheiden. Was kostet beispielsweise eine Standard- oder Spezialofferte? Auch die Relationen zwischen dem Akquisitionsaufwand und dem Geschäft sind wichtig. Entsprechend kann es eine Rolle spielen, wie viel Aufwand für eine Neuakquisition betrieben wird und welches jährliche Umsatzvolumen später erreicht werden kann. Diese Relationen erlauben es abzuschätzen, wie lange ein Kunde gebunden bleiben muss, um für den Anbieter rentabel zu werden. So ist beispielsweise bei den Medien und den Buchclubs bekannt, dass gewonnene Kunden oft erst im dritten oder vierten Jahr die Gewinnschwelle überschreiten.

Beispielsweise beklagten die Key-Account-Manager bei Steeltec (Hochleistungsstahl, Emmenbrücke/Schweiz), dass Kunden ihre Termin- und Mengenzusagen häufig ändern und daraus Folgekosten durch Umstellungen in der Produktion und Logistik entstehen. Erst die intensive Auseinandersetzung mit den effektiven Folgekosten erlaubte es, in Verhandlungen mit dem Kunden bewusst mit diesen Kosten umzugehen (vgl. *Praxisbeispiel Kostentransparenz für Steeltec*).

Praxisbeispiel:
Kostentransparenz für Steeltec

Steeltec
www.steeltec.ch

Von Christian Belz, gestützt auf interne Workshops und Gespräche mit Stephan Schmid, CEO Steeltec AG, Emmenbrücke/Schweiz

Steeltec, eine Tochter von Swiss Steel, ist Anbieter für Spezialstahl. Kunden sind beispielsweise die Automobilindustrie und ihre Zulieferer.

In der Zusammenarbeit mit Kunden spielt es eine Rolle, ob sie die vereinbarten Mengen der Spezialstähle zeitgerecht abrufen. Der Produktion und Logistik entstehen dabei mehr oder weniger Kosten, wenn Kunden ihren Bedarf umstellen oder anpassen. Während früher diese Kosten nicht bekannt waren, aber laufend im Betrieb diskutiert wurden, ermittelt das Unternehmen inzwischen die Folgekosten einer Anpassung und die Kosten der kundenspezifischen Leistungen bei Umstellungsprojekten für Materialien des Kunden et cetera Manche Kosten mussten auch geschätzt werden oder wurden an Einzelprojekten erhoben.

Damit wurde vorerst die interne Grundlage geschaffen, um Kunden wirksam zu bearbeiten und die Kosten sowie Preise bewusster zu beeinflussen. In Verhandlungen mit Kunden gelingt es, die zusätzlichen Kosten zu besprechen, besser abgestimmte Lösungen mit neuen Leistungen des Kunden zu finden und von Steeltec einleiten zu lassen. So lassen sich Produktion, Logistik und Lagerhaltung gemeinsam optimieren.

Wichtig ist zudem nicht nur, welche Kosten entstehen, sondern ebenso, welcher Stelle sie zugerechnet werden. Häufig sind Dienstleistungskosten nicht im Erfolgsausweis der Verursacher dieser Kosten erfasst. Damit finanzieren andere Abteilungen oder die Zentrale den Erfolg von spezifischen Einheiten und entsprechend großzügig gehen die Verantwortlichen mit diesen Kosten um. Wichtig ist es deshalb, die Aufwendungen im Erfolgsausweis und in der Entlohnung oder Belohnung der Verantwortlichen zu integrieren. So lassen sich auch spezifische Leistungen für Kunden intern verrechnen.

Für neue Lösungen gilt es häufig, auch die Kosten für Aufgaben zu erfassen, die beim Kunden entstehen. Erst auf dieser Grundlage lässt sich zeigen, welche Einsparungen für den Kunden möglich sind, wenn er diese Lösungen einführt und bisher intern erfüllte Aufgaben dem Lieferanten überlässt. Naturgemäß sind solche Kosten schwerer zugänglich und mit den Kunden sind gemeinsame Projekte nötig, um die Grundlagen zu schaffen. Mit der Übernahme von Kundenaufgaben übernimmt der Anbieter (mindestens bei der Lancierung neuer Lösungen) auch Risiken. Der Kunde hat einen Informationsvorsprung. Leicht kann es vorkommen, dass Kosten unterschätzt werden und sich die neuen Aufgaben als Verlustquelle erweisen. Für innovative Gesamtlösungen und Outsourcing ist es deshalb ratsam, vertraglich eine Anpassung der Konditionen nach der Pilotphase offen zu halten. So übernimmt beispielsweise Ferag (intelligente Transportsysteme im Medienbereich zwischen den Druckmaschinen und dem Versand der Medien, Hinwil/Schweiz) für Kunden umfangreiche Wartungs- und Betriebsaufgaben der eigenen Anlagen und Fremdanlagen. Dieser Schritt ist, wie dargestellt, gleichzeitig attraktiv und risikoreich.

Ausgereift ist für ihre Kunden die C-Teile-Logistik von Bossard (Zug/Schweiz). Zahlreiche Belege für Kundeneinsparungen mit dieser Lösung liegen vor, wie das Beispiel in Abbildung 9.6 verdeutlicht.

Anbieter tun gut daran, auch die Trends im Rechnungswesen und im Controlling ihrer Kunden zu beachten und nach Möglichkeit die Schnittstellen zu den eigenen Systemen aktiv zu gestalten.

Bei der Suche nach Verrechenbarkeit spielt die Aufteilung von Kosten und Erträgen zwischen dem Anbieter und den Kunden generell eine Rolle.

Selektion (2)

Für verbesserte Erträge gilt es, die richtigen Leistungen für die richtigen Kunden zu erbringen. Eine geeignete Leistungs- und Kundenselektion wirkt schnell. Neben klaren Kriterien und ihrer Durchsetzung ist jedoch auch die Unsicherheit zu berücksichtigen. Zwar ließe sich die Trefferquote für Leistungen und Kunden bis auf 100 Prozent steigern, gleichzeitig sinken aber damit die Chancen für Erfolge. Beispielsweise könnten nur sichere und spätere Kunden bearbeitet werden, aber so würde sich das Unternehmen auf immer weniger Kunden konzentrieren!

Rationalisierungsbeleg bei einem Kunden von Bossard für neue Logistiklösungen

Beispiel aus der Praxis

Die ermittelten durchschnittlichen Logistikkosten bei konventionellen Abläufen, angewendet auf ein konkretes betriebliches Beispiel – und der Spareffekt nach der Umstellung auf das Kanban-2-Behälter-System.

Betriebsablauf	Anzahl	Kosten-Satz	Total Kosten konventionell	Diverse	Bossard Zulieferer	Kanban-2-Behälter
Bedarf						
Anfragen	50	CHF 110.–	CHF 5'500.–			CHF 1'000.–[1]
Auswertung						
Bestellungen	100	CHF 100.–	CHF 10'000.–			CHF 1'000.–[1]
Zulieferer						
Wareneingang	140	CHF 32.–	CHF 4'480.–			
Technische Kontrolle	140	CHF 33.–	CHF 4'620.–			
Einlagerung	140	CHF 15.–	CHF 2'100.–			
Lagerkosten		18.7 %	CHF 9'630.–[2]			CHF 4'815.–[3]
Warenbereitstellung	420	CHF 45.–	CHF 18'900.–			
Logistikaufwand		ca. 12 %[4]				CHF 12'360.–
Kosten			**CHF 55'230.–**			**CHF 19'175.–**
Jahresumsatz			CHF 103'000.–			
Kosteneinsparung						**CHF 36'055.–**

[1] Einmalige Aufwendung pro Jahr
[2] Lagerumschlag 2 x
[3] Lagerumschlag 4 x
[4] Variabel, je nach kundenanforderungen und Anlieferungsort

CHF 36'000.–
Jährliche Einsparung
für Kunden

Abbildung 9.6: Kundeneinsparungen mit der C-Teile-Logistik von Bossard (Bossard 1992)

Eine gezielte Angebotsselektion kann helfen, die Anstrengungen auf erfolgsträchtige Kunden und mögliche Aufträge zu richten. Das Praxisbeispiel zeigt, wie Feintool Werkzeugmaschinen (Lyss/Schweiz) ihr Vorgehen strukturierte. Flankierend ist es sinnvoll, auch entgangene Aufträge zu analysieren. Damit ergeben sich neue Hinweise, um die Selektion zu verbessern und die Treffsicherheit zu steigern.

Praxisbeispiel von Feintool für Offer-Screening

Von Christian Belz, gestützt auf interne Workshops

Zielsetzung des Offer-Screening bei Feintool Werkzeugmaschinen, Lyss, Schweiz waren:

- Kundenanfragen differenziert bearbeiten.
- Trefferquote der Offerten steigern.
- Wirtschaftlichkeit der Angebotserarbeitung erhöhen.
- Akquisitionsleistungen in der Vorkaufsphase des Kunden reduzieren.

Die einzelnen Vorgehensschritte zeigt Abbildung 9.7.

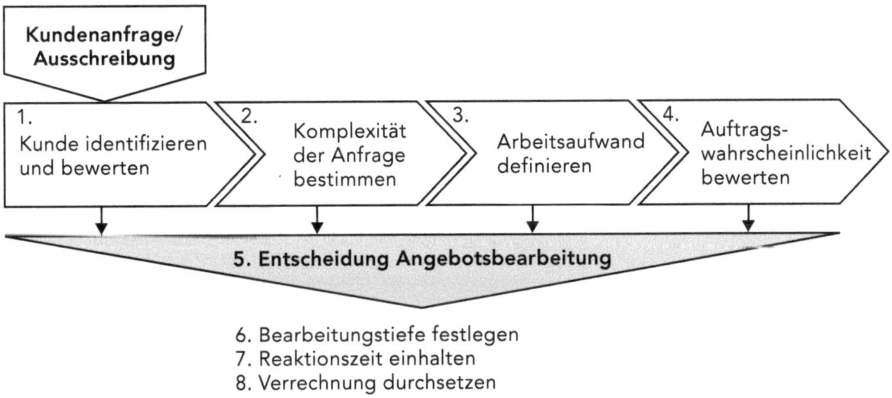

Abbildung 9.7: Schritte des Offer-Screening

Weitere Bausteine der Lösung waren:

- Differenzierte Verrechnungsstrategie: Trennung von auftragsbezogenen und auftragsneutralen Dienstleistungen (auftragsbezogen: Preispremium; auftragsneutral: separate Verrechnung)
- Phasenspezifische Optimierung: Sales-Cycle mit Buying-Cycle synchronisieren und die Dienstleistungen in den einzelnen Phasen optimieren.

Manche Unternehmen konzentrieren sich nur auf jene Dienstleistungen, die der Kunde selbstverständlich erwartet und die die Konkurrenz verschenkt. Sie gehen damit passiv vor. Es gilt, auch neue Dienste aufzugreifen und zu gewichten, die für den Kunden wichtig und gleichzeitig verrechenbar sind (vgl. Abbildung 6.11 zum Leistungsportfolio).

Beispielsweise stellte Schott (Muttenz/Schweiz) im Bereich Rohrleitungsbau für die chemische Industrie und die Pharmabranche die möglichen Dienstleistungen zusammen, welche die eigentlichen Produkte im Rohrleitungsbau für Kunden begleiten können (Abbildung 9.8). In einem zweiten Schritt erfasste das Unternehmen, welche Services realisiert sind. Im dritten Schritt bewerteten die Verantwortlichen die Verrechenbarkeit. Die Analyse zeigte, dass diejenigen Services mit Kunden realisiert wurden, die schlecht verrechenbar sind. Gut verrechenbare Dienstleistungen wurden jedoch vernachlässigt. Ein Effekt war dabei, dass sich das Unternehmen zukünftig auf verrechenbare Services konzentrierte und damit ein attraktives Dienstleistungsgeschäft aufbaute (Schleiffer/Belz 1994, S. 261 ff.).

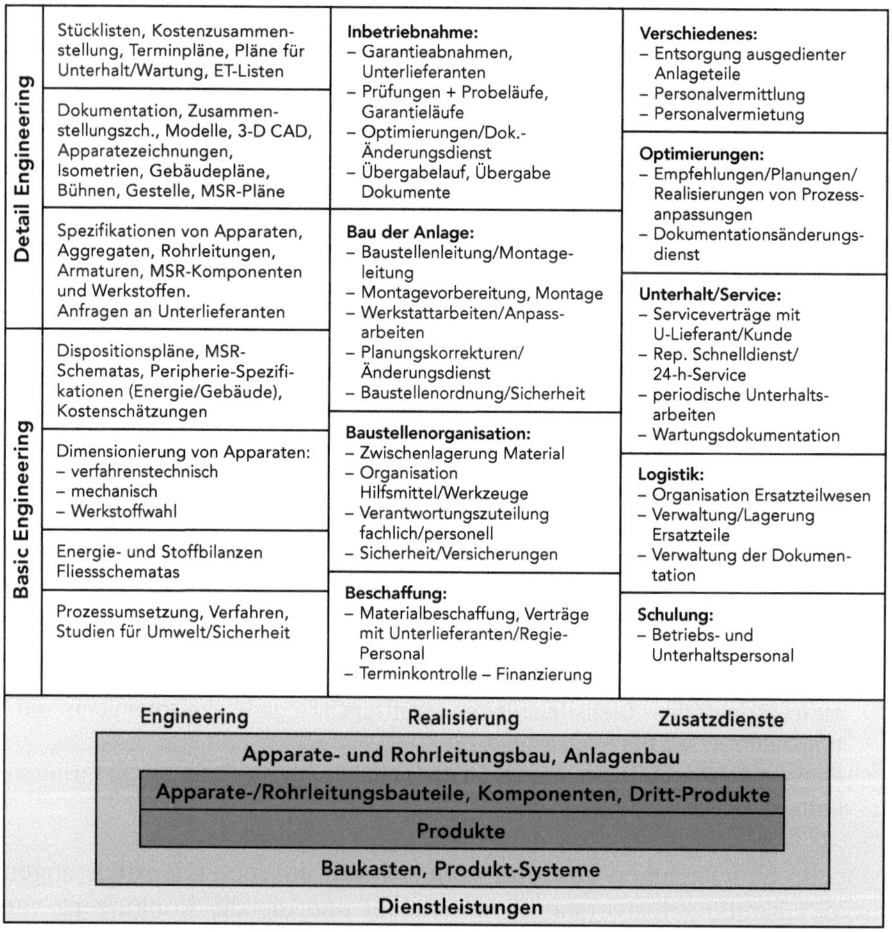

Abbildung 9.8: Leistungssystem für den Rohrleitungsbau von Schott (Schleiffer/Belz 1994)

Eine Selektion ist gleichzeitig durch den Anbieter und die Kunden geprägt. Die Herausforderung besteht darin, dem Kunden wirtschaftlich gerade jene Leistungen anzubieten, die er braucht und zu zahlen bereit ist.

Übersysteme schwächen die Anbieter, weil der Kunde nicht benötigte Services der angebotenen Leistungspakete als Grundlage verwendet, um tiefere Preise des Anbieters auszuhandeln. In sämtlichen Untersuchungen zur Verrechenbarkeit von Leistungen wird deshalb die Kundensicht besonders gewichtet und dabei die Bedeutung von Teilleistungen erfasst. Mit Conjoint-Analysen lassen sich nicht nur einzelne Leistungsbausteine, sondern verschiedene Leistungskombinationen durch Kunden bewerten (VDMA 1999, S. 26 ff.). Allerdings ist zu beachten, dass Kunden in Befragungen ihre Zahlungsbereitschaft oft verzerrt wiedergeben und zwischen ihren Angaben und dem Verhalten sind die Unterschiede häufig groß. Es ist davon auszugehen, dass ein Kunde sich gerade in Befragungen großzügiger gibt als in konkreten Einkaufsverhandlungen. Gleichzeitig lassen sich die Preise nicht nur rational erfassen.

In verschiedenen Märkten gibt es Kundengruppen, welche die Dienstleistungen schätzen und bereit sind, dafür zu zahlen (vgl. zur Segmentierung Abschnitt 6.5). Lösungsanbieter sollten bereits in der Marktsegmentierung diese Kunden definieren und später ansprechen. So ist beispielsweise für Ausrüster im Objektgeschäft (Spitäler, Bürogebäude, Schulhäuser et cetera) festzustellen, dass der Preisdruck generell sehr hoch ist. Spezifische Objekte und Nachfragerkonstellationen können aber für die Anbieter von Wohntextilien oder Möbeln und Geräten besonders attraktiv sein, weil die Lösungen und die Qualität gewichtet werden und die Preisorientierung vermindert ist.

Rationalisierung (3)

Bereits die Selektion hilft maßgeblich, die Kosten zu senken. Für alle Dienstleistungen sind die Kosten gezielt zu optimieren. Nachdem im industriellen Bereich zunehmend die Methoden der Zielkosten eingesetzt werden, ist es auch für Dienstleistungen ergiebig, von den erzielbaren Preisen und Renditen im Markt auszugehen und die Kosten damit zu bestimmen (Schimank 1994, 24 ff.).

Besonders in Zeiten von Einbrüchen und Rezession laufen Unternehmen jedoch Gefahr, die langfristigen Wirkungen von Leistungsbausteinen zu wenig zu gewichten und an ihren Stärken zu sparen. Die Rationalisierungspotenziale bei Spitzenberatungen oder einem ausgezeichneten Service sind naturgemäß hoch. Einsparungen in diesem Bereich können bewirken, dass sich ein Anbieter nach der Rezession seiner wichtigsten Stärken beraubt und frühere Investitionen oder geschaffene Werte vernichtet hat.

Die Reserven der Rationalisierung für Dienstleistungen sind oft enorm groß. Erfolgreiche Beispiele sind im Bereich der Banken zu finden, die mit der Informatikunterstützung die Dienstleistungen im Massengeschäft industrialisieren. Die Prozessoptimierung und Informatik prägen die Fortschritte in einer rationellen Leistungsgestaltung für viele Märkte.

Bei komplexeren Leistungssystemen und Differenzierungen nach Kundengruppen kann es besonders ergiebig sein, verschiedene standardisierte Leistungsmodule zu entwickeln, die sich als Bausteine sehr rationell erbringen lassen und in ihrer Kombination spezifische Lösungen für Kunden erlauben (Baldwin/Clark 1998, S. 39 ff.; Belz 1998, S. 599 ff.). Während modulare Lösungen bei zahlreichen Produktvarianten von Unternehmen üblich sind, vernachlässigen manche Unternehmen im Bereich der Dienstleistungen die entsprechenden Reserven. Intelligente Standardisierung lautet im Dienstleistungsgeschäft die große Herausforderung. Dazu müssen aber die Dienstleistungen fertig entwickelt werden und entsprechende Systeme sind zur Unterstützung zu nutzen. Modulare Systeme verbinden das Leistungsangebot mit der Wahl des Kunden.

Anbieter entlasten sich auch, indem sie ihre verschiedenen Leistungen dem Kunden überlassen. So übernimmt dieser etwa bei den Banken neue Funktionen durch den Geldbezug und die Transaktionen an Automaten oder durch E-Banking. Die Bank entlastet sich von der mehrfachen Erfassung des gleichen Geschäftsvorfalls, vereinfacht und beschleunigt die Abläufe, umgeht den persönlichen Kontakt für Standardgeschäfte und nutzt Größenvorteile durch die Zentralisierung von Aufgaben. Für den Kunden bringen solche Lösungen Preis- oder Gebührenvorteile, aber ebenso steigt auch seine Autonomie. Veränderungen in einer eingespielten Arbeitsteilung ergeben sich teilweise selbstverständlich durch die zunehmende Erfahrung des Kunden. Oft ist eine Umstellung für den Kunden aber unerwünscht und selbst wichtige Preisvorteile bewegen ihn nicht zu einer Veränderung. Der Einsatz von Kommunikations- und Informatiksystemen sowie die Prozessoptimierung (inkl. Logistik) spielen bei neuen Arbeitsteilungen von Anbietern und Kunden eine große Rolle. So erlauben beispielsweise auch manche E-Services, dass der Kunde vor Ort Aufgaben ausführt, die bisher den persönlichen Einsatz von Technikern im Kundendienst erforderte.

Abstimmung mit Wettbewerbern (4)

Häufig leiden viele Anbieter des gleichen Marktes unter der Herausforderung, dass sich die steigenden Dienstleistungskosten nicht in kommerzielle Erfolge umsetzen lassen. Der Dialog mit den Wettbewerbern über erfolgreiche Problemlösungen fördert grundsätzlich neue Lösungen. Dabei brauchen sich die Anbieter nicht explizit abzustimmen, sondern sie können parallel die professionellen Lösungen der Kommerzialisierung verfolgen.

Auch manche Absprachen können sinnvoll und auch zulässig sein; dies hängt jedoch stark von geltenden nationalen und internationalen Rechten ab. Einige Maßnahmen der Verrechnung führen und führten verschiedene Wettbewerber auch einfach parallel ein. Typische Beispiele finden sich in den Gebührenordnungen von Banken, den Dienstleistungspreisen von Reiseveranstaltern, von Informatikanbietern oder den Beratungspreisen von Apotheken.

In diesem Bereich kann es ergiebig sein, die »Verrechnungsinitiativen« von Konkurrenten zu übernehmen und zu unterstützen, statt sie zu bekämpfen.

Akquisition (5)

Impulse für Kunden, gezielte Informationen, Evaluationen, Versuche oder Beratungen sind oft ein ausgezeichnetes Mittel, um neue Kunden zu gewinnen. Durch eine intensive Interaktion ist es möglich, die Beziehung zu wichtigen Beeinflussern und Entscheidern aufzubauen. Die Informationen aus dieser Zusammenarbeit erlauben es, im Prozess mit dem Angebot gezielt auf den Kunden einzugehen. Tatsächlich ist für manche Unternehmen das wichtigste Ziel bei den Dienstleistungen und den Lösungen vor dem Kauf, die wirksame Akquisition des Kunden zu fördern. Die Akquisition entspricht der Sichtweise des Anbieters. Bei der Kommerzialisierung dieses Ansatzes geht es darum, die Akquisitionsaufgaben zu optimieren und nicht die Kundenbedürfnisse vor dem Kauf möglichst umfassend zu lösen und daraus vor dem Kauf ein Geschäft aufzubauen. Rationelle Dienstleistungen, optimierte Akquisitionsprozesse und die Steigerung der Trefferquote sind wichtig.

Wert-Kommunikation (6)

Dienstleistungsmanagement bedeutet Erklärungswettbewerb. Erst wenn es gelingt, den Nutzen für Kunden zu kommunizieren und den Einsatz transparenter zu gestalten, lernt der Kunde, die Dienstleistungen auch zu schätzen und seine Bereitschaft steigt, dafür einen Preis zu zahlen. Kommunikation ist dabei besonders für differenzierte Leistungen wichtig, die sich durch Innovation oder Qualität von den Angeboten der Wettbewerber unterscheiden. Die wichtigen Hinweise zur Kommunikation sind bereits in Kapitel 8 erfasst.

Bedeutend in diesem Bereich ist es, nicht nur über bestimmte Produkte und Konditionen zu kommunizieren, sondern sich auf die optimalen Lösungen und Kundenentscheidungen zu konzentrieren. Wichtig ist es zudem, nicht nur über den Einkaufspreis, sondern über die Wirtschaftlichkeit zu argumentieren. Viele Anbieter beklagen, dass Kunden lediglich die Einkaufspreise für Anlagen und Produkte gewichten und damit die Folgekosten und die Gesamtwirtschaftlichkeit ungenügend berücksichtigen. In einer solchen Situation ist es wichtig, dass Unternehmen die Gesamtwirtschaftlichkeit für Kunden belegen. Bei Anlagen spielen unter anderem Unterhalt, Reparaturanfälligkeit, Lebensdauer, verminderte Ausfallrisiken und Folgekosten sowie Wiederverkaufswerte eine Rolle (vgl. auch Abbildung 9.7).

Produkt-Mehrpreis (7)

Dieser Ansatz integriert Lösungen und Produkte und bewirkt ein Preispremium: Die Preise werden an den Produkteinheiten bemessen, sind aber höher als bei den Wettbewerbern. Der Kunde honoriert also die Dienstleistungen und Problemlösungen durch den höheren Produktpreis; die Lösungen und Leistungen schaffen einen bezahlten Goodwill des Kunden. Dabei spielen nicht nur konkrete Leistungsbausteine eine Rolle, sondern ebenso das Image, die Marken oder die Positionierung des Unternehmens.

Der folgende Grundsatz von Hilti (Befestigungstechnik, FL-Schaan; aus einem früheren, internen Arbeitspapier) zeigt die grundlegende Haltung dazu: »Unsere Leistungen stellen in ihrer Gesamtheit eine umfassende Dienstleistung dar, die über die Preise der einzelnen Produkte bezahlt wird. Wir sind stolz darauf, teurer als unsere Konkurrenten zu sein. Ist doch der höhere Preis gleichzeitig auch ein Beweis dafür, dass jedes unserer Produkte einen Teil des Hilti-Mehrwerts in sich trägt und sich damit auch in den Augen des Kunden aus der Masse der Produkte heraushebt.«

Dieser Ansatz wird in manchen Branchen verfolgt und ist geeignet, wenn (Trachsler 1996, S. 31 f.):

- die Produkte bei der Anbieter- und Kundenwahrnehmung die Gesamtleistung dominieren,
- die Dienstleistungen weitgehend fixe Kosten verursachen und
- die Ansprüche der Kunden sehr homogen sind.

Das Preispremium der Lösungsanbieter im Vergleich zu den Produktanbietern ist aber begrenzt. Leicht gleitet ein Anbieter aus dem akzeptierten

Produktpreisband der Kunden. Gleichzeitig besteht die Gefahr, dass Kunden die Vorleistungen des Premiumanbieters nutzen, aber bei den Wettbewerbern mit ausschließlichem Produktpreis-Fokus kaufen.

Verrechnung (8)

Verschiedene (auch bereits erwähnte) Lösungen erleichtern die Verrechnung. Es gilt, die Leistungen zu erklären, aufzuwerten, rationeller vorzugehen, den Kunden wählen zu lassen, zu trennen und sich auch an erfolgreichen Wettbewerbern zu orientieren.

Bei der Verrechnung gehen Unternehmen davon aus, dass sie verschiedene Dienstleistungen erbringen, die sie dem Kunden zunehmend belasten wollen.

Eine kritische Frage ist der Grad des Unbundling oder Bundling von Produkt- und Dienstleistungspreisen. Allgemein über Koppelung oder Entkoppelung bei den Preisen zu diskutieren, führt hier nicht zum Ziel. Es ist anspruchsvoll, den richtigen Mix von Trennung und Verbindung zu bestimmen. Dabei ist zu entscheiden, welche Dienstleistungen zum Basisangebot gehören und welche für den Kunden optional angeboten und separat verrechnet werden (Anderson/Narus 1995, S. 76). Weil Lösungen und Services in vielen Märkten laufend aufwändiger und wichtiger werden, gelingt häufig die Verrechnung über höhere Produktpreise nicht mehr. Deshalb stellen wir einen generellen Trend zur Trennung von Produkt- und Dienstleistungspreisen fest. Selbstverständlich stützen sich die Umstellungen auf Kunden und Wettbewerber und sind vorsichtig anzugehen. Konkurrenten mit Produktangeboten wehren sich nicht selten gegen die Verrechnungsstrategien der Wettbewerber, indem sie auf ihre selbstverständlich eingeschlossenen Services pochen. Leider werden damit Entwicklungen in der Branche torpediert, die sämtliche Anbieter verfolgen müssten, um ihre grundsätzlichen Verrechnungsprobleme besser zu lösen und die Leistungen transparent zu differenzieren. Eingeschlossene Dienstleistungen für den Kunden werden häufig ausgeweitet, bis die Marge wegfällt oder gar negativ wird.

Allerdings ist es erst möglich, die Dienstleistungspreise konsequent vom nackten Grundprodukt zu trennen, wenn der Kunde die Grundleistungen und Services oder Lösungen wählen kann.

Verschiedene Unternehmen stehen zunehmend unter Druck, ihre internationalen Preise zu harmonisieren (umfassend zur internationalen Preisharmonisierung Mühlmeyer 2001). Falls die Ursache für höhere Preise in bestimmten Ländern auf höhere Dienstleistungen und Dienstleistungskosten zurückzuführen ist, kann es sinnvoll sein, die Produktpreise abzustimmen und unterschiedliche, getrennte Dienstleistungspreise einzusetzen. Generell ist ein internationales Dienstleistungsmanagement auch in Niedriglohnländern für manche Anbieter ein Problem, weil Verrechnungsansätze von Spezialisten (neben Flugkosten et cetera) im Vergleich zu den Löhnen in Indien oder anderen Gebieten nahezu pervers erscheinen und auf Unverständnis der Kunden stoßen. Teilweise ist es hier möglich, lokale Serviceangebote aufzubauen.

Wenn es gelingt, bestehende Dienstleistungen für den Kunden aufzuwerten und auszubauen, ist es parallel möglich, die neue Dienstleistung zu verrechnen. Verbesserungen sind eine gute Grundlage für neue Konditionen.

Preisgestaltung in Projekten (9)

Grundlage für die Optimierung von Preisen in Projekten sind die dargestellten Zusammenhänge in Abbildung 9.2. Alle Leistungen vor einem Kauf sind für eine Kommerzialisierung besonders kritisch. Allerdings ist in manchen Märkten festzustellen, dass spezialisierte Engineering-Unternehmen (etwa in der Bauwirtschaft oder bei den Investitionsgüterunternehmen), Makler im Banken- und Versicherungsgeschäft oder generell Berater von den Vorleistungen für komplexe Lösungen und Kaufentscheidungen gut leben können. Offensichtlich akzeptiert der Kunde eine getrennte Verrechnung von Vorleistungen weniger, wenn anschließend von einem Lieferanten auch die Produkte gekauft werden. Zudem erscheinen die Produzenten mit den Vorleistungen für den Kunden nicht als neutral, obschon sie die vermeintlich unabhängigen Vermittler oft binden oder sogar ihre anspruchsvollen Aufgaben übernehmen. Wohl deshalb trennen Unternehmen, die ihre Dienstleistungen vor dem Kauf ausbauen, dieses Geschäft vom eigentlichen Produktgeschäft und öffnen teilweise sogar für Konkurrenzleistungen, um den Kunden optimal zu bedienen (vgl. Punkt 12). Konkrete Hinweise zur Verrechnung in Projekten zeigt bereits die Checkliste Bausteine der Kommerzialisierung (vgl. Abb. 9.5).

Manche spezialisierten Anbieter stellen fest, dass sich im Markt bestimmte Mechanismen der Evaluationsprozesse einspielen, die zu falschen Lösungen und Entscheidungen der Kunden führen. Oft handelt es sich um etablierte Auswüchse in Märkten, wie beispielsweise in der Erstellung von anspruchsvollen Bauten (inkl. Ausrüstungen und Einrichtungen). So verhindern teilweise die unsorgfältigen oder realitätsfremden Konzepte und Ausschreibungen von Beratern eine optimale Lösung. Zwar lässt sich eine spezifizierte Leistung günstig anbieten, aber die Lösung für den Kunden wird damit nicht optimiert. Für Anbieter stellt sich in dieser

Konstellation die Frage, ob sie sich in der engen Vorgabe bewegen oder auch grundsätzlich neue Lösungen außerhalb des gegebenen Rahmens einbringen. Beide Vorgehensweisen sind mit spezifischen Risiken verbunden und werden deshalb situativ gewählt. Bessere Lösungen stellen den eingeleiteten Prozess des Kunden in Frage und laufen deshalb Gefahr, ausgeschlossen zu werden. Gelingt es aber, den Kunden vom neuen Ansatz zu überzeugen, ist die umfassendere Lösung oft der Schlüssel zum Erfolg und das Angebot ist nicht unmittelbar mit den Preisen und den Leistungen der Angebote von Wettbewerbern (nach Vorgabe) zu vergleichen. Das Unternehmen steht also etwas weniger unter Druck. Manche Anbieter reagieren in dieser Situation so, dass sie die vorgegebene Leistungseinheit anbieten, aber bereits erkennen, dass anschließend teure Korrekturen und Erweiterungen ohne Folgeleistungen nach einer kurzen Einsatzperiode beim Kunden nötig werden. Ein Auftrag wird damit für den Anbieter mit Folgeaufträgen fortgesetzt, die den Kunden aber meist unerwartet treffen. Dieser Opportunismus ist gefährlich, wenn es gilt, langfristige, vertrauensvolle Beziehungen zu Kunden aufzubauen und die Reputation im Markt sowie Weiterempfehlungen zu fördern.

Nutzenorientierte Preisgestaltung (10)

Nutzenorientierte Preissysteme (Reinecke 1996) gehen vom Nutzen des Kunden und nicht von den Produkten aus. Beispiel war der Multivendor-Customer-Service von DEC (später integriert in Compaq und dann in Hewlett Packard) mit dem Programm PC Utility. DEC belegte, dass Unternehmen in fünf Jahren rund 40.000 US-Dollar für einen PC-Arbeitsplatz bezahlen. Eingeschlossen sind Geräte, Updates, Fehlersuche, Instruktion oder Schulungen der Benutzer. Deshalb hatte der Kunde die Option, den Nutzen und nicht die Geräte zu bezahlen sowie einzelne Dienstleistungen zu kaufen. Je nach Umfang der Unterstützung zahlt der Kunde schließlich nur noch eine feste Jahresgebühr für jeden PC-Arbeitsplatz, während DEC für sämtliche Supportleistungen und moderne Geräte zuständig ist. Die Life-Cycle-Services waren strukturiert in »getting started, keep it going, managing it und improve productivity« und umfassten zahlreiche Einzeldienste. Mögliche Vorteile des Kunden sind die Kapitalfreisetzung (Kosten statt Investition), Kosteneinsparung, Kostentransparenz und professionelle Unterstützung (End-User-Produktivität). Auch ein Entsorgungsservice wurde angeboten (Digital 1995).

Bühler AG (Uzwil/Schweiz) definiert für ihre Anlagen Leistungsziele mit dem Kunden und beteiligt sich mit ihrem Preissystem an der erreichten, überdurchschnittlichen Leistung ihrer Anlagen. Elektrizitäts- und

Energieanbieter übernehmen mit dem Contracting das gesamte Energiemanagement für Unternehmen oder Überbauungen. Siemens Building Technologies lancierte international ein neues Angebot des Performance-Contracting, das heißt, die Einsparungen aus Renovationen werden von Siemens finanziert und der Kunde bezahlt seinen Nutzen mit Energieeinsparung et cetera. Im Outsourcing der Informatik erproben spezialisierte Anbieter eine Erfolgsbeteiligung am Kundenvorteil (Reinecke 1996).

Im Folgenden wird ein Beispiel zum Contracting in der Energiewirtschaft gegeben.

Praxisbeispiel:
Contracting der Elektrizitätswerke Zürich

EKZ Mitglied der axpo

Von Christian Belz, gestützt auf Presseberichte

Immer mehr Bauherren kaufen keine Heizung mehr, sondern Wärme. Die Elektrizitätswerke Zürich (EKZ) verzeichnen in dieser Sparte Wachstumsraten von mehr als 100 Prozent. Dabei plant, baut, finanziert, betreibt und wartet die EKZ die Anlage und verrechnet alle Leistungen über einen höheren Energiepreis. Bereits 2002 betrieben im Kanton Zürich die Elektrizitätswerke in dieser Form 62 Anlagen und beheizten damit 1500 Wohnungen. Großkunden werden vertraglich zwanzig bis dreißig Jahre gebunden. Bei sämtlichen Anlagen der EKZ kommen Wärmepumpen zum Einsatz, die erneuerbare Energie oder Abwärme nutzen.
Für Kunden und Anbieter werden Vorteile und Risiken des Geschäfts im Vergleich zum herkömmlichen Energieeinkauf oder -verkauf wesentlich verändert. Die Energiepreise sind indexiert und können damit aktuellen Preisentwicklungen entsprechen.

Wir sind überzeugt, dass in diesem Bereich von neuen Vertrags- und Nutzungsformen wichtige Innovationen zu erwarten sind.

Spezialisierung im Problemlösungsgeschäft (11)

Bereits im Rahmen der Diskussion von Strategien und Zielen befassten wir uns mit dualen und eindeutigen Angeboten im Lösungs- und Produktgeschäft (vgl. Abschnitt 6.2).

Die umfassende Kommerzialisierung von Lösungen für Kunden gelingt weit besser, wenn sich ein Unternehmen klar auf dieses Lösungsgeschäft fokussiert und nicht gleichzeitig den Produkt- und Billigmarkt abdecken will oder muss. Eine solche Entwicklung kann vom Produkt- zum Projekt- und Mandatsgeschäft führen (vgl. Exkurs und Praxisbeispiel zum Produkt-, Projekt- und Mandatsgeschäft für Dienstleister der Kommunikation in Abb. 6.4).

Ebenso sind Anbieter erfolgreicher, die sich nur auf ein begrenztes Leistungsangebot ausrichten und damit eindeutige Preisvorteile für Kunden schaffen.

Konflikte und Kompromisse sind in dualen Strategien unvermeidbar. Allerdings können verschiedene Unternehmen in ihrer Konstellation und mit ihrer Geschichte im Markt keine eindeutige Position wählen und versuchen multiple oder duale Strategien zu optimieren. Die weitgehende Trennung der Geschäfte nach innen und außen ist dabei wichtig (vgl. Punkt 12).

Getrenntes Lösungs- und Serviceangebot sowie Aufbau neuer Geschäftsfelder (12)

Getrennte Lösungs- und Serviceangebote führen die Ansätze der Verrechnung weiter. Gerade weil es anspruchsvoll ist, neue Dienstleistungen aufzubauen, sind manche Anbieter erfolgreicher, die eigene Dienstleistungssparten bilden: »Unternehmen, die ihren Service (und weitere Dienstleistungen) in ergebnisverantwortlichen Unternehmenseinheiten, beispielsweise als Profitcenter organisieren, tun sich in der Dienstleistungsorientierung leichter und haben weniger Know-how-Probleme« (Diebold 1996, S. 9).

Die Trennung führt dazu, dass die spezifischen Anforderungen des Geschäfts konsequent erfüllt werden. Zudem setzen die Unternehmen mehr Ressourcen ein. Allerdings entsteht ein neues Problem, denn bei getrennten Bereichen ist es weniger leicht möglich, die erwünschte Synergie von Dienstleistungs- und Produkt-, Service- und Neuproduktgeschäft zu erreichen.

Generell ist hier auch die Entscheidung zu fällen, welche Dienstleistungen, die mit der Grundleistung verknüpft sind, angeboten werden können. Trennbare Dienstleistungsangebote lassen sich in unabhängigen Einheiten anbieten. Outsourcing ist für beide Möglichkeiten eine Option (Picot/Maier 1992).

Der oben erwähnte Multivendor-Customer-Service von DEC war ein Beispiel. Es handelte sich um eine eigene Division mit Gewinnverantwortung: Weltweit 450 Servicestellen mit 22000 Servicespezialisten, 45 Training Centers und Allianzen mit den wichtigen Hard- und Softwareanbietern (Digital 1995).

Verschiedene Unternehmen betreiben insbesondere ein getrenntes Servicegeschäft für ihre Geräte und Maschinen.

Die Verlockung für Anbieter ist groß, die Dienstleistungen unabhängig auszubauen und als Profitcenter zu gestalten. Auch hier ist die Kompetenz eines bisherigen Produktanbieters im Dienstleistungsgeschäft aber ein häufiger Engpass. Manche Unternehmen kaufen deshalb inzwischen erfolgreiche und spezialisierte Dienstleister zu, um nicht eine lange Durststrecke durchlaufen zu müssen. Zumindest beschäftigen sie Führungskräfte mit entsprechendem Know-how.

Obschon manche Unternehmen den Eindruck gewinnen, ihr Anteil an Dienstleistungen sei enorm, ist der Markt für unabhängige Dienste oft eng. Nicht alle lassen sich ausgliedern, denn manche Dienste sind mit dem angestammten Produkt- und Anlagengeschäft so stark verknüpft, dass sie einfach zum angestammten Betrieb gehören. Es gilt, den Markt und die Gewinnmöglichkeiten für die trennbaren Dienste sehr kritisch zu evaluieren (vgl. Praxisbeispiel Verselbständigung der Dienstleistungen für Schott Spezialglas S. 215).

Ein weiterer Punkt ist zu beachten: Oft konkurrieren neue Dienstleistungsangebote mit bisherigen Partnern, mit denen ein Unternehmen weiter zusammenarbeiten will. Die einzige Lösung dafür ist es wohl für Partner, denen Konkurrenz gemacht wird, bessere Leistungen als die Konkurrenz zu erbringen (vgl. Exkurs zur Konkurrenz mit Kunden S. 211).

Zwar treten verschiedene Unternehmen mit unabhängigen Dienstleistungsangeboten nur verdeckt am Markt auf, die Partner erkennen jedoch allzu leicht die wirklichen Zusammenhänge.

Lista AG (Degersheim und Erlen/Schweiz) lancierte beispielsweise 1996 als Büromöbelhersteller »die neue Art Büromöbel zu beschaffen« und gründete die unabhängige und erfolgreiche Office Consulting Group (Dänikon/Schweiz). In die Angebote sind nicht nur Büromöbel, sondern beispielsweise auch Arbeits- oder Beleuchtungskonzepte integriert. Den Bezug stellen die grundsätzlichen Herausforderungen für Unternehmen dar wie Wachstum, Standortwechsel oder Restrukturierungen, die sich auf den Bedarf und die Gestaltung von Büroräumen auswirken.

Mit der Trennung und Verbindung von Dienstleistungseinheiten befassen wir uns in Abschnitt 10.3. Sobald Führungskräfte und ihre Mitarbeiter nur für das Lösungsgeschäft zuständig sind, entfällt das Spannungsfeld zwischen Lösungs-, Service- und Produktgeschäft und die spezialisierte Einheit setzt klare Schwerpunkte.

Neue Leistungszentren oder Bereiche entsprechen häufig einer Art Diversifikation von Unternehmen mit entsprechenden Chancen, aber auch Risiken. Beispielsweise verwerten sie ihre Technologien schrittweise nicht nur für ihre eigenen Produkte, sondern entwickeln ihren F&E-Bereich zu Dienstleistungszentren für Wettbewerber (in anderen Marktsegmenten) und für ergänzende Anbieter mit entsprechendem Technologiebedarf (zum Technologiemarketing vgl. Abschnitt 18.7).

Zusammenfassend heißt das: Bietet das Unternehmen seine Dienstleistungen getrennt an, vielleicht auch durch eine unabhängige Unternehmens- oder Organisationseinheit, ist es leichter möglich, das Dienstleistungsgeschäft auszubauen und kommerziell zu betreiben. Kapitel 13 behandelt in diesem Sinn umfassende und innovative Geschäfts- und Ertragsmodelle.

Dieses Kapitel schließen wir erneut mit kritischen Hinweisen zur Kommerzialisierung.

Statements zur Kommerzialisierung

- Aus dem Blickwinkel der Praxis ist Kommerzialisierung die größte Herausforderung für Lösungen im Customer-Value. Viele Leistungen sind möglich, aber lohnen sie sich auch? (Christian Belz)
- Die Marke wird neben anderen Aspekten auch stark von der Leistung und vom Preis bestimmt. Ohne explizite Berücksichtigung des Preismanagements (als eigener Bereich), lässt sich Customer-Value nicht vernünftig erfassen. Wichtig sind beispielsweise Preis-/Leistungsrelationen, Preiszufriedenheit et cetera (Hermann Diller, Universität Erlangen-Nürnberg).
- Die Zahlungsbereitschaft des Kunden ist auch ein wichtiger Aspekt für nachhaltige oder ökologische Leistungen (Andreas Herrmann, Universität St. Gallen).

10 Kompetenzen und Ressourcen

Kompetenzen und Ressourcen prägen die Fähigkeit und das Potenzial von Unternehmen, den Kunden Problemlösungen zu bieten. Wichtige Bausteine sind beispielsweise die finanziellen Mittel, die Organisation und die Prozesse, die Systeme der Leistungserstellung (zum Beispiel in Produktion, Logistik, Informatik) sowie besonders die Selektion, die Motivation und die Fähigkeiten der Mitarbeiterinnen und Mitarbeiter.

Die Schlüsselfragen zu Kompetenzen und Ressourcen sind:

- Welche Kompetenzen und Ressourcen von Unternehmen, Unternehmern, Führungskräften und Mitarbeitern sind erforderlich, um gewählte Leistungsstrategien zu verwirklichen?
- Wie gelingt es, die richtigen Personen für Leistungs- und Kundensysteme einzusetzen und sie strategieorientiert zu führen? Wie können die Personen mit Kundenkontakt die Lösungen für Kunden einbringen, diese mit ihnen entwickeln und verwirklichen (zum Beispiel Systemverkauf)? Wie kann die Weiterentwicklung dieser Personen sichergestellt werden?
- Welche organisatorischen Voraussetzungen fördern das Lösungsgeschäft und welche wichtigen Prozesse für Leistungs- und Kundensysteme gilt es zu definieren und zu optimieren?
- Welche Systeme der Leistungserstellung in Produktion, Logistik, Informatik et cetera stützen die Leistungs- und Kundensysteme und helfen, nachhaltige Wettbewerbsvorteile aufzubauen und organisatorische Lernprozesse sicherzustellen?

Mitarbeitersysteme und -vorteile sind ein Schlüssel zum Erfolg. Die Forderung nach neuen Fähigkeiten und Verhaltensweisen sowie zusätzliche Arbeit genügen nicht, um die Beteiligten zu motivieren. Das Nutzenmanagement für Mitarbeiter lässt sich ähnlich angehen wie das Nutzenmanagement für Kunden. Verschiedene Untersuchungen belegen auch, dass Kunden- und Mitarbeiterzufriedenheit positiv zusammenhängen (Bieger 1998, S. 207 ff.). Typisch dazu meinte Wally Ollins (Interview in »Persönlich«, August 2002, S. 10 f.): »Die meisten Unternehmen sind, was immer sie auch tun, Dienstleistungsunternehmen.« Und etwas später im gleichen Interview: »Solange das Verhalten der Mitarbeiter nicht korrekt ist, wird das ganze Marketing nicht funktionieren. Der größte Fehler des Marketing ist, dass es nach außen gerichtet ist und nicht auf das interne Verhalten der Leute achtet.«

Abbildung 10.1 positioniert die Kompetenz im Modell des Customer-Value.

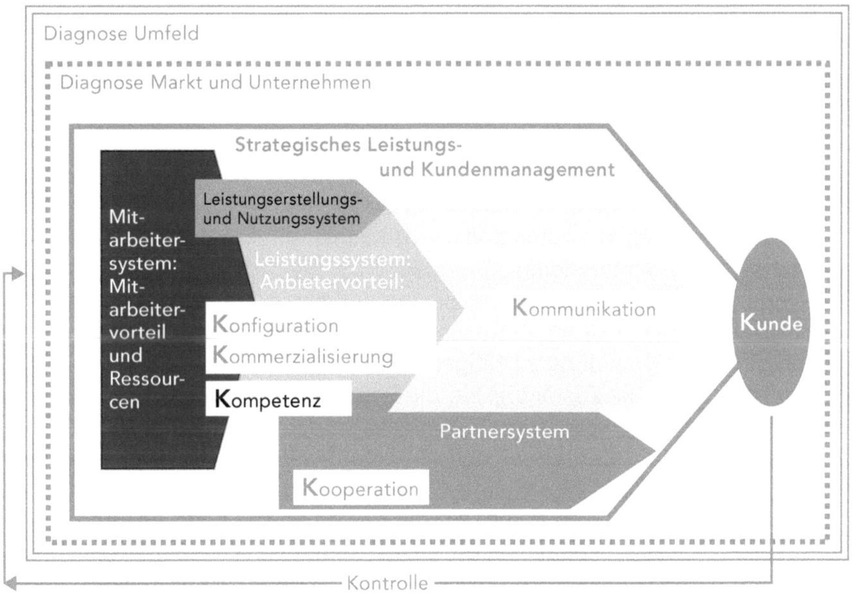

Abbildung 10.1: Kompetenz für Leistungen im Modell Customer Value

10.1 Kompetenzen

Kompetenzen für Customer-Value gilt es vorerst abzugrenzen: Es geht nicht nur darum, die Kompetenzen des Unternehmens bereit zu stellen. Ebenso wichtig ist es, diese mit den Kompetenzen der Kunden oder weiterer Kooperationspartner zu verknüpfen. Manche Leistungs- und Kundensysteme stützen sich auf die Kundenkompetenz, also auf die Fähigkeit des Kunden, mit seinen Ansprüchen und Bedürfnissen professionell umzugehen. Neue Lösungen erfordern entsprechende Lernprozesse des Kunden und oft müssen Entscheidungskriterien und -prozesse sowie spätere Arbeitsprozesse angepasst werden. Grundsätzlich gilt es also, die Kompetenzen sämtlicher Marktpartner zu beachten, die am Wertschöpfungsprozess beteiligt sind (vgl. Abschnitt 7.4 und Kapitel 11).

Die Erkenntnisse zu Kompetenzen sind vielfältig und es lohnt sich, die Zusammenhänge im längeren Exkurs von Abbildung 10.2 zu vertiefen.

Exkurs zu den Grundlagen der Kompetenz

Von Urs Fueglistaller

Das Modell Customer-Value erfasst die drei Dimensionen der Kundenansprache, der Leistung und des Nutzens. Dem Unternehmen muss es mit dem Ansatz des Customer-Value gelingen, Fähigkeiten zu entwickeln, damit ihre Leistungen kompetent erbracht und vermarktet werden. Die Art des Zusammenspiels der Fähigkeitskomponenten ergibt die Kompetenz des Unternehmens, und deren objektbezogene Elemente (Fähigkeitskomponenten) können direkt oder indirekt von den Anspruchsgruppen wahrgenommen werden.

Der Kompetenzbegriff lässt sich verschieden definieren. Die klassische Betriebswirtschaftslehre und auch die Rechtssprechung versteht unter »Kompetenz« die Berechtigung, eine Handlung zu tätigen oder eine Entscheidung zu treffen. Der Begriff wird also für die Zuständigkeit, die Befugnis, die Urteilsfähigkeit und die Befähigung verwendet. Kompetenz im Sinn der Befugnis (Art. 716 ff. OR) bedeutet zum Beispiel, dass die Befugnisse des Verwaltungsrats im Sinn von Rechten und Pflichten geregelt werden (Wahrig 1997, S. 752).

In der Managementlehre wird der Begriff der Kompetenz als übergeordnetes Bündel von Fähigkeiten verstanden. Die oft verwendete Umschreibung der Kompetenz als Set von Fähigkeiten ist funktional und verweist insbesondere auf die neuen Erkenntnisse des kompetenzorientierten Managements (Fueglistaller 1999, S. 30 f.; Thommen 1995, S. 22 ff.; Probst et al. 2000, S. 69 ff.) , das seinen Ursprung sowohl in der industrieökonomischen als auch in der ressourcenorientierten Schule hat. Auch die Weiterentwicklung der zahlreichen Knowledge-Management-Ansätze kommt um den Begriff der Kompetenz nicht herum, denn das zu lenkende und zu entwickelnde Wissen in einem Unternehmen bedarf eines Sets von Fähigkeiten, damit es zielgerichtet und nutzenstiftend verwendet werden kann. Schließlich befassen sich die Soziologen mit dem Begriff der Kompetenz als Reflexion von Fähigkeiten eines Individuums mit der wahrgenommenen Umwelt und setzen sich insbesondere mit der Konfiguration der Kompetenz auseinander. Dabei stellt die Resultante der Kompetenzanwendung die Konfiguration der Kompetenz im Sinn der prozessorientierten Sichtweise dar. Gemäß der Erkenntnis der Soziologen handelt es sich bei der Kompetenzanwendung nicht um ein Aneinanderreihen von Fähigkeiten beziehungsweise einer Summenbildung, sondern um das subjektive Zutrauen in die eigenen Fähigkeiten, bestimmte Situationen oder Aufgaben bewältigen zu können (Delhees 1997, S. 91).

Demzufolge existieren drei Grundtypen der Definition von Kompetenz:

1. Kompetenz als Befugnis
2. Kompetenz als Set von Fähigkeiten
3. Kompetenz als Erfahrungs- und Erkenntnisresultante, damit Aufgaben bewältigt werden können.

Unabhängig von den vielen unterschiedlichen Typen von Kompetenzen haben sie eine konkrete Bedeutung für zahlreiche wettbewerbsbestimmende Faktoren wie beispielsweise die Innovationskraft, die Qualität, die Produktivität, die Entscheidungsfreudigkeit und die Flexibilität von Unternehmen. Das Ziel des Kompetenzeinsatzes ist dementsprechend immer auf den Wettbewerbsvorteil oder die »Gesundheit« des Unternehmens oder der organisationalen Einheit gerichtet. Das Ergebnis der Kompetenz muss einen Nutzen für den Kunden und das Unternehmen stiften. Aufgrund der verschiedenen Typen von Kompetenz ist eine Klärung nötig, wie der Begriff Kompetenz im Modell des Customer-Value verwendet wird. Ebenfalls stellt sich die Frage nach dem Kompetenzträger. Ist der Träger das einzelne Individuum oder die gesamte Wertschöpfungskette innerhalb einer oder mehrerer Branchen? Am Beispiel der Corporate Governance stellt sich also die Frage, wer die Kompetenz der Führung und Kontrolle eines Unternehmens innehat. Ist es das einzelne Mitglied des Verwaltungsrats oder sind das sämtliche Beteiligte, die eine Führungs- und Aufsichts- oder Interessensfunktion haben wie Verwaltungsrat, CEO beziehungsweise Board-of-Directors, Management, interne und externe Revision, Treuhänder, Aktionäre, Investoren, Audit-Committee und letztlich die Stakeholder?
Die Lösung des Problems kann nur in einer »Sowohl-als-auch«-Antwort gefunden werden, denn unter einem Kompetenzträger versteht man sowohl das Individuum wie auch eine Organisationseinheit.
Zum Verständnis der Grundtypen der Kompetenz und der verschiedenen Kompetenzträger ist es deshalb angebracht, einen kurzen Blick auf die Entwicklung in der Theorie des Kompetenzmanagements zu werfen (vgl. Abbildung 10.2).

Ansatz	**Inhalt**	**Literatur**
Kompetenz als Befugnis	In der klassischen Betriebswirtschaftslehre, insbesondere der Organisations- und Führungslehre, wird Kompetenz mit der Verpflichtung, Verantwortung oder dem zugeteilten Recht auf Handlung oder Entscheidung gleichgesetzt.	Wöhe 2000 Wunderer 2001 Hilb 2001
	Rechtliche Aspekte: zum Beispiel Arbeitsrecht, Aktienrecht	Schweizerisches Obligationenrecht, OR Art. S. 319 ff., S. 620 ff.
Kompetenz als Set von Fähigkeiten aufgrund von Faktoren	Sichtweise der Industrieökonomen: Strategisches Management hat die Aufgabe, dauerhaften Wettbewerbsvorteil unter Berücksichtigung von spezifischen Faktoren (beispielsweise Porters fünf Kräfte) zu sichern	Porter 1980

Kompetenz als Set von Fähigkeiten aufgrund von Ressourcen, mit deren Einsatz Aufgabenstellungen bewältigt werden	Wettbewerbsvorteile werden auf der individuellen Ebene durch die Kompetenz des einzelnen Managers formiert, der in der Lage sein muss, sich in einem immer komplexeren Wissensumfeld zu orientieren und mit Informationen systematisch umzugehen. Wettbewerbsvorteile auf der organisationalen Ebene durch die Vernetzung individueller Fähigkeiten zu einem Bündel organisationaler Kompetenzen und durch die Kommunikation.	Probst, 2000 Minder 2000 Eppler 1998
	Ressourcenorientierter Ansatz: idiosynkratische Ressourcen, wertvoll sind wettbewerbsrelevante, schwer imitierbare und substituierbare Ressourcen. Charakteristische Kompetenz: Differenzierung durch Aktivitäten, die Unternehmen besonders gut meistern. Kernkompetenzen: Sie entstehen durch kollektives Lernen und auf technologischer Basis, Kernprodukte in Endproduktmärkten. Organisationale Fähigkeiten: Wissen, Technologien, Systeme, Werte, Normen und Kommunikation sind essentiell für die Koordination organisationalen Handelns	Wernerfelt 1984 Barney 1991 Conner 1991 Selznick 1957 Andrews 1971 Prahalad/Hamel 1990 Collis 1994 Grant 1991 Kogut/ Zander 1993 Leonard-Barton 1995 Rüegg-Stürm 2001
Kompetenz als Ergebnis der Erfahrung und Handlung für die Bewältigung künftiger Aufgaben	Sicherung des individuellen Handlungsportfolios dank erlerntem und erfahrenem Denk- und Handlungsmuster, das auf Fähigkeiten, kulturellen Grundwerten, Gefühl, Begabung, Intuition und Vision basiert und in seiner Ausrichtung das bestehende Domänwissen reflektiert.	Delhees 1997 Nuttin 1984 Lewalter 1998

Abbildung 10.2: Darstellung der verschiedenen Typen von Kompetenz und Kompetenzebenen

Für das Modell »Customer-Value« wird eine Definition der Kompetenz gewählt, die alle Typen umfasst: Die Kompetenz umschreibt die subjektive Zuversicht des Kompetenzträgers kraft seines Amts, seiner Befugnis oder seiner Überzeugung, um die richtige Aufbietung von Fähigkeiten, die das erfolgreiche, nutzenstiftende Entwickeln, Lenken, Gestalten und Leisten von Aufgaben ermöglichen. Objektiv betrachtet manifestiert sich die Kompetenz in der Konstellation des Einsatzes von Fähigkeiten, die eine Situation oder Aufgabe bewältigt. Die Fähigkeiten stehen im direkten Zusammenhang mit den Aspekten der angebotenen und potenziellen Leistungen. Die bewusste Einsatzgestaltung von Erfahrungen, Innovationen, Wissen sowie die kulturelle Grundhaltung (ethische, innere Haltung) des Kompetenzträgers zugunsten der Lösung einer Aufgabe und zum Wohl der Beteiligten determinieren den Kompetenzgrad. Die effektive Ausprägung der Kompetenz entspricht idealerweise den (potenziellen) Anforderungen und Erwartungen der Anspruchsgruppen sowie den Vorstellungen des Kompetenzträgers bezüglich des Soll-Zustands und wird laufend an die Bedürfnisse des Markts angepasst. Träger der Kompetenz können einzelne Wirtschaftssubjekte bis hin zu unternehmensübergreifenden Wertschöpfungsketten sein.
Kompetenz wird bei dieser Definition aus zwei Sichtweisen betrachtet:

1. Die Sicht des Kompetenzträgers, beziehungsweise -anbieters oder -senders
2. Die Sicht des Kompetenznutznießers, beziehungsweise -nachfragers oder -empfängers.

Demzufolge ist es möglich, die Kompetenz aus subjektiver und objektiver Sicht zu betrachten. Die Kompetenz umschreibt im ergebnisorientierten, objektiven Sinn die Resultante, die aus dem situationsabhängigen Einsatz verschiedener Fähigkeiten des Kompetenzträgers entsteht und von Dritten wahrgenommen werden kann. Die Höhe der Kompetenz misst sich am Zufriedenheitsgrad des Kompetenzempfängers über das Ergebnis und an der Brauchbarkeit der Resultante für die Aufgabenerfüllung. Bei der Integration des Kompetenzempfängers in den Prozess der Kompetenzanwendung gelingt ebenfalls eine objektive Messung der Kompetenzgüte in Form des laufenden Vergleichs des Erwarteten mit dem effektiven Einsatz von Fähigkeiten des Kompetenzträgers.
Die Kompetenz lässt sich somit aus subjektiver und objektiver Sicht auf einer Entwicklungsachse darstellen. Dabei sind verschiedene Zustände zu unterscheiden. Die Wirkung der Kompetenz kann sich in den drei Phasen 1) Potenzial, 2) Leistung und 3) Ergebnis etablieren.
Die Kompetenz in der Potenzialphase drückt aus, dass das Wissen für den richtigen Einsatz von Fähigkeiten vorhanden ist. Die Leistungsphase betrifft die Kompetenz als sinnvolle Handlung, welche die Fähigkeiten einsetzt. In der Ergebnisphase lässt sich die Qualität prüfen, wie der Einsatz von Fähigkeiten zur Aufgabenlösung führte.

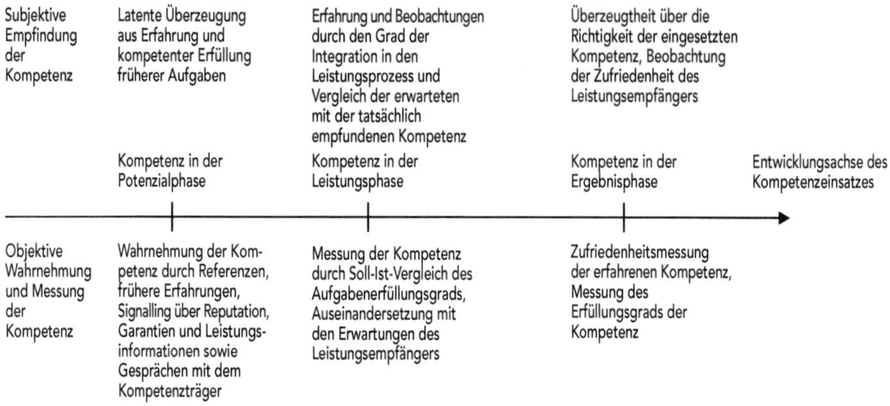

Abbildung 10.3: Darstellung der subjektiven und objektiven Wahrnehmung der Kompetenz in den verschiedenen Phasen der Kompetenzentwicklung

Das subjektive Zutrauen in die eigenen Fähigkeiten, bestimmte Situationen oder Aufgabenstellungen bewältigen zu können, bedingt in der Potenzialphase die Wahrnehmung der Bedürfnisse des Kompetenzempfängers und den Umgang mit der Wechselwirkung zwischen Anbieter und Nachfrager.
Kompetente Akteure generieren Wettbewerbsvorteile auf mehreren Ebenen:

- auf der individuellen Ebene durch Kompetenz des einzelnen Individuums,
- auf der organisationalen Ebene durch Vernetzung individueller Kompetenzen zu einem sich entwickelnden Bündel organisationaler Kompetenzen,
- auf der interorganisationalen Ebene durch die Integration verschiedener Unternehmensteile und durch die Förderung von Kooperationen im Unternehmensverbund.

Entsprechend kann der Nachfrager als Individuum, als Kundensegement oder als Kundennetzwerk verstanden werden.

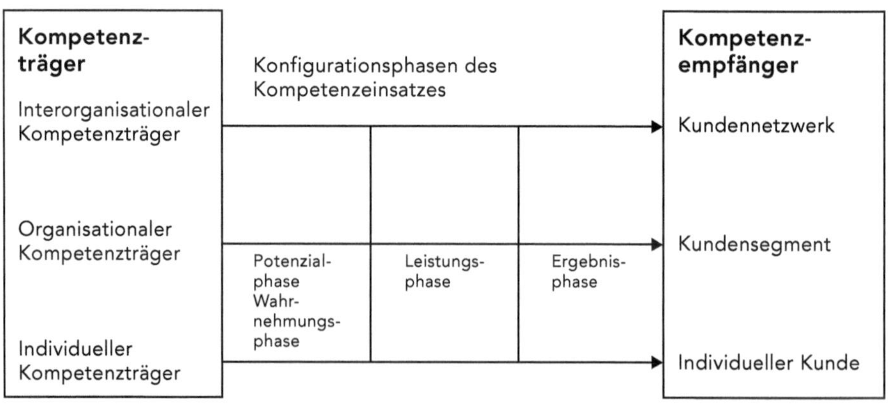

Abbildung 10.4: Gegenüberstellung der Träger und Empfänger von Kompetenz

Die Entwicklung und Konfiguration der Kompetenzen innerhalb der drei Ebenen entsteht in verschiedenen Etappen (in Anlehnung an Probst 2000, S. 13 ff., S. 85 ff.): Abstand individuelle Ebene:

- Sammeln von Domänwissen, Erfahrungen und Erlebnissen
- Anwendung der Kompetenz
- Verbesserung der Kompetenz in der Interaktion mit Situationen und Empfängern der Kompetenz

Organisationale Ebene:

- Emergenzphase: Inhaltliche Definition neu zu entwickelnder Kompetenz; Reflexion mit strategischen Zielsetzungen und Richtlinien
- Evaluationsphase: Bewertung und Selektion verschiedener Vorhaben der Kompetenzentwicklung
- Kollektivierungsphase: Ausdehnung gewonnener Erkenntnisse und Kompetenzen auf das gesamte Unternehmen

Interorganisationale Ebene:

- Akkumulationsphase: Art der Beziehungen, die sich zwischen parallel laufenden Kompetenzen entwickeln und festlegen
- Integrationsphase: Austausch von Wissen und Erfahrung zwischen verschiedenen Organisationseinheiten innerhalb und außerhalb der Unternehmen und organisationale Maßnahmen zur Koordination und Integration verwandter Aktivitäten im Sinn einer Konfiguration der Kooperation
- Stabilisierungsphase: Stützung der interorganisationalen Kompetenz durch formale Mechanismen; dabei gilt es, die strategische Flexibilität und die Unternehmenskulturen zu bewahren.

Je nach Vernetzungsgrad der Kooperationspartner kann eine Matrix vorgeschlagen werden, in der verschiedene Steuerungssysteme für die Förderung der Kompetenzentwicklung zugeordnet werden.

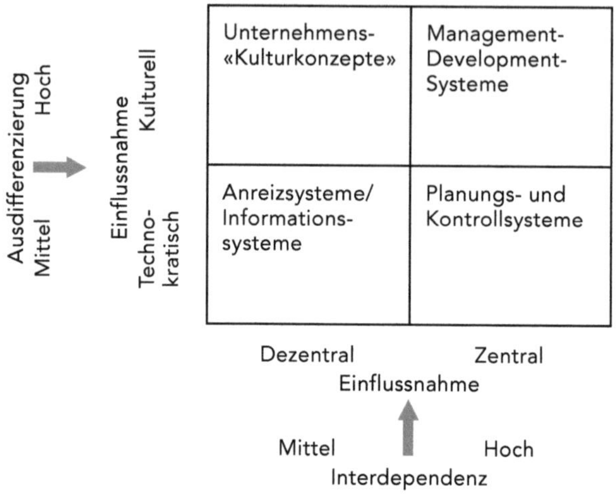

Abbildung 10.5: Matrix zur Förderung der Kompetenzentwicklung (Naujoks 1993, S. 264; Gleissner 1994, S. 167 f.; Deussen 1999, S. 198 ff.; Probst et al. 2000, S. 143)

Abbildung 10.5 verdeutlicht den übergreifenden Ansatz. Die Dimensionen spiegeln die wichtigen Spannungsfelder zwischen technokratischer und kultureller sowie zentraler und dezentraler Förderung.
Bei der Konfiguration der Kompetenzen ergeben sich neue Herausforderungen an die Ressourcen der Unternehmen. Informations- und Kommunikationstechnologien müssen sich den Veränderungen und Entwicklungen der Kompetenzen anpassen. Insbesondere Human Resources stehen neuen Herausforderungen gegenüber. Dabei stellt sich die Frage, wie die Fähigkeiten und Ressourcen für Leistungs- und Kundensysteme entwickelt werden. Der folgende Abschnitt geht deshalb auf die Kompetenzen des Managements und der Mitarbeitenden ein.

Ein Anbieter sollte sich bei seiner Entwicklung auf Kompetenzen konzentrieren, die gegenüber Wettbewerbern wertvolle und klare Vorteile schaffen und die einzigartig sind; die Ergebnisse der Kompetenzen müssen für den Kunden einen relevanten Nutzen stiften. Zudem sollten die Fähigkeiten nicht leicht kopierbar oder substituierbar sein (Hamel/Prahalad 1990).

Geprägt sind die Kompetenzen auch durch die eingesetzten Ressourcen. Richtige Lösungen für Kunden erreichen beispielsweise die Wirkungsschwelle für Kunden oft nicht, weil ein Unternehmen zu wenig Personal, Systeme, Maschinen, Geld und Zeit einsetzt. Außerdem wird auch die richtige Menge an Fähigkeiten benötigt.

10.2 Ressourcen und Leistungserstellungssysteme

Um Kundenvorteile und entsprechende Leistungen des Unternehmens zu schaffen, werden Ressourcen benötigt. Dabei können physische, humane, organisatorische sowie finanzielle, technologische und reputationsbezogene Ressourcen wichtig sein. Sie öffnen oder verschließen spezifische Möglichkeiten für einen Anbieter. Die Größe und Effizienz der Ressourcen spielen eine Rolle (Müller-Stewens/Lechner 2001, S. 276 ff.).

Ressourcen

Der Ressourcenansatz hat in der betriebswirtschaftlichen Literatur eine feste und wichtige Stellung (Birger 1984; Bamberger/Wreona 1996; Mahoney et al. 1992).

Know-how und Fähigkeiten der Mitarbeiter sind entscheidend für neue Problemlösungen für Kunden. Wichtig ist dabei besonders auch die Zeit, die diese Mitarbeiter im Rahmen ihrer gesamten Beanspruchung für neue Strategien des Leistungsmanagements einsetzen können. Anspruchsvolle Leistungskonzepte werden oft nicht mit den erforderlichen personellen Ressourcen verfolgt.

Damit verknüpft sind finanzielle Ressourcen. Welche Investitionen sind sinnvoll, um neue Leistungsansätze zu verwirklichen? Wie rasch müssen diese greifen und welche Pay-Back-Perioden sind anzustreben? Wie gehen Unternehmen mit Risiken und Chancen der Leistungssysteme um? Es gilt, die üblichen Investitionsrechnungen für Anträge in Topmanagement und Management zu nutzen.

Leistungssysteme und Services behandeln viele Unternehmen nur im Rahmen ihres laufenden Geschäfts. Neue Dienstleistungen können beispielsweise als Akquisitionsaufwand betrachtet und damit lediglich als Kosten behandelt werden (zur Kommerzialisierung vgl. Kapitel 9). Diese Sichtweise greift zu kurz. Zwar meinen wir nicht, dass Innovationen in diesem Bereich sofort aktiviert werden sollten. Wichtig ist jedoch die Erkenntnis, dass auch im Bereich der Dienstleistungen Investitionen geleistet werden müssen, um herausragende Lösungen zu entwickeln. Das Vorgehen sollte analog zu jenem für neue Produkte gestaltet werden. Beispielsweise spielen auch Zielkosten und -preise für die Entwicklung von Leistungssystemen eine bedeutende Rolle (Belz et al. 1997, S. 65 ff.).

Voraussetzung für ein wirksames Management der Leistungssysteme ist die Transparenz der Kosten (vgl. auch Abschnitt 9.2). Im Bereich der Aufwendungen für spezifische Kunden, Kundengruppen oder Kosten für Services tappen viele Anbieter im Dunkeln. Prozesskosten und Kundenrentabilität sind ungenügend erfasst. Ohne Kostenmanagement laufen jedoch alle Aufwendungen für Kunden Gefahr, sich zu verselbständigen. Sie werden beliebig durch die Verantwortlichen entschieden, eingesetzt und nicht getrennt überprüft und beeinflusst.

Die Größe eines Anbieters oder einer Geschäftseinheit prägt die Möglichkeiten für die Vorleistungen (als Investitionen oder Kosten) in neuen Leistungsbereichen. So ist der Spielraum beispielsweise für kleinere und mittlere Unternehmen naturgemäß beschränkt. Auch kann ein kleiner Anbieter die erforderlichen neuen Kundenqualifikationen oft nicht genügend beeinflussen. Eine Diffusion der Neuerung wird zeitlich und finanziell zu aufwändig. Kleine Einheiten sollten deshalb die Kunden im Markt nicht »umerziehen« wollen, wenn sie eine neue Lösung nicht sehr gezielt und mit wenigen Schlüsselkunden umsetzen können. Sie wählen zudem bei Leistungssystemen eher Bausteine, die sich mit den vorhandenen Personen und Mitteln rasch umsetzen lassen. Flexibilität und Individualität ist dabei aber ein wichtiger Vorteil. Ein Team von zehn Personen kann eine Leistung, die es als richtig erachtet, schneller aufgreifen als ein Konzern mit tausend Betroffenen in internationalen Märkten. Unternehmer und Führungskräfte von Kleinunternehmen sind eher Generalisten und deshalb besser in der Lage, von Problemen der Kunden auszugehen und anschließend die richtigen Mitarbeiter einzusetzen sowie gezielt vorzugehen. In den arbeitsteiligen Organisationen der Großunternehmen ist es schwieriger, die Spezialisten nach den Anforderungen von Kunden zu koordinieren.

Leistungserstellungssysteme

Viele Leistungssysteme sind mehrheitlich durch die Fähigkeiten und das Verhalten der Mitarbeiter geprägt. Ebenso wichtig können aber auch die Systeme der Leistungserstellung für die Problemlösungen der Kunden sein.

- *Informatiksysteme:* Informatik- und Informationssysteme erleichtern oder ermöglichen die interne Koordination der Anbieter und die effiziente Koordination mit den Kunden. Systeme, die den Kundenlösungen andererseits nicht entsprechen, verhindern neue Lösungen der Zusammenarbeit. Sämtliche Funktionen von Forschung und Entwicklung, Produktion, Service, Logistik und Marketing sowie Vertrieb lassen sich dabei integrieren (Österle 1995).

Es folgt ein Exkurs zur Informatik als Enabler für Anbieter, die sich an Kundenprozessen orientieren. Ohne Informatik sind komplexere, internationale und häufige Prozesse nicht zu beherrschen.

Exkurs: Kundenprozesse restrukturieren die Wirtschaft – Informatik als Enabler

Von Hubert Österle, Universität St. Gallen

Unternehmen im Informationszeitalter

Das Unternehmen des Informationszeitalters ist nicht mehr produkt-, sondern kundenorientiert. Es muss das Kundenproblem in seinem vollen Umfang verstehen und dem Kunden so viele zusammenhängende Teilprobleme wie möglich abnehmen. Ausgangspunkt ist folglich der Kundenprozess (Österle 1995), das heißt die Abfolge von Aufgaben, die der Kunde bei Problemlösungen ausführt. Der Kundenprozess bestimmt den Bedarf an Produkten und Dienstleistungen, die der Lieferant anbieten kann oder muss (Ives/Learmonth 1984).

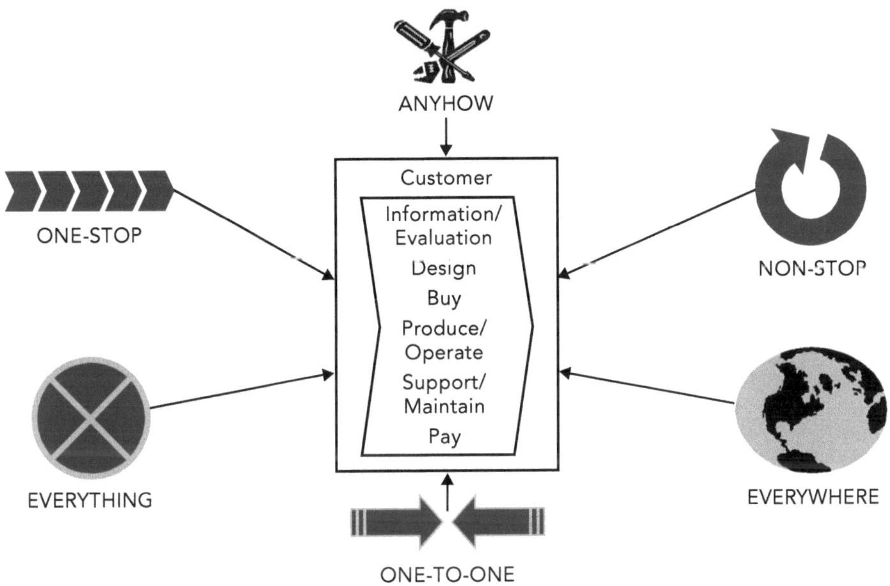

Abbildung 10.6: Kundenprozess

Das erfolgreiche Unternehmen schneidet seine Produkte und Dienstleistungen auf die Bedürfnisse des Kunden zu. Der Kunde möchte, dass sein Problem möglichst schnell, einfach und umfassend gelöst wird, unabhängig davon, wo er sich gerade befindet, wie spät es dort ist und wie er mit dem Unternehmen Kontakt aufnimmt. Gleichzeitig kann ein Unternehmen nur dann wirtschaftlich erfolgreich sein, wenn es sich auf die Erstellung der Leistungen konzentriert, für die es über ein herausragendes, wettbewerbsfähiges Know-how verfügt (Kernkompetenz) und alle anderen Leistungen zukauft, die Dritte besser, schneller und billiger erbringen können. Das Ergebnis sind Geschäftsnetzwerke (Wertschöpfungsnetze, Supply-Chains), in denen alle Beteiligten ein Kundenproblem schnell und umfassend lösen.

Informationstechnologie als Enabler

Die Informationstechnologie schafft die notwendigen Voraussetzungen für Kooperationsprozesse, indem sie Informationen miteinander verknüpft und vom Entstehungsort (Point-of-Creation) zum Verwendungsort (Point-of-Action) transportiert. Diese Echtzeitverbindung kennzeichnet das Unternehmen im Informationszeitalter, das folglich auch Echtzeitunternehmen genannt wird.
Grundlage für die Realisation des Echtzeitunternehmens sind integrierte Systeme. Es ist kein Problem, Daten elektronisch zu erfassen und zu verarbeiten. Die Verbindung (Relationship) zwischen Datenentstehung und Datenverwendung (Integration) ist die große Herausforderung. Alle IT-Funktionen, auf die ein Prozess zurückgreift, müssen eine einheitliche Semantik besitzen, also nicht nur Daten gleich darstellen, sondern sie vor allem gleich interpretieren.
Die weitaus häufigste Form der Zusammenarbeit zwischen Unternehmen und Konsumenten läuft über Portale, also über eine Mensch-Maschine-Schnittstelle. Internetportale haben die Unternehmensgrenzen noch mehr als zuvor das Telefon oder der Fax aufgelöst. Kunden müssen nicht mehr über teure Mitarbeiter des Unternehmens kommunizieren, sondern können sich ohne Zeitdruck und auch außerhalb der Bürozeiten mit einem bestens informierten und zuverlässigen Computer unterhalten. Sie werden wie interne Mitarbeiter in die Prozesse eingebunden. Der Nutzen von Portalen liegt im praktisch verzögerungsfreien Transport von Daten und Dokumenten wie Produktkatalogen oder CAD-Zeichnungen zu vernachlässigbaren Grenzkosten, in der Übertragung von Prozessschritten wie der Erfassung eines Auftrags an den Kunden und nicht zuletzt in der Bequemlichkeit (Convenience) für den Kunden.

Beispiele für Kundenwert aus dem Echtzeit-Kundenprozess

Folgende Unternehmen liefern erfolgreiche Beispiele für Echtzeit-Kundenprozesse:

- ABB Turbo Systems unterstützt über 70 Service-Stationen weltweit in ihrem Wartungsprozess für Schiffsdiesel. Eine Datenbank mit 180.000 schiffsspezifisch konfigurierten Turboladern hilft bei der Terminierung der vorbeugenden Wartung, bei der Identifikation von Ersatzteilen mit technischen Zeichnungen und Montageanleitungen, bei der Suche des nächstgelegenen Lagers mit den benötigten Ersatzteilen, bei der Ersatzteilbestellung und hilft dem Verkauf, Opportunitäten für das Ersatz- oder Zusatzgeschäft zu erkennen. Die Portallösung brauchte kaum eine zusätzliche Funktionalität, sondern brachte die IT-Funktionen, mit denen zuvor nur Mitarbeiter in der Zentrale arbeiten konnten, direkt zu den Kunden, also den Service-Stationen (IMG 2003a).
- Zumtobel Staff, ein international tätiger Leuchtenhersteller, bietet seinen Agenten, also Zwischenhändlern in Ländern ohne eigene Vertriebsgesellschaft, deren spezifische Preisliste, deren Produktkatalog, Referenzprojekte sowie die Bestellung von Produkten über ein Portal an. Zumtobel Staff erleichtert diesen Händlern den Vertrieb ihrer Produkte und bindet sie stärker in seine eigenen Prozesse ein (IMG 2003b).

- Dow Chemical, der weltweit führende Hersteller von Silikonen, lässt seine Kunden Commodity-Produkte über das Internet in Selbstbedienung (Xiameter.com) bestellen und kann ihnen wegen der Prozesseinsparung 15 Prozent günstigere Preise anbieten (St. Gallen/Tuck School Dartmouth).

Eine Studie des Instituts für Wirtschaftsinformatik an der Universität St. Gallen (Senger 2004) zeigt, dass Unternehmen zunehmend elektronisch mit Lieferanten und Kunden kooperieren. ABB Turbo Systems und Zumtobel Staff erhöhen die Kundenbindung durch eine verbesserte Unterstützung des Kundenprozesses. Dow Chemical reduziert mit Xiameter.com Prozesskosten und gibt den Preisvorteil an die Kunden weiter.

Erkenntnisse

Eine elektronische Kooperation zwischen Unternehmen kommt entgegen der Interneteuphorie langsam voran. Eine Zusammenarbeit zwischen Unternehmen, so wie sie heute zwischen Abteilungen funktioniert, wird dreißig bis fünfzig Jahre benötigen. Menschen und Unternehmen sind keine Lego-Bausteine, sondern soziale Systeme, die die Zusammenarbeit langsam erlernen und in Kooperationslösungen verwirklichen müssen. Strategisch operierende Unternehmen investieren aber gerade jetzt in Kooperationsprozesse, realisieren so den Nutzen (Quick-Wins) und bauen somit einen Wissens- und Technologievorsprung vor ihren Wettbewerbern auf. Sie erkennen den Kundenprozess als Treiber des Geschäfts und richten sich und ihr Netzwerk an ihm aus.

- *Produktionssysteme:* Produktionssysteme können eine flexible Fertigung erlauben und die Variantenvielfalt bewältigen helfen (Schuh/Jonas 1996). Eine Voraussetzung sind häufig entsprechend entwickelte Produkte, die modular aufgebaut sind und damit eine wirtschaftliche Fertigung von vielen verschiedenen Produkten erlauben. Bekannt sind beispielsweise die Plattformstrategien der Automobilhersteller (Spies 2000). Im Folgenden dazu ein Praxisbeispiel.

Praxisbeispiel:
ABB Industrial[IT]

ABB
www.abb.ch

Gestützt auf Dokumentationen für Kunden

ABB verfolgt seit 2001 den »Industrial[IT]- Ansatz«, eine konzernübergreifende Produkte- und Systemarchitektur, die für Kunden sämtliche ABB-Angebote harmonisieren soll und auch eine effiziente Anbindung von Fremdprodukten erlaubt. Teil dieses Ansatzes ist es, beispielsweise auch die Produktdokumentationen zu harmonisieren. Die produktübergreifende Architektur vereinfacht die Prozesse bei Kunden und bindet ABB als Anbieter besser ein.

Bereits Ende 2001 entschieden sich mehr als 140 Kunden für Industrial^{IT} und Langzeitvereinbarungen konnten beispielsweise mit Konzernen wie Dow Chemical, Du Pont und Holcim geschlossen werden. Eine strategische Allianz besteht mit Accenture. Ziel ist es, bis Ende 2003 alle ABB-Produkte nach Industrial^{IT} (Stufe 1) zu zertifizieren.
Die Erfolge für einzelne neue Anlagen sind beeindruckend: Im Industrial^{IT}-Ansatz gelang es beispielsweise, eine Mittelspannungs-Kompaktschaltanlage mit bisher mehr als 3300 Teilen auf eine Plattform mit weniger als 1250 Industrial^{IT}-zertifizierten Teilen zu bringen.

- *Logistiksysteme (Schuh 1996):* Lösungen für Kunden schließen häufig eine flexible und gezielte Logistik mit ein. Erst damit gelingt es beispielsweise, den Nachfrageschwankungen zu begegnen, den Kunden zuverlässig und dezentral zu beliefern und gleichzeitig die Lagerhaltung bei Lieferanten und Kunden zu senken.

Diese Bereiche sind nicht Schwerpunkte des vorliegenden Buchs. Deutlich weisen wir jedoch darauf hin, dass sich viele Leistungssysteme nur über entsprechende Infrastrukturen verwirklichen lassen. Damit ist zu erklären, dass beispielsweise Banken und Versicherungen intensiv in Informatiksysteme für ein Customer-Relationship-Management, in Callcenters, in Logistik und auch in Lösungen des Internets investierten. Erst auf dieser Grundlage lassen sich Lösungen des Customized Marketing und flexible Leistungen mit wettbewerbsfähigen Transaktionskosten realisieren. Analog schaffen viele industrielle Hersteller moderne Infrastrukturen in Technik, Produktion und Logistik.

Lösungen, die nicht systemgestützt sind, stoßen häufig rasch an ihre Grenzen und lassen sich durch Wettbewerber schnell nachahmen. Beispielsweise gelingt eine Integration von zahlreichen Kundenkontakten zum Unternehmen über verschiedene Kanäle (etwa Internet, stationärer Handel, Callcenter, persönlicher Verkauf et cetera) nur mit einer geeigneten Informatikunterstützung.

Zwischen Systemen der Leistungserstellung und Lösungen für Kunden besteht also ein intensives Wechselspiel. Technologisch orientierte Anbieter neigen dazu, die Systeme zu stark zu gewichten und quasi einen internen System-Approach zu verfolgen. Viele Aspekte des Dialogs mit Kunden, der intensiven Zusammenarbeit, des Know-hows für Kunden et cetera werden nicht selten vernachlässigt oder zurückgestellt. Erst die Nutzung und richtige Vermarktung der Systeme schafft aber nachhaltige Wettbewerbsvorteile.

So scheitern beispielsweise informatikgetriebene Systeme des Customer-Relationship-Managements, wenn es nicht gelingt, die eingespielten

Prozesse und verfügbaren Informationen dezentral und kreativ durch Mitarbeiter für zahlreiche Kunden zu nutzen und die Kunden für neue Vorteile und Verhaltensweisen zu gewinnen.

Es ist davor zu warnen, dass technisch orientierte Unternehmen die Ansätze des Customer-Value soweit wie möglich durch Technik und Systeme abdecken. Bei den Leistungen kann dieses Vorgehen zum gefürchteten Over-Engineering führen. Trotzdem sind beispielsweise die Chancen im Teleservice, den E-Services et cetera in vielen Fällen enorm.

10.3 Führung und Kundenorganisation

Transformationsprozess

Besonders bei einer Transformation des Leistungsmanagements (vgl. Abschnitt 6.1) gilt es, die Führungssysteme und die Organisation anzupassen. Es handelt sich dabei um anspruchsvolle strategische Initiativen, für die Müller-Stewens und Lechner den »General Management Navigator®« entwickelten. Auch hier gilt es zu initiieren, zu positionieren, die Wertschöpfung zu gestalten und Veränderungen zum Leben zu erwecken und langfristig zu fördern. Nur so ist ein organisatorischer Wandel möglich. Abbildung 10.7 zeigt die Zusammenhänge.

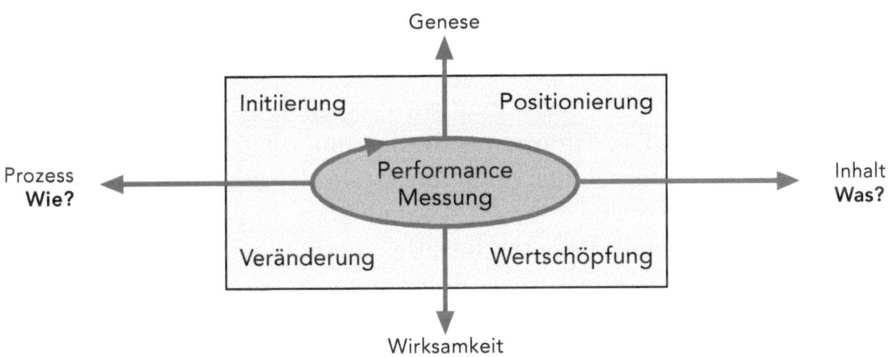

Abbildung 10.7: General Management Navigator® (Müller-Stewens/Lechner 2001, S. 23)

Strategische Initiativen bezeichnen die Impulse im Unternehmen, die seine Entwicklung maßgeblich beeinflussen. Gegenüber seinen externen Anspruchsgruppen erfolgt die Positionierung. Die Wertschöpfung betrifft das Innenverhältnis und die Fähigkeiten sowohl des Unternehmens als auch der Mitarbeiter, Werte zu schaffen. Die Veränderung konzentriert sich darauf, eine Initiative zum Leben zu erwecken. Damit schließt sich der

Kreis zur Initiierung. Die Performance-Messung erlaubt, die Fortschritte zu beobachten und laufend das Feedback zu pflegen.

Das Spannungsfeld zwischen Genese und Wirksamkeit berücksichtigt, dass Strategien sehr unterschiedlich entstehen können. Die Genese schließt ein, dass neue Strategien oft auch in der täglichen Arbeit von Unternehmen, quasi absichtslos, entstehen können. Die Ausprägung der Wirksamkeit betrifft beabsichtigte Strategien, die zuerst formuliert und dann bewusst umgesetzt werden. Der Prozess und der Inhalt erlauben, wesentliche Bezüge zur Strategie aufzugreifen. Für eine ausführliche Darstellung verweisen wir auf das Werk von Müller-Stewens/Lechner (2002, S. 20 ff.). Der Bezugsrahmen ist generell zweckmäßig, um wichtige strategische Initiativen zu begleiten und umzusetzen.

Kundenorientierte Unternehmenskultur

Allfinanz ist beispielsweise ein naheliegendes und vielgelobtes (und heute kritisiertes) Konzept für Banken und Versicherungen. Gleichzeitig ist es aber auch ein Feld für zahlreiche Flopps in den letzten Jahren. Manchen Unternehmen gelang es nicht, ihre angekündigten Konzepte für Gesamt-Problemlösungen oder Leistungssysteme erfolgreich zu realisieren. Denn es ist Intern schwierig, die Dienstleistungskompetenz aufzubauen und der Kunde bezweifelt, ob der bisherige Produktanbieter nun plötzlich mit ihm zusammenarbeiten kann oder ob er umfassende Lösungen vorzieht. Ähnliche Beispiele sind auch in Industrieunternehmen anzutreffen.

In manchen bisher erfolgreichen Unternehmen dominieren Technologien und Produkte. Das Marketing wird lediglich als der »Unkostenbereich« empfunden. Die Mitarbeiter werden mit kurzfristigen Kennzahlen geführt und die Unternehmen optimierten jahrelang die internen Abläufe. Diese Unternehmen sind zwar oft Könner, aber ihr gesamter Einsatz ist nach innen gerichtet. Es ist schwierig, diese Organisationen für die Ansprüche der Kunden zu öffnen. Behutsame Signale, subjektive Hinweise, die Atmosphäre mit dem Kunden, erste Veränderungen in den Kundenmärkten und -verhaltensweisen et cetera haben im technokratischen und durchorganisierten Umfeld keine Chance. Es braucht eine Dienstleistungskultur und eine grundsätzliche Kundenorientierung. Manche Konzerne, wie beispielsweise ABB oder Schott, arbeiten inzwischen schon Jahre an den Programmen der Kundenorientierung (Reinecke et al. 1998).

Trotzdem führt es nicht zum Ziel, einfach eine Dienstleistungskultur zu fordern. Erstens ist es wichtig, dass das Führungsteam überzeugt ist, dass das Dienstleistungsmanagement für den Erfolg in Zukunft entscheidend ist. Zweitens müssen Unternehmen beginnen, ihre Dienstleistungen zu erfassen, sie zu gewichten und sie weiterzuentwickeln. So braucht es beispielsweise Standards für eine gute Beratung oder ein ausgezeichnetes Angebot. Im Bereich der Kommunikation behandelten wir bereits auch, welche Kompetenzen im Performance-Selling und Systemverkauf zu nutzen sind (vgl. Exkurs zu Performance-Selling und Systemverkauf).

Leistungssysteme und neue Leistungsbausteine erfordern oft neue Kompetenzen, die das Unternehmen kaum vernünftig selbst entwickeln kann. Es kann deshalb sinnvoll sein, die entsprechenden Spezialisten von Kunden oder von etablierten Anbietern im angezielten Leistungsbereich einzusetzen. Denkbar sind entsprechend zusammengesetzte Teams oder neu angestellte Mitarbeiter. Kritisch dabei ist es, dass solche Spezialisten zwar den engen Bezug zum Unternehmen entwickeln, gleichzeitig aber ihr Know-how wirksam einbringen. Oft gelingt die Integration des Spezial-Know-hows nicht und neue Mitarbeiter wechseln zu schnell auf die vorhandene Sichtweise im Unternehmen. Wichtig ist es, den kritischen Dialog zwischen den einzelnen (noch fremden) Spezialisten und den (vielen) eigenen Mitarbeitern zu pflegen. Auch ist es wichtig, den neuen Mitarbeitern zur Entwicklung neuer Leistungsbausteine genügend Spielräume zu gewähren. Allerdings kostet diese Entwicklung, und sie ist mit Risiken behaftet. Die vollständige Integration und rasche Ergebnisorientierung zerstört aber die Absicht, neues Know-how für ein Unternehmen fruchtbar zu machen. Typisch ist das Beispiel von Interbrand, Zintzmeyer & Lux. Der Dienstleister für Markenführung suchte im Bereich der Markenevaluation nach neuen Bezügen zwischen Markenwert und Shareholder-Value von Unternehmen und stellte einen Analysten an, um dieses Know-how zu nutzen. Gleichzeitig hatte dieser Mitarbeiter die Freiheit, teilweise in seinem bisherigen Beziehungsnetz und mit ausgewählten Partnern ein neues Angebot zu entwickeln.

Weil neue Leistungs- und Kundensysteme innovativ sind und neue Fähigkeiten verlangen, ist die Umsetzungskompetenz der Führungskräfte und Mitarbeiter zentral. »Ideen und Konzepte gibt es in Unternehmen meist genug. Häufig fehlt es an Fähigkeiten und der Bereitschaft, diese um- und durchzusetzen«, so nachzulesen bei Wunderer/Bruch 2000. »Unternehmerische Umsetzungskompetenz ist eine spezifische Form der Handlungskompetenz, die das persönliche Potenzial zur Implementierung bzw. zur mittel- bis langfristigen Realisierung und Durchsetzung innovativer Ideen innerhalb von mehr oder minder innovationsfreundlichen, sozialen Systemen beinhaltet« (Wunderer/Bruch 2000, S. 29). »Der Wille durchzuhalten und der Glaube an die eigenen Gestaltungsmöglichkeiten und der innere Drang, Außergewöhnliches zu leisten sowie ein konstruktiver Umgang mit Rückschlägen zeigen sich als zentrale Säule der Umsetzungskompetenz. Die zweite Säule bildet die Fähigkeit, Beziehungsnetze aufzubauen und andere von seinen Ideen zu überzeugen« (Wunderer/ Bruch 2000, S. 102).

Neue Leistungsstrategien bedeuten dabei nicht nur, zusätzliche Aktivitäten aufzubauen, ebenso gilt es teilweise, bisherige Leistungsbereiche abzubauen oder abzustoßen.

Mitarbeiterführung und -entwicklung

Mitarbeiterführung und -entwicklung im Bereich der Leistungs- und Kundensysteme schließt viele Teile ein. Hinweise sind: Umgang mit Widerständen und Hürden, emotionale Marketingrealisierung, Incentives und Lohnsysteme, Marketingatmosphäre, Teamorientierung, Marketingaufgaben von Nichtmarketingleuten (zum Beispiel Technik, Logistik, Geschäftsleitung), Schulung und Coaching, Servicequalitätsprogramme et cetera (Hilb 2001).

Neue Rollen der Mitarbeiter in der Kundenbearbeitung sind bei Leistungssystemen häufig ein Schlüssel zum Erfolg. Abbildung 10.8 zeigt, wie beispielsweise Steeltec AG für ihre Key-Account-Manager die Rollen für die Zukunft definierte.

Bisherige Kundenbetreuung	Zukünftiges Key-Account-Management
• Kunden sind Einkäufer, sie konzentrieren sich auf Materialeinstandspreise, Produktqualität und Lieferpräzision • Verkauft werden Tonnen von Stahl; Know-how braucht es vor allem produktbezogen; Verkaufsleistung im Vordergrund • Einzelkämpfer im Verkauf »besitzen« ihre Kunden; wichtiger Bezug sind einzelne Geschäftstransaktionen • Arbeitsteilung nach geographischen Gebieten; »Gemischtverkauf« von Generalisten • Umsatzmaximierung	• Kunden optimieren die Prozesskosten; multiples Kontaktmanagement bei Kunden und Kundenkoordination • Verkauft werden Wirtschaftlichkeit (Prozesskosten), Problemlösung, Erfolgsbeitrag; es braucht Know-how über Kundenbranchen, Kundenunternehmen und Produkte; die integrierte Leistung für Kunden steht im Vordergrund • Der Key-Account-Manager wird zur »Spinne im Netz« und koordiniert intern wie beim Kunden • Spezialisierung nach Kunden und globale Koordination; präzise Leistung für Kunden • Rentabilitätsoptimierung

Abbildung 10.8: Abbildung 10.8: Neue Rollen der Key-Account-Manager am Beispiel Steeltec AG

Einen typischen Einblick gibt auch die Stellenausschreibung eines Personalvermittlers für einen Koordinator Kundenservices/Contracting/Facility-Management, der für einen Energieproduzenten und -händler gesucht wird, mit der Strategie, sich als Generealunternehmen im Energiebereich zu entwickeln (Abbildung 10.7).

Praxisbeispiel: Stellenausschreibung eines Personalvermittlers für einen Koordinator Kundenservices/Contracting/Facility-Management

Auszug

In dieser attraktiven und neu geschaffenen Schlüsselposition sind Sie für die Entwicklung eines innovativen und wettbewerbsstarken Serviceangebots verantwortlich, das alle Kundenbedürfnisse rund um die Energieversorgung abdeckt. Zu diesem Zweck bauen Sie ein Netzwerk mit Partnerfirmen aus den Bereichen Engineering, Elektroinstallation und Facility-Management auf, die nach klar definierten Qualitätskriterien ausgewählt und mit von Ihnen ausgearbeiteten Kooperationsverträgen verpflichtet werden.
In enger Zusammenarbeit mit dem Marketing definieren Sie die Verkaufs- und Kommunikationsstrategie und übernehmen bei der anschließenden Umsetzung bis hin zur Schulung des Verkaufspersonals eine aktive Rolle. Die Betreuung bestehender sowie die Akquisition neuer Partnerfirmen, die Einführung von Reporting- und Controllingtools sowie die Führung des wachsenden Teams runden das vielseitige und äußerst anspruchsvolle Aufgabengebiet ab.

FWC Fahrni Walt Consulting

Schlüsselposition im Energiebusiness

Unsere Auftraggeberin ist für den liberalisierten Energiemarkt der Zukunft gerüstet und wird darin als bedeutende Stromproduzentin und -händlerin eine führende Rolle einnehmen. Sie ist für Geschäfts- wie Privatkunden aufgrund ihrer Kompetenz und Zuverlässigkeit ein starker Partner und positioniert sich durch den Ausbau der Beratungsdienstleistungen als Generalunternehmer im Energiebereich. Für die Realisierung der ambitiösen Zielsetzungen sind wir mit der Suche nach einer engagierten und qualifizierten Persönlichkeit beauftragt:

Koordinator Kundenservices/
Contracting/Facility Management

In dieser attraktiven und neu geschaffenen Schlüsselposition sind Sie für die Entwicklung eines innovativen und wettbewerbsstarken Serviceangebots verantwortlich, das alle Kundenbedürfnisse rund um die Energieversorgung abdeckt. Zu diesem Zweck bauen Sie ein Netzwerk mit Partnerfirmen aus den Bereichen Engineering, Elektroinstallation und Facility Management auf, die nach klar definierten Qualitätskriterien ausgewählt und mit von Ihnen ausgearbeiteten Kooperationsverträgen verpflichtet werden. In enger Zusammenarbeit mit dem Marketing definieren Sie die Verkaufs- und Kommunikationsstrategie und übernehmen bei der anschliessenden Umsetzung bis hin zur Schulung des Verkaufspersonals eine aktive Rolle. Die Betreuung bestehender sowie die Akquisition neuer Partnerfirmen, die Einführung von Reporting- und Controllingtools sowie die Führung des wachsenden Teams runden das vielseitige und äusserst anspruchsvolle Aufgabengebiet ab.

Wir wenden uns an eine branchenvertraute Persönlichkeit mit mehrjähriger Projekt- und Beratungserfahrung in den Gebieten Kälte-/Wärmetechnik, Facility Management oder Engineering. Sie zeichnen sich aus durch Koordinations- und Organisationsstärke, konzeptionelle Fähigkeiten sowie ein ausgeprägt strategisches und analytisches Denkvermögen. Als resultatorientierter Machertyp mit Leistungsausweisen in der Kundenakquisition können Sie auf allen Ebenen überzeugend auftreten, sicher verhandeln und sich gegebenenfalls durchsetzen. Sie verfügen über eine [illegible] technische Ausbildung (z.B. Elektroingenieur ETH/HTL) sowie eine betriebswirtschaftliche Zusatzausbildung oder aber einen höheren kaufmännischen Abschluss gepaart mit vertieftem technischen Verständnis.

Unsere Mandantin bietet Ihnen eine sehr abwechslungsreiche und herausfordernde Aufgabe mit einem aussergewöhnlich hohen Mass an Selbständigkeit und Eigenverantwortung. Falls Sie sich durch diese spannende Tätigkeit in einem dynamischen und zukunftsorientierten Umfeld angesprochen fühlen, freuen wir uns auf Ihre Bewerbungsunterlagen oder stehen Ihnen für die Beantwortung von Fragen zur Verfügung. Selbstverständlich garantieren wir für absolute Diskretion.

Daniel Fahrni / Nils Walt

Fahrni Walt Consulting AG, Unternehmensberatung in Personalfragen
[illegible] 16, 8002 Zürich
Tel. 01 [illegible], Fax 01 [illegible], e-mail: [illegible], [illegible]

Abbildung 10.9: Ausschreibung für einen Koordinator Kundenservices/Contracting/Facility-Management

Es ergeben sich Konsequenzen für die Selektion von Mitarbeitern, für die Mitarbeiterförderung und -schulung und auch für die Lohn- und Incentivesysteme, um die neuen Ansätze der Leistungssysteme zu verwirklichen. Beispielsweise fehlen Verkäufern oft die entsprechenden Anreize, um nicht nur Produkte, sondern Lösungen zu verkaufen. Sie selbst müssen mit dem bestehenden Lohnsystem erfolgreich sein, wenn neue Strategien umgesetzt werden sollen.

Dabei ist davon auszugehen, dass Unternehmen selten ihr System der Zusammenarbeit mit Kunden umfassend umstellen. Oft entstehen erst einzelne Projekte nach dem neuen Ansatz. Damit konkurrieren sich herkömmliche und neue Ansätze untereinander, und im Führungssystem gilt es, verschiedene Vorgehensweisen zu fördern.

Um die Komplexität für einzelne Mitarbeiter nicht zu stark zu steigern und sie nicht widersprüchlich zu motivieren, ist oft eine organisatorische Trennung erforderlich. So bauen manche Unternehmen ihr »Problemlösungsgeschäft für Kunden« in getrennten Einheiten auf oder unterscheiden zumindest bei den Teams der Kundenbearbeitung. Denkbar ist auch, klar differenzierte Prozesse der Kundenbearbeitung zu definieren und mit den gleichen Mitarbeitern zu verwirklichen, die in Fähigkeiten und im Einsatz entsprechend flexibel sind.

Der folgende Exkurs zeigt einige Ergebnisse zu generellen Kompetenzen des Managements, wie sie auch im Bereich der Leistungs- und Kundensysteme eine große Rolle spielen.

Exkurs zu Kompetenzen des Managements und von Mitarbeitern

Von Urs Fueglistaller

In den letzten Jahren wird im Zusammenhang mit der Entwicklung von Kompetenzen der Ruf nach neuen »Skills« von Führungskräften und Unternehmern immer lauter. Sie werden das prägen, was gemeinhin Employability genannt wird (Probst et al. 2000, S. 159 ff.):

- Mobilisierung kollektiven Wissens
- Networking
- Portfolio-Work
- Konzeptualisieren und vernetztes Denken
- Unternehmerische Innovation
- Coaching und Vorbildfunktion
- Kommunikations- und Dienstleistungskompetenz

In einer empirischen Studie über Unternehmer und Führungskräfte von Klein- und Mittelunternehmen werden fünf Gruppen von Kompetenzen (Persönlichkeits-, Sozial-, Fach-, Methoden- und Innovationskompetenz) und die Korrelation zwischen den Kompetenzen und dem Wettbewerbsvorteil (Erfolg) untersucht (Zwick/Fueglistaller 2001, S.12 ff.). Die Erkenntnisse, die aus dieser Studie gewonnen wurden, belegen einerseits die Bedeutung der oben genannten künftigen Forderungen nach neuen Skills. Andererseits wird erkannt, dass insbesondere Fähigkeiten

im Zusammenhang mit der strategischen Unternehmensführung (Fachkompe-tenz im weiteren Sinn) einen hohen Einfluss auf den Erfolg und den Wettbewerbsvorteil ausüben. Weitere empirische Studien bestätigen die Korrelation der oben genannten Kompetenzen mit dem Erfolg von Unternehmen. So zeigten eigene Untersuchungen (Fueglistaller 2001), dass dienstleistungskompetente Unternehmen signifikant erfolgreicher sind als weniger dienstleistungskompetente.
Einer der maßgeblichen Unterschiede zwischen dem Unternehmer eines KMU und dem Manager von Großunternehmen ist die Risikobereitschaft. Die Aufgabe des Unternehmers ist durch viele unbekannte Größen und sehr breit anfallende Tätigkeitsfelder geprägt. Mit höchstem Wert wird in der oben genannten Studie die Verantwortungsbereitschaft genannt und sie kann als Voraussetzung für den Schritt in ein Unternehmertum betrachtet werden. Ebenfalls sehr stark ausgeprägt sind die Flexibilität und die persönliche Leistungsfähigkeit. Hingegen wird deutlich, dass gewisse Fähigkeiten wie steuertechnische Kenntnisse und Fremdsprachenfähigkeit insgesamt schwächer ausfallen.

Gegenüberstellung der extremen Ausprägungen von Fähigkeiten

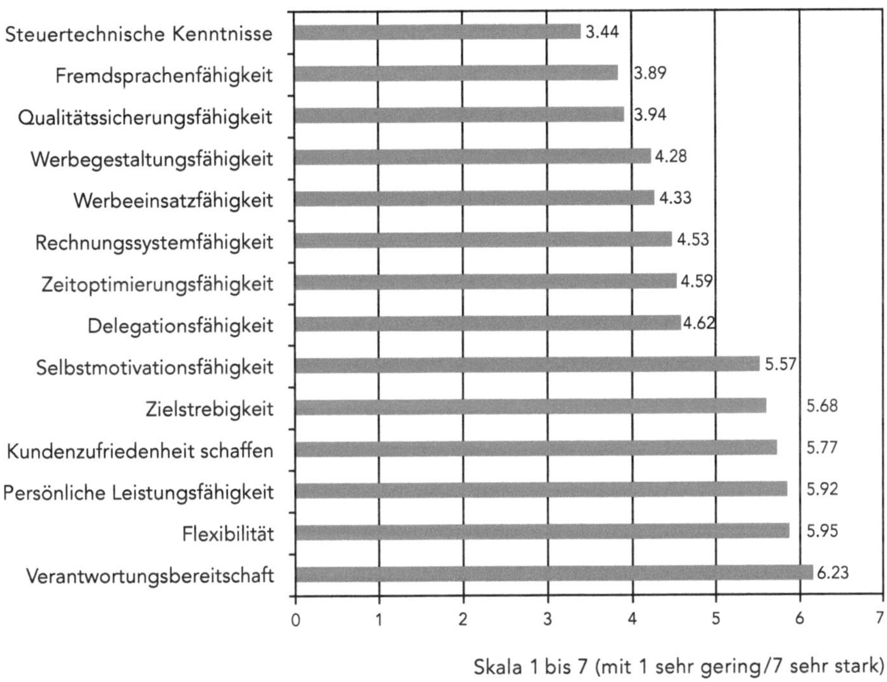

Abbildung 10.10: Die 8 schwächsten und 6 stärksten Ausprägungen von Fähigkeiten bei Unternehmern und Führungskräften von KMU (Zwick/Fueglistaller 2001, S. 9)

Das Selbstverständnis von Führungskräften verändert sich mit der Entwicklung ihrer Kompetenzen in Richtung Mitunternehmertum. Die Studie von Wunderer/Dick (2001) zeigt im Zeitvergleich, wie sich die Gestaltungs-, Handlungs- sowie Sozialkompetenz deutlich auf der Zeitachse ändern. Dabei stellt das Jahr 2010 die künftige Einschätzung aus momentaner Sicht dar. Unternehmer und Führungskräfte sehen sich vermehrt im Spannungsfeld zwischen Beruf und Familie, Engagement und Risiko, Identifikation und Individualisierung (vgl. Abbildung 10.11).

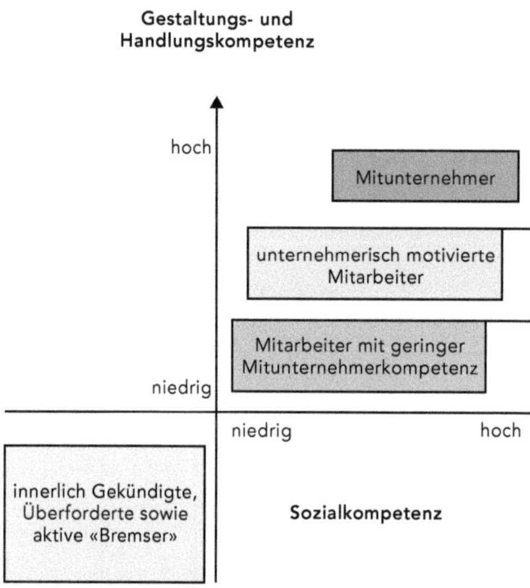

1999		2010	
Nicht-Führungskräfte	Führungskräfte	Nicht-Führungskräfte	Führungskräfte
15 %	29 %	23 %	38 %
33 %	**38 %**	**41 %**	**40 %**
36 %	21 %	25 %	14 %
16 %	12 %	11 %	8 %
100 %	100 %	100 %	100 %

Portfolio unternehmerischer Qualifikation und Motivation

Abbildung 10.11: Einschätzung unternehmerischer Qualifikationen und Motivation von Führungskräften und Beschäftigten (Wunderer/Dick, 2001, S. 63)

Die künftigen Herausforderungen, die sich Unternehmern und Führungskräften stellen, benötigen einen kompetenten Umgang mit Gegensätzen im Sinn einer Pendelbewegung. Zum einen ist sich der Unternehmer beispielsweise über die zentrale Bedeutung der Familie und seiner Freizeit bewusst. Er findet dort Zeit für andere Tätigkeiten und für die Selbstreflexion. Zum anderen verlangt der Markt nach flexiblen Arbeitseinsätzen, hoher Mobilität und Engagement. Diese Spannungsverhältnisse gilt es zu überblicken und zu meistern.
Bei der Frage nach der maßgeblichen zukünftigen Bedeutung bestimmter Fähigkeiten bestätigen die befragten Unternehmer und Führungskräfte, dass die Förderung der Mitarbeiter und deren Kompetenzen sowie Vertrauen zu schaffen zu ihren zentralen Aufgaben gehören. Erwartung und Erfahrung driften dabei jedoch auseinander (vgl. Abbildung 10.12).

Grösste Bedeutung 2010

- Vertrauen schaffen (67 %)
- Mitarbeiterpotenziale erkennen und fördern (46 %)
- Visionen kommunizieren (42 %)
- vernetztes Denken entwickeln (38 %)
- Spass an der Arbeit sichern/coachen (je 33 %)

Erfüllungsgrad 2010
Besonders schlecht erfüllt

- Visionen kommunizieren/Menschen begeistern (je 41 %)
- Spass an der Arbeit sichern/Freiräume nutzen (je 36 %)
- Vertrauen schaffen/aus Fehlern lernen/Wandel menschlich bewältigen/neue Wege gehen/ Mitarbeiterpotenziale erkennen und fördern (je 32 %)
- alternative Lösungswege tolerieren (27 %)
- coachen (23 %)

Besonders gut erfüllt

- enge Kundenkontakte (59 %)
- delegieren (55 %)
- Herausforderungen annehmen/mit knappen Ressourcen umgehen (je 46 %)
- Risiken managen/Initiativen belohnen (je 41 %)
- alternative Lösungswege tolerieren (27 %)

Abbildung 10.12: Bedeutung und Erfüllungsgrad von Führungsaufgaben (Wunderer/ Dick 2001, S.168)

Das Management der Ressource Mitarbeiter erfordert, die Kompetenzen der Mitarbeitenden optimal zu nutzen. Jedoch verspricht ein rein auf Effizienz getrimmtes Management kaum Erfolge; es gelingt damit kaum, sich in einem zunehmend volatilen Umfeld zu bewähren und neue Chancen rechtzeitig zu ergreifen. Durch die Förderung und Motivation der Mitarbeiter und ihrer Spielräume mittels Fähigkeiten und Bedingungen lässt sich eine überlebenswichtige Stabilität des Unternehmens entwickeln (Marlow 2000, S. 137). Es darf jedoch auch nicht sein, dass nur die Freude der Mitarbeiter am Arbeitsplatz im Mittelpunkt steht, wichtigster Bezug ist die Wirksamkeit (Malik 1999, S. 80 ff.).

Neben dem Engagement der beteiligten Mitarbeiter ist es zudem wichtig, wie sie organisatorisch eingebunden sind. Jede Kundenlösung erfordert in der Regel aufwändige Koordinationsleistungen.

Organisatorische Spezialisierung

Unternehmen spezialisieren sich organisatorisch nach verschiedenen Kriterien: Technologien und Produkte, Länder und Regionen, Distributionskanäle und Kundengruppen (vgl. Abbildung 10.13). Wenn Anbieter für spezifische Kunden oder Kundengruppen umfassende Leistungen koordinieren wollen, aber beispielsweise nach Produktgruppen organisiert sind, entstehen komplexe Schnittstellen. Auch arbeiten die Sparten für ihre eigenen Erfolge (und werden daran gemessen und danach entlohnt) und nicht übergreifend. Dieser Sparteneffekt wird in schwierigen Märkten gesteigert, weil Verteilkämpfe zwischen den Sparten zunehmen. Generell entstehen Probleme eines ungenügenden Cross-Selling in Unternehmen, die nicht nach dem Kundenbedarf spezialisiert sind und deshalb ihre Leistungen ungenügend für Kunden integrieren können. Das heißt: Obschon der Kunde einen Bedarf nach Leistungen aus verschiedenen Sparten des gleichen Unternehmens hat, bezieht er nur Leistungen aus einzelnen Bereichen. Die Zusammenarbeit in einer Sparte lässt sich nicht nutzen, um auch mit weiteren Einheiten an den Kunden zu liefern.

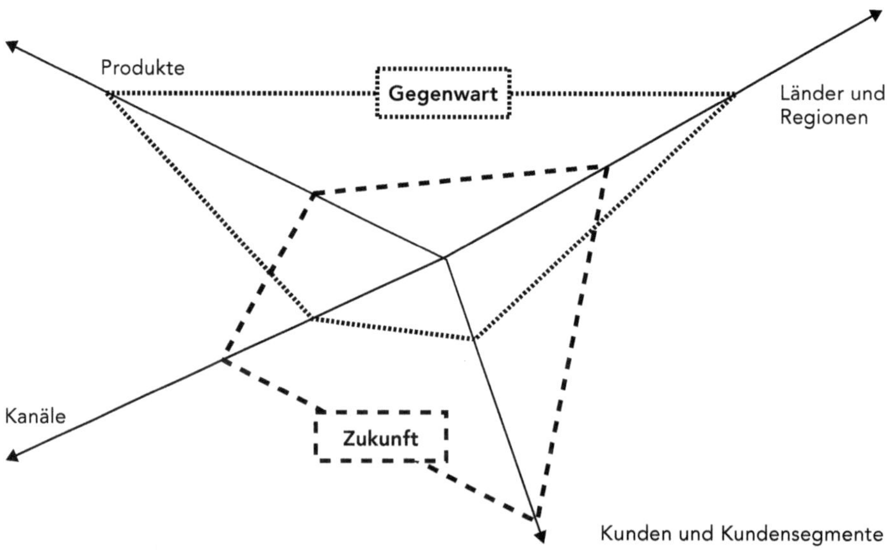

Abbildung 10.13: Organisatorische Spezialisierung

Ein Unternehmen hat erstens festzulegen, welche Kriterien die Struktur prägen sollen, die entsprechend die gesamte Spezialisierung bestimmen. Zweitens sind für die übrigen Kriterien geeignete Koordinationsansätze festzulegen. Typische Lösungen liegen im Bereich der Projekt- und

Teamorientierung, in Informationssystemen und in definierten Prozessen, welche die Leistungen der Organisationseinheiten effizient verbinden. Wichtige Prozesse sind beispielsweise die Auftragsabwicklung, Lösungs- und Produktlancierungen oder auch definierte Prozesse zur schrittweisen Implementierung des Lösungsgeschäfts. Wildemann (1999, S. 259) schreibt: »Die Ausrichtung aller Aktivitäten des Unternehmens am Kunden ist die entscheidende Stellschraube, um Differenzierungspotenziale im Wettbewerb zu erschließen.« Er schlägt vor, modulare Organisationsstrukturen zu bilden, die sich an den Kernkompetenzen in der Wertschöpfung, den Delegationschancen und den Faktoren Zeit und Qualität orientieren. Im Mittelpunkt steht jedoch die konsequente Orientierung an Geschäftsprozessen, deren alleiniger Maßstab für Effizienz und Effektivität der Kundennutzen ist. »Geschäftsprozesse sind dabei diejenigen betrieblichen Abläufe und Strukturen der Wertschöpfungskette, die unmittelbar auf den Markterfolg des Unternehmens ausgerichtet sind« (S. 262). Segmentierte Prozesse der Auftragsabwicklung sind dabei zentral. Die Voraussetzungen für die Prozessorientierung sind: Konzentration auf die Wertschöpfung und den Nutzen für interne und externe Kunden, durchgängige Prozessorganisation und -verantwortung, vorgangsorientierte Bearbeitung, dezentralisierte Entscheide, Teamorganisation und Selbststeuerungen, flexibler Personaleinsatz, räumliche Integration der Aufgabenträger und integrierte Informationslogistik, sowie das Management von inner- und außerbetrieblichen Netzwerken (S. 274 ff.). Als Prozesse lassen sich beispielsweise auch verschiedene Formen der Zusammenarbeit mit Kunden vom Produkt-, Projekt- bis Mandatsgeschäft interpretieren (vgl. Exkurs und Praxisbeispiel zum Produkt-, Projekt- und Mandatsgeschäft für Dienstleister der Kommunikation S. 166). Dabei werden die Anstrengungen von Technik, Marketing und Vertrieb integriert.

Für die Mehrzahl von Unternehmen ist es eine Herausforderung, die Leistungssysteme in internationalen Organisationen für internationale Kunden zu realisieren. »Da der Aufbau und die Pflege von Leistungssystemen große Teile des Budgets beanspruchen, wurde verschiedentlich versucht, Leistungssysteme länderübergreifend zu realisieren. Diese Ansätze sind bis heute meist gescheitert. … Selbst beim Austausch unter Österreich, Deutschland und der Schweiz hat sich gezeigt, dass erhebliche Überarbeitungen von Leistungssystemen notwendig waren, bevor diese von der Zielgruppe akzeptiert wurden« (Schlegel 1992). Dienstleistungsmanagement erfordert eine zentrale und dezentrale, globale und lokale Kompetenz für Entwicklung und Durchsetzung. Wichtige Bausteine für Lösungen sind Diagnosen zu internationalen sowie globalen Trends, Konsequenzen für den Umgang mit dem Leistungsmanagement, Länderdiagnosen, Länderselektion und Differenzierung, geplante Markterschließungen und -erweiterungen, Global Account Management sowie länderübergreifende Kundenteams, eine internationale Preisharmonisierung, das Zusammenspiel von zentralen und dezentralen Einheiten, Transfer- und Standardisierungspotenziale.

Die Hinweise verdeutlichen, dass Matrixstrukturen mit zwei Dimensionen der Organisationsausrichtung für eine Optimierung nicht genügen, obschon bereits die Komplexität von Matrixorganisationen kritisiert wird. Der Umgang mit Kooperationsnetzen stellt zusätzliche Anforderungen.

Getrennte Dienstleistungs- und Servicebereiche

Besonders wenn Unternehmen gleichzeitig das Produkt- und Lösungsgeschäft verfolgen und dieses neu aufbauen, steht das angestammte und große Produktgeschäft in interner Konkurrenz zum neuen und kleinen Lösungsgeschäft (vgl. Abbildung 6.7 mit den Erläuterungen zu dualen Strategien).

Verschiedene Varianten sind denkbar, um neue Lösungsleistungen in Unternehmen zu integrieren (Lay 1998, S. 328 ff.; Fraunhofer 1999, S. 55 ff. zeigt verschiedene Varianten möglicher Organigramme).

- *Integration:* Eine Integration der Dienstleistungsfunktionen in die bestehenden Abteilungen eines Produktionsunternehmens fördert die selbstverständliche Integration von bisherigen und neuen Aktivitäten. So kann beispielsweise die Endmontage im Unternehmen gleichzeitig die Wartung und Instandhaltung bei Kunden übernehmen. Konstruktion und Vertrieb kümmern sich um erweiterte Engineering-Leistungen mit Bedarfsanalysen und Simulationen für Kunden. Schulungsleistungen für Mitarbeiter und Kunden werden von der Personalabteilung übernommen. Damit ist es nicht nötig, die Aufbauorganisation des Unternehmens zu verändern und Produkt-Know-how sowie Dienstleistungen werden eng verknüpft. Allerdings dominiert damit die Produktsichtweise. Segment- und Kundensichtweise wirken nur ergänzend und werden nicht genügend gewichtet. Die Entwicklungsmöglichkeiten in Richtung der Leistungs- und Kundensysteme sind begrenzt.
- *Trennung:* Für spezifische Dienstleistungen lassen sich spezifische Abteilungen, Profitcenters oder unabhängige Unternehmenseinheiten bilden. Oft wird damit eine zentrale Lösung etabliert oder die Einheiten bauen eine eigene (internationale) Vertriebsorganisation auf. Das Zusammenspiel zwischen Dienstleistungs- und Produkteinheiten ist anspruchsvoll zu gestalten und die Gefahr besteht darin,

dass erwünschte Synergien nicht realisiert werden und sich die Aufgaben und Aufwendungen überschneiden. Die Chance besteht im konsequenten und getrennten Aufbau ohne laufende Zielkonflikte und mit einer gezielten Verantwortung für Umsätze, Kosten und Erträge im Bereich der Leistungssysteme. Diese Lösung ist geeignet, wenn das Dienstleistungsgeschäft ein hohes Zusatzvolumen verspricht, sich getrennt ertragreich gestalten lässt und neue Kunden erschließt (vgl. auch Praxisbeispiel zu Verselbständigung der Dienstleistungen für Schott Spezialglas S. 215).
Innerhalb von Unternehmen werden zentrale Dienstleistungsstellen, übergeordnete Einheiten für Key-Account-Management und Global Account Management eingerichtet. Mit so genannten »Shared Services« optimieren Unternehmen die spezialisierten und gemeinsamen Unterstützungsprozesse von mehreren Geschäftseinheiten (Balling/Gössi 2001, S. 21 ff.). So lassen sich beispielsweise zentrale Kundenkontaktzentren oder E-Services zusammenfassen. In der Regel spielen auch die zentralen Infrastrukturen von Informatik und Kommunikation (zum Beispiel Callcenters) sowie Größenvorteile dieser Einheiten eine herausragende Rolle.

Das Praxisbeispiel von Testo Industrial Services zeigt die Entwicklungen der Trennung bis zum rechtlich eigenständigen Unternehmen in der Testo-Gruppe.

Praxisbeispiel
Testo Industrial Service GmbH

testo — industrial services
calibration validation training

www.testo.de

Testo Industrial Services GmbH ist der Partner eines Entwicklungsprojekts des Instituts für Marketing und Handel an der Universität St. Gallen zum Thema der Kommunikation von Leistungssystemen. Die Informationen beruhen auf verschiedenen Präsentationen und Workshops.
Die Testo-Gruppe (Headquarter in Lenzkirch/Deutschland) ist ein stark wachsendes und erfolgreiches Familienunternehmen mit weltweit rund 25 Tochtergesellschaften, 1000 Mitarbeitern und gut 100 Mio. Euro Umsatz (2002). Testo entwickelt, produziert und vertreibt Handmessgeräte und stützt sich auf die Märkte Heizung, Klima und Kälte, Lebensmittel sowie Industrie.
Testo begann das Dienstleistungsgeschäft 1995 mit dem Aufbau einer Kalibrierabteilung und der Investition in hochwertige, heute noch einzigartige, messtechnische Laboratorien. Daraus entwickelte sich ab 1998 ein Profitcenter mit eigener Umsatz- und Ergebnisverantwortung. Schließlich wurde 1999 für den deutschen Markt die Testo Industrial Services GmbH als Unternehmen der Testo-Gruppe gegründet. Der Zweck des Unternehmens ist: Dienstleistungen zur Sicherung der Prüfmittel-Qualitätsstandards und der Prüfprozesse von Kunden.

Mit verschiedenen Kundensegmenten arbeitet Testo nur mit den Anwendern tragbarer Messgeräte zusammen, zum Beispiel die QS oder Mess- und Regelabteilung in der Pharmaindustrie, bei Lebensmittelherstellern, in der Medizintechnik, der Automobilindustrie, in der Elektronik und der Telekommunikation. Das Dienstleistungsgeschäft der Testo Industrial Services GmbH erschließt hier zusätzliche Märkte.

Akkreditierte Dienstleistungen erbringt das Unternehmen hauptsächlich für die Kunden in der Pharmazie, der Automobilindustrie und für weitere Kundengruppen mit hohen Qualitätsstandards. Diese sind: Die Kalibrierung von Testo-Messgeräten und anderen Fabrikaten im Labor und vor Ort bei den Kunden, die Kalibrierung und Qualifizierung von stationären Messeinrichtungen und Produktionsanlagen sowie die Laborkalibrierung und die Kalibrierung von elektrischen Messgeräten aller Art vor Ort von Niederfrequenz bis zur Hochfrequenz und die Übernahme des kompletten Prüfmittelmanagements für Produktionsstätten oder Entwicklungszentren zum Beispiel in der Automobilindustrie. Ergänzt wird das Angebot durch praxisbezogene Kundenschulungen und Kalibriertrainings für Kunden, welche die Kalibrierung selbst durchführen wollen.

Seit der Trennung 1999 wächst das Dienstleistungsgeschäft schneller als früher und im Vergleich zum Gesamtkonzern überdurchschnittlich. Der Umsatz der Testo Industrial Services betrug 2002 rund 5 Mio. Euro. Die Geräteangebote von Testo dominieren damit aber klar das Geschäft der Unternehmensgruppe. Mit dieser Trennung im eigenen Betrieb ist es möglich, das Dienstleistungsgeschäft gezielt aufzubauen und zu stärken. Intern und extern wird eine eigenständige Kultur entwickelt, die den kritischen Erfolgsvariablen im Dienstleistungsgeschäft entspricht.

Längerfristig ist eine Annäherung des Serviceunternehmens an das Kerngeschäft durchaus wieder denkbar, damit sich die Synergien stärker ausschöpfen lassen.

Beobachtungen bestätigen, dass für den Erfolg des Dienstleistungsgeschäfts in Produktionsunternehmen eine Trennung wichtig ist. Ist das Lösungsgeschäft für die Zukunft und die Strategie des Unternehmens zentral, so bietet sich die Kundenorganisation an.

Kundenorganisation

Verschiedene Anbieter restrukturieren sich zu Kundenorganisationen, das heißt, sie berücksichtigen zwar verschiedene Organisationskriterien, steigern aber den Anteil der Wertschöpfung, der spezialisiert nach Kundengruppen erbracht wird. Entsprechende Initiativen wurden beispielsweise 2001 von ABB oder Ciba Spezialitätenchemie angekündigt. Abbildung 10.14 stellt die herkömmliche Produktorganisation der Kundenorganisation gegenüber.

Während der Kunde bei Lieferanten mit einer Produktorganisation von verschiedenen Einheiten parallel bearbeitet wird und viele Koordinationsfunktionen selbst übernehmen muss, gelingt es den Lieferanten mit einer Kundenorganisation, die Initiative zu übernehmen. Die Leistungen werden dabei kundenbezogen entwickelt. »One Voice to the Customer«

bedeutet allerdings nicht, dass nur eine Kontaktperson die Zusammenarbeit regelt, sondern dass das Unternehmen die Spezialisten und ihre Aktivitäten dort abstimmt, wo es für Kunden sinnvoll ist.

Zwar setzt auch die Sparten- und Produktorganisation oft Kundenmanager ein, häufig bleiben diese aber lediglich Vermittler und sind selbst nicht genügend kompetent. Der Weg zu spezifischen Lösungen für Kunden wird damit nicht selten verlängert und nicht verkürzt. Die Beispiele Wampfler AG und ABB geben einige zusätzliche Einsichten. Beide

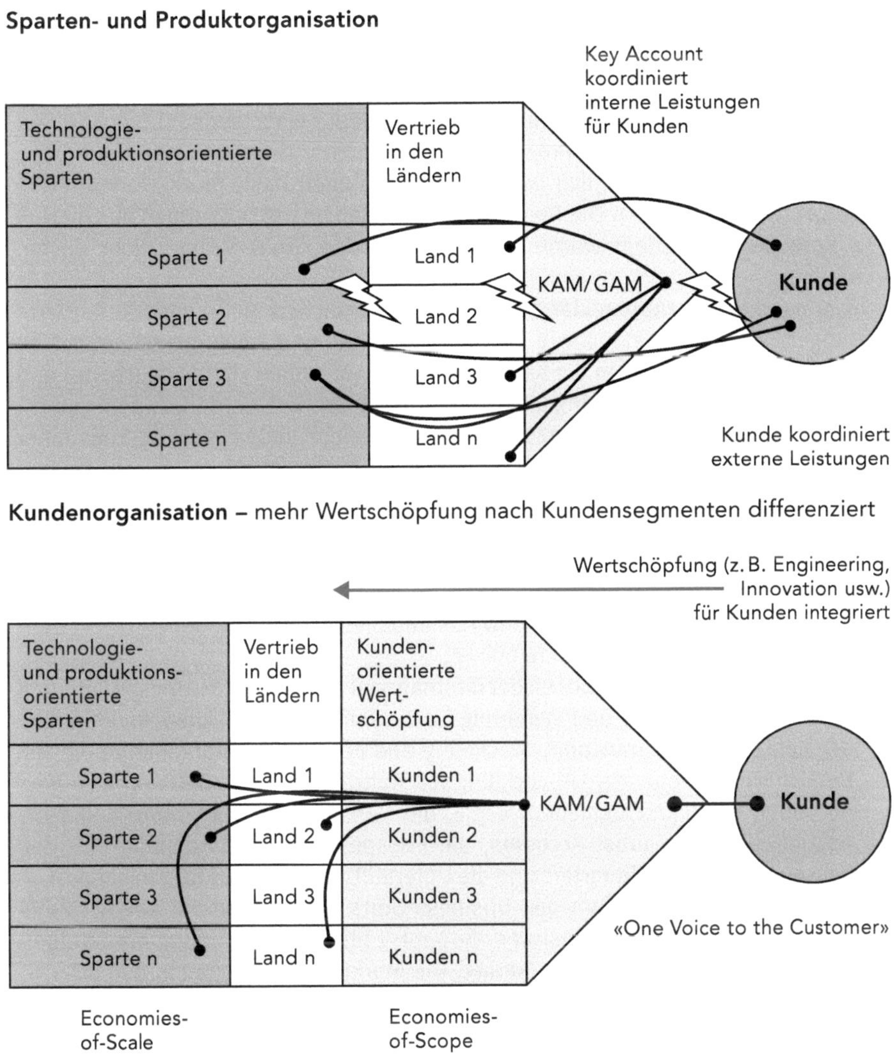

Abbildung 10.14: Sparten-, Produkt- und Kundenorganisation

Unternehmen sind bereits in der Struktur nach mehreren Kriterien ausgerichtet, gewichten jedoch sehr stark die Kundenorganisation.

Praxisbeispiel zur Organisation der Kundenorientierung der Wampfler AG

www.wampfler.com

Gestützt auf den Bericht von Stefan Ziegler, CEO Wampfler AG, Weil am Rhein/ Deutschland (Ziegler 2001)

Die Wampfler AG ist einer der weltweit führenden Anbieter von Komponenten und Systemen zur mobilen Energie- und Datenübertragung sowie zur Gestaltung von Arbeitsplätzen und der Absicherung von Gefahrenbereichen. Zu den Kunden zählen Hersteller von Kranen, Personentransportsystemen, Anbieter von Fördertechnik, die Automobilindustrie und Maschinenbauer verschiedener Sparten. Der Auslandsumsatz umfasst 65 Prozent der 66 Mio. Euro Gruppenumsatz, die 2000 erreicht wurden. Ursprünglich war das Unternehmen nach produktorientierten Profitcentern strukturiert. Die Mehrheit der Kunden bezog Leistungen aus mehreren Bereichen, trotzdem wurde das Potenzial des Cross-Selling nicht ausgeschöpft.

Ziel ist es, die Zielgruppen klar zu fokussieren, branchen- und kundenorientierte Lösungen zu entwickeln sowie die Applikations- und Lösungskompetenz zu stärken. Im Weiteren sollen die Kunden wirksam »aus einer Hand« bearbeitet und die Leistungen des Engineering und der Services integriert werden. Zudem galt es, die Vertriebskanäle richtig einzusetzen. Diese Ziele ließen sich nur mit einer kundenorientierten Organisation erfüllen.

- Kundensegmente: Erste Grundlage für die neue Organisation war eine Analyse der Kundenstruktur und der festgesetzten Segmentierung. Heute stehen fünf Business-Units als Ansprechpartner für globale Kunden zur Verfügung, immer in enger Zusammenarbeit mit den Auslandsgesellschaften, denen die Verantwortung für die lokalen Märkte obliegt.
- Business-Units: Die Funktionen der international agierenden Business-Units sind Vertrieb, Projektierung und Marketing für die definierten Branchen- und Kundensegmente (Cranes, Transport, Machinery and Equipment). Aufgaben in diesem Bereich sind die operative Abwicklung von Aufträgen und die Betreuung für Key-Accounts, die Marktsegmentstrategie, die Definition der Zielgruppen und die Abstimmung mit Global Accounts, die Preispolitik, die Koordination mit den Ressourcen des Headquarters und die Unterstützung der Marktorganisation.
- Marktorganisation: Neben den Business-Units für strategische Key-Accounts besteht eine Abteilung »Customer-Support« für kleinere Kunden mit telefonischer Beratung und Direktmarketing. Die Marktorganisationen in den über 50 Ländern sind für das lokale Geschäft zuständig. Aufgaben der Marktorganisation sind: Operative Abwicklung aller lokalen Projekte, Umsetzung der Strategie, Abstimmung mit lokalen Kundenanforderungen, operative Preispolitik, Schnittstelle zwischen Headquarter und lokaler Gesetzgebung.

Das Unternehmen optimiert schrittweise ein mehrgleisiges Vertriebssystem mit Direct Selling, Händlernetz und E-Business. Dabei wird der direkte Vertrieb eher zum indirekten verlagert.

- Zentrales Product-Competence-Center und Technology-Competence-Center: Die Produkt- und Technologieentwicklung ist zentralisiert und jede Business-Unit hat Zugriff auf alle Produkte. Die Produktpflege, Produktentwicklung und das projektbezogene Engineering übernimmt das Product-Competence-Center.

Obschon mit den segmentspezifischen Business-Units die Fähigkeit der Problemlösung und die kundenorientierte Führung des Gesamtunternehmens gesteigert werden, spielen in der Gesamtorganisation selbstverständlich auch die Länder- und Marktorganisation, die Technologie und die Produkte sowie die Kanäle eine wichtige Rolle. Somit steigt die Komplexität der Gesamtorganisation. Kritisch sind die Aufgabenteilung, die Koordination und die Effizienz besonders in der Umstellungsphase.

Praxisbeispiel Kundenorganisation der ABB

www.abb.ch

Von Christian Belz, gestützt auf Gespräche und Workshops mit den Verantwortlichen in der Zusammenarbeit mit ABB Schweiz 2002 und 2003 (insbesondere mit dem CEO Rolf Schaumann); das Beispiel stützt sich auf die damalige Lösung, weil sie für die Kundenorganisation mehr aussagen kann. Inzwischen wurden verschiedene größere Bereiche von ABB verkauft (inkl. Öl/Gas/Petrochemie 2004). Dadurch werden die Koordinationserfordernisse für Kunden vermindert.

Die Lancierung der Kundenorganisation begründete Jörgen Centerman (ehemaliger CEO von ABB) im Frühjahr 2001 wie folgt: »Mit 200 Kunden realisieren wir 30 Prozent unseres Umsatzes von 23 Mrd. US-Dollar 180 dieser Kunden kooperieren nur mit einer unserer 28 Einheiten in der ABB-Gruppe. Mit diesen Kunden erreicht ABB einen Share-of-Wallet von 8 Prozent. Wenn unser Unternehmen fähig ist, diesen Anteil mit globalen Kunden von 8 auf 12 Prozent zu steigern, gewinnt es 4 Mrd. US-Dollar.«
Ziel war es deshalb, mit einer Kundenorganisation die gesamte Leistung für Kunden zu mobilisieren und zu integrieren. Die neue Organisation (ab erstem Quartal 2001) zeigt die folgende Abbildung. 2003 wurde die Kundenorganisation vereinfacht und in den beiden Bereichen Energie und Industrie jeweils mit den Produkten und Systemen gleichwertig integriert.
ABB ging von drei grundsätzlichen Wettbewerbsstrategien aus, die sich in der neuen Organisation kombinieren, durch die getrennte Verantwortung aber auch kraftvoll verfolgen lassen.

- Typ A: Produktstrategie (Strategie für Economies-of-Scale): Kostenorientiert – Volumeneffekt – mehrere Kanäle zum Markt

- Typ B: Lösungs-/Servicestrategie (Strategie für Economies-of-Scope): Wertorientiert – Lösungen für spezielle Kundenbedürfnisse
- Typ C: Loyalitätsstrategie (Strategie der Kundenbindung): Mehrwert durch das Kombinieren von Produkten desselben Anbieters (vgl. Praxisbeispiel *ABB Industrial[IT]*)

Die Kundenbereiche Versorgungsunternehmen, Industrieunternehmen sowie Öl/Gas/Petrochemie waren zuständig für komplexere Problemlösungen oder Leistungssysteme für Kunden. Standardprodukte und Komponenten vertreiben die ABB-Produktsparten möglichst direkt oder über externe Vertriebspartner. Branchenspezifische Energietechnik- und Automationsprodukte, Lösungen und Services sowie generische Energietechnik- und Automationsprodukte werden kombiniert.

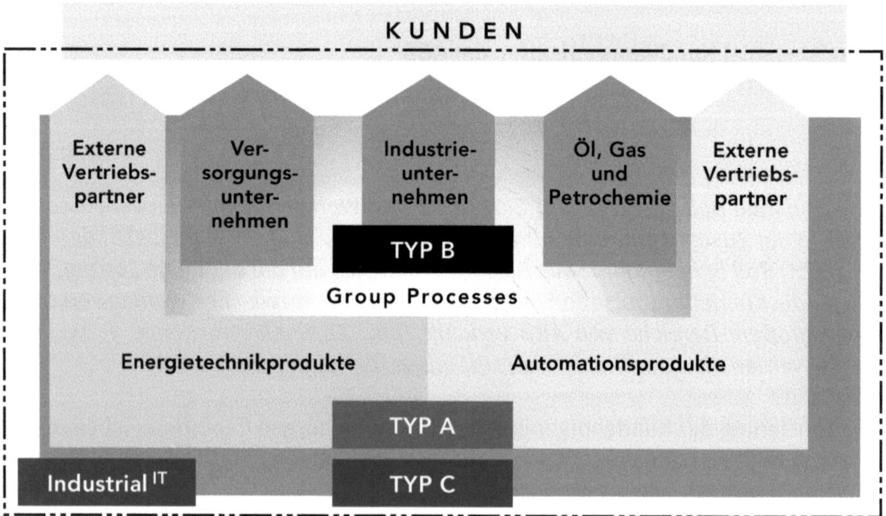

Abbildung 10.15: Kundenorganisation der ABB (Schaumann 2002)

Um diese Organisation zu verwirklichen, wurden globale und nationale Prozesse und Teams für globale und nationale Kunden eingesetzt. Ebenso gilt es, die gewachsenen Führungsstrukturen anzupassen. Die Produktsparten haben gleichzeitig die Aufgabe, ihre Bereiche in der Kundenorganisation zu verankern und den spezifischen Know-how-Transfer zu sichern.

Zusammenfassend meinen wir, dass Kundenorganisationen zunehmend an Bedeutung gewinnen. Allerdings können sich überschaubare Unternehmen auch an Kundenprozessen orientieren und sind deshalb nicht gezwungen, die Strukturen anzupassen.

Das Kapitel schließen wir mit verschiedenen Hinweisen zur Kompetenz.

Statements zur Kompetenz

- Neben dem L-Ansatz für Leistung und dem C-Ansatz für Community und Communication benötigen wir die Ergänzung durch den T-Ansatz für Technologie und Informatik. Studierende und Manager müssen das technisch Machbare frühzeitig antizipieren und berücksichtigen können (Hermann Diller, Universität Erlangen-Nürnberg).
- Mangelnde Kompetenz macht Unternehmen und Führungskräfte anfällig für Wunschwelten (Beat Schmid).
- Manche Unternehmen verfolgen den Ansatz des umfassenden Customer-Value, um eine positive Wechselwirkung zwischen Produkt- und Lösungsgeschäft zu erzielen. Die meisten Anbieter sind aber erfolgreicher, wenn sie Produkt- und Lösungsgeschäft trennen (damit aber das Zusammenspiel erschweren). Synergie scheint also das Motiv des Managements zu sein, aber die Trennung prägt viele erfolgreiche Lösungen (Christian Belz).
- Eine reine Orientierung an der Market-Based-View ist für KMU durch ihre oft feststellbare, immanente Ressourcenknappheit nicht möglich. Um einen Wettbewerbsvorteil aufzubauen oder zu halten, müssen KMU deshalb über spezielle Ressourcen oder besondere Kompetenzen verfügen (Urs Fueglistaller).
- Der Unternehmer könnte den »Missing Link« zwischen den Perspektiven inside out und outside in herstellen. Der erfolgreiche Unternehmer ist nach innen und außen orientiert und fördert in diesem Spannungsfeld innovative Leistungen für Customer-Value. Er verbindet Leistungs- und Kundenprozesse. Das wichtige Stichwort dazu lautet Entrepreneurship (Bjerke/Hultmann 2002, 158 S. ff.) (Thierry Volery).
- Mindestens die Hälfte der Kompetenz von Führungskräften und Mitarbeitern betrifft die Sozialkompetenz. Ich habe bisher keine Business Schools angetroffen, die in diesem Bereich viel bieten können. Oft stellen wir in unserem Unternehmen Absolventen aus völlig anderen Studienrichtungen ein, möglicherweise bilden andere Studien die Sozialkompetenz besser aus. Leute, die meinen, bereits alles zu wissen, stören nur (Jürgen Häusler, Interbrand Zintzmeyer & Lux, Zürich/Schweiz).

11 Kooperationsfähigkeiten

Unternehmen stützen die angestrebten Leistungen für Kunden auf ihre eigenen Kompetenzen und die Leistungsfähigkeit von Kooperationspartnern. Einerseits gilt es, den definierten Customer-Value mit geeigneten Partnern zu entwickeln. Durch mehrere, aktiv beteiligte Anbieter können dabei innovative Lösungen entstehen. Andererseits sollen kooperative Leistungssysteme gleichzeitig mit einer effizienten Zusammenarbeit der Partner verwirklicht werden. Eine anspruchsvolle und aufwändige Koordination wird häufig durch Informatiklösungen erleichtert oder erst ermöglicht. Netzwerke und virtuelle Unternehmen werden damit unterstützt. Unternehmen bestimmen sorgfältig für Leistungs- und Kundensysteme, welche Leistungen sie selbst erbringen und wo eine Zusammenarbeit mit weiteren Anbietern rascher zum Ziel führt, im Markt überzeugender wirkt oder flexible Angebote erlaubt. Vertikal spielt eine Rolle, welche Wertschöpfungsstufen die Partner abdecken; horizontal lassen sich Ergänzungsanbieter einbinden, die bisher getrennte Leistungen für Kunden integrieren.

Grundsätzlich wiederholt sich der Ansatz der Erweiterung: Wenn ein Unternehmen die Chancen mit den angestammten Produkten und Services ausgeschöpft hat, zieht es die Grenzen der Leistung weiter und intergriert zusätzliche Bausteine, um die Probleme des Kunden umfassender zu lösen. Wenn ein Unternehmen mit Leistungssystemen an die Grenzen der eigenen Ressourcen und Fähigkeiten stößt, so zieht es die Grenzen über sein eigenes Unternehmen hinaus und integriert weitere Partner, um die Probleme des Kunden noch ausführlicher zu lösen. Das ist ein Prinzip: Wer die Grenzen erreicht, will sie verschieben.

Schlüsselfragen der Kooperation sind:

- Welche neuen Leistungsgrenzen gilt es zu ziehen und auszufüllen? Sollen diese neuen Grenzen selbst erschlossen oder mit geeigneten Partnern erreicht werden?
- Mit welchen Partnern soll das Unternehmen zusammenarbeiten? Sollen verschiedene Typen von Partnerschaften unterschieden werden?
- Wie lassen sich in Kooperationen die Leistungs- und Kundensysteme effizient sowie flexibel verwirklichen? Welche Kooperationsfähigkeiten und -voraussetzungen (inkl. Informatik) gilt es zu schaffen?
- Wie sind die Kooperationsprozesse zu gestalten und die Kooperationssysteme zu steuern?

In Abbildung 11.1 fügen wir die Kooperation in den Ansatz des Customer-Value ein. Die Schlüsselfaktoren dabei sind die Kooperationsfähigkeiten und die Vorteile der Partner.

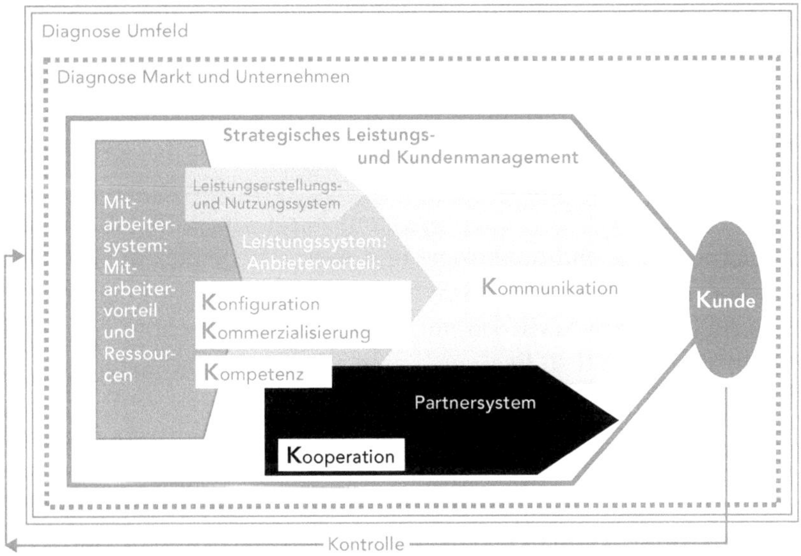

Abbildung 11.1: Kooperationssystem und -fähigkeiten

Kooperation hängt eng mit dem Bereich der Kompetenz zusammen. Ebenso bestehen aber Querbezüge zu den weiteren »Ks« des Customer-Value. Beispielsweise ist es anspruchsvoll, Kooperationslösungen zu kommunizieren; deshalb kann es sinnvoll sein, dass sich die Partner einen neuen, gemeinsamen Namen geben oder dass ein wichtiger Partner die eindeutige Führung nach innen und außen übernimmt. Außenstehende Partner können auch die Kommerzialisierung erleichtern. Wenn beispielsweise ein Hersteller für die Kundenunterstützung einen externen Berater einbezieht, sind die Kunden eher bereit, sich an den entstehenden Kosten zu beteiligen.

Dieses Kapitel behandelt das Konzept der Kooperation (Abschnitt 11.1), die Entwicklungsdynamik zu virtuellen Unternehmen (Abschnitt 11.2), die wichtigen Kooperationsentscheidungen (Abschnitt 11.3), die Gestaltung von Kooperationen (Cooperation-Content-Management) sowie das Prozessmanagement (Cooperation-Process-Management) und das Controlling für Kooperationen (Abschnitt 11.4).

11.1 Begriff und Konzept der Kooperation

Kooperationen lassen sich als hybride, institutionelle Arrangements zwischen dem Markt und der Hierarchie bezeichnen (Williamson 1985; Sydow 1992); damit wird primär die institutionelle Dimension betont. Kooperationen haben jedoch ebenso eine sozial-ethische Dimension im Sinn einer Verhaltensform, hinter der gewisse Erwartungen und Einstellungen stehen (Sydow 1992). In der Wirklichkeit sind die Übergänge fließend: So können in einem Konzern die Leistungen vertrauensvoll getauscht werden und die Beteiligten arbeiten gemeinsam an Projekten, ohne dass das Rechnungswesen eingeschaltet und sofort die vorgesehenen Verrechnungssätze angewendet werden. Oder ein Versicherungsagent berät ein junges KMU außergewöhnlich intensiv und qualifiziert und weist es beispielsweise mehrfach auf günstige, neue Versicherungsmöglichkeiten hin. In der Folge verzichtet der Unternehmer des KMU darauf, verschiedene Angebote von Konkurrenten einzuholen und so liegt auch eine Transaktionsbeziehung zwischen dem reinen Markt und der Kooperation vor.

In beiden Beispielen zeigt sich die Bedeutung von Vertrauen und somit von der sozial-ethischen Dimension. Diese erscheint als Kern jeder Kooperation. Partner gestalten nicht einfach voraussehbare Transaktionsbeziehungen mit klassischen oder konditionalen Verträgen. Sie arbeiten im Hinblick auf ein Ergebnis zusammen, das mit Chancen und Risiken behaftet ist und das vom Verhalten der Partner abhängt. Bestenfalls lassen sich diese Beziehungen mit neoklassischen Verträgen regeln, welche die institutionellen Arrangements beschreiben (Macneil 1978) oder mit relationalen Verträgen, die sich an Visionen orientieren. Dies erfordert die Bereitschaft von Menschen, an andere Menschen und deren Verhaltensweisen zu glauben und sich entsprechend zu verhalten. Deshalb sind Kooperationen nicht nur in den Wirtschaftswissenschaften, sondern auch in der Soziologie oder der Psychologie wichtige Forschungsobjekte. Es gilt, viele Aspekte und Disziplinen für Kooperationen zu beachten. Entsprechend vielschichtig sind die Definitionen. Im Kern steht jedoch: »Most definitions of cooperation focus on the process by which individuals, groups and organizations come together, interact and form psychological relationships for mutual gain and benefit« (Smith/Carroll/Ashford 1995, S. 10). Die folgenden Definitionen unterstreichen diese Aussage.

1. *Verschiedene Ebenen:* Kooperationen umfassen immer die Individuen, die Gruppe und die Organisation. Keine Organisation kann kooperieren, wenn sich nicht einzelne Personen für die Kooperationen einsetzen. Da sich Kooperationen selten mit kurzfristigen ökonomischen

Leistungsmerkmalen beurteilen lassen (vgl. auch Punkt 4), lassen sich diese Personen auch nicht mit rein ökonomischen Anreizen motivieren. Ihre intrinsische Motivation ist für den Erfolg von Kooperationen ausschlaggebend. Eine heikle und wichtige Aufgabe ist es deshalb, die richtigen Verantwortlichen für Kooperationen auszuwählen.

2. *Entstehung und Entwicklung der Kooperation:* Kooperationen schließen nicht nur den Prozess der Entstehung (Come Together) ein, sondern auch die Existenz und Weiterentwicklung (Interact). Entsprechend ist nicht nur das Studium des »Cooperation-Content« mit den Elementen Ziel, Inhalt und Funktionsweise der Kooperation entscheidend. Ebenso wichtig sind Forschungen und Theorien für den »Cooperation-Process«, die sich mit dem Entwicklungsprozess, den kritischen Ereignissen, den entsprechenden Aktoren und den Handlungselementen befassen (Meyer 2003).
3. *Psychologische und soziologische Beziehungen:* Kooperationen beruhen auf persönlichen Beziehungen und lassen sich nicht als rein mechanistische oder ökonomische Transaktion erklären. Wie oben erwähnt würde ein homo oeconomicus, vor allem wenn er noch die strategische Perspektive ausklammert, vor allem die Transaktion optimieren. Im menschlichen Leben und Zusammenwirken sind jedoch auch langfristige Beziehungen wichtig; sie bieten nicht sofort einen Anreiz und keine rasche Belohnung. Menschen sind bereit, in etwas zu investieren, wenn sie diese Investition im sozialen Kontext als gerecht ansehen. Die Volkswirtschaftslehre befasst sich entsprechend im Bereich der »Behavioural Economy« mit dem Phänomen der Reziprozität (Fehr/Gächter 2000). Diese beschreibt einen Beziehungszusammenhang, in dem sich jemand so verhält wie sein Gegenüber. Beispielsweise ist er bereit, sich bei der Ausnutzung eines Systems, etwa einer gemeinsamen Ressource, zurückzuhalten, solange dies der Partner auch tut.
4. *Zielorientierung:* Kooperationen sind zielorientiert und auf gemeinsame Gewinne ausgerichtet. Kooperationen erfordern immer gegenseitige Investitionen und jeder Partner leistet sie nur, wenn er dafür einen Anreiz oder ein Entgelt erhält. Die Art dieser Anreize ist offen. Diese können asymmetrisch sein. So kann der eine Partner primär an einem psychologischen Prestigeeffekt einer Kooperation interessiert sein, der andere möchte ökonomische Vorteile, wie z.B. ein höheres Absatzvolumen, erzielen. Offen ist auch, wie die Vorteile verteilt werden. Jeder Partner will aber mindestens einen minimalen Zugewinn, damit er zur weiteren Kooperation bereit ist. Wie jedoch der Überschuss über diese minimalen Kooperationsgewinne verteilt wird, hängt wesentlich von der Machtverteilung, den Interessen und der zeitlichen Orientierung der Partner ab.

Im Folgenden werden Kooperationen primär als Instrument betrachtet, um Leistungsziele für den Kunden zu verwirklichen oder den Unternehmenswert zu steigern. Immer gilt es aber gleichzeitig, neben der Ökonomie auch die soziale Seite von Kooperationen zu pflegen. In der Praxis scheiterten wichtige und zukunftsträchtige Unternehmenskooperationen mit großem volkswirtschaftlichem Potenzial, weil das soziale Zusammenspiel zwischen den Partnern nicht funktionierte. So wurde beispielsweise vermutet, dass die jahrzehntealte und erfolgreiche Kooperation zwischen der Austrian Airlines und der damaligen Swissair von der Austrian Airlines gekündigt wurde, weil die Swissair, auch in ihrer Rolle als wichtige Aktionärin, unter anderem einen zu forschen Verhandlungs- und Managementstil an den Tag legte. Früher bezahlte der Kunde im Groß-Skigebiet Flims-Laax in der Schweiz einen Übertrittspreis, wenn er vom Laaxer in das Flimser Skigebiet wechselte. Das lag daran, dass die beiden Bahnunternehmen sich auf kein einheitliches Tarifsystem einigen konnten. Neben der Frage der Verrechnungssysteme und der Verteilung der Zugewinne waren auch Identitätsprobleme ausschlaggebend: Zwischen den jungen und dynamischen Laaxer Bergbahnen mit romanischem Hintergrund und den traditionellen Flimser Bergbahnen in einer eher deutschsprachigen Gemeinde ließ sich lange Zeit keine psychologische Basis entwickeln.

11.2 Entwicklungsdynamik – Von Kooperationen zu virtuellen Unternehmen

Kooperationen gewinnen in der heutigen Netzökonomie zunehmend an Bedeutung. Triebkräfte sind (Bieger/Belz 2000):

- *Globalisierung:* In einem intensiven, globalen Wettbewerb müssen sich Unternehmen zunehmend auf Leistungsbereiche fokussieren, in denen sie über unimitierbare und schwer angreifbare Wettbewerbsvorteile verfügen. Dementsprechend leistet ein Unternehmen innerhalb einer komplexen Wertschöpfungskette immer weniger selbst. Sein vertikaler Wertschöpfungsbereich verkleinert sich. Es ist darauf angewiesen, Leistungselemente von anderen Unternehmen zu beziehen. Es fokussiert sich auf seine Kernkompetenzen und muss sich den Zugang zu ergänzenden Ressourcen und Kompetenzen anderweitig sichern (Hamel/Doz/Prahalad 1989; Hamel 1994; Sieber 1999). Kurz: Das Unternehmen muss in der Leistungserstellung vermehrt kooperieren.
- *Differenzierung:* In vielen Märkten differenzieren sich die Anbieter im Wettbewerb durch integrierte Problemlösungen und Leistungssysteme (Belz. et al. 1999b). Fehlende Teilleistungen, die nicht durch das eigene

Unternehmen bereitgestellt werden können (oder sollen), lassen sich mit Kooperationen abdecken. Unternehmen verbreitern ihren horizontalen Wertschöpfungsbereich; entsprechend müssen Unternehmen auch an der Schnittstelle zum Kunden vermehrt kooperieren.

Weil sich die Wertschöpfungsbereiche vertikal verkleinern und horizontal verbreitern, verändern sich die Geschäftsmodelle der Anbieter in vielen Märkten und der Kooperationsbedarf nimmt zu. Ein Beispiel dafür liefert der Versicherungsbereich. Versicherungen mit einer Sparte, wie beispielsweise der Autoversicherer Altstadt, sind praktisch vollständig vom Markt verschwunden oder in größeren Kooperationen beziehungsweise Unternehmen integriert. Die meisten Versicherungen bieten heute eine integrierte Risikoproblemlösung von den Sach- bis zu den Lebensversicherungen an. Entsprechend sind sie nach Kundengruppen, beispielsweise nach Privatkunden und KMU, gegliedert und integrieren für diese die Leistung. Umgekehrt konzentrieren sich viele Finanzdienstleister auf einen kleinen Teil der Wertschöpfungstiefe. Während die »alten Versicherungen« vom Asset-Management, der Produktentwicklung, der Risikoüberwachung bis zum Verkauf und der Hausdruckerei für die Formulare alles selbst abwickelten, konzentrieren sich heute viele Versicherungen beispielsweise auf die Produktentwicklung oder den Verkauf. Sie beziehen die übrigen Leistungen von Kooperationspartnern (vgl. auch Praxisbeispiel: »Zürich« – Help Point! S. 657 und Abbildung 20.7). Ein Beispiel für ein modernes Geschäftsmodell liefert MLP. Dieses Unternehmen definiert sich als kundenbezogener Finanzdienstleister. Es beschäftigt europaweit 4.463 Mitarbeitende und berät neutral Kunden im Bereich integrierter Finanz- und Risikoproblemlösungen. MLP verkauft Produkte von Versicherungen und Banken. Das Unternehmen liefert damit gegenüber dem Endkunden eine integrierte Problemlösung und konzentriert seine Wertschöpfung gleichzeitig auf die Beratung und den Verkauf an Endkunden (vgl. auch Praxisbeispiel: MLP AG S. 678).
So bilden sich in den Märkten immer mehr Unternehmensnetzwerke heraus. Oft ist dabei ein Unternehmen nicht nur in einem, sondern in mehreren und oft konkurrierenden Netzwerken beteiligt. Innerhalb dieser Netzwerke kooperiert es also mit anderen Unternehmen, mit denen es gleichzeitig in anderen Netzwerken konkurriert. Das Phänomen »Coopetition« (Nalebuff/Brandenburger 1996) wird zum Normalfall (vgl. auch Praxisbeispiel: Konkurrenz unter den Kunden S. 211).

Eine optimale Integration von rechtlich unabhängigen, wirtschaftlich möglicherweise teilweise abhängigen Unternehmen führt zum Konzept des virtuellen Unternehmens (Olbrich 1994, S. 33; Meffert 1997, S. 115;

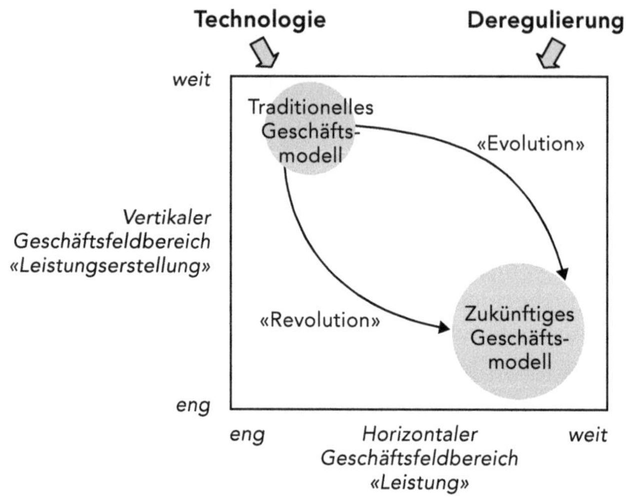

Abbildung 11.2: Transformation von Geschäftsmodellen (Bieger/Belz 2000, S. 523)

Caspar 2003). Virtuell, eigentlich abgeleitet vom lateinischen »Virtus« (Tugend), steht umgangssprachlich für Eigenschaften, die nicht real, aber funktional vorhanden sind (Scholz 1997). Es handelt sich also um Unternehmen, die in Wirklichkeit keine sind, aber die Funktionen eines Unternehmens aufweisen.

Die Definition von virtuellen Unternehmen ist in der Literatur nicht einheitlich. Es existieren verschiedene Zugänge, beispielsweise von der Informationswissenschaft (Byrne/Brandt/Port 1993) oder von der Organisation und Strategie her (Schräder 1996; Sieber 1999; Hopland 1995). Virtuellen Unternehmen werden aber folgende Eigenschaften zugeordnet:

- Organisationsform von mehreren, rechtlich unabhängigen Unternehmen für eine begrenzte Zeit (Byrne/Brandt/Port 1993). Geht man davon aus, dass jedes Unternehmen mit vielen anderen Unternehmen kooperative Beziehungen pflegt, so ist das virtuelle Unternehmen ein aktivierter Teil dieses Netzwerks, das für eine begrenzte Zeit eine vertiefte Beziehung eingeht (Weber 1994; Schuh/ Millarg/Göransson 1998).
- Wie jedes Unternehmen erbringt auch das virtuelle Unternehmen gemeinsam Leistungen für Dritte gegen Entgelt. Es betreibt damit ein gemeinsames Wertschöpfungssystem. Ziel ist es dabei, die einzelnen Wertschöpfungsaktivitäten so zu integrieren, dass das Unternehmen die Kapazitäten und Kompetenzen eines jeden beteiligten Partners optimal nutzt. Es soll dabei die für jede Aktivität beste Kompetenz

(Best in Class) genutzt werden können (Schuh/Millarg/Göransson 1998, S. 59; Scholz 1997; Hopland 1995, S. 177).

- Für das Zusammenwirken bei der Leistungserstellung, für den Auftritt am Markt und die integrierte Betreuung von Kunden ist die Herausbildung von unternehmensübergreifenden Prozessen mit den entsprechenden IT-Systemen, die Etablierung von Marken und Marktpositionen sowie gemeinsame Kernkompetenzen und gemeinsames Wissen, beispielsweise in Form von Kundendaten, erforderlich. Die Entwicklung und Bewirtschaftung von gemeinsamen Ressourcen und Kompetenzen ist somit auch eine wesentliche Eigenschaft virtueller Unternehmen.
- Märkte werden durch Kooperationen ersetzt und an die Stelle der Hierarchie treten Verhandlungen. Eine wesentliche Eigenschaft von Unternehmen ist die Möglichkeit, Transaktionen ohne die Nutzung von Märkten abzuwickeln. Unternehmen sparen dort Transaktionskosten, wo aufgrund der großen involvierten Risiken kein Vertrag entstehen oder wo aufgrund der hohen Spezifität kein Preis definiert werden kann (beispielsweise für bestimmte Vorleistungen). Diese Eigenschaft des transaktionskostenlosen Austauschs wird in virtuellen Unternehmen über Unternehmensgrenzen hinaus nachgebildet. Grundlage sind wechselseitige Kooperationen als Koordinationsform zwischen Markt und Hierarchie.

Stabile, strategische Netzwerke bestehen aus einem festen Kreis von unabhängigen Unternehmen, die zur Erreichung von Wettbewerbsvorteilen zusammenarbeiten (Sydow 1992). Dabei kann die Struktur dieses Netzwerks durch ein fokales Unternehmen gekennzeichnet sein. Dieses fokale Unternehmen (die »Core-Firm« oder ein »Hub-Unternehmen« (Sydow 1992)) koordiniert die Aktivitäten im Netzwerk und versucht auch aktiv die Strategien der Partner zu beeinflussen. Dabei ist das Spannungsfeld zwischen optimaler Abstimmung und Ausrichtung der Unternehmen auf das Netzwerk einerseits und der Vermeidung einer allzu großen Abhängigkeit der Partner andererseits zu beachten (Miles/Snow 1994). Eine allzu große Abhängigkeit vom Netzwerk könnte dazu führen, dass ein Partner nicht mehr marktfähig und damit mittelfristig auch nicht mehr wettbewerbsfähig ist.

Virtuelle Unternehmen mit einem fokalen Unternehmen sind in der produzierenden Industrie, beispielsweise im Automobilbau zu finden. Zahlreiche Technologiepartner, vom Motor bis zu den Mikrochips und den Airbags, decken gemeinsam eine Wertschöpfungskette ab. Koordiniert und gesteuert wird dieser Verbund durch das Automobilunternehmen, welches die Schnittstelle zum Endkunden gestaltet. Dieses bündelt die Zahlungsströme, erbringt die Endkundengarantie, besitzt die Kundendaten und beherrscht damit eine Schlüsselstellung.

Bei virtuellen Dienstleistungsunternehmen, wie beispielsweise einer Destination, steht der Endkunde mit jedem beteiligten Unternehmen direkt im Kontakt. Die Zahlungsströme sind dezentral. Das virtuelle Unternehmen wird quasi erst durch den Kunden und seine Konsumentscheidungen aktiviert (Stauss/Bruhn 2003; Bieger/Tomczak 2003). Es gibt damit keine direkten Einflussmöglichkeiten eines Unternehmens auf das gesamte Netzwerk wie durch eine Vorleistungsbeziehung in der Industrie. Das Netzwerk ist damit dezentraler und oft weniger stabil.

Ein Beispiel virtueller Unternehmen stellen heute die voll integrierten Airline-Allianzen dar. Unter einer Marke werden dem Kunden integrierte Transportleistungen verkauft. Ein Unternehmen konzentriert sich dabei auf einzelne Strecken oder Teilnetze, oder sogar auf einzelne Teilaktivitäten wie den Betrieb eines Meilenprogramms. Durch die Zusammenstellung seiner Reiseroute aktiviert der Kunde seinen für ihn relevanten Teil des virtuellen Unternehmens. Gemeinsam werden Ressourcen wie die Marke, die Kundendatenbank oder das Qualitätssystem entwickelt und bewirtschaftet. Der Verbund ist auf Zeit geregelt, denn Airline-Allianzen werden oft auch als Vorstufe zu neuen Konfigurationen oder sogar Fusionen gesehen.

11.3 Kooperationsentscheidungen im Überblick

Typische Entscheidungen im Kooperationssystem sind (Sieber 1999; Bieger 2002a; Belz et al. 1999, S. 7):

1. *Ziel und Definition des unternehmerischen Leistungskonzepts:* Welche Leistungssysteme (horizontaler Leistungsbereich) sollen welchen Kunden mit welchem Leistungserstellungssystem (vertikaler Leistungsbereich) zur Verfügung gestellt werden und welche Kompetenzen und Ressourcen sind dafür notwendig?
2. *Eigener Leistungsbereich – Identifikation der eigenen Ressourcen und Kompetenzen:* Welche ergänzenden Ressourcen und Kompetenzen muss sich das Unternehmen über Kooperationspartner erschließen?
3. *Wahl der Partnerunternehmen und -institutionen:* Wie sieht zum Beispiel die Selektion und Verhandlung mit Konkurrenten, Ergänzungsunternehmen, Kulturveranstaltern, Kunden aus?
4. *Kooperationsintensität und Governance:* Wie intensiv wird mit Partnern zusammengearbeitet und welche Form der Zusammenarbeit ist

zweckmäßig (zum Beispiel Fusionen, Franchising, Kooperationsverträge)?

5. *Auftritt und Stellenwert der einzelnen Partner:* Welche Zahl der Haupt- und Nebenpartner ist richtig (zum Beispiel zwei bis mehrere Partner)? Welche Stellung haben die Partner nach innen und außen (zum Beispiel Stellung des fokalen Unternehmens, gemeinsamer Auftritt)?
6. *Inhalte der Kooperation:* Auf welche Inhalte stützt sich die Kooperation (zum Beispiel Marktleistung, Kommunikation, Distribution, Konditionen)?
7. *Kooperationsprozess:* Wie wird der Prozess der Zusammenarbeit gestaltet (zum Beispiel Dauer (sporadisch, projektbezogen, permanent); Stufen des Ausbaus und Weiterentwicklung; Definition der wichtigen Aktoren)?

Ein Bergbahnunternehmen betreibt ein Skigebiet, das Teil eines größeren, zusammenhängenden ist. Das Gesamtangebot an Pisten und Transportanlagen wird zusammen mit zwei weiteren Bergbahnunternehmen bereitgestellt. Statt eines Bergbahnunternehmens kann man genauso gut von Museen, die beieinander liegen, oder von Lokalen mit Abendunterhaltung, die aneinander grenzen, ausgehen. Unter dem zunehmenden Wettbewerbsdruck steht das Unternehmen vor der Herausforderung, einerseits die Attraktivität des Angebots zu verbessern, indem ein möglichst großes, integriertes Skigebiet geboten werden kann. Andererseits gilt es, die Produktionskosten zu senken und die Produktionsqualität zu erhöhen, indem man sich auf einzelne Leistungsbereiche, beispielsweise als Spezialist für die Pistenpräparation, beschränkt.

Das Leistungskonzept (Entscheidung 1) ist damit rasch definiert: Ein integriertes Freizeiterlebnis in Form eines geschlossenen Skigebiets, das alle wesentlichen Kernleistungen vom Transport über die Pistenpräparation, Gastronomie et cetera selbst bietet. Der eigene Leistungsbereich (Entscheidung 2) ist bezüglich der Endkundenleistung einfach bestimmt. Ohne die Möglichkeit, die Anlagen der anderen Unternehmen zu kaufen, ist das Unternehmen auf den eigenen Teil des Skigebiets beschränkt. Eine Kooperation ist auf alle Fälle notwendig, um sich Zugang zur Ressource der anderen Unternehmen, das heißt zu ihren Skigebieten, zu verschaffen. Beim vertikalen Leistungsbereich ergibt sich ein großer Spielraum dafür, was selbst gemacht werden soll. Zuerst kann die Intensität der Integration im Spannungsfeld zwischen Autonomie und Dependenz bestimmt werden. Das Unternehmen kann sich auf eine Kernfunktion, beispielsweise die Gastronomie oder die Pistenpräparation, spezialisieren und diese Kernkompetenz den anderen beiden Unternehmen verkaufen. Es kann aber auch weiterhin alles selbst managen und dabei sowohl Spezialisierungsvorteile wie Economies-of-Scale oder Qualitätsgewinne verschenken.

Bei der Wahl der Partnerunternehmen (Entscheidung 3) stellt sich nur die Frage, ob gleichzeitig mit beiden oder nur mit einem Unternehmen kooperiert werden soll; eine Frage, die auch den Kooperationsprozess berührt. Die Entscheidung über die Intensität und die Governance (Entscheidung 4) weist eine breite Optionenvielfalt zwischen dem Grenzbereich zum Markt und zur Hierarchie auf. So ist ein langfristiger Vertrag über den Kauf gewisser Teilleistungen wie die Pistenpräparierung denkbar, der weitgehend einer Markttransaktion entspricht. Es ist aber auch eine vollständige Integration in Form einer Strategie-Holding möglich.

Je nach Intensität der Kooperation und der Governance stellt sich mehr oder weniger ausgeprägt die Frage nach dem Auftritt der einzelnen Partner (Entscheidung 5): Wie weit soll das Unternehmen noch mit einer eigenen Marke auftreten, wie stark soll eine Marke für das integrierte Skigebiet aufgebaut werden? Wem gehört dann diese gemeinsame Marke und wie soll sie gesteuert werden? Als Grundlage für diese Entscheidungen müssen nicht nur die einzelnen Marken mit ihrer Marktposition analysiert und eine Markenarchitektur gewählt werden (Ludwig 2001; Meffert 2002). Es müssen ökonomische Tatbestände, wie das Eigentum der Marke, ausgehandelt werden, womit auch Macht- und finanzielle Potenz ins Spiel kommen.

Mit den Inhalten der Kooperation (Entscheidung 6) ist auch die Frage nach dem geeigneten Kooperationsprozess (Entscheidung 7) verbunden. Welche Teilbereiche soll die Kooperation umfassen? Geht es nur um eine Tarifgemeinschaft oder um ein Outsourcing des ganzen Betriebs der Bergbahnen? Häufig wird im Sinn eines sanften Annäherungsprozesses zuerst nur in einem Teilbereich, oft im Endkundenbereich (beispielsweise in Form einer Tarifgemeinschaft) kooperiert. Diese Kooperation wird dann sukzessive ausgedehnt. Eine Gefahr besteht jedoch dabei, dass sich Autonomiekräfte mobilisieren oder dass sich, wenn sich keine raschen Anfangserfolge einstellen, Gegenkräfte bilden. Deshalb wird auch eine rasche und tiefgehende Kooperation realisiert.

Das Tourismusbeispiel zeigte deutlich: Die Teilentscheidungen zur Kooperation sind voneinander abhängig. Die Entscheidung über den Prozess bestimmt die Entscheidung über den Inhalt. Je nach Inhalt werden andere Governancestrukturen vorausgesetzt. Verschiedene Integrationsgrade setzen wieder andere Partner voraus et cetera.

Man kann deshalb auch von einem »magischen«, weil interdependenten, Siebeneck der Kooperation sprechen (Abbildung 11.3).

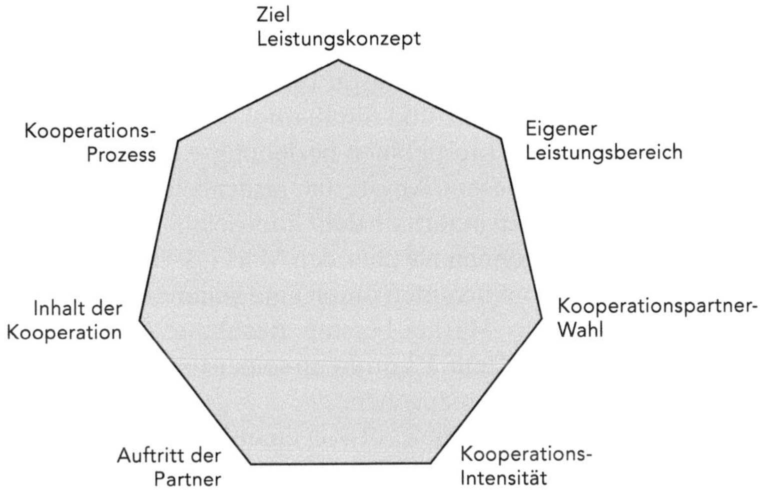

Abbildung 11.3: Magisches Kooperations-Siebeneck

11.4 Gestaltung von Kooperationen

Aus der Perspektive des Managements dürfte die wichtigste Teilentscheidung diejenige der Kooperationsintensität und der Governance sein. Mit dieser Entscheidung wird der Charakter des Unternehmens, seine Autonomie und damit seine unabhängige Überlebensfähigkeit entscheidend geprägt. Das Management ist von dieser Entscheidung auch sehr direkt betroffen. Bei einem kompletten Outsourcing der Leistungserstellung beispielsweise verliert das Unternehmen seine wesentlichen Funktionen, und auch die Aufgaben des Managements schwinden. Entsprechend zielen die meisten theoretischen Erklärungsbeiträge zur Kooperation direkt oder indirekt auf diese Entscheidung. Meist geht es jedoch darum, was in Kooperationen machbar ist.

In der klassischen Kooperationsforschung wird aus der Perspektive der Transaktions-, der Spieltheorie und des strategischen Managements argumentiert.

1. Transaktionskostentheorie

Jeder Wertschöpfungsprozess schließt Transaktionen ein. Diese Transaktionen entstehen bei technischen Grenzen. Das heißt dort, wo innerhalb eines Leistungsprozesses ein Objekt oder eine Dienstleistung an eine nächste »technische Bearbeitungstufe« übergeben wird, beispielsweise beim Übergang vom Lager zum Transport in der Distribution. Schnittstellen der Transaktion lassen sich auf verschiedene Art und Weise bewältigen. Die Transaktionskostentheorie untersucht, welche Organisationsform in welchem Kontext optimal ist (Williamson 1979; Coase 1988). Sie wird auch herangezogen, um die Existenz und Sinnhaftigkeit von Unternehmen zu begründen (Coase 1988). Unternehmen beziehungsweise ihre Reichweite rechtfertigen sich nach diesem Ansatz hauptsächlich dadurch, dass die notwendigen Transaktionen innerhalb der Unternehmensgrenzen effizienter abgewickelt werden können als über den Markt. Sobald ein Unternehmen zu groß wird und Konkurrenten durch eine andere Leistungskonfiguration unter Nutzung des Markts bessere Resultate zeigen, wird es in seiner Existenz in Frage gestellt. Es droht an seiner Überdehnung und den hohen Organisationskosten einzugehen.

Die Transaktionskostentheorie geht von einer beschränkten Rationalität aus, das heißt, das Wirtschaftssubjekt kann nicht die beste Lösung aus allen möglichen Lösungen wählen. Es kann nur zwei Alternativen vergleichen. Ebenfalls geht die Transaktionskostentheorie von einem opportunistischen Verhalten der Subjekte aus. Sie gehört zum weiten Feld der Institutionenökonomie, welche die Effizienz von Institutionen untersucht. Weitere bekannte Theorien aus diesem Bereich sind der Principal-Agent-Ansatz oder die Moral-Hazard-These.

Die Transaktionstheorie zeigt, dass die Vorteilhaftigkeit von Märkten dann gegeben ist, wenn

- eine geringe Spezifität der ausgetauschten Güter besteht. Handelt es sich (wie in unserem Beispiel mit dem Zugang zum anderen Teil des Skigebiets) um ein hochspezifisches Gut, für das es keinen Markt gibt, so ist das Risiko für die involvierten Partner außerordentlich hoch.
- ein geringes Risiko herrscht. Ist das Risiko zu hoch, so entstehen durch komplexe Verträge und Absicherungsmechanismen zu hohe Transaktionskosten.
- die Transaktion selten stattfindet und sich damit die Investitionen in die Transaktion und die Transaktionskosten nicht lohnen.

Transaktionskosten entstehen in der Anbahnung, der Aushandlung, der Abwicklung und bei möglichen Nachverhandlungen von Verträgen (Picot 1982). Die Transaktionskostentheorie zeigt klar, dass die Nutzung von Märkten nicht gratis ist und sich deshalb alternative Koordinationsformen, wie eben die Hierarchie oder Kooperation als hybride Koordinationsformen, in besonderen Situationen lohnen (vgl. Abbildung 11.4). Die Hinweise zeigen deutlich, dass sich die Transaktionskosten auch in der Kooperation mit Kunden betrachten lassen.

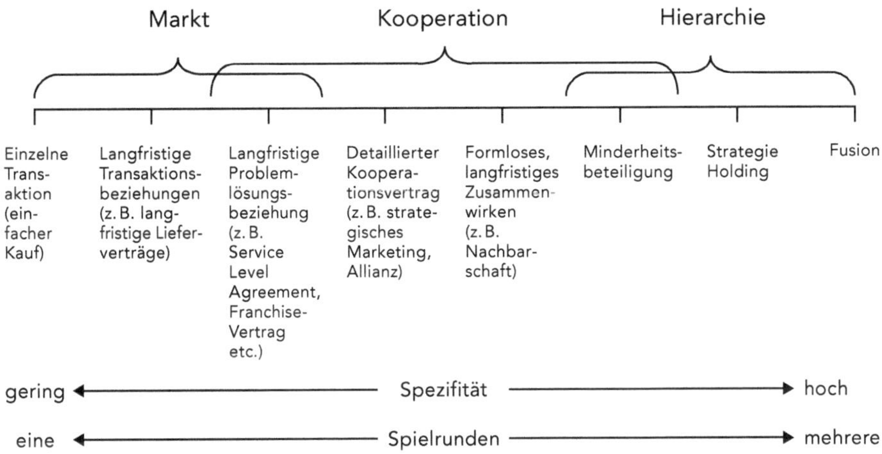

Abbildung 11.4: Koordinationsformen und Spezifität (Frey 2002)

2. Spieltheorie

Die Spieltheorie befasst sich mit dem Entscheidungsverhalten bei Unsicherheit, wenn also nicht klar ist, wie der »Gegner« reagiert und dafür (anders als bei Entscheidungen unter Risiko) auch keine Wahrscheinlichkeiten zur Verfügung stehen. Das klassische Beispiel für eine Anwendung der Spieltheorie auf eine Kooperation liefert das »Prisoner's Dilemma«.

Für Kooperationen ist entscheidend, ob das Spiel nur eine Runde dauert oder ob es sich um ein Spiel über mehrere Runden handelt (Nalebuff/Brandenburger 1996). In einem Spiel, das eine Runde dauert, also im Fall einer einmaligen Transaktion, wird der einzelne Spieler seinen Gewinn maximieren oder seinen Verlust zu minimieren versuchen und so den entsprechenden Spielzug wählen. Dauert ein Spiel mehrere Runden, muss er den folgenden Spielzug des Gegners berücksichtigen und die Rückwirkungen auf sich ins Kalkül einbeziehen. Es zeigt sich, dass in dynamischen Spielen eine »Tit-for-Tat«-Strategie optimal ist. Jeder Spieler verhält sich so wie der andere. Zeigt der erste Spieler einen kooperativen Zug, so reagiert der Zweite auch mit einer Kooperation. Keine Kooperation einzusetzen, wird sanktioniert. Die Überlegenheit dieser Spielstrategie liegt in der grundsätzlichen Kooperationsbereitschaft, der Möglichkeit für Vergeltung und Vergebung sowie der Klarheit (Axelrod 1984). Die Spieltheorie hilft Kooperationssituationen zu analysieren und beispielsweise die Art der notwendigen Governance und Vertragsform zu bestimmen. In einer Mehrrunden-Situation ist kein grundsätzlicher Kooperationsvertrag notwendig, denn das Verhalten lässt sich über mehrere Runden anpassen.

3. Ansätze des strategischen Managements

Das strategische Management betont mit dem ressourcenorientierten Ansatz (Hamel 1994; Penrose 1995) die Bedeutung des Zugangs zu einmaligen, nicht transferierbaren, kundennutzenrelevanten Ressourcen (vgl. auch Abschnitt 6.3). Im strategischen Management kommt den Kooperationen eine besondere Bedeutung zu, weil sie geeignet sind, dem Unternehmen den Zugang zu zusätzlichen, nicht handelbaren Ressourcen wie den Kernkompetenzen oder einem einmaligen Standort (siehe das Beispiel Skigebiet) zu sichern. Die Strategietheorie hilft, strategische Ressourcen zu beurteilen und je nach Bedeutung die geeigneten Partner zu wählen oder je nach Eigenschaft wie Spezifität die Koordinationsform zu optimieren.

Vor dem Hintergrund dieser Theoriebeiträge lassen sich die verschiedenen Entscheidungen innerhalb des magischen Kooperations-Siebenecks klären (vgl. Abbildung 11.3).

Ziel und Leistungskonzept

Ziele und Konzepte für Leistungssysteme unterscheiden sich grundsätzlich nicht danach, ob die Leistung später von einem oder mehreren Unternehmen erbracht wird (vgl. Abschnitt 6.4 für die Ziele und Kapitel 7 für die Konfiguration).

Um den Leistungsbereich zu definieren, lassen sich zudem die Regeln nutzen, um eine Geschäftsfeldstrategie festzulegen (Müller-Stewens/Lechner 2001; für Dienstleistungen Bieger 2002b). Nicht nur der vertikale Geschäftsfeldbereich, das Leistungserstellungssystem oder die Frage, was wird selbst gemacht und wie groß ist die Wertschöpfungstiefe, der horizontale Geschäftsfeldbereich oder das Leistungssystem muss beantwortet werden, sondern auch die Frage, wie weit geht die Leistung sowie der Zielmarktbereich und wie breit soll der anzusprechende Zielmarkt sein (Heskett/Sasser/Hart 1991; Bieger/Belz 2000).

Abbildung 11.5 zeigt die strategischen Alternativen. Ein enger Fokus bietet Vorteile wie die Konzentration auf die Kernkompetenzen und damit Kosten- sowie Qualitätsvorteile. Mit der Spezialisierung können auch eher Economies-of-Scale ausgenutzt werden. Ebenfalls lässt sich im engen Zielmarkt leichter eine kritische Marktdurchdringung erreichen. Mit einer eng definierten Leistung verringern sich die Komplexitätskosten. Ein enger Fokus bringt jedoch die Gefahr, dass der Markt schlicht zu klein wird und nicht mehr rentabel bedient werden kann (vgl. Praxisbeispiel: Portable – zwischen Preis- und Servicestrategie). Ein enger Geschäftsfeldbereich birgt auch das Risiko, dass andere Leistungspartner oder Vorleis-

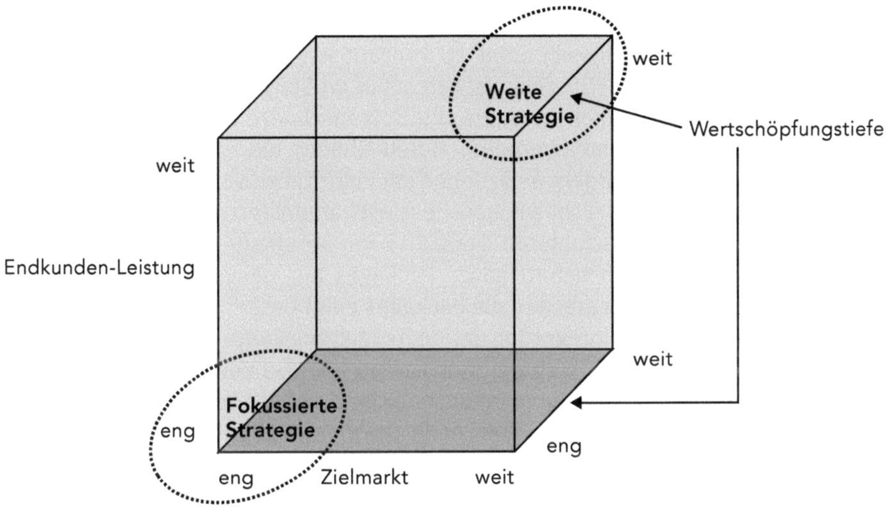

Abbildung 11.5: Definition des Leistungsbereichs

ter durch eine Expansionsstrategie (zum Beispiel Vorwärtsintegration) das eigene Unternehmen verdrängen.

Die umgekehrte Strategie, das heißt ein weiter Leistungsbereich, bietet den Vorteil von Economies-of-Scope. Es lassen sich Verbundeffekte realisieren, indem beispielsweise dem Kunden integrierte Leistungen geboten werden können, die dank dem weiten vertikalen Geschäftsfeldbereich auch unter eigener Kontrolle stehen. Die Ergebnisse sind Qualität und eine höhere Zahlungsbereitschaft der Kunden. Ein weiter Zielmarkt ermöglicht die Ausnutzung von Cross-Selling und die Multiplikation von Bekanntheit und Konzepten in größeren Märkten. Das Risiko liegt in einer unklaren Positionierung sowie steigenden Organisations- und Transaktionskosten bei der Sicherung einer integrierten Leistung.

Anwendungsbeispiel:
Economies-of-Scale, - Scope und Density bei den Bergbahnen Brämabüel-Jakobshorn (BBBJ)

www.jakobshorn.de

Von Andreas Liebrich, Universität St. Gallen

Die Bergbahnen Brämabüel-Jakobshorn (BBBJ) wurden Mitte der Fünfzigerjahre gegründet. Die Idee war, Personen möglichst schnell vom Bahnhof Davos-Platz auf die Spitze des Jakobshorns auf über 2600 m ü. M. zu transportieren. Die Gesellschaft baute am Brämabüel und am Jakobshorn zunächst Skilifte, um Wintersportlern einen attraktiven Berg zu erschließen.

In den frühen Neunzigerjahren entschied das neu eingesetzte Management, sich auf die Zielgruppe der Snowboarder zu konzentrieren. Dazu war es nötig, die Infrastruktur anzupassen. Die Gesellschaft schuf im Skigebiet Raum für zusätzliche Verpflegungsmöglichkeiten, baute die Bolgenschanze im Tal als Après-Ski- und Party-Möglichkeit und übernahm Hotels (heute mit insgesamt ca. 1.500 Betten), um den Snowboardern auch neben der Piste die gewünschte Ambiance zu bieten. Daraus ergaben sich zusätzliche Geschäftsfelder. Anstatt wie bisher lediglich einen Skipass anzubieten, verkauft »Fun Mountain Holidays« (wie sich die Marketinggesellschaft nennt) ganze Packages aus dem eigenen Sortiment. Aus der Anbietersicht entsprechen die Packages einer besser integrierten Dienstleistungskette. Durch die Integration der Dienstleistungskette werden Economies-of-Scope erzielt. Nach diesem Integrationsschritt war das Wachstumpotenzial an den beiden Bergen Brämabüel und Jakobshorn topografisch ausgeschöpft.
Durch die in der Zwischenzeit in finanzielle Schwierigkeiten geratenen Parsenn-Bahnen auf der anderen Talseite bot sich durch eine zwanzigprozentige Übernahme des Aktienkapitals die Möglichkeit für weiteres Wachstum. Durch die Quasi-Integration des einstigen Konkurrenten können neben den oben erwähnten Economies-of-Scope heute auch wichtige Economies-of-Scale realisiert werden. Economies-of-Scale sind Vorteile, die einem Unternehmen durch eine größenbedingte Verringerung von Durchschnittskosten der Leistungserstellung entstehen. Sie wirken sich bei den BBBJ wie folgt aus:

- Mehr Einkaufsmacht gegenüber Lieferanten (beispielsweise gegenüber den Anbietern von Lebensmitteln, Pistenfahrzeugen, Bergbahnen).
- Synergien bei der Wartung der Hightech-Systeme (beispielsweise bei Bahnen und Pistenfahrzeugen) bei Einsparungen von Ausbildungskosten für Spezialisten.
- Synergien im Bereich der Informatik. Durch Tickets mit Gültigkeit für beide Gesellschaften ist eine weniger aufwändige Informatiklösung nötig; zudem entfällt der Verteilungskampf um Erträge.

Mit den erzielten angebotsseitigen Netzeffekten, zu denen Economies-of-Scale und Economies-of-Scope in einer Destination zählen, ist es den BBBJ gelungen, über mehrere Jahre zu wachsen. Die Knoten des Netzes bei einer Destination sind die verschiedenen Anbieter.
Auf der Nachfrageseite entstanden gleichzeitig zu den oben beschriebenen Effekten auch Economies-of-Density in folgenden Formen:

- Durch die klare Positionierung im Markt für Snowboarder führte dies in der Snowboardszene zu Mund-zu-Mund-Propaganda, was mehr Wintersportler dieses Segments anzog.
- Durch die anwesenden Snowboarder selbst wurden neben den bereits vorhandenen infrastrukturellen Attraktionspunkten (wie Partylokale, Half-Pipes, Boarderparks) auch gesellschaftliche Attraktionspunkte geschaffen.

Durch die konsequente Orientierung an Trends konnte am Jakobshorn ein nachhaltiges Wachstum erreicht werden. Anfang November 2003 haben die Aktionäre der drei Bergbahnen BBBJ, Davos-Parsenn-Bahnen und die Luftseilbahn Klosters-Gotschnagrat-Parsenn einer über die jetzige Kooperation hinausgehenden Fusion zur Davos-Klosters-Bergbahnen AG zugestimmt. Neben den Bahnen wird auch die Hotelgruppe »Fun Mountain Holidays« in die Fusion eingebracht. Mit diesem neu entstandenen, vertikal integrierten Tourismusunternehmen erhoffen sich die Aktionäre in den folgenden Jahren sowohl höhere Economies-of-Scope als auch höhere Economies-of-Scale zu erreichen.

Definition des eigenen Leistungsbereichs

Um einen angestrebten Leistungsbereich zu realisieren, ist zunächst kritisch zu prüfen, welche Ressourcen und Kompetenzen das eigene Unternehmen selbst bereitstellen kann. Zu diesem Zweck ist eine sorgfältige und auch selbstkritische Unternehmensanalyse notwendig und es gilt, die aktuellen und zukünftigen Kernkompetenzen zu erfassen. Für die Identifikation von Kernkompetenzen gibt es heute zahlreiche Checklists und Prüfmethoden (Müller-Stewens/Lechner 2001). Diese Methoden setzen entweder bei den Wahrnehmungen des Managements oder bei den Wirkungen der Kompetenzen im Markt an.

So gibt es im ersten Bereich Prüffragen, mit denen das Management oder auch die Mitarbeitenden ihre Kompetenzen kritisch beurteilen können. Fragen sind beispielsweise:

- Welche Prozesse laufen beim eigenen Unternehmen besser als bei der relevanten Konkurrenz?
- Welches sind die Gründe, dass diese Prozesse besser laufen?
- Wenn Sie sich bei der Konkurrenz bewerben würden, welche Lehren und Erfahrungen dieser Arbeitsstelle würden sie als besonderen Asset herausstreichen?

Im zweiten Bereich gibt es die Möglichkeit, die Prozesse oder Produkte objektiv mit Kennzahlen zu benchmarken und dann mit einer Fish-Bone-Analyse (Fitzsimmons/Fitzsimmons 1994) die Ursachen für die guten Leistungen zu identifizieren.

Vereinfacht ergibt die Analyse die für den gewählten Leistungsbereich erforderlichen Kompetenzen abzüglich des eigenen Kooperationsbedarfs (zur Diagnose vgl. auch Kapitel 5).

Wahl der Kooperationspartner

Wichtige Kompetenzen für Leistungssysteme, die einem Anbieter fehlen, müssen zuerst am Markt verfügbar sein. Um aus verfügbaren Partnern und ihren Kompetenzen richtig zu wählen, sind weitere Kriterien zu beachten (Frey 2002; Loose/Sydow 1994):

- Soziale Kompatibilität (Werthaltung, Sympathie)
- Finanzkraft (Überlebensfähigkeit, Fähigkeit, in die Kooperation zu investieren)
- Besitzverhältnisse (Ziele der Besitzer, Stabilität der Eigentümerschaft und damit des Unternehmens)
- Partnernetzwerk des Kooperationspartners und ihre Kompatibilität mit dem eigenen Unternehmen sowie dem eigenen neuen Netzwerk
- Kompatibilität der Ausbildung, der IT-Systeme und damit der »Plug-in« für die konkrete Arbeit.

Intensität und Governance

Zwischen Markt und Hierarchie ergeben sich, wie bereits erwähnt, verschiedene Formen der Koordination, die als Kooperationen gelten (vgl. Praxisbeispiel: Economies-of-Scale, -Scope und Density bei den Bergbahnen Brämabüe-Jakobshorn (BBBJ) S. 359). Eine einfache Transaktion am Markt, beispielsweise der Kauf von Schokolade für Restaurants, ist eine reine Markttransaktion eines unspezifischen Guts in einer Runde. Theoretisch kann in der nächsten Runde ein anderer Lieferant berücksichtigt werden. Ein langfristiger Servicevertrag, beispielsweise im Bereich des Facility-Management, ist immer noch weitgehend eine Marktlösung. Verschiedene Anbieter stehen gegeneinander im Wettbewerb. Das Objekt der Transaktion ist zwar komplex, aber nicht spezifisch. Hingegen handelt es sich um eine langfristige Beziehung mit mehreren Spielrunden. Entsprechend spielt häufig eine Reziprozitätsbeziehung eine Rolle: Ein Lieferant ist beispielsweise bereit zu Kulanzleistungen, weil er davon ausgeht, dass der Kunde auch eine längerfristige Beziehung wünscht. Schon stellen sich erste Merkmale einer Kooperation ein.

Minderheitsbeteiligungen, vor allem wenn sie noch durch Aktionärsbindungsverträge unterlegt sind, sichern allenfalls direkte hierarchische Weisungsrechte. Meistens sind sie lediglich ein Element einer vertieften Kooperationsbeziehung, wie beispielsweise im Airlinebereich.

Kooperationsbeziehungen im engeren Sinn können unterschieden werden in Kooperationen ohne formalen Vertrag und solche auf der Basis eines ausformulierten Vertragswerks (Bieger 2002b). Kooperationsverträge müssen dann ausformuliert werden, wenn es sich um Einrundenspiele oder »Wenigrundenspiele« handelt. In diesen Situationen besteht die Gefahr, dass der eine Partner den anderen, der durch die Spezifität seiner Vorleistungen in die Abhängigkeit des Anderen gerät, übervorteilt. Dies ist beispielsweise der Fall bei einem Bergrestaurant, das durch eine Bergbahn erreicht werden kann. Dieses Bergrestaurant kann ohne die Bergbahn nicht existieren. Ein sorgfältig ausformulierter Vertrag ist damit notwendig, um das Bergrestaurant vor Übervorteilung zu schützen. Beispielsweise müsste in diesem Vertrag festgelegt werden, bei welchem Wetter die Bergbahn ihren Betrieb einstellen darf. Bei Mehrrundenbeziehungen und keiner einseitigen Abhängigkeit erübrigt sich ein solcher Vertrag. Durch die gegenseitige Sanktionsmöglichkeit werden sich die einzelnen Kooperationspartner so verhalten, als ob ein Vertrag bestehen würde.

Kooperationsverträge können häufig nicht als klassische Verträge mit einer einfachen Abmachung von Leistung und Gegenleistung funktionieren. Klassische Verträge sind zeitpunktorientiert und beziehen sich auf Standardgüter. Da Leistung und Gegenleistung zusammenfallen, können sie demnach vollständig sein; alle Details lassen sich regeln (vgl. zur Vertragstypologie Macneil 1978). Solche Verträge sind bei einfachen Transaktionen angebracht. Neoklassische Verträge beziehen sich auf einen längeren Zeithorizont. Sie zeichnen sich durch Offenheit und Unvollständigkeit aus. Durch die unvorhersehbaren Veränderungen der Umwelt lassen sich nicht alle Situationen über einen längeren Zeithorizont hinaus vollständig berücksichtigen. Neoklassische Verträge müssen besonders die vernünftige Regelung von möglichen Konflikten zwischen den Beteiligten fördern. Sie sind entsprechend komplex. Beispiele dafür sind anspruchsvolle »Service-Level-Agreements« mit Regelungen für Bereithalteleistungen für Notfälle, Reaktionsgeschwindigkeit, Qualitätsniveau und Schiedsgericht. Relationale Verträge erfassen vor allem implizite Regelungen wie beispielsweise gemeinsame Vision und Wertvorstellungen. Sie gehen damit von der Prämisse aus, dass sich in komplexen Situationen nie alle Fälle und Probleme lösen lassen und deshalb ein gemeinsamer Denk- und Handlungsrahmen mit entsprechenden Varianzen wichtiger ist.

Auftritt und Stellenwert der einzelnen Partner

In jeder Kooperation stellen sich folgende Fragen:

- Welcher Garant und welche Marke sind für den Endkunden relevant?
- Was sind die strategischen Absichten der einzelnen Partner und sind sie bereit, ihre Marketing- und Markenautonomie (teilweise) aufzugeben?

Grundsätzlich kann man davon ausgehen, dass gegenüber dem Endkunden ein Garant und somit eine klar identifizierbare Marke von Vorteil ist. Umgekehrt ist es aus der Perspektive des einzelnen Unternehmens sinnvoll, seine Marke möglichst zu erhalten, um Autonomie zu bewahren und später eventuell wieder selbstständig am Markt operieren zu können. Gleichzeitig ist in einer Kooperation der Transfer von der stärksten Marke im Verbund auf die neue Kooperationsmarke sehr wichtig. So dürfte für die Star-Alliance als Kooperationsmarke im Airlinegeschäft der Transfer von der Unternehmensmarke Lufthansa entscheidend sein. Es stellen sich damit folgende Teilaufgaben:

- Die Gestaltung einer Kooperationsmarken-Architektur (vgl. Abbildung 11.6).
- Die Definition von Eigentumsrechten an der Kooperationsmarke. Diese können gemeinsam definiert werden oder in einem unabhängigen Unternehmen verankert sein. Beide Lösungen finden sich heute beispielsweise bei den internationalen Airline-Allianzen (Kreuzpaintner 2003).
- Die Abgeltung für den Verzicht auf eine Marke oder den positiven Markentransfer.

Weitere Hinweise zur Markenführung (Abschnitt 6.2) und zur Kommunikation (Kapitel 8) sind auch für Kooperationen gültig.

Inhalte der Kooperation

Die Inhalte der Kooperation ergeben sich hauptsächlich aus den notwendigen, ergänzenden Kompetenzen. Es empfiehlt sich jedoch, die Inhalte nach

- der Leistungserstellungsseite und
- der Leistungsseite

zu strukturieren. Kooperationen auf der Leistungserstellungsseite müssen sich immer im Bereich der Kosten und Qualität auswirken. Kooperationen auf der Leistungsseite müssen in Bezug auf Kundenloyalität und Zahlungsbereitschaft wirken.

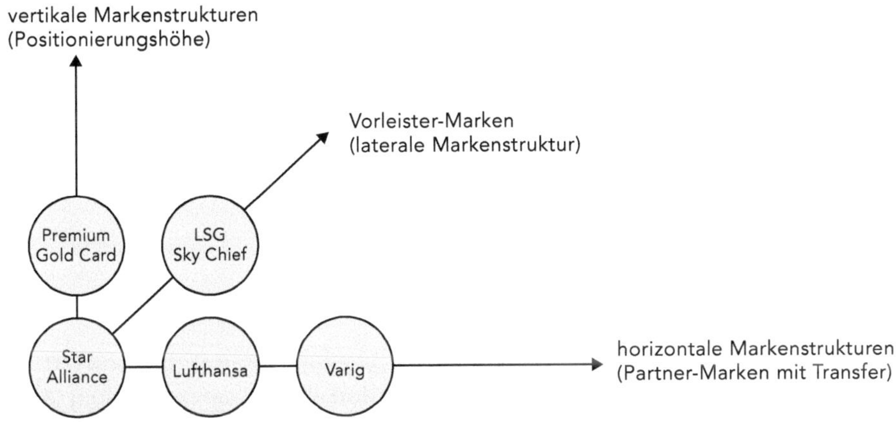

Abbildung 11.6: Markenarchitektur bei Kooperationen (Bieger/Tomczak 2003)

Management der Kooperationsprozesse

Erst in neuerer Zeit gewinnt die Forschung zu Kooperationsprozessen an Gewicht. Bis heute existieren Modelle und Konzepte, die weitgehend als Heuristiken klassifiziert werden können. Ähnlich wie in der Strategie-Prozessforschung lassen sich Planungsansätze (Deliberate Processes) als präskriptive Modelle und Beschreibungsansätze (Emerging Processes) als deskriptive Modelle unterscheiden:

1. *Präskriptive Modelle:* Es gibt eine große Zahl von mehr oder weniger theoriegestützten Planungsansätzen. Diese haben in etwa alle die folgende Grundstruktur (vgl. auch das Modell von Müller 2000):
   - Strategiebildung
   - Selektion
   - Konzeption
   - Management
   - Beendigung/Ausstieg

   Die Praxis zeigt, dass Kooperationen (wie auch Strategien) selten nach diesen Schematas geplant und durchgezogen werden können. Die oben beschriebene soziale Komponente beispielsweise verhindert oder beschleunigt Annäherungen und überlagert die Verhandlungen. Oft werden auch spontane Gelegenheiten für Kooperationen ausgenutzt, was sogar zur Neudefinition von Strategien führen kann. Zudem lässt sich auch feststellen, dass Kooperationsprozesse, die auf eine zunehmende Kooperationsintensität ausgerichtet sind, plötzlich ins Stocken geraten oder blockiert werden.

2. *Deskriptive Modelle:* Im Rahmen dieser Forschungen wurden Faktoren identifiziert, die Kooperationsprozesse positiv beeinflussen. Ein Beispiel für ein solches System liefert das Konzept von Ring/Van de Ven (1994). Sie unterscheiden folgende wesentliche Faktoren, die erst längerfristig den Erfolg von Kooperationen gegenüber Hierarchie prägen:
   - Shared Governance
   - Effizienz und Gleichverteilung
   - Vertrauen

Kooperationen sind zwei wesentlichen Unsicherheiten ausgesetzt: 1) zukünftige Umweltzustände und 2) Verhalten des Kooperationspartners (Ring/Van de Ven 1994). Das Verhalten kann sich über neue Voraussetzungen der Umwelt ändern, beispielsweise weil ein Partner einen neuen Eigentümer erhält, wobei der Kooperationspartner vielleicht nicht einmal darüber informiert wird. Im Spannungsfeld zwischen Effizienz als möglichst hohe Gewinne und Gleichverteilung im Sinn einer Reziprozität als »Fair Dealing« werden interne Mechanismen zur Konfliktlösung benötigt; Rollenbeziehungen und Kooperation werden immer wieder neu ausgehandelt. Ergebnisse und Alternativen werden dabei häufig durch Personen, die allenfalls auch wechseln, neu interpretiert und wahrgenommen. Kooperationen lassen sich deshalb als selbstreferenzielles System (Luhmann 1984) charakterisieren. Sie werden von den beteiligten Aktoren in ihrem Gesamtzusammenhang immer wieder entwickelt und in ihrer Gesamtkonfiguration verändert. Entsprechend der Strukturationstheorie (Giddens 1992) ergibt sich ein Wechselspiel zwischen Normen und Ausführungen, die zu Resultaten führen. Diese bewirken immer wieder Änderungen der Normen. Es ergibt sich damit ein zyklischer Kooperationsprozess.

Auch spätere deskriptive Kooperationsprozess-Modelle folgen diesem zyklischen Grundmuster. Entsprechend ergeben sich auch Verstärkungs- oder Abschwächungsprozesse in Kooperationen (vgl. das Modell von Doz 1996).

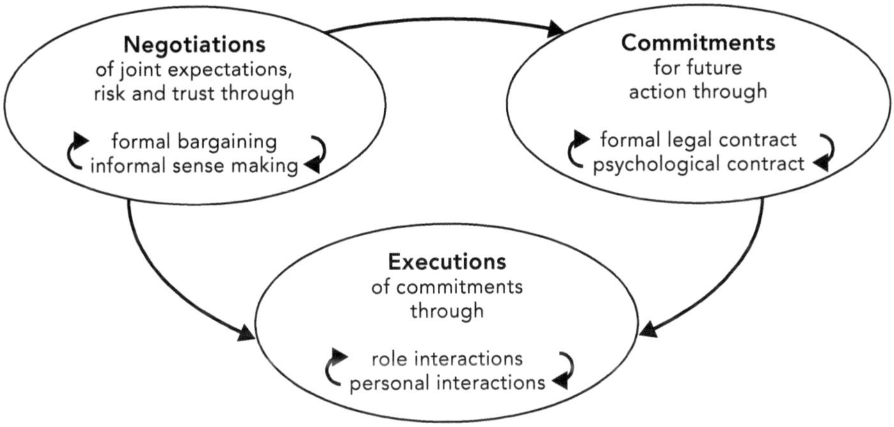

Abbildung 11.7: Zyklischer Kooperationsprozess (Ring/Van de Ven 1994, S. 97; Meyer 2004)

Wesentliche Erkenntnisse aus der deskriptiven Strategie-Prozessforschung sind:

- Kooperationen sind dynamisch.
- Sie müssen immer wieder neu gelebt, interpretiert und angepasst werden.
- Eine Weiterentwicklung der Kooperation setzt positive Feedback-Schlaufen voraus. Es müssen bewusst Selbstverstärkungseffekte genutzt werden, wie beispielsweise ein bewusst gestalteter und kommunizierter Erfolg oder die Vertrauensstärkung durch Berechenbarkeit.
- Die Kooperation muss als selbstreferenzielles System mit genügender Varianz ausgestaltet werden, damit sie auch Umweltveränderungen absorbieren kann.

Bei den meisten Kooperationsbeziehungen besteht das Ziel, die Kooperation über den Zeitablauf zu vertiefen (für den Hotelbereich Frey 2002). Hintergrund ist der sich verstärkende Wettbewerbsdruck und der sich in vielen Branchen abzeichnende Konsolidierungsprozess. Dieser führt zu größeren Unternehmenseinheiten, was die übrigen Unternehmen zwingt, ersatzweise Synergien durch Kooperationen zu erreichen.

In der Realisation von Kooperationen gibt es paratypische Kooperationsebenen. Eine lose Marketingkooperation, in der sich mehrere Unternehmen gegenseitig im Marketing verstärken, bringt wenig Autonomieverlust und die Kooperation ist reversibel. Eine Kooperation, die bereits gemeinsame Finanzierungen (beispielsweise in der Form eines gemeinsamen Auftritts am Kapitalmarkt) vorsieht, beschränkt die Autonomie stark und ist praktisch nicht mehr umkehrbar. Daher sind endkundenorientierte Kooperationen meistens mit weniger Autonomieverlust verbunden, weil immer noch auf andere Märkte ausgewichen werden kann. Kooperationen auf der Leistungserstellungsseite betreffen immer den Kern des Unternehmens und sind oft endgültig (vgl. Abbildung 11.8).

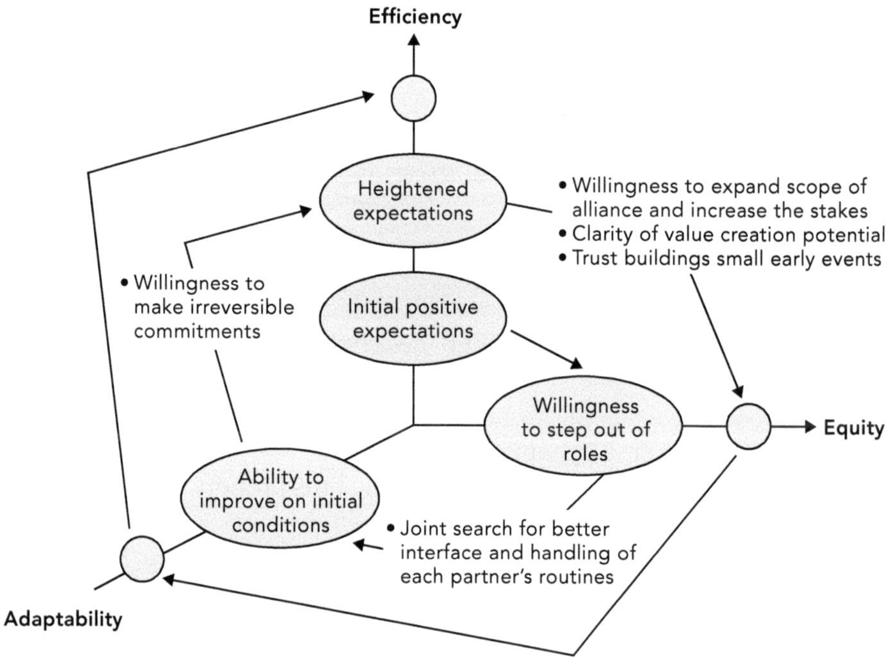

Abbildung 11.8: Selbstverstärkungseffekt einer erfolgreichen Kooperation (Meyer 2003, S. 42)

Grundsätzlich gibt es zwei Entwicklungslinien durch die oben beschriebenen Ebenen der Kooperation. Eine strategische Allianz kann zuerst bei der Realisation von Synergien im Bereich der Leistungserstellung und der Kapitalseite ansetzen. Sie kann aber auch zuerst die Endkundenleistung unternehmensübergreifend optimieren. Meistens reichen die Managementkapazitäten nicht für einen gleichzeitigen Ansatz »von oben und unten«. Auch die Managementlogik und die für die Umsetzung erforderliche Wertewelt und Kultur ist eine andere, ob der Customer-Value oder die Kosteneffizienz zuoberst stehen.

Praktische Beispiele liefert wiederum der Bereich der Airline-Allianzen; hier lassen sich die unterschiedlichen Entwicklungsrichtungen an konkreten Beispielen belegen. In der ehemaligen Qualiflyer-Group um die untergegangene Swissair bestand mit den meisten Fluggesellschaften in der Allianz eine Kapitalverflechtung, beispielsweise mit der polnischen LOT, der französischen AOM oder der belgischen Sabena. Rasch wurde das Netzwerkmanagement integriert und im Falle von Swissair und Sabena sogar in einem eigenen Unternehmen zusammengeführt. Die Zusammenführung war durch Operations und Finance Management geprägt. Die Logik war diejenige eines Reengineering.

Bei der konkurrierenden Star-Alliance um die Lufthansa wurden zuerst die eher kundenbezogenen Aktivitäten wie Vereinheitlichung der Servicestandards, Lounges, Statusprogramme et cetera zusammengeführt. Die Logik war eher vom Customer-Value getrieben. In gemeinsamen Workshops mit Vertretern der verschiedenen Airlines wurde die Kooperation sukzessive weiterentwickelt. Der Ansatz entsprach eher dem eines Organizational Development.

Beide Vorgehensweisen stellt Abbildung 11.9 schematisch dar.

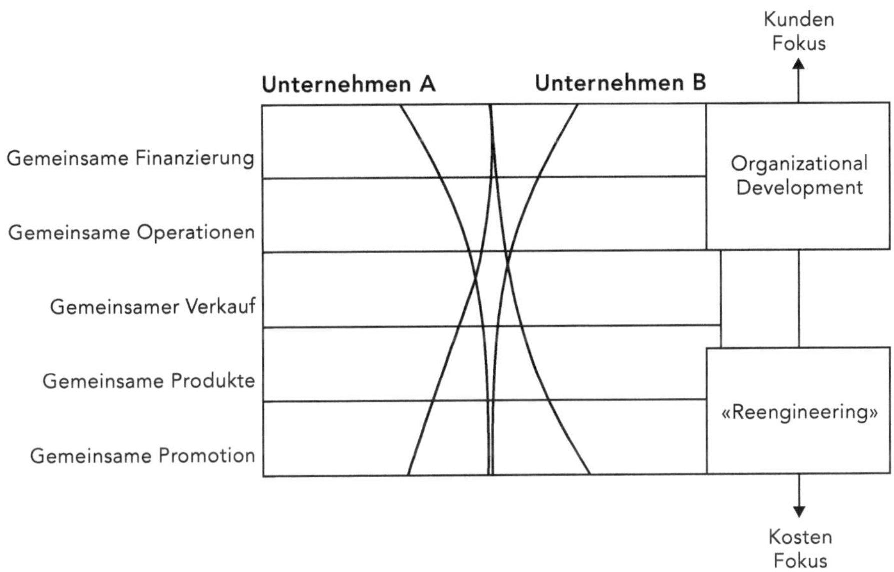

Abbildung 11.9: Reißverschluss-Vorgehensweise für strategische Allianzen

Es kann davon ausgegangen werden, dass die kundengetriebenen Vorgehensweisen erfolgreicher und nachhaltiger wirken, sofern ein Unternehmen nicht vor einem »Turnaround« steht oder saniert werden muss. Kundenwert und Kundenvorteile entscheiden darüber, wie sich eine Kooperation langfristig entwickelt. Der Kunde ist die außenstehende – aber wesentliche – Instanz, an der sich die beteiligten Partner ausrichten müssen und mit einer geeigneten Kultur auch ausrichten wollen. Allerdings würden sich auch manche unternehmensinternen Konflikte viel leichter regeln lassen, wenn nicht die interne Macht oder eigene Lösungen, sondern die Ergebnisse für den Kunden im Vordergrund stehen würden.

Kooperations-Controlling

Bei den meisten geplanten Kooperationsprojekten werden heute klare Ziele formuliert sowie Nutzen und Kosten abgeschätzt. Diese Planungen betreffen mehrheitlich die messbaren Synergiepotenziale. Traditionelles Kooperationscontrolling konzentriert sich deshalb vor allem auf quantitative Ergebnisgrößen.

Aufgrund der dargelegten Natur und Theorie der Kooperation wird aber klar, dass ein solches Controlling zu kurz greift. Es müssten mindestens noch die soziale Beziehungsebene (Hilfsgrößen für das Vertrauen, beispielsweise überprüfbar mit Kontrollfragen wie: Würden Sie den Vertreter des Kooperationspartners gerne als Peer haben?) und die Prozessdimension (wie weit kommt die Kooperation voran, wie laufen die Anpassungsprozesse?) erfasst werden.

Das Anwendungsbeispiel zeigt die Kooperationserfahrungen und Erwartungen in der Schweizer Hotelindustrie.

Anwendungsbeispiel: Kooperationserfahrungen und Erwartungen der Schweizer Hotelindustrie

Um einen Überblick über die Kooperationsaktivitäten von Hotelbetrieben zu gewinnen, führte Frey 2001 eine explorative Studie zu den Erfahrungen und Erwartungen an Kooperationen beziehungsweise Netzwerken durch (Frey 2002). Im Folgenden werden daraus die Ergebnisse zu den Kooperationsfeldern, den Misserfolgsfaktoren von Netzwerken, den Kooperationsmotiven und den Kooperationshindernissen aufgezeigt.
Ein Merkmal eines Netzwerks ist die Spannweite der Wertaktivitäten. Dabei ist zu beachten, dass bei mehreren einbezogenen Aktivitäten in das Netzwerk der Abstimmungs- und der Koordinationsaufwand größer wird.
Die Antworten der Hotelbetriebe zeigen, dass sich die Netzwerke im Schnitt auf 3.7 betriebliche Aktivitäten erstrecken (Frey 2002).
Mit der Beteiligung an einem Netzwerk müssen zum einen die Organisationsgrenzen neu definiert, gewohnte Verhaltensmuster angepasst und die Spielregeln der Partnerschaft eingeübt werden. Daneben entstehen durch die Kommunikation und die Koordination zusätzliche Kosten. Trotzdem kann eine hohe Kooperationsneigung festgestellt werden. Es überwiegen bei weitem die Vorteile (Frey 2002).

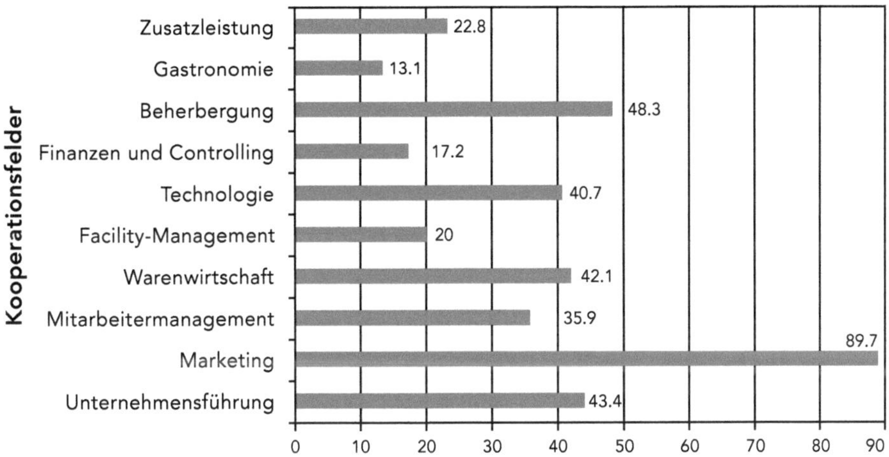

Abbildung 11.10: Kooperationsfelder (Frey 2002) Angaben in Prozent

Kooperations-motive	Ressourcen-vorteile (n = 209)	Know-how-Vorteile (n = 203)	Zeitvorteile (n = 197)	Flexibilitätsvorteile (n = 197)	Kostenvorteile (n = 200)	Marktzugangsvorteile (n = 203)
Unbedeutend (– 2)	2.4	1.5	7.1	8.6	4.5	1.0
Eher unbedeutend (–1)	5.3	13.3	32.5	38.1	18.5	6.4
Eher bedeutend (1)	18.2	38.4	42.6	33.5	36.0	30.0
Bedeutend (2)	74.2	46.8	17.8	19.8	41.0	62.6

Abbildung 11.11: Kooperationsmotive (Frey 2002) Angaben in Prozent

Der nicht immer plan- und beherrschbare Zusammenarbeitsprozess ist mit spezifischen Risiken, Unsicherheiten und Stolpersteinen versehen. Darum wurden die Hotelbetriebe auch gefragt, wie sie vorgegebene Faktoren hinsichtlich ihrer Bedeutung für das Scheitern von Kooperationen einstufen (Frey 2002).

Misserfolgsfaktoren von Netzwerken	**Anfangseuphorie: »Die Latte wird zu hoch gelegt« (n = 135)**	**Kein Durchhaltevermögen: »Schnelle Ergebnisse« (n = 135)**	**Neid und Misstrauen: »Nur der Kollege profitiert« (n = 135)**	**Mangelnde Lernfähigkeit der Partner (n = 132)**	**Egoismus: »Die Arbeit landet immer bei den gleichen« (n = 134)**	**Passivität: »Warten auf Erfolge« (n = 135)**	**Mangelndes Commitment: »Stammtischkooperation« (n=130)**	**Ungleiche Entwicklung der Partner (n=134)**	**Prozentuale Häufigkeit**
Unbedeutend (– 2)	9.6	4.4	17.0	11.4	11.9	9.6	14.6	9.7	
Eher unbedeutend (–1)	22.2	23.7	29.6	37.1	39.6	22.2	28.5	29.9	
Eher bedeutend (1)	37.8	37.8	35.6	37.9	29.9	29.6	34.6	33.6	
Bedeutend (2)	30.4	34.1	17.8	13.6	18.7	38.5	22.3	26.9	

Abbildung 11.12: Misserfolgsfaktoren von Netzwerken (Frey 2002) Angaben in Prozent

Kooperationshindernisse	**Zufriedenheit mit Geschäftsergebnissen (n = 194)**	**Vermeidung von Abhängigkeiten (n = 201)**	**Unsicherheit, ob Netzwerke sich lohnen (n = 202)**	**Angst vor einseitigem Wissensaustausch (n = 199)**	**Hohe Kosten von Netzwerken (n = 199)**	**Mangelndes Kooperations Know-how**	**Informationsdefizite über potenzielle Partner**	**Zeitmangel (n = 199)**	**Mentale Einstellung (n = 194)**	**Prozentuale Häufigkeit**
Unbedeutend (-2)	7,7	4,0	7,4	22,6	9,5	8,7	6,1	14,6	15,5	
Eher unbedeutend (-1)	24,7	22,9	25,7	38,2	21,6	28,7	25,8	32,7	24,2	
Eher bedeutend (1)	33,0	37,8	37,1	26,1	38,7	42,1	42,9	28,6	28,9	
Bedeutend (2)	34,5	35,3	29,7	13,1	30,2	20,5	28,3	24,1	31,4	

Abbildung 11.13: Kooperationshemmnisse (Frey 2002)

Obwohl die Teilnahme an einem Netzwerk für einen Hotelbetrieb ein Erfolgsfaktor ist, gibt es viele Netzwerkunerfahrene. Es stellt sich somit die Frage, welche die Kooperationshemmnisse sind.

Das Vorgehen und die Ergebnisse der Forschung geben auch spezifische Hinweise für die Überprüfung von Kooperationen. Allgemeine Hinweise zum Controlling sind zusätzlich im folgenden Kapitel 12 zu finden.

Das Kapitel schließt mit einigen Statements zur Kooperation.

Statements zur Kooperation

- Kooperationen sind für KMU eine attraktive Möglichkeit, sich einen Wettbewerbsvorteil zu schaffen. Der Knackpunkt liegt jedoch in der Kooperationsfähigkeit, die bereits beim Willen, sich gegenüber den Kooperationspartnern zu öffnen, beginnt. Des Weiteren sind persönliche Aspekte in kleineren Strukturen nicht zu verachten (Urs Fueglistaller).
- »Kooperationitis« ist auch gefährlich. Kooperationen erscheinen heute in vielen KMU-Branchen, so auch im Tourismus, als eine attraktive Variante, Größennachteile zu kompensieren. Attraktiv sind Kooperationen deshalb, weil sie bestehende Strukturen und Eigentumsverhältnisse nicht antasten und somit relativ schmerzlos sind. Gerne »singen« deshalb auch Politiker »das hohe Lied der Kooperation«. Dabei wird oft vergessen, dass Kooperationen teuer sind. Sie erfordern massive Transaktionskosten und sind bezüglich Führbarkeit und damit dynamischer Effizienz deutlich schlechter als eine Hierarchie (Thomas Bieger).
- Kooperationslösungen sind rasch angekündigt. Leider zahlen aber oft die Kunden für den Lernprozess der Kooperation, weil Partner erst dann investieren, wenn ein Kunde auf das Angebot einsteigt. Solche Lösungen scheitern meistens (Christian Belz).
- Weil Kooperationen politisch und sozial auch erwünscht sind, werden heute viele Geschäftsbeziehungen »kooperativ« angegangen, so beispielsweise normale Transaktionsbeziehungen wie das Aushandeln eines Abnahmevertrags. So lange es um eine rein distributive Beziehung geht, bei der eine fixe Summe zu verteilen ist, ist es jedoch ehrlicher, von einer reinen Geschäftsbeziehung mit Verhandlungslösung zu sprechen. Jeder Partner hat dabei die Verpflichtung, in der Verhandlung möglichst viel für sich heraus zu holen (Thomas Bieger).

Ein Anbieter sollte nicht einfach Erfüllungsgehilfen für seine Idee eines umfassenden Customer-Value beiziehen. Die Partner sollen sich gegenseitig beeinflussen und eigene Lösungen einbringen. Erst dann entstehen auch kooperative Innovationen (Christian Belz).

12 Kontrolle

Planung und Kontrolle gehören eng zusammen: »Kontrolle ohne Planung ist unmöglich, Planung ohne Kontrolle sinnlos« (Böcker 1988, S. 22). Ziel der Kontrolle ist die Erkenntnisgewinnung; sie ist entweder darauf gerichtet, die Erreichung eines Ist-Werts sicherzustellen (Feedback-Kontrolle) oder darauf, Anpassungen des (strategischen) Sollwerts anzustoßen (Feedforward-Kontrolle) (Weber 1999, S. 157). Zum Teil wird jedoch auch ein engeres Verständnis von Kontrolle vertreten; so fasst Köhler (2001, S. 15 f.) Kontrollen und Audits unter dem Begriff der Überwachung zusammen. Kontrollen sind rückblickende Soll-Ist-Vergleiche. Audits sind dagegen Ausprägungen einer eher zukunftsorientierten Überwachung mit Feedforward-Charakter, die sich mit den Voraussetzungen für die künftige Nutzung von Erfolgspotenzialen beschäftigen (ausführlich Töpfer 1986 und 1995).

Klassisch werden ergebnisorientierte Kontrollen (Prämissenkontrollen, Planfortschrittskontrollen, Ergebniskontrollen im engeren Sinne) und verfahrensorientierte Kontrollen (Ablaufkontrollen) unterschieden (Rühli 1993, S. 199 ff.). Zudem wird zwischen operativen und strategischen Kontrollen differenziert. Operative Marketingkontrollen betreffen insbesondere die Kontrolle der Absatzsegmente, der Marketingorganisationseinheiten (beispielsweise des Produkt- und Key-Account-Management), der einzelnen Marketing- und Kommunikationsinstrumente sowie des Gesamtmix (Köhler 1992, Sp. 1272). Strategische Kontrollen umfassen die Durchführungskontrolle (wird die Strategie auch richtig umgesetzt?), eine Prämissenkontrolle (Überprüfung der zugrunde liegenden Annahmen der Strategie) sowie eine ungerichtete strategische Überwachung (Schreyögg/ Steinmann 1985).

Erfolgsmessung und -kontrolle im Marketing ist sowohl für die Praxis als auch für die Wissenschaft ein wichtiges Thema. Insbesondere in der Theorie ist die Funktion von Kontrollen eindeutig: Kontrollen schließen den Regelkreis der Planung. In der Praxis gibt es jedoch zahlreiche Gründe, warum gerade im Marketing häufig auf Kontrollen verzichtet wird.

Kontrollen sollen effizient sein: Sie erhöhen nur dann die Wirksamkeit und Wirtschaftlichkeit, wenn ihr Nutzen die zusätzlichen Kontrollkosten übersteigt:

- Nutzen entfalten Kontrollen in der Regel nur, wenn sie nicht als »Bestrafung« oder Einmischung, sondern als Hilfe für die tägliche (Führungs-)Arbeit wahrgenommen werden. Vorbehalte gegen Kontrollen treten umso weniger auf, je stärker der einzelne Mitarbeiter bei der Festlegung der Kenngrößen beteiligt ist (Bentz 1983, S. 182 f.; Gritzmann 1991, S. 46).

Gründe für den Verzicht auf Markenkontrollen (in Anlehnung an Ambler, 1998, S. 25)

- Die Geschäftsleitung misst dem Marketing und Verkauf keinen hohen Stellenwert bei und fokussiert sich daher auf die Kontrolle finanzwirtschaftlicher Kenngrößen.
- Kontrollen erscheinen ineffizient, weil vergangene Erfahrungen gezeigt haben, dass zwischen Marketingausgaben und Gewinnen kein direkter Zusammenhang besteht.
- Marketing ist zukunftsorientiert. Daher beschäftigt es sich weniger mit dem Messen und Kontrollieren der Vergangenheit.
- Negative Kontrollergebnisse könnten die Budgethöhe und somit den Status des Marketing- und Verkaufsleiters gefährden.
- Marketingkontrollen sind nicht mit der Auffassung eines »Primat des Absatzes« und damit dem Selbstverständnis von Marketingführungskräften vereinbar.
- Die Umwelt ändert sich zu schnell, so dass die Annahmen der Planung meistens nicht mehr zutreffen.
- Der Aufbau differenzierter Mess- und Kennzahlensysteme dauert zu lange.
- Kosten von Kontrollen lassen sich begrenzen, indem die Kontrolle möglichst eng mit der ohnehin erforderlichen Informationsversorgung gekoppelt wird.

Das Management der Werte für Kunden (Kundenvorteile) und des Werts von Kunden (Kundenwert) muss durch eine Kontrolle abgeschlossen und in den nächsten Zyklus überführt werden. Dabei gilt es, von den Zielgrößen des Unternehmens für den Ansatz des Customer-Value auszugehen.

Das Management des Customer-Value setzt sich das Ziel, den längerfristigen Unternehmenswert zu steigern. Dies wird über die Steigerung des Werts der Leistungen für die Kunden und damit die Steigerung des Werts der Kunden für das Unternehmen geleistet (vgl. Kapitel 1). Die Kontrolle muss bei den gleichen Transmissionsmechanismen und Schlüsselgrößen wie die Konzeption des Kundenwerts ansetzen. Die Querbezüge zur Arbeit sind also vielfältig. Besonders eng sind die Beziehungen zur Diagnose (vgl. Kapitel 5) und zur Zielsetzung (vgl. Abschnitt 6.4).

Schlüsselfragen zur Kontrolle sind:

- Erfolgt eine regelmäßige Kontrolle der Prämissen, um die Grundannahmen der kunden- und marktorientierten Unternehmensstrategie zu überprüfen? Ist eine (ungerichtete) strategische Überwachung installiert?

- Gibt es die geeignete Balanced Scorecard für Leistungssysteme (mit den Perspektiven Finanzielles, Kunden, Mitarbeiter und Prozesse) (Durchführungskontrolle)?
- Welche Erfolge werden mit Leistungs- und Kundensystemen realisiert (quantitative Ziele)?
- Wo liegen die Vorteile und Nachteile für Kunden, Anbieter, Mitarbeiter und Partner (qualitative Ziele)?
- Gelingt es, schneller als die Konkurrenz zu lernen und zu verbessern; welche Benchmarks gibt es innerhalb und außerhalb des Unternehmens? Wo sind die Ansätze für die Optimierung (dynamische Entwicklungsziele)?
- Ist sichergestellt, dass Kontrollinformationen auch wieder in das Planungssystem einfließen?

Abbildung 12.1 zeigt die Feedback-Schlaufe vom Ergebnis für Kunden zum Unternehmen und dessen Erfolg im Modell des Customer-Value.

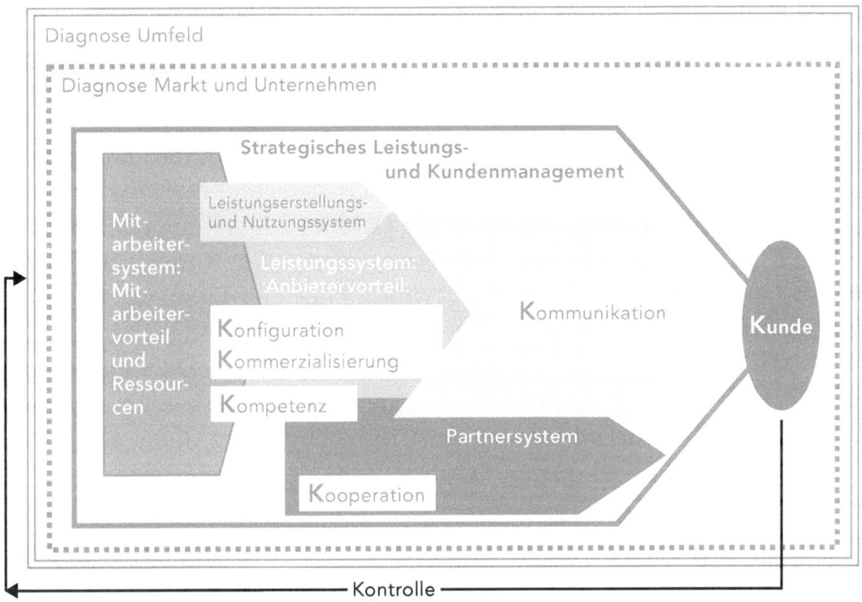

Abbildung 12.1: Kontrolle im Modell Customer-Value

Dieses Kapitel bezeichnet die wichtigen Stellgrößen für die Kontrolle und behandelt besonders die Ansätze, um den Wert für Kunden zu bestimmen.

Selbstverständlich sind vielfältige Aspekte des allgemeinen Controlling und des Marketingcontrolling zu beachten (zur Einordnung von Kontrolle in das Marketingcontrolling siehe Köhler 2001). So gilt es beispielsweise, verschiedene Rentabilitätsanalysen für Kunden durchzuführen und die Transparenz über die Kosten von Dienstleistungen zu gewinnen (vgl. auch Kapitel 9). Wir verweisen auf die spezialisierte Literatur (zum Beispiel Reinecke 2003a mit differenzierten Auswertungen und Ergänzungen sowie empirischen Ergebnissen) und konzentrieren uns damit auf spezifische Erweiterungen der Kontrolle des Customer-Value (umfassender Kinkel et al. 2003).

12.1 Kontrolle des Werts für und von Kunden

Das Management des Customer-Value muss sich über das Management der Leistungs- und der Kundensysteme auf den Kundenvorteil (Wert für Kunden) und den Kundenwert (Wert von Kunden) auswirken.

Damit ein Managementkonzept in der täglichen Praxis umgesetzt wird, soll es in ein Kontrollkonzept integriert werden können. Auch in der marktorientierten Unternehmensführung wird im Zug des intensiven Wettbewerbs ein verstärktes Gewicht auf die Marketingkontrolle gelegt. Marketingcontrolling wird dabei definiert als »Teilbereich des gesamtbetrieblichen Controllingsystems, der ausgeprägte Wechselbeziehungen zu den anderen Subsystemen aufweist, wenn das Ziel einer marktorientierten Unternehmenssteuerung verfolgt wird« (Köhler 2001; Reinecke 2002). Es stellt die Effektivität und Effizienz (und somit die Rationalität) einer marktorientierten Unternehmensführung sicher und lässt sich als Qualitätssicherung des Managements im Marketing auffassen (Weber/Schäffer 2001). Mit monetären Kennzahlen wie Umsatz und Deckungsbeitrag sowie nichtmonetären Kenngrößen wie der Kundenzufriedenheit werden Effizienz und Effektivität gemessen. Controlling setzt dabei immer ein integriertes Steuerungskonzept mit den Elementen, Zielgrößen, Messung derselben (Wirkungscontrolling), Identifizierung von Abweichungen (Prozesscontrolling) und deren Ursachen, Überprüfungen von Maßnahmen (Maßnahmencontrolling) voraus.

Klassisches Marketingcontrolling setzt auf der Anbieterseite an: Kosten der Leistungserstellung oder des Marketing für das Unternehmen werden Erlösen und Deckungsbeiträgen des Unternehmens gegenüber gestellt. Das Controlling des Werts von Kunden (Kundenwert) und auch des Werts für Kunden (Kundenvorteil) dagegen beginnt beim Kunden selbst.

Während für das Konzept des Werts von Kunden für das Unternehmen (Customer-Equity) mit Ansätzen wie den diskontierten zukünftigen Deckungsbeiträgen oder Cashflows eines Kunden (Meffert/Bruhn, 2000, S.153 ff.) akzeptierte Messkonzepte bestehen, ist dies für den Wert für Kunden, den Kundenvorteil, noch nicht der Fall. Da der Wert für Kunden einer Leistung entsprechend dem Grundansatz des Buchs sowohl direkte physische Leistungsbeiträge wie auch eher emotionale Kommunikations- und Community-Beiträge umfasst, ist jede Messung mit vielschichtigen Nutzenkonzepten und mit dem generellen Problem der Erfassung und Bewertung dieser Nutzenarten konfrontiert.

Der Wert für Kunden ergibt sich aus der Gegenüberstellung der aus Kundensicht wahrgenommenen Kosten gegenüber dem wahrgenommenen Nutzen. Der Wert für Kunden ist damit individuell, situativ und unterliegt einer Vielzahl von externen Einflüssen wie den individuellen Wahrnehmungsprozessen, die wiederum geprägt sind durch Einstellungen, Erfahrungen, kognitive Prozesse et cetera (Rosenstiel/Neumann 2002; Diller 2001). So kann eine Leistung wie ein schneller, effizienter Service in einem Restaurant für einen Businessgast in Eile einen hohen individuellen Nutzen bringen. Der gleiche Service wird dagegen von einem Freitzeitgast mit Muße und eventuell sogar aus einem anderen kulturellen Umfeld als schroff sowie bezüglich der von ihm hoch gewichteten persönlichen Interaktionsqualität als ungenügend eingestuft.

Der Kundenvorteil beruht auch auf den verfügbaren Alternativen in einer Situation. So sind beispielsweise Tiefstpreise bei Low-Cost-Airlines häufig keine echte Alternative, da diese Preise nur von einem kleinen Teil der Kunden tatsächlich aufgrund der Buchungsrestriktionen beansprucht werden können.

Die Messung und das Controlling des Werts für Kunden ist dabei aus Unternehmenssicht nicht eine primäre Zielgröße, sondern eine mittelbare Wirkungsgröße, die das Potenzial für Umsätze, den Gewinn und damit den Unternehmenswert wesentlich beeinflusst. Ob dieses Potenzial wirklich ausgeschöpft werden kann, hängt dabei wesentlich von der Fähigkeit des Unternehmens ab, die Leistung durch Kommunikation, Distribution, Preise et cetera im Markt zu verankern. Erst ein ausreichender Kundenvorteil führt zu den für ein Unternehmen wichtigen Effekten wie Kundenloyalität oder Zahlungsbereitschaft. Der Kundenvorteil (Wert für Kunden) definiert damit direkt auch die Größe »Wert von Kunden (Kundenwert)«. Abbildung 12.2 zeigt den Einfluss des Kundenvorteils auf den Kundenwert (Customer-Equity) und auf weitere Kenngrößen. Der Kundenvorteil ist entsprechend innerhalb des Wertemanagements und des Wertsystems eines Unternehmens wichtig.

Die Messung des Werts für Kunden (Kundenvorteil) kann entweder direkt durch die Messung der wahrgenommenen Kosten im Vergleich zu den wahrgenommenen Nutzen beim Kunden oder indirekt durch Wirkungsgrößen wie die Zahlungsbereitschaft und Determinanten wie Qualität erfolgen (vgl. Abbildung 12.3). Jedes Messverfahren hat seine spezifischen Vorteile, auch in Bezug auf die Bestimmung von Ursachen und Ableitung von Handlungsmöglichkeiten.

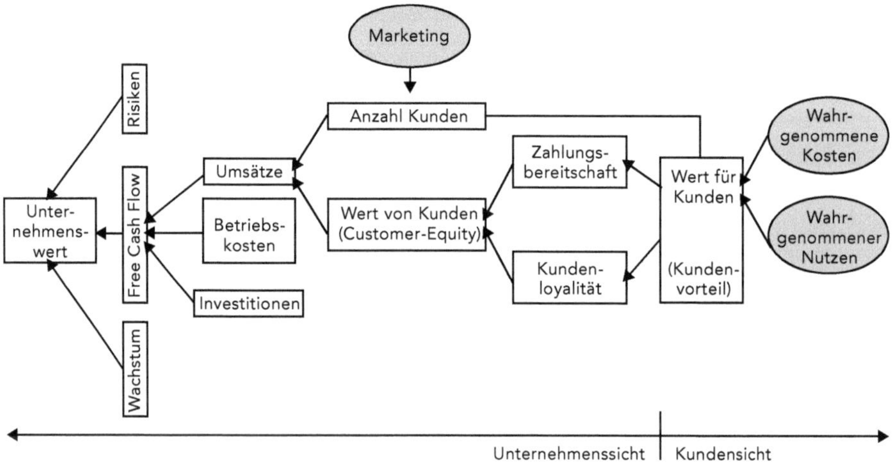

Abbildung 12.2: Wert für und von Kunden im Controllingsystem

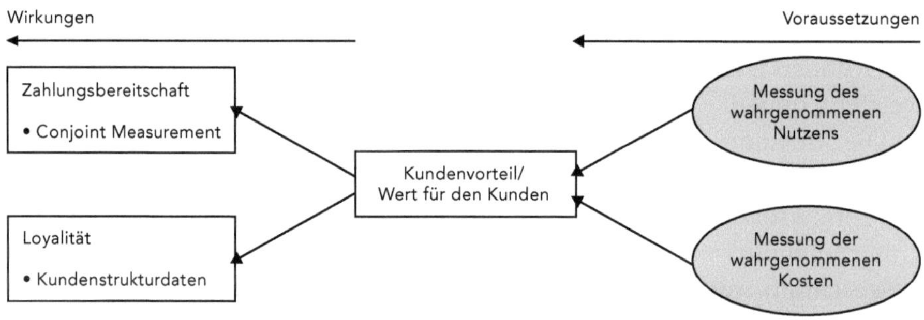

Abbildung 12.3: Messkonzepte für den Wert für Kunden (Kundenvorteil)

Der direkt gemessene Wert für Kunden erlaubt die analytische Beurteilung der einzelnen Dimensionen eines Kundenvorteils beispielsweise die Frage, ob eine Leistung einen tiefen Wert aufgrund zu hoher wahrgenommener Kosten oder eines zu tiefen wahrgenommenen Nutzens aufweist (vgl. auch Customer-Value-Map). Entsprechend kann mit Maßnahmen wie Erhöhung des Nutzens und Reduktion der Kosten oder auch in der Kommunikation der Kosten reagiert werden. Die Messung der Zahlungsbereitschaft erlaubt mit modernen Verfahren des Conjoint-Measurement die komponentenweise

Zergliederung der Zahlungsbereitschaft des Kunden auf einzelne Leistungselemente und -kombinationen. Damit lässt sich ihr Wertbeitrag bestimmen (Herrmann/Schmidt-Gallas/Huber 2000). In Gegenüberstellung der Gestehungskosten einzelner Leistungselemente zu deren Wirkung auf die Zahlungsbereitschaft kann also die Kosten-/Wert-Effizienz einzelner Elemente bestimmt werden (vgl. das Beispiel in Abbildung 12.4). Es können damit Werttreiber und Wertvernichter bezüglich der Zahlungsbereitschaft eruiert und die Leistungen kundenbezogen und betrieblich optimiert werden.

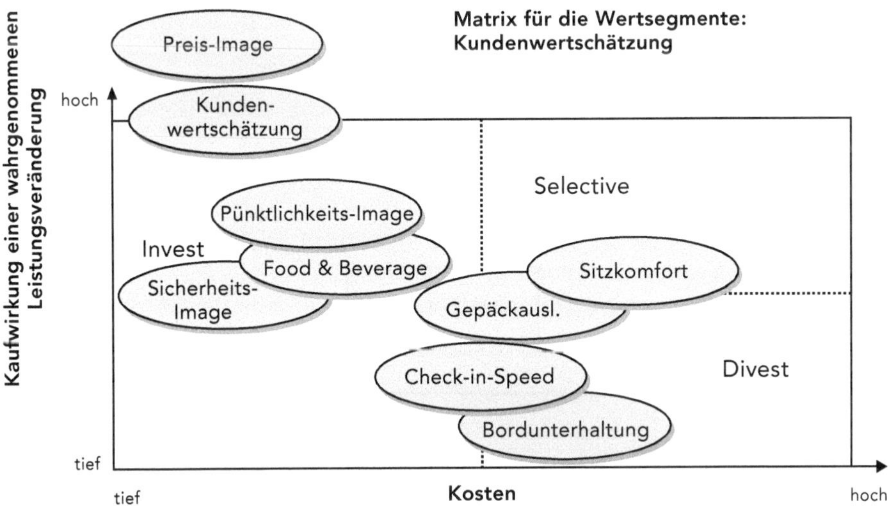

Abbildung 12.4: Vereinfachtes Beispiel für eine Kosten-Wertbeitragsmatrix am Beispiel der Swissair (Lottenbach 1998)

12.2 Messung des Werts für Kunden (Kundenvorteil)

Die Qualität ist nach dem Diskonfirmationskonzept ein Teilkonstrukt vom Wert für Kunden beziehungsweise des Kundenvorteils (vgl. auch Abbildung 2.3 S. 84). Die Messung der Qualität beruht bei allen modernen Konzepten auf der Gegenüberstellung von Leistungen bezüglich einzelner Qualitätsdimensionen (vgl. auch zu den Qualitätsdimensionen Abbildung 12.5) gegenüber den Erwartungen. Es können damit auf der Ebene der Leistung die Defizite der Leistungserfüllung ermittelt werden. Dies ist eine Voraussetzung für gezielte Leistungsverbesserungen.

Eine breite Palette von Methoden kann für die Qualitätsmessung eingesetzt werden (vgl. Abbildung 12.6).

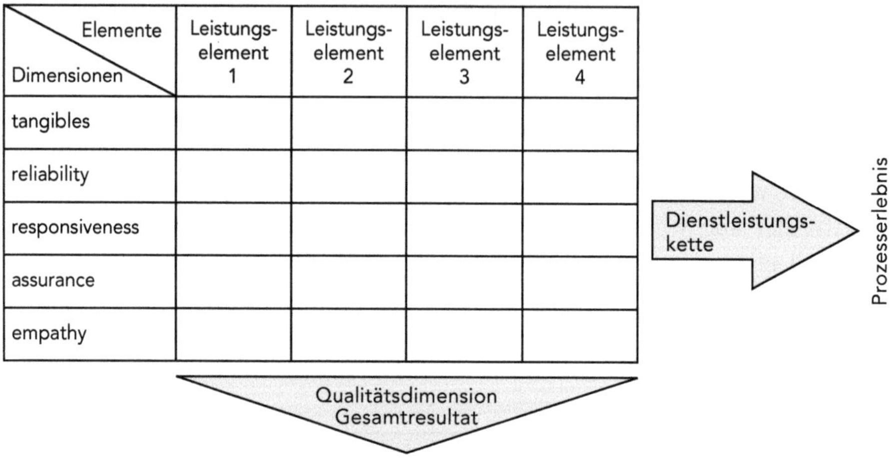

Abbildung 12.5: Qualitätsdimensionen am Beispiel Dienstleistungen (Bieger/Schallhart 1997, S. 41; Weiermeier 1997, S. 45)

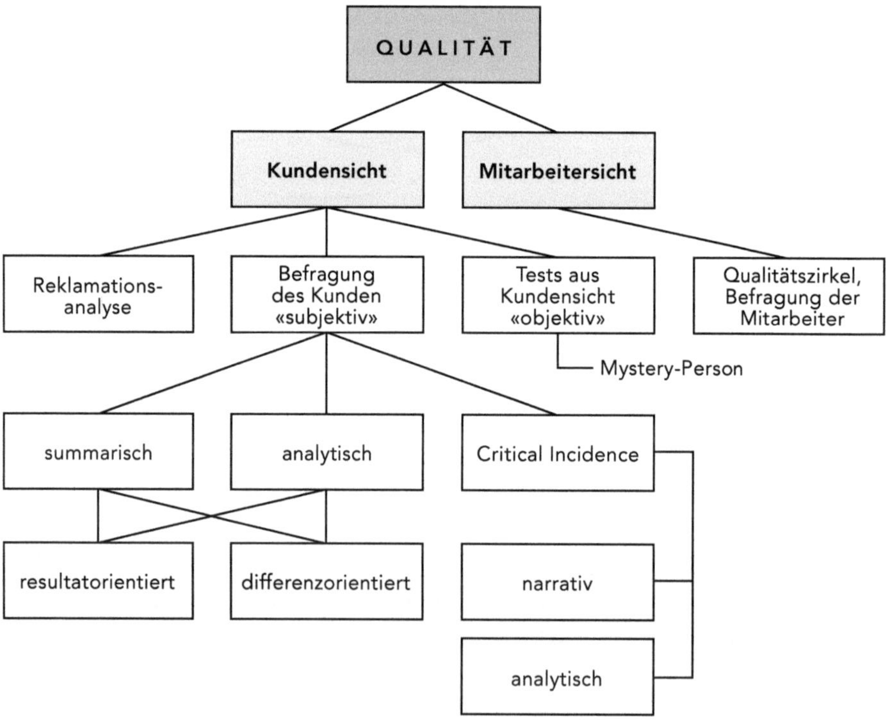

Abbildung 12.6: Methoden zur Qualitätserfassung (in Anlehnung an Bieger/Laesser 1997; Bruhn 1996; vgl. auch Abbildung 3.6, S. 122)

Gale (1994) schlägt für die Messung des wahrgenommenen Nutzens eine multiattributive Qualitätsmessung vor. Die Qualität kann mit einer Kennzahl ausgedrückt werden, die sich aus der Addition der Ausprägung der Qualität einzelner Dimensionen mit deren Gewicht ergibt (zitiert in Matzler 2000):

$$Q_0 = \Sigma b_i e_i$$

wobei: Q_0 = Qualitätsindikator
b_i = Stärke der Wahrnehmung, dass ein Produkt die Eigenschaft (Attribut) i hat (Beurteilung)
e_i = Wichtigkeit der Eigenschaft i

Die Messung des Nutzens nach diesem Verfahren ist jedoch mit einigen Problemen verbunden (Matzler 2000), vor allem

- setzt es voraus, dass der Kunde kognitiv in der Lage ist, eine Gesamtleistung nach den einzelnen Dimensionen (vgl. auch Abbildung 12.3 als Beispiel) analytisch auseinander zu nehmen. Dies setzt implizit voraus, dass der Kunde ein tieferes Verständnis für die leistungsmäßigen und teilweise sogar technischen Zusammenhänge besitzt.
- setzt es voraus, dass das Befragungsraster alle für den Kunden relevanten Beurteilungskriterien abdeckt.
- setzt die multiplikative Verknüpfung zwischen Gewichtung und Beurteilung lineare Zusammenhänge voraus. Diese sind jedoch in vielen Fällen nicht gegeben. Oft wird das Gewicht einer Teilleistung gerade dann extrem viel höher, wenn dieselbe schlecht erfüllt wird. So wird in der Wahrnehmung vieler Dienstleistungen ein schlechtes Leistungselement oder sogar ein kritisches Ereignis (Critical Incidence) so stark überbewertet, dass die ganze Leistung als ungenügend empfunden wird (Bieger 2002b, S. 217).
- erfolgt die Messung meist zu einem bestimmten Zeitpunkt im Nutzungszyklus. In einer anderen Phase kann das Urteil jedoch völlig verschieden ausfallen. So kann ein Kunde mit einem neuen Auto äußerst zufrieden sein. Dasselbe Auto kann jedoch durch eine hohe Wartungsanfälligkeit in späteren Lebensphasen oder einen tiefen Wiederverkaufswert langfristig einen tiefen Nutzen aufweisen. Zudem verändert der Kunde seine Kriterien und ihre Gewichte im Kauf- und Nutzungsprozess.
- ist die Messung des emotionalen Nutzens mit dem multiattributiven Verfahren und einer Befragung nur schwer zu erfassen, weil Emotio-

nen sich nicht analytisch zergliedern lassen und weil oft bewusste oder unbewusste Verzerrungen eintreten. Der Kunde will oft gar nicht sagen, was er denkt oder er kann es nicht ausdrücken (auch wenn er entsprechende Fragen beantwortet) (Mazanec 2001).
- können sehr viele weitere Leistungen nicht komponentenweise bewertet werden, da Community-Effekte (z.B. die Interaktionen mit Mitkunden und Bezugspersonen) die Wahrnehmung überlagern.

Die Messung der Kosten ist problematisch, weil die wahrgenommenen Kosten erfasst werden müssen. Dabei lässt sich davon ausgehen, dass Kunden einen Preis immer in Bezug auf Referenzpreise bewerten. Hierzu wird der relevante Preisraum mit Ober- und Untergrenze abgesteckt (Monroe 1990). Diese Preisräume werden natürlich stark durch das Preisverhalten der Konkurrenz beeinflusst. Yield-Management-Maßnahmen führen häufig dazu, dass diese Preisgrenzen nach unten erodieren und damit der wahrgenommene Wert für Kunden ganzer Branchen vernichtet wird. Dies ist insbesondere im Airline- und teilweise im Hotelbereich der Fall, wo extensives Yield Management dazu führte, dass die unteren Preisgrenzen beispielsweise für einen Transatlantikflug von ehemals über 2.500 auf unter 600 Schweizer Franken sanken.

Die Preiswahrnehmung kann auf drei Arten erfasst werden (Gale 1994):

- Messung der globalen Preiszufriedenheit,
- Messung der Preiswahrnehmung im Vergleich zur Konkurrenz,
- Erfassung der Preiswahrnehmung im Vergleich zur Konkurrenz durch ein multiattributives Verfahren mit der Dekomposition in einzelne Preisbestandteile.

Entscheidend ist, dass nicht nur monetäre Komponenten wie Informationskosten oder Kaufpreise, sondern auch nichtmonetäre, wie beispielsweise die Beschaffungszeit, bewertet werden. Der monetäre Preis macht nur einen kleinen Teil der gesamten Kosten aus (Diller 1999; Zeithaml 1998). Insgesamt sind die in Abbildung 12.7 dargestellten Kostenbestandteile zu berücksichtigen. Dabei wird in Anlehnung an Diller (1999) eine Struktur nach dem Nutzungszyklus vorgeschlagen.

Nichtmonetäre Kosten können entweder mit einem Zufriedenheits- oder Diskonfirmationsindex erfasst oder monetarisiert werden. Die Monetarisierung weist selbstverständlich den Vorteil auf, dass eine Verrechnung mit den monetären Kosten möglich ist.

Nutzungs-zyklus	Monetäre Kosten	Nichtmonetäre Kosten
1	• Informations- und Beratungskosten	• Informationszeit
2	• Produktepreis	• Psychologische Kosten der Entscheidung/Legitimation der Entscheidung
3	• Installationskosten, Kosten für Inbetriebnahme	• Einrichtung – Inbetriebnahme, Zeit und psychologische Kosten (z. B. Frustrationen)
4	• Gebrauchskosten (z. B. Energie, Ersatzteile etc.)	• Zeit und psychologische Kosten der Nutzung (z. B. Nutzungsnachteile)
5	• Kosten für Entsorgung und Endlagerung	• Zeit für Entsorgung und psychische Kosten des Ersatzes/des Wegwerfens

Abbildung 12.7: Struktur der wahrgenommenen Kosten

Der Wert für Kunden oder der Kundenvorteil kann durch die Gegenüberstellung von Nutzengrößen mit Kostengrößen dargestellt werden (vgl. Abbildung 12.4). Die Berechnung einer Kennzahl ist nur im Vergleich mit der Konkurrenz möglich, da die Skalierung insbesondere der Nutzenachse oft arbiträr ist.

12.3 Messung der Zahlungsbereitschaft von Kunden

Die Zahlungsbereitschaft könnte auch über die Nachfrage in Kombination mit der Absatzmenge abgeschätzt werden. Während die quantitative Nachfrage der vom Kunden bezogenen Leistungseinheiten, ausgedrückt als Zahl, den Kundenwillen unmissverständlich ausdrückt, ist der Preis nicht mit der Zahlungsbereitschaft gleich zu setzen. Die Zahlungsbereitschaft kann für einzelne Kunden und Kundengruppen wesentlich höher liegen. Es fällt damit eine Konsumentenrente an. Es gibt jedoch auch den umgekehrten Fall, dass der Kunde trotz niedriger Zahlungsbereitschaft ein Produkt kauft, weil er in einer Lock-in-Situation (beispielsweise bei Ersatzteilen, einem vorher gekauften Produkt, durch langfristige Verträge bei Abonnements et cetera) in seiner Entscheidungsfreiheit behindert ist.

In beiden Fällen fehlen dem Unternehmen wichtige Signale. Bei einer hohen Zahlungsbereitschaft kann das Unternehmen nicht rechtzeitig die Preise anpassen und zusätzliche Erträge generieren, um so langfristig wieder in die Attraktivität des Produkts zu investieren. Bei einer Zahlungsbereitschaft, die unter dem Preis liegt, übersieht das Unternehmen leicht die Gefahr der Erosion des Marktes. Die Konsumenten werden, sobald sie der Lock-in-Situation entweichen können, auf alternative Angebote wechseln. Die Beurteilung der Zahlungsbereitschaft (Tomczak/Rudolf-Sipötz 2001) ist damit eine wichtige Aufgabe des Managements. Auch zur Messung der Zahlungsbereitschaft eignet sich insbesondere der Einsatz von Coinjoint-Measurement (vgl. die Anwendungen in Meffert 2002; Herrmann/Schmidt-Gallas/Huber 2000; Bieger 2002b, S. 275). Dieses Verfahren erlaubt es, ausgehend von einem Gesamtbündel einer Problemlösung oder Gesamterlebnisleistung den Wertbeitrag einzelner Dimensionen der Leistung aus Kundensicht zu bestimmen.

Die oben dargestellten Wirkungsmechanismen und Beurteilungsmöglichkeiten zeigen, dass es nicht genügt, allein auf den erzielten Umsatz abzustellen: Die vielschichtigen Dimensionen des Werts für Kunden werden so nicht erfasst. Ein ungenügender Wert für Kunden wirkt sich aufgrund von Lock-in-Situationen, Wahrnehmungsmechanismen et cetera häufig erst mittelfristig auf die Umsätze aus. Die Erfassung des wahrgenommenen Kundenvorteils durch das Unternehmen bietet damit den Vorteil, dass sich potenzielle Nachfrageverschiebungen früher (und quasi als strategische Frühwarnung) einbeziehen lassen.

Eine kundenorientierte Preisgestaltung bedingt die Kenntnis der dem Produkt zugemessenen Werte und der sich daraus ergebenden Zahlungsbereitschaft. Werte und Zahlungsbereitschaft lassen sich mit verschiedenen Marktforschungsmethoden erheben. Klassische Interviews mit der einfachen Frage: »Wie viel wären sie bereit für die Dienstleistung XY zu bezahlen?«, müssen bezüglich ihrer Validität kritisch hinterfragt werden, da der Kunde ohne große Produktekenntnis eine emotionsfreie Entscheidung fällen kann, die nie einer realen Kaufhandlung entspricht. Komplexere analytische Verfahren, bei denen der Kunde mit verschiedenen Produkteeigenschaften konfrontiert wird und bei denen von ihm eine Einschätzung der Zahlungsbereitschaft für verschiedene Eigenschaften verlangt wird, sind ebenfalls kritisch zu hinterfragen. Tendenziell werden die einzelnen Eigenschaften in ihrer Bedeutung durch die isolierte Betrachtung überschätzt (Lauszus/Sebastian 1997). Ein modernes Instrument, das den Kunden in eine echte Entscheidung einbindet und das keine isolierte Betrachtung der einzelnen Dimensionen bedingt, ist die Conjoint-Analyse (Kucher/Simon 1987; Herrmann/Schmidt-Gallas/Huber 2000), die bereits mehrfach erwähnt wurde.

Bei der Conjoint-Analyse werden dem Kunden verschiedene in sich geschlossene Leistungsvarianten für eine Entscheidung gegenüber gestellt. Diese Leistungen werden durch die Festlegung der Ausprägung verschiedener Merkmale genauer beschrieben. Der Kunde beurteilt die alternativen

Angebote und vergleicht sie paarweise gegeneinander. Das Urteil bezieht sich also auf verschiedene ganzheitliche Leistungen (deshalb conjoint oder verbunden) mit verschiedenen Merkmalsausprägungen. Mit computergestützten Auswertungsprogrammen können diese Entscheidungen gemäß den einzelnen Merkmalen disaggregiert werden, so dass die Zahlungsbereitschaft bezüglich verschiedener Merkmale und Leistungselemente erarbeitet werden kann. Damit verfügt das Management über ein Instrument, um Investitionen und Kosten für Verbesserungen von einzelnen Leistungselementen – vor dem Hintergrund der entsprechenden Zahlungsbereitschaft des Kunden – zu beurteilen. Es bekommt Anhaltspunkte für die Preisfestsetzung bei gegebenen Merkmalsausprägungen und gewinnt Ausgangsdaten für eine Marktsegmentierung gemäß der Zahlungsbereitschaft von Kunden (Herrmann/Schmidt-Gallas/Huber 2000 sowie zum System der Conjoint-Analyse Abbildung 12.8).

Merkmale	**Ausprägungen**				
Preis Tageskarte	CHF 25,00	CHF 40,00	CHF 55,00	CHF 65,00	CHF 75,00
Pisten km	25 km	40 km	80 km		
Zubringeranlage	Sessellift	Luftseilbahn	Gondelbahn	Straße	
Höhenlage	1.500 m	2.000 m	3.000 m		

Abbildung 12.8: Beispiel für die Konzeption einer Conjoint-Analyse (Skigebiet) (Bieger 2002b)

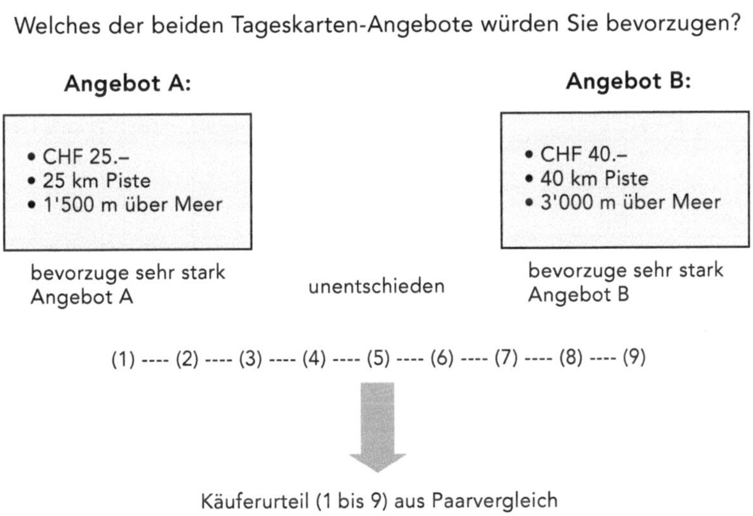

Abbildung 12.9: Beispiel für eine Fragestellung im Rahmen einer Conjoint-Analyse (Bieger 2002b)

Inzwischen sind die Verfahren der Conjoint-Analyse differenziert (Meffert 2002; Herrmann/Schmidt-Gallas/Huber 2000).

- *Hybride Conjoint-Analyse:* Zu neueren Verfahren der Conjoint-Methode gehören die hybriden Conjoint-Analysen. Mit Hilfe eines Punktbewertungsmodells (Self-Explicated Model) werden zunächst die individuellen Wichtigkeiten der relevanten Merkmalsausprägungen erfragt. Die gewonnenen Daten werden zur Bildung von Gruppen mit homogenen Beurteilungsstrukturen verwendet (Green/Goldberg/Montemayor 1981).
- *Adaptive Conjoint-Analyse:* Auch die adaptive Conjoint-Analyse (ACA) ist ein hybrider Ansatz. Zunächst gibt es einen kompositionellen Teil auf individueller Ebene, wo die Relevanz und Wichtigkeit von Merkmalen und -ausprägungen erfragt werden (Johnsen 1987; Carmone 1987; Herrmann/Schmidt-Gallas/Huber 2000). In einem anschließenden kompositionellen Teil werden dem Befragten aus den bisher gewonnenen Erkenntnissen paarweise Teilprofile vorgelegt.

Meta-Kriterien	Modul-Kriterien	Reisezeit-minimierer 31 %		Preis-sensible 51 %		Komfort-orientierte 18 %	
		Merkmals-bedeutung	Gesamt-bedeutung	Merkmals-bedeutung	Gesamt-bedeutung	Merkmals-bedeutung	Gesamt-bedeutung
Service	Sauberkeit	0,8 %	2,9 %	1,2 %	5,0 %	12,5 %	45,1 %
	Betreuung	0,7 %		1,4 %		9,8 %	
	Verpflegung	1,2 %		2,0 %		19,7 %	
	Sicherheitskräfte	0,2 %		0,4 %		3,1 %	
Ausstattung	Sitzkomfort	1,7 %	4,6 %	2,9 %	8,6 %	8,0 %	25,0 %
	Unterhaltungsangebot	0,7 %		1,4 %		3,9 %	
	Gepäckaufbewahrung im Reisewagen	0,6 %		1,5 %		3,6 %	
	Arbeitsmöglichkeit am Sitzplatz	0,8 %		1,1 %		3,5 %	
	Spezialabteile	0,8 %		1,7 %		6,0 %	
Preis	Preis		23,7 %		60,7 %		4,8 %
Reisezeit	Taktfrequenz	7,6 %	64,2 %	2,2 %	17,1 %	1,4 %	9,5 %
	Verbindung	21,3 %		5,3 %		2,5 %	
	Verspätung	11,7 %		3,6 %		2,1 %	
	Reisegeschwindigkeit	17,9 %		3,2 %		2,6 %	
	Anbindung an den öffentlichen Nahverkehr	5,7 %		2,8 %		0,9 %	
Sozialer Nutzen	Verbrauchsmaterialien	1,2 %	4,6 %	2,2 %	8,6 %	3,5 %	15,6 %
	Bahntechnologie	1,3 %		2,3 %		4,3 %	
	Abfallentsorgung	0,9 %		1,5 %		2,6 %	
	Berücksichtigung der Interessen von Behinderten	1,3 %		2,6 %		5,2 %	

Abbildung 12.10: Beispiel für eine Conjoint-Messung der Deutschen Bahn (Meffert/Perry 1997, S. 32)

- *Hierarchische Conjoint-Analyse:* Die hierarchische Conjoint-Analyse geht von der hierarchischen Informationsverarbeitung aus und von der Annahme, dass Nachfrager die Merkmale der Beurteilungsalternativen zu übergeordneten Konstrukten verdichten (Louviere 1984).
- *Limit-Conjoint-Analyse:* Die Limit-Conjoint-Analyse wurde jüngst von Voeth durch die hierarchische individualisierte Limit Conjoint-Analyse (HILCA) weiter entwickelt. Neben einer größeren Anzahl von Merkmalen wurde auch die Integration von K.O.-Kriterien und individuell wichtigen Merkmalen erlaubt (Voeth 2000).

Allerdings ist auch darauf hinzuweisen, dass bereits fünf bis zehn Leistungsmerkmale viele Kombinationsmöglichkeiten und komplexere Gesamtleistungen ergeben. Rasch stößt das Verfahren der Erhebung an praktische Grenzen im Umgang mit den untersuchten Personen.

12.4 Über qualitative zu dynamischen Kontrollsystemen

Die erwähnten quantitativen Messverfahren für den Wert für Kunden (Kundenvorteil) und den Wert von Kunden (Kundenwert) erfassen den Zustand zu einem bestimmten Zeitpunkt auf der Basis von meist retrospektiver, weil auf eigenen Erfahrungen beruhenden, sowie subjektiver Wahrnehmungen. Es braucht aber dynamische Systeme, um die Entwicklung gegenüber den Zielen laufend zu verfolgen oder ein Benchmarking mit den besten Konkurrenten durchzuführen. So nutzen manche Unternehmen, wie die Deutsche Lufthansa, ein fortlaufendes Service-Qualitätsbarometer als Basis. Die eigene Leistung wird aus der Perspektive der Kunden laufend mit denjenigen der Vorjahre um die gleiche Zeit und mit den relevanten Wettbewerbern verglichen.

Für die Beurteilung der zukünftigen Potenziale der Erstellung von Wert für Kunden (Kundenvorteil) genügt diese Analyse nicht. Qualitative Elemente, welche die Ressourcen und Potenziale einschließen, sind notwendig. Ein wesentliches Instrument kann eine SWOT-Analyse (Strength/Weakness/Opportunities/Threats) aus Kundensicht sein, indem die Vorteile und Nachteile oder die Stärken und Schwächen der Leistung aus Kundensicht analysiert werden. Ebenso wichtig sind die Chancen und Gefahren hinsichtlich der zukünftigen Fähigkeiten und Potenziale zur Gewährleistung von Werten für Kunden. Diese Chancen und Gefahren werden aus relevanten Trends abgeleitet. Die Stärken und Schwächen ergeben sich aus der systematischen Beurteilung der eigenen Leistung aus Kundensicht und werden differenziert nach den einzelnen Leistungsdimensionen, beispielsweise nach dem Leistungsnutzen (Funktionswert,

Convenience et cetera) und dem Community-Wert (Prestige-Nutzen, Communitiy-Nutzen et cetera) (vgl. Abbildung 12.11).

	Positiv (Stärke/Chance)	**Negativ (Schwäche/Gefahr)**
Stärken/Schwächen: Status	Leistungsnutzen (L-Ansatz) • Hohe Fachkompetenz • Flexible Kapazitäten • Einfacher Kommunikationsstil Kommunikations- und Community-Nutzen (C-Ansatz) • Homogener Kundenkreis, der sich kennt	Leistungsnutzen (L-Ansatz) standardisierte Lösungsansätze Überlastete Partner mit wenig Kommunikationszeit
Chancen/Gefahren: Trend	Trend zu integrierten Problemlösungen Trend zu Prozessberatung	Isolierte Strategieberatung Beschränkte Zeit der Partner für Betreuung und Moderationsaufgaben

Abbildung 12.11: Qualitative Analyse der Kundenvorteile – SWOT für Kundenvorteil (Beispiel Strategie eines Beratungsunternehmens)

Entscheidend ist generell eine dynamische Perspektive. Es gilt, die Lernprozesse von Unternehmen zu Systemanbietern und zu Betreibern von Kundensystemen zu beschleunigen und durch ein geeignetes Controlling zu fördern. Es ist möglich, dazu eine Art Balanced Scorecard einzusetzen und auf die spezifischen Ziele von Leistungssystemen anzupassen. Abbildung 12.12 zeigt ein Beispiel. Der Prozess der Professionalisierung von Leistungssystemen ist dabei zu berücksichtigen.

Jede Scorecard muss an die strategische Situation des Unternehmens angepasst werden (für das Marketing siehe hierzu ausführlich Reinecke 2004). So kann bei einem Unternehmen ein wichtiger Ansatzpunkt für die Entwicklungsprozesse nur schon die Dokumentation von Leistungs- und Kundensystemen sein. Dokumente zu wichtigen Prozessen sind aber erst eine Voraussetzung. In einer späteren Phase gilt es, professionelle Ziele zur Zahl der Prozesse, Prozessdifferenzierung, Durchlaufzeiten oder Prozessqualität zu bestimmen.

Controlling Leistungssysteme (Dynamik)	
Finanzen/Kennzahlen: • Dienstleistungsumsätze und -erträge; Anteile • Margenentwicklung • Auftragsanalysen	Prozesse: • Dokumentierte Leistungssysteme • Entwicklungs-/Projektkosten • Benchmarking
Kunden: • Kundenakquisition durch Leistungssysteme • Kundenzufriedenheit • Leistungsbeurteilung/-gewichtung	Mitarbeiter: • Durchgeführte Schulungen/Workshops • Zufriedenheit • Anwendung

Abbildung 12.12: Balanced Scorecard für Leistungssysteme (zur Balanced Scorecard Kaplan/Norton 1997)

Das Kapitel schließt mit kritischen Statements zur Kontrolle (vgl. Abbildung 12.14).

Statements zur Kontrolle

- Warnung vor »Kontrollitis«: In vielen Unternehmen und auch in der öffentlichen Verwaltung werden heute mit großen Investitionen Kontrollsysteme ausgebaut und perfektioniert. Dies geschieht überall dort, wo quantitativ nur beschränkt definierbare Leistungen durch Menschen erbracht werden müssen. Es wird so nie gelingen, eine Leistung wie beispielsweise die Beratung oder Altenpflege in ihren vielschichtigen Ebenen mit sozialen und technischen Beziehungen zu operationalisieren. Es besteht die Gefahr, dass bei engagierten Mitarbeitern durch Kontrollsysteme intrinsische Motivation durch extrinsische Anreizstrukturen ausgesteuert wird. Die wichtige interne Motivation zerfällt auch bei den besten Mitarbeitern. Umgekehrt kann intrinsische Motivation ohne Feedback auch nicht überleben. Es wird darum gehen, die heikle Balance zwischen Überkontrolle und »Laisser-Faire« zu finden. Dabei ist es im Grenzfall besser, einige schwarze Schafe, die oft auch durch die ausgefeiltesten Kontrollmechanismen schlüpfen, zu tolerieren, um nicht die guten und motivierten Mitarbeiter durch Kontroll- und Misstrauenssysteme zu demotivieren (Thomas Bieger).
- Manche Ansätze zur Messung des Werts von Kunden und der Werte für Kunden erklären wichtige Zusammenhänge für Studierende und Manager. Die Messmethoden sind wertvoll für gezielte Forschungen. Sophistizierte Messungen sind aber in der Praxis nicht üblich und auch häufig nicht sinnvoll (Christian Belz).
- Es liegt auf der Hand, dass KMU's weniger Kontrollinstrumente einsetzen als dies Großunternehmen tun. Die Instrumente sollten jedoch regelmäßig und systematisch eingesetzt werden. Wir haben festgestellt, dass vorhandene Kontrollinstrumente in der Kommunikation nicht angewendet werden. Auch wenn die Informationen im Rahmen eines Ratings nützlich wären. Vielen KMU täte diesbezüglich eine Öffnung nach außen gut, um die Informationsasymmetrie abzubauen. (Urs Fueglistaller)

13 Geschäftsmodelle als umfassende und innovative Leistungs- und Kundensysteme

Der Ansatz des Customer-Value lässt sich eng und weit interpretieren. Verändern Unternehmen nur wenige Aspekte in der Konfiguration, Kommunikation, Kommerzialisierung, Kompetenz oder Kooperation in die Richtung der Vorteile für ihre attraktiven Kunden, so sind auch die Wirkungen und Risiken begrenzt. Bei neuen strategischen Ausrichtungen, die sämtliche oder mindestens mehrere kritische Erfolgsvariablen (der Ks) einschließen, entstehen neue Geschäftsmodelle. Geschäftsmodelle integrieren auch die neuen Chancen der Netzwerkökonomie und erfassen damit nicht nur einzelne Unternehmen, sondern flexible Netze der Wertschöpfung.

Naturgemäß überschneidet sich diese Gesamtbetrachtung mit den früheren Ausführungen, sie ist aber für eine abschließende Integration zur Gestaltung der Leistungs- und Kundensysteme im Leistungsansatz geeignet und öffnet für den Communication- und Community-Ansatz (vgl. Teil IV). Auch sind die Zusammenhänge zum Thema Kooperation (vgl. Kapitel 11) sehr eng.

Dieses Kapitel beschreibt den aktuellen Stand der Diskussion um die Geschäftsmodelle (13.1 und 13.2), behandelt die Gestaltungselemente (13.3) und integriert die Trends der Disintermediation und Reintermediation (13.4) (ausführlich zu zukünftigen Geschäftsmodellen Bieger et al. 2002).

13.1 Definitionen für Geschäftsmodelle

Immer weniger definieren die Erfolge eigener Leistungen auf dem Markt den Unternehmenserfolg. Eine Leistung kann sich gut verkaufen, trotzdem kann das Unternehmen Verluste erleiden, weil beispielsweise die Ressourcen schlecht konfiguriert sind oder die Kooperationspartner falsch eingesetzt werden. Viele Leistungen bringen nicht mehr direkt einen Gewinn. Bei Informationsleistungen im Internet müssen Umwegrenditen, beispielsweise über Bannerwerbung oder Kommissionen, erzielt werden. Ein einmaliger Verkauf von Leistungen gewährt in der Zeit verkürzter Produktlebenszyklen nur einen kurzfristigen Erfolg. Wachstumsautomatismen müssen in einer langfristigen Kundenbeziehung erreicht werden (Tomczak/Rudolf-Sipötz 2001). Insbesondere werden Leistungen nicht mehr von einzelnen Unternehmen erstellt und vermarktet. Wesentliche Werte werden in Netzwerken geschaffen (Bieger/Rüegg-Stürm/von Rohr 2002).

Diese Entwicklungen (vgl. Abbildung 13.1) beschreiben den Übergang von einer »alten« in eine »neue« Geschäftswelt. In der neuen Welt erklären Produkte, einzelne Leistungsverkäufe oder die Effizienz und Effektivität unternehmensinterner Wertschöpfungsprozesse nur noch einen Teil der vom Unternehmen geschaffenen Werte. Heute sind zusätzliche wichtige Treiber von Werten: Die Einbindung des Unternehmens in Netzwerke, die Gestaltung der Transaktionsbeziehungen innerhalb und außerhalb des Unternehmens und die Fähigkeit zur Internalisierung der Netzwerkexternalitäten. Deshalb genügt es auch nicht, das Unternehmen getrennt zu analysieren, um zu erklären, wie Werte entstehen. Der Analyseausschnitt muss weiter gefasst werden, wozu relevante angebotsseitige und nachfrageseitige Netzwerke einbezogen werden. Gleichzeitig können aber auch nur spezifische Bereiche der Aktivitäten eines Unternehmens betroffen sein. In Theorie und Praxis hat sich für die neue Analyseeinheit der Begriff »Geschäftsmodell« eingebürgert (stellvertretend für wissenschaftliche Ansätze Amit/Zott 2001; Tomczak/Schögel/Birkhofer 1999; für praxisorientierte Ansätze Nehls/Baumgartner 2000).

»Alte Geschäftsmodelle«	»Neue Geschäftsmodelle«
Transaktion	Langfristiges Kundenbeziehungsmanagement
Produktpreis	Komplexe Ertragsmodelle
Einzelprodukte	Integrierte Leistungskonzepte
Unternehmensinterne Wertschöpfungsketten	Virtuelle Unternehmen mit aufgebrochenen Wertschöpfungsketten
Analyseeinheit Unternehmen	Analyseeinheit Geschäftsmodell

Abbildung 13.1: Entwicklung zu neuen unternehmensübergreifenden Geschäftsmodellen (Bieger/Rüegg-Stürm/von Rohr 2002, S. 37)

Das Internet als Basisinnovation mit weiteren technologischen Neuerungen ermöglicht vollkommen neue Netzwerke. So fördern Netzwerke neue Arbeitsteilungen und Kommunikationsmöglichkeiten zwischen Unternehmen, Kunden und Lieferanten. Damit werden Netzeffekte immer bedeutender. Innerhalb von Netzen werden Standards in Form von Austauschplattformen wichtiger. Der Netzpartner, der seine Standards am schnellsten durchsetzen kann, wird damit das Netz definieren und Erträge generieren können (Bieger/Rüegg-Stürm/von Rohr 2002).

Die Geschäftstätigkeit von Unternehmen in der modernen Netzökonomie wird verändert, wie die folgenden acht Trends und Konsequenzen zeigen (Bieger 2002a, S. 121 ff.).

1. *Kundenselektion in vielfältigen und dynamischen Märkten:* Die Angebote in den meisten Märkten werden laufend breiter und tiefer. Sie sind weltweit zugänglich und Kunden nutzen mit Global Sourcing (beziehungsweise Global Buying für Privatpersonen) ihre Möglichkeiten. Nur Unternehmen, die sich konsequent an einer relevanten Kundengruppe orientieren und eine außergewöhnliche Leistung für diese Gruppe erbringen, haben eine Chance beim Kunden präsent und für ihn wichtig zu sein. Für diese Kundengruppe muss das eigene Leistungssystem so nutzenbringend oder attraktiv gestaltet werden, dass es sich in der Vielfalt durchsetzt und einen wichtigen Platz im Denken und Entscheidungsverhalten von Kunden erreicht.
2. *Wettbewerb um Aufmerksamkeit und Customer-to-Customer-Kommunikation (C2C-Kommunikation):* Im Zeitalter der Reizüberflutung und der Ökonomie der Aufmerksamkeit (Franck 1998) muss es Unternehmen gelingen, ihre Leistungen und Produkte vermehrt in den Köpfen von Einzelnen und Gemeinschaften (Communitys) zu verankern. Dabei ist es besonders wichtig, in der unternehmensunabhängigen Kommunikation zwischen Kunden (C2C oder Customer-to-Customer) einen positiven und bedeutenden Platz zu erobern. Auch mit knappen Marketingmitteln lässt sich damit die nötige Aufmerksamkeit erreichen, damit Kunden stärker involviert werden, erste Käufe tätigen und sich später auch gerne an den Anbieter binden.
3. *Pattsituation im Kerngeschäft und Erweiterungen:* In manchen Geschäftsbereichen lässt sich im eigentlichen Kerngeschäft kaum mehr etwas verdienen (vgl. auch Abbildung 1.15). Immer mehr Kerngeschäfte sind nicht zuletzt durch die Informationsvernetzung zu eigentlichen Netzgeschäften geworden. Aufgrund der Netzeffekte und des daraus entstehenden ruinösen Wettbewerbs um Marktanteile werden im Kerngeschäft die Preise, gestützt auf die Grenzkosten, oft weit unter den Durchschnittskosten festgelegt. Zugleich ist ein Unternehmen im Bereich seines Kerngeschäfts der kritischen Aufmerksamkeit der Verbraucher besonders stark ausgesetzt (dies trifft besonders auch für den Tourismus zu, beispielsweise bei den Eckpreisen für Transport oder Übernachtung; Bieger 2002a). Entsprechend können dort die Preise nicht beliebig erhöht werden. Nebengeschäfte müssen deshalb konsequent kommerzialisiert und Umwegrenditen internalisiert werden.

4. *Wachstum und Unternehmenswert:* Der Wert eines Unternehmens wird heute von den Kapitalgebern auf der Basis von zukünftigen, diskontierten Cashflows bestimmt. Das Wachstum bestimmt grundlegend den Unternehmenswert und die freien Cashflows. Liegt das Unternehmenswachstum beispielsweise über den Abzinsungsfaktoren (was aufgrund des Zielkonflikts zwischen Rendite und Risiko natürlich kaum möglich ist), so ist der Unternehmenswert bis in alle Ewigkeit gerechnet theoretisch unbegrenzt. Dieses Phänomen macht es schwierig, traditionelle Bewertungsinstrumente für stark wachsende Bereiche anzuwenden.
5. *Wertschöpfung in Netzwerken:* Wie bereits erwähnt, werden heute viele Leistungen in tatsächlichen Unternehmensnetzwerken erbracht. Hintergrund ist der Zwang, dass sich einzelne Unternehmen im Wettbewerb zunehmend auf ihre Kernkompetenzen konzentrieren müssen. Sie kaufen Kompetenzen oder gar Kernkompetenzen auf dem Markt zu und vermarkten sie mit ihren eigenen. Kooperationen sind dabei notwendig, oft aber auch kritisch. Ein positives Beispiel bildet eine Eisenbahngesellschaft, die durch ihre Stärken im Bereich des Marketing das Marketing für andere übernimmt und umgekehrt Teilleistungen einkauft. Es stellen sich die Fragen nach der Definition und nach der für die Leistungserstellung im Geschäftsmodell notwendigen Kompetenzen (Sieber 1999, S. 245 f.; Kapitel 13).
6. *Neue Kompetenzen für neue Geschäftsmodelle:* Moderne Geschäftsmodelle erfordern von Unternehmen eine Vielzahl an Kompetenzen: Die Kompetenz zur Kundenbindung ist ebenso wichtig wie die zur laufenden Erfassung der sich verändernden Kundenbedürfnisse und zur Handhabung von Ertragssystemen. Innerhalb der notwendigen Kompetenzen muss ein Unternehmen festlegen, wo es sein eigenes Kernengagement sieht. Es muss quasi die Reichweite seiner Kompetenz bestimmen. Daraus ergibt sich der Bedarf an ergänzenden, durch Kooperationspartner einzubringenden oder über den Markt zu beschaffenden Kompetenzen (Sieber 1999, S. 245 f.).
7. *Potenziale ausgewählter Partner:* Der Auswahl der Kooperationspartner oder der Vorleister am Markt kommt eine besondere Bedeutung zu, da sich diese mit dem eigenen Unternehmen am Markt weiterentwickeln müssen. Wer heute eine gute Lösung anbietet, kann im »Trial and Error« des Entwicklungswettbewerbs rasch ins Hintertreffen geraten. Die Auswahl von Partnern hat sich damit an deren Potenzialen für die Entwicklung und nicht an den momentan angebotenen Lösungen zu orientieren.

8. *Koordinationsmodelle:* Für das gesamte Geschäftsmodell, beziehungsweise seine Teile, muss ein Koordinationsmodell festgelegt werden. Dabei werden Koordinationsmechanismen zwischen dem Markt und der Hierarchie in Abhängigkeit von der Spezifität der gehandelten Assets, des involvierten Risikos und der Häufigkeit von Transaktionen gewählt (Williamson 1986) (vgl. Kapitel 13).

Es geht also nicht nur darum, die Strategie eines Unternehmens zu bestimmen. Vielmehr soll ein Geschäftssystem (und damit das Kunden- und Leistungssystem) innerhalb der Unternehmensnetzwerke festgelegt werden. Dabei lässt sich eine klare Evolution der relevanten strategischen Planungseinheiten im Zeitablauf feststellen (vgl. Abbildung 13.2).

Vorherrschende Theorie der Strategie	**Hauptthemen Theorie**	**Relevante strategische Planungseinheit**	**Beispiel Tourismus**
Market Based View (Porter 1996) SGF (Pümpin 1992)	Sicherung von Wettbewerbsvorteilen durch möglichst optimale Ausrichtung auf die Bedürfnisse und Anforderungen des relevanten Markts, damit Sicherung von monopolistischen Preisspielräumen (und Ausnutzung von Marktunvollkommmenheit auf dem Absatzmarkt)	SGF: Strategisches Geschäftsfeld (zeitlich stabile Produkt-/Marktkombinationen, die unabhängig von anderen geführt und allenfalls liquidiert werden können)	Geschäftsfeldspezifische Strategien, zum Beispiel Kinderhotel

Resource Based View (Penrose 1959; Prahalad/ Hamel 1990; Barney 1986)	Sicherung von Wettbewerbsvorteilen durch Aufbau von schwer transferierbaren, schwer imitierbaren Ressourcen wie Kernkompetenzen, damit Effizienzrenditen (und Marktunvollkommenheit auf dem Ressourcenmarkt) ausnutzen	Unternehmen (System, das diese Ressourcen an sich bindet)	Freizeitunternehmen, die sich Kernkompetenzen im Bereich Eventmanagement aufbauen
Netzökonomie (zum Beispiel Amit/Zott 2001; Bieger et al. 2002)	Sicherung von Wettbewerbsvorteilen durch optimale Konfiguration von Ressourcen und Leistungen in Unternehmensnetzwerken (damit Ausnutzung der Unvollkommenheit auf dem Markt für Kooperationen)	Geschäftsmodell (Netzwerk von Unternehmen, die gemeinsam ein wertschöpfendes Leistungssystem betreiben.)	Freizeitpark mit einzelnen, unabhängigen Teilunternehmen

Abbildung 13.2: Evolution der strategischen Planungseinheiten vor dem Hintergrund der Evolution der Strategietheorie (Bieger/Rüegg-Stürm/von Rohr 2002)

Ein »Geschäftsmodell« lässt sich auf diesen Grundlagen vereinfacht wie folgt definieren: Darstellung der Art und Weise, wie ein Unternehmen, ein Unternehmenssystem oder eine Branche am Markt Werte schafft (Bieger et al. 2002; zum Thema Geschäftsmodell unter anderem Timmers 2000; Treacy/Wiersema 1995; Nehls/ Baumgartner 2000; Wölfle 2000; Tomczak/ Schögel/Birkhofer 1999; Rüegg-Stürm 2000; Amit/Zott 2001; Rudolph 2000; Meinhardt 2000; Sieber 1999; Schwaninger 1997).

Das Thema der Geschäftsmodelle wird auch in der Kommunikation mit Investoren immer wichtiger. In Businessplänen wird zum Teil zwischen der Grundstrategie und den konkreten Maßnahmen ein Abschnitt zum Geschäftsmodell eingebaut. In diesem Teil muss dann »modellhaft« die Geschäftsmechanik aufgezeigt werden, mit der Werte geschaffen werden sollen. Entsprechend definiert Knyphausen-Aufsess/Meinhardt (2001) ein Geschäftsmodell auch als den »Versuch, eine vereinfachte Beschreibung der Strategie eines gewinnorientierten Unternehmens zu erzeugen, die sich dazu eignet, potenziellen Investoren die Sinnhaftigkeit ihres Engagements deutlich zu machen.«

13.2 Ansätze für Geschäftssysteme

Im Folgenden werden bestehende Arbeiten zur Strukturierung von Geschäftsmodellen dargestellt und Gemeinsamkeiten herausgearbeitet (Bieger et al. 2002).

Timmers (2000)

Der Ansatz von Timmers beruht weitgehend auf dem Wertkettenansatz von Porter (1996, S. 59 ff.). Das Unternehmen besteht demnach aus verschiedenen Tätigkeiten und Aktivitäten, die Produkte beziehungsweise Dienstleistungen planen, produzieren und vertreiben. Durch die Umgestaltung dieser Wertkette werden diesem Modell zufolge neue Geschäftsmodelle geschaffen.

Timmers (2000, S. 39) definiert ein Geschäftsmodell für elektronische Märkte als:

1. Struktur von Produkten, Dienstleistungen und Informationsflüssen, die auch eine Beschreibung der verschiedenen Wirtschaftsakteure und deren Rollen beinhaltet,
2. Beschreibung der Nutzenpotenziale für die verschiedenen Wirtschaftsakteure und
3. Beschreibung der Ertragsquellen.

Das Geschäftsmodell kann jedoch noch nicht erklären, wie das Unternehmen seine Vision und Ziele umsetzen will. Deshalb wird zusätzlich der Inhalt der Marketingstrategie benötigt. Dadurch können Fragen nach den komparativen Vorteilen gegenüber der Konkurrenz, der Positionierung im Markt, dem Marketing-Mix et cetera beantwortet werden. Das Geschäftsmodell ergibt, ergänzt mit der Marketingstrategie, das Marketingmodell (Timmers 2000, S. 32).

Timmers beschreibt anhand dieser Definition verschiedene Internet-Geschäftsmodelle und klassifiziert sie. Als Differenzierungsdimensionen verwendet er den Innovationsgrad und die funktionale Integration der Geschäftsmodelle (vgl. Abbildung 13.3). Dieser Ansatz betont damit die Organisation der Zusammenarbeit zwischen den Akteuren und den Ertragsmodellen.

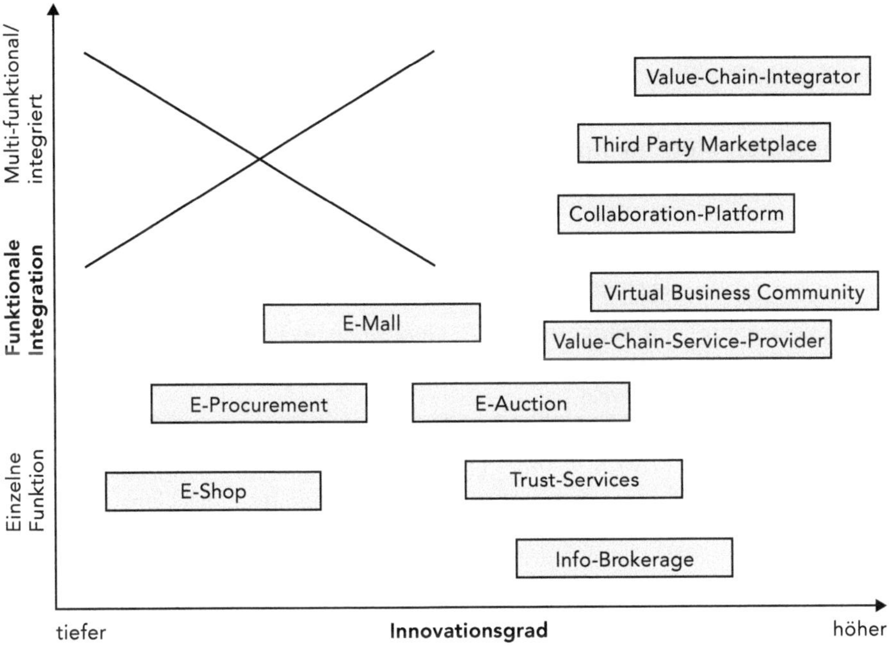

Abbildung 13.3: Klassifizierung von Internet-Geschäftsmodellen (Timmers 2000, S. 41)

Treacy/Wiersema (1995)

Die Autoren unterscheiden drei Begriffe (Treacy/Wiersema 1995, S. 10):

1. Leistungsversprechen;
2. Operatives Geschäftsmodell;
3. Nutzenkategorien.

Unter dem »Leistungsversprechen« verstehen die Autoren die »implizite Zusicherung eines Unternehmens, seinen Kunden eine bestimmte Kombination von Nutzenkriterien wie Preis, Qualität, Leistung, Auswahl, Bequemlichkeit et cetera zu bieten«. Das am Kundennutzen orientierte »operative Geschäftsmodell« beschreibt das Zusammenwirken von operativen Prozessen, Managementsystemen, Organisationsstruktur und Unternehmenskultur, das einer Firma ermöglicht, ihr Leistungsversprechen einzulösen. Dabei handelt es sich um Systeme, Infrastrukturen und das Umfeld des Unternehmens (Treacy/Wiersema 1995, S. 10).

Das Leistungsversprechen kann demnach als Geschäftszweck und das operative Geschäftsmodell als Mittel zu dessen Erfüllung betrachtet werden. Der dritte Begriff »Nutzenkategorien« bezieht sich auf drei mögliche

Alternativen, wie ein Unternehmen sein Leistungsversprechen mit dem operativen Geschäftsmodell verbinden kann, um Marktführer zu werden. Zur Auswahl stehen die Kostenführerschaft, die Produktführerschaft und die Kundenpartnerschaft. Die Abbildung 13.4 gibt einen Überblick über die einzelnen Nutzenkategorien und deren zugrunde liegende Leistungsversprechen sowie die resultierenden Geschäftsmodelle.

Nutzenkategorie	**Kostenführerschaft**	**Produktführerschaft**	**Kundenpartnerschaft**
Leistungsversprechen	Niedrigpreis und/ oder bequemer Service	Innovativstes Produkt	Beste individuelle Problemlösung
Prozesse im Geschäftsmodell	Optimierte, rationalisierte Produktlieferungs- und Grundserviceprozesse	Innovation, Produktentwicklung, Marktsondierung	Bedürfniserkennung, Lösungsentwicklung, Ergebnismanagement, Beziehungsmanagement
Strukturen im Geschäftsmodell	Zentral geplante, streng überwachte, standardisierte und vereinfachte Abläufe	Organisationsstruktur als Netzwerk, das rasch auf akute Situationen reagiert und sich bei unternehmerischen Initiativen und Neuausrichtungen wandelt	Organisationsstruktur delegiert Entscheidungsbefugnisse an Mitarbeiter, die in direktem Kundenkontakt stehen
Managementsysteme im Geschäftsmodell	Fokus auf integrierte, zuverlässige und rasche Transaktionen und Einhaltung vorgegebener Leistungsmaßstäbe	Ergebnisorientierte Managementsysteme	Managementsysteme sind derart ausgelegt, dass sie den Kundenbedürfnissen entsprechen

Unternehmenskultur im Geschäftsmodell	Verschwendung wird verteufelt, Effizienz belohnt	Phantasie, Leistungen des Einzelnen und unkonventionelle Lösungen werden bestärkt	Individuelle Lösungen werden stärker gefördert als allgemeine Ansätze, um enge und dauerhafte Kundenbeziehungen zu fördern

Abbildung 13.4: Leistungsversprechen und Kernelemente eines Geschäftsmodells in Abhängigkeit von der Nutzenkategorie (Neugebauer/Unbescheiden 2001; in Anlehnung an Treacy/ Wiersema 1995, S. 11 ff.)

Nehls/Baumgartner (2000)

Die beiden Autoren von Mercer Management Consulting haben unter dem Namen »Mercer Business Design Model« die folgende Definition von Geschäftsmodellen entwickelt: »Ein Geschäftsmodell besteht aus den eng verzahnten Komponenten Marktpositionierung, Gewinnmodell, strategische Absicherung, Ressourcenfokus, Organisationssysteme und Unternehmenskultur« (Nehls/Baumgartner 2000, S. 89).

Diese Komponenten können sich dabei auf ein Geschäftsfeld, einen Unternehmensbereich oder auf das gesamte Unternehmen beziehen. Im Folgenden werden die sechs Komponenten kurz erläutert (Neugebauer/ Unbescheiden 2001; Nehls/ Baumgartner 2000, S. 89):

1. *Marktpositionierung:* Die Auswahl der werthaltigen Marktsegmente und der Zielkunden. Dabei ist die Ermittlung der Kundenprioritäten sowie die Festlegung einer bestmöglichen Differenzierungsstrategie gegenüber den Wettbewerbern von besonderer Bedeutung.
2. *Gewinnmodell:* Eine zentrale Bedeutung kommt der Frage nach der Erschließung von Gewinnzonen und der Vereinbarung der Wertschaffung für den Kunden mit der Gewinnerzielung des Unternehmens zu.
3. *Ressourcenfokus:* Diese Komponente bestimmt, auf welchen Wertschöpfungsstufen das Unternehmen seine Ressourcen konzentriert, um sich von den Wettbewerbern zu differenzieren.
4. *Strategische Absicherung:* Beschreibt, wie das eigene Gewinnmodell vor der Konkurrenz geschützt werden kann. Dies kann beispielsweise durch eine hohe Kundenbindung oder einen Technologievorsprung erreicht werden.

5. *Organisationssystem:* Unterstützende Prozesse im Dienst der anderen Komponenten. Dazu gehören Führung, Personalmanagement, Organisation, Prozesse und Infrastruktur.
6. *Kultur:* Die Unternehmenskultur wird aus Werten, Verhalten, Riten und Symbolen gebildet.

Diese Komponenten unterliegen zusätzlich der Markt-, Technologie- und Wettbewerbsdynamik. Das Unternehmen muss sein Geschäftsmodell kontinuierlich diesen veränderten Umfeldbedingungen anpassen, um gegenüber den Wettbewerbern konkurrenzfähig zu bleiben.

Dieser Ansatz betont neben der Definition des Leistungsbereichs auch die Frage der Ertragsmodelle und der Konfiguration der unternehmensübergreifenden Wertschöpfungsketten.

Tomczak/Schögel/Birkhofer (1999)

Die Autoren gehen wie auch einige andere vom Wertkettenansatz nach Porter (1996) aus (Rayport/Sviokla 1995; Alba et al. 1997; Sarkar/Butler/Steinfield 1997; Albers/Peters 1997). Um ein Geschäftsmodell zu definieren, sind verschiedene Schritte notwendig:

1. Alle involvierten Aktivitäten müssen definiert werden.
2. Alle Aktivitäten, die einen Added Value erzeugen, müssen konzipiert werden.
3. Die Verbindungen zwischen den Aktivitäten müssen optimiert werden.
4. Die ganze Wertkette muss koordiniert werden.

Um diese grundsätzlichen Überlegungen zur Wertkette zu ergänzen, identifizieren die Autoren zwei Haupttrends der Entwicklung von Geschäftsmodellen (Tomczak/Schögel/Birkhofer 1999):

Intermediation: Nach Evans/Wurster (1997) bedeutet Intermediation das Aufsplitten der Wertkette in einzelne Aktivitäten. Das heißt, dass sich die Unternehmen auf kleine Teile, im Extremfall auf eine Aktivität der Wertkette beschränken.

Disintermediation: Die Theorie der Disintermediation geht davon aus, dass durch die neue Informations- und Kommunikationstechnologie einige Zwischenstufen eliminiert werden können und dadurch der Added Value optimiert werden kann. Dabei muss die Disintermediationstheorie klar vom Ansatz der vertikalen Integration getrennt werden, bei der ein Unternehmen die Kontrolle über die ganze Wertkette hat. Im Gegensatz dazu hat bei der Disintermediation jeweils ein Akteur die Kontrolle über eine Wertschöpfungsstufe (Whinston/Stahl/Choi 1997).

Diese beiden Grundkonzepte bilden die Enden eines Kontinuums. Die Frage nach der »besseren« Strategie lässt sich jedoch nicht leicht beantworten. Beide Ansätze haben unterschiedliche Vorteile anzubieten (vgl. für das Beispiel E-Commerce die Abbildung 13.5).

Intermediation	Disintermediation
• Wertketten fallen auseinander	• Eliminierung von Zwischenstufen innerhalb der Wertkette
• Konzentration der Anbieter auf eine individuelle Wertschöpfungsstufe	• Koordination von verschiedenen Wertschöpfungsaktivitäten
• Entwicklung von Fähigkeiten und Kenntnissen für eine Wertschöpfungsaktivität	• Entwicklung von Fähigkeiten und Kenntnissen um die ganze Wertkette zu koordinieren

Abbildung 13.5: Abbildung 13.5: Intermediation und Disintermediation im E-Commerce (Tomczak/Schögel/ Birkhofer 1999; in Anlehnung an Benjamin/Wigand 1995; Hagel/Rayport 1997)

Dieser Ansatz legt damit einen expliziten Focus auf die Gestaltung der unternehmensübergreifenden Wertschöpfungsketten-Konfiguration.

Rüegg-Stürm (2000)

Der Autor beschreibt im Bereich der Strategie ein Modell, das ebenfalls als Konzept für ein Geschäftsmodell dienen kann, viele der oben erwähnten Dimensionen beinhaltet und vom Ansatz der Strategietheorie geprägt ist. Er geht davon aus, dass eine Strategie oder ein Geschäftsmodell inhaltlich mindestens Antworten zu den fünf folgenden Themenkomplexen geben muss (Rüegg-Stürm 2000, S. 10; siehe Abbildung 13.6):

1. Über die Anliegen und Bedürfnisse der relevanten Anspruchsgruppen muss man sich ein Bild machen. Dazu gehört neben der Identifikation der Zielgruppen und Zielmärkte auf der Abnehmer- und Beschaffungsseite auch die Abgrenzung der Zielsegmente und deren Erwartungen auf dem Arbeits- und auf dem Kapitalmarkt.
2. Das Leistungsangebot und der Nutzen, der für den Kunden gestiftet werden soll, muss definiert werden.
3. Das Unternehmen muss den Teil der Gesamtwertschöpfung des Leistungsangebots, auf den es sich konzentrieren beziehungsweise beschränken will, definieren. Die anderen Teilleistungen muss es anderen Leistungsüberbringern überlassen.

4. Daraus ergeben sich Implikationen für die Definition von Kooperationsfeldern, die Wahl von Kooperationspartnern und die Gestaltung der Zusammenarbeit mit diesen Partnern.
5. Die Frage, welche Fähigkeiten oder Kernkompetenzen bereits vorhanden sind beziehungsweise erst noch aufgebaut werden müssen, damit sich das Unternehmen auf dem Markt und gegenüber den Wettbewerbern durch eine nachhaltige Nutzenstiftung bei den Kunden profilieren kann, muss noch beantwortet werden.

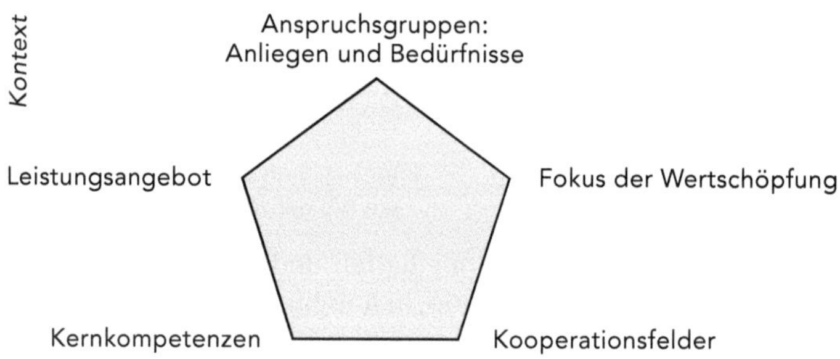

Abbildung 13.6: Inhaltliche Fragestellungen einer Strategie (Rüegg-Stürm 2000)

Dabei ist zu beachten, dass diese Themenkomplexe stark ineinander greifen und deshalb nicht sequentiell, sondern parallel bearbeitet werden müssen. Die Ableitung der entsprechenden Ziele sowie die Themenkomplexe selbst beinhalten gewissermaßen die Konfiguration der strategischen Erfolgsposition (Pümpin 1992), die es einem Unternehmen ermöglichen soll, im Vergleich zu ihren Wettbewerbern langfristige Wettbewerbsvorteile zu erlangen. Durch den Begriff der Konfiguration soll deutlich gemacht werden, dass eine strategische Erfolgsposition aus einem kohärenten Zusammenwirken verschiedener Ziele und Fähigkeiten erwächst (Rüegg-Stürm 2000).

Amit/Zott (2001)

Amit und Zott (2001) analysieren die Werterzeugung im E-Businessbereich. Ausgangspunkt ist eine Analyse der folgenden wissenschaftlichen Theorieströme zur Klärung der Quellen unternehmerischer Wertgeneratoren:

1. Die Wertkettenanalyse nach Porter (1996, S. 59 ff.) mit der Differenzierung durch die verschiedenen Stufen der Wertschöpfungskette und das Kostensenkungspotenzial für den Verbraucher;

2. der Schwerpunkt Innovation mit den Produkte-, Prozess-, Marktinnovationen sowie der Entdeckung neuer Ressourcen;
3. die ressourcenbasierte Sicht des Unternehmens (Barney 1992);
4. die strategische Netzwerktheorie (Hamel 1999; Katz/Shapiro 1985), die die Netzwerkexternalitäten wie Economies-of-Scope and -Scale, Zugang zu Wissen und die Teilung von Risiko behandelt;
5. der Transaktionskostenansatz (Williamson 1986), der die Effizienz der Organisation von Transaktionen zu optimieren versucht.

Sie schließen, dass alle diese Theorien wertvolle Vorschläge zu Werttreibern bieten. Für den Bereich E-Business werden auf der Basis dieser Vorschläge die genauen Werttreiber nach dem Ansatz der »Grounded Theory« über verschiedene Runden – von der Theorienentwicklung bis zu deren Überprüfungen mittels Fallstudien – herausgefiltert und mit Prioritäten versehen.

Folgende vier Dimensionen von Werttreibern werden identifiziert:

- Effizienz (insbesondere der Transaktionsbeziehungen);
- Komplementarität (der Produkte im Rahmen von Leistungsprozessen);
- Lock-in (das heißt Bindung der Kunden an das Unternehmen);
- Neuigkeit (der gebotenen Leistung).

Als Analyseeinheit für die Werterzeugung schlagen sie das Konzept »Geschäftsmodell« vor, das den Inhalt, die Strukturen und die Steuerung der Transaktionen abbildet. Die Werte werden da also durch die Wahrnehmung der Geschäftsmöglichkeiten erzeugt (Amit/Zott 2001, S. 26).

Zu Knyphausen-Aufsess/Meinhardt (2001)

Zu Knyphausen-Aufsess und Meinhardt bezeichnen das Konstrukt »Geschäftsmodell« ebenfalls als relevante Analyseeinheit für den unternehmerischen Erfolg. Sie ordnen ihren Beitrag klar in den Bereich der Strategietheorie ein und unterscheiden drei wesentliche Strukturelemente für die Beschreibung von Geschäftsmodellen (zu Knyphausen-Aufsess/Meinhardt 2001):

1. Produkte-/Markt-Kombination;
2. Durchführung und Konfiguration der Wertschöpfungsaktivitäten;
3. Ertragsmechanik.

Diese Strukturelemente operationalisieren die Autoren und liefern einen »Geschäftsmodell-Würfel«, der die Handlungsoptionen beschreibt.

Bieger (2002)

Gemäß den Herausforderungen der Netzökonomie (vgl. Kapitel 13.1) geht es heute nicht um die Bestimmung der Strategie und des Leistungsprogramms eines Unternehmens, sondern vielmehr um die Festlegung des Geschäftssystems für einen Produktmarktbereich innerhalb eines Unternehmensnetzwerks. Bei der Definition eines Geschäftsmodells sind die Antworten auf die Fragen in Abbildung 13.7 erforderlich.

1. Für welche Kunden welchen Nutzen?	Leistungssystem
2. Wie wird die Leistung im Markt kommunikativ verankert?	Kommunikationskonzept
3. Wie werden Einnahmen generiert?	Ertragskonzept
4. Welches Wachstumsmodell wird verfolgt?	Wachstumskonzept
5. Welche Kernkompetenzen sind notwendig?	Kompetenzkonfiguration
6. Welches ist die Reichweite des Unternehmens?	Organisationsform
7. Mit welchen Kooperationspartnern wird zusammengearbeitet?	Kooperationskonzept
8. Welches Koordinationsmodell wird angewendet?	Koordinationskonzept

Abbildung 13.7: Übersicht von Fragen innerhalb eines Geschäftsmodells (in Anlehnung an Bieger et al. 2002)

Timmers	**Tracy/ Wiersema**	**Nehls/ Baumgartner**	**Schlögel/ Tomczak/ Birkhofer**	**Rüegg-Stürm**	**Amit/Zott**	**Zu Knyphausen/ Meinhardt**	**Bieger**
Produkt Dienstleistungen	Leistungsversprechen	Marktpositionierung	Wertkette	Leistungsangebot und Nutzen		Produkt-/ Markt-Kombination	Leistungssystem
		Marktpositionierung					Kommunikationskonzept
Ertragsquellen		Gewinnmodell				Ertragskonzept	Ertragskonzept

		Strategische Absicherung		Kernkompetenzen			Wachstumskonzept
		Ressourcenfokus	Fokus in der Wertkette	Kernkompetenzen Fokus der Wertschöpfung	Content		Kompetenzkonfiguration
	Operative Prozesse Organisationsstruktur Unternehmenskultur	Ressourcenfokus Organisationssystem Unternehmenskultur	Fokus in der Wertkette	Fokus der Wertschöpfung	Structure	Durchführung und Konfiguration der Wertschöpfungsaktivitäten	Organisationsform
Weitere Wirtschaftsakteure Rollen der WA		Ressourcenfokus	Fokus in der Wertkette	Kooperationsfelder		Durchführung und Konfiguration der Wertschöpfungsaktivitäten	Kooperationskonzept
Informationsflüsse				Kooperationsfelder	Governance		Koordinationskonzept/Steuerung

Abbildung 13.8: Vergleich der Kernelemente eines Geschäftsmodells verschiedener Autoren (Bieger/Rüegg-Stürm/von Rohr 2002)

Alle Ansätze bezeichnen implizit oder explizit (Amit/Zott 2001; zu Knyphausen-Aufsess/Meinhardt 2001) die Geschäftsmodelle als (heute) relevante unternehmerische Analyseeinheit. Die Ansätze ordnen sich jedoch wie folgt unterschiedlich in die betriebswirtschaftliche Forschung ein: Eher eklektisch (Amit/Zott 2001), mit Strategiefokus (zu Knyphausen-Aufsess/Meinhardt 2001; Rüegg-Stürm 2000), mit Wertschöpfungsketten-Fokus (Tomczak/Schögel/Birkhofer 1999; Timmers 2000) oder mit informationstheoretischem Fokus (Wölfle 2000).

Teilweise beruhen sie auf der vertieften Forschung, gestützt auf die »Grounded Theory« (Amit/Zott 2001), auf Fallstudienforschung (Tomczak/Schögel/Birkhofer 1999), auf Workshops (Wölfle 2000) und auf Beratungserfahrung oder Deskription. Alle Ansätze erfassen Dimensionen oder Strukturelemente, nach denen Geschäftsmodelle beschrieben werden können.

Im Folgenden vergleichen wir die verschiedenen Ansätze. Dabei werden die verwendeten Elemente beziehungsweise Dimensionen einander gegenüber gestellt.

Dieser erste Vergleich zeigt, dass sich die verschiedenen Definitionen besonders in Bezug auf den Differenzierungsgrad der beschriebenen Dimensionen stark unterscheiden. Die Modelle von Nehls/Baumgartner, Rüegg-Stürm und Bieger sind dabei am umfangreichsten. Die anderen Definitionen sind jeweils auf einzelne Teilbereiche des Unternehmens fokussiert. Insbesondere fehlen bei einigen die systematisierte Betrachtung der externen Ressourcenkonfiguration im Sinn der Leistungserbringung in Unternehmensnetzwerken oder es wird nur die Organisation der Transaktionen und Beziehungen eingeschlossen (Amit/Zott 2001). Insgesamt stimmen die Strukturen von Geschäftsmodellen doch in vielen Aspekten überein.

Geschäftsmodelle müssen mit allen Dimensionen in sich konsistent sein. So können beispielsweise im Fluggeschäft nicht die Vorteile eines Low-Cost-Carriers mit tiefen Kostenstrukturen realisiert werden, wenn gleichzeitig ein integriertes Flugnetzwerk geboten werden soll. Ein integriertes Flugnetzwerk bedarf Flughafeninfrastrukturen, komplexer Netz- und Managementstrukturen und bedingt auch längere Umschlagzeiten der Flugzeuge am Boden, weil auf Transferpassagiere gewartet wird. Die Produktionskosten wären damit für eine Billigfluggesellschaft schlicht zu hoch (Bieger/Döring/Laesser 2002). Low-Cost-Carrier brauchen für ihr Leistungssystem eine andere Konfiguration der Wertschöpfungskette.

Am Beispiel der Geschäftsmodelle von Airlines lässt sich die Breite der Gestaltungsmöglichkeiten der definierten acht Dimensionen illustrieren (siehe Abbildung 13.9). Interessanterweise scheinen die einfacheren Geschäftsmodelle der Low-Cost-Carrier in den Augen des Kapitalmarkts mehr Wert zu generieren. Gemessen am Umsatz erzielen sie weit höhere Börsenwerte (vgl. Abbildung 13.10; Bieger/ Jäggi 2000). Ein Grund dafür könnten die geringe Komplexität und die damit leicht überblickbare Risikostruktur sein. Insbesondere die komplexen Abhängigkeiten in den Allianzstrukturen mit den großen generierten Transaktionskosten können abschreckend wirken.

	Traditionelle Netzwerkgesellschaft	**Low-Cost-Carrier mit Punkt-zu-Punkt-Verbindungen**
Für welchen Kunden welchen Nutzen? (Leistungskonzept)	Umfassendes Netzwerk von Verbindungen in möglichst vielen Ländern und Kontinenten für möglichst alle Kundengruppen und Flugklassen	Selektives Angebot von hochfrequentierten Strecken; nur eine Transportklasse für breite Bereiche des Leisure- und Business-Verkehrs
Wie wird die Leistung im relevanten Markt kommunikativ verankert? (Kommunikationskonzept)	Markenbildung in komplexen Markensystemen; aufwändige Loyalitätsprogramme	Selektive Präsenz durch klassische Bekanntheitswerbung in den relevanten geografischen Märkten vor allem auch über IT
Wie werden Einnahmen generiert? (Ertragskonzept)	Aufwändiges System des Revenuemanagements über das gesamte Netzwerk, große Abhängigkeit von Nebengeschäften im Service-Bereich	Einfache Pricing-Systeme; konsequente Kostenoptimierung auch im Marketing; Transport ist oft die einzige und ausreichende Einnahmequelle
Welches Wachstumskonzept wird verfolgt? (Wachstumskonzept)	Teurer Kampf um Marktanteile über Grenzkostenpreise, Aufkauf von neuen Gesellschaften, Einkauf in Allianzsysteme, Diversifikation et cetera	Einfaches Multiplikationsmodell: Sobald eine Route erfolgreich läuft, wird eine nächste Route eröffnet; oft – wie am Beispiel von Easy Jet – durch Abspaltung einer unternehmerischen Einheit und damit Komplexitätsreduktion
Welche Kernkompetenzen sind notwendig? (Kompetenzkonfiguration)	Netzwerkmanagement und Marketingkompetenz sind für die Gesellschaften determinierend	Marktpräsenz und Kostenkompetenz sind determinierend
Was ist die Reichweite des eigenen Unternehmens? (Organisationsform)	Strukturierung um die zentralen Kompetenzen Netzwerkmanagement und Marketing, teilweise Outsourcing von Leistungen/interne Aufgliederung der Gesellschaft unter einer Holdingstruktur	Einfache, integrierte Flugbetriebe mit überblickbaren Führungsstrukturen

Mit welchen Kooperationspartnern wird zusammengearbeitet? (Kooperationskonzept)	Große Zahl an Kooperationspartnern in Form anderer Fluggesellschaften, die das Netz ergänzen (Allianzpartner) oder von Serviceprovidern (zum Beispiel Ground-Handling), komplexe Technologieabhängigkeiten mit Zulieferern wie Flugzeugherstellern oder IT-Entwicklern	Keine Kooperationen; reine Leistungsbezüge
Welches Koordinationsmodell wird angewendet? (Koordinationskonzept)	Allianzmanagement über Besitz/Kapitalverflechtung (beispielsweise bei der Qualiflyer Group) oder komplexe Franchiseverträge	–

Abbildung 13.9: Geschäftsmodelle im Airlinebereich (Bieger/Lottenbach 2001)

Umsatzvolumen Dezember 2002 (in US-Dollar)	**Marktkapitalisierung September 2003 (in US-Dollar)**	
Delta Airlines	13,3 Mrd.	1,82 Mrd.
Ryan Air	13,0 Mrd.	3,24 Mrd.
British Airways	929,6 Mio.	6,76 Mrd.

Abbildung 13.10: Marktkapitalisierung ausgewählter Fluggesellschaften (Geschäftsberichte; http://finance.yahoo.com)

13.3 Gestaltungselemente eines Geschäftsmodells

Für die acht beschriebenen Gestaltungsdimensionen ergeben sich verschiedene Entscheidungsalternativen, die im Folgenden dargestellt werden (Bieger et al. 2002).

Leistungskonzept

Um einen erkennbaren und spürbaren Mehrwert für die jeweilige Zielgruppe zu schaffen, gilt es, die Produkte zu integrierten Leistungssystemen auszubauen (vgl. Abbildung 1.5 und Kapitel 7). Auf der Basis von

Leistungssystemen können integrierte Problemlösungen gemäß längerfristiger Partnerschaften geboten werden.

Ein Unternehmen muss ausgehend von seinen Kernprodukten ein Leistungssystem gestalten. Dieses basiert oft auf dem Zusammenwirken von verschiedenen Unternehmen.

Kommunikationskonzept

Ein Ziel jedes Unternehmens muss es sein, von einer einmaligen Transaktion mit dem Kunden zu einer längerfristigen Kundenbeziehung zu kommen (sofern das Geschäft mehrere Transaktionen erlaubt). Die Kosten für einzelne Transaktionen sind oft unverhältnismäßig hoch (zur Bedeutung der Anzahl von Transaktionen unter anderem Williamson/Masten 1995, S. 17). Kundenbeziehungen werden häufig erst ab einer gewissen Zahl an erfolgreichen Transaktionen rentabel (Bach/Oesterle 2000):

1. über die bessere Verteilung der Akquisitions- und Transaktionskosten,
2. über die Möglichkeit auf der Basis eines ausgebauten Kundenvertrauens andere Produkte dem Kunden mitverkaufen zu können (Ausbau des Share of Wallet) und
3. über die Mund-zu-Mund-Propaganda bestehender, zufriedener Kunden.

Unternehmen müssen deshalb erreichen, dass die Kunden ihren Angeboten genügend Aufmerksamkeit und Involvement entgegenbringen. Immer wichtiger wird dabei die bereits erwähnte die C2C-Kommunikation, die die B2C-Kommunikation überlagert und aufgrund ihrer Glaubwürdigkeit verstärkt, abschwächt oder sogar zerstört. Eine wichtige Rolle spielen dabei Communitys. Diese Gruppen von Kunden mit ähnlicher Werthaltung interagieren über verschiedene Kanäle (Begegnung in Clubs oder über Chat-Boxes im Internet). Dank der neuen Medien ist die geografische Reichweite dieser Gruppen markant ausgeweitet worden (vgl. Abbildung 13.11).

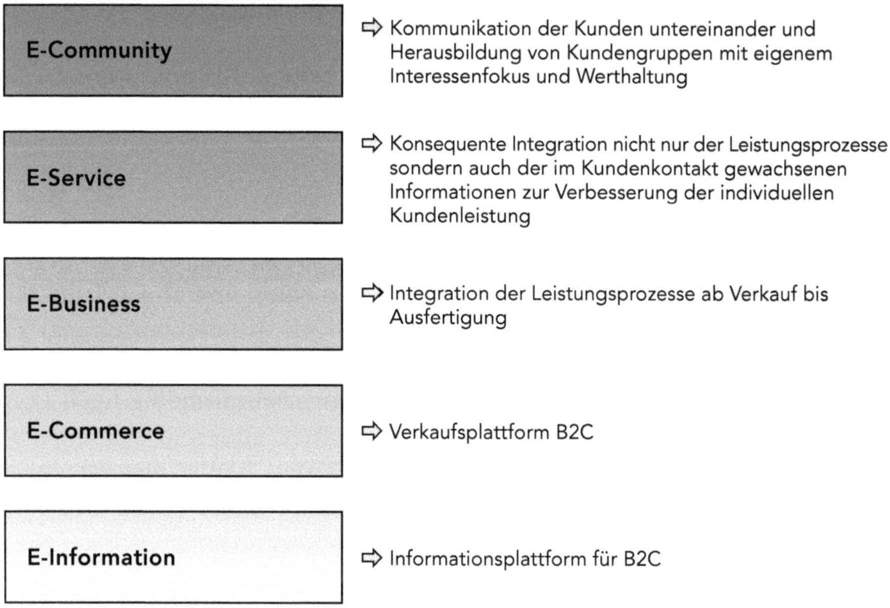

Abbildung 13.11: Entwicklungsstufen im Internet (Bieger/von Rohr 2002, S. 11)

Diese Community-Mechanismen spielen eine ausgeprägte Rolle bei den Kundensystemen. Kundensysteme beschreiben das Zusammenwirken von Kunden untereinander (vgl. Abbildung 1.6 und Teil IV). Beeinflusser prägen die Wahrnehmung des einzelnen Kunden, seine Entscheidungen und den Nutzen, den er aus den Leistungen zieht. So wird ein Individuum durch die Einschätzung seiner Kaufwünsche und -entscheidungen durch sein nächstes Beziehungsumfeld geprägt. Bestätigung von Freunden und der Familie verschaffen Sicherheit. Das weitere Beziehungsumfeld mit den sozialen Bezugsgruppen vermittelt Prestige und Anerkennung und kann Identität stiften. Kundensysteme lassen sich so ideal als Schichtensysteme strukturieren (vgl. Abbildung 13.12).

Ertragskonzept

Unternehmen müssen ihre Erträge durch den Ausbau oder die Integration von Nebengeschäften, aber auch durch die Implementierung neuer Verrechnungsmodelle im Rahmen der Kundenbindung optimieren. Ansatzpunkte für die Verbesserung der Umsätze ergeben sich durch die Erschließung von Nebengeschäften, beispielsweise in touristischen Destinationen durch den Verkauf von Zweitwohnungen oder im Bereich der Autovermietung durch die Bewirtschaftung und den Verkauf von Mietwagenflot-

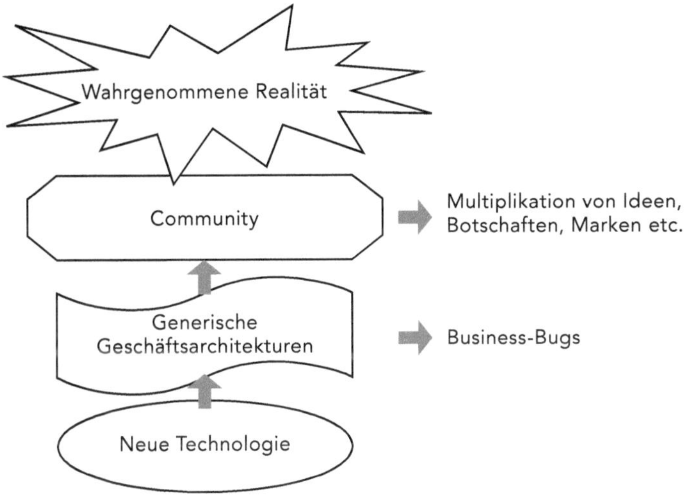

Abbildung 13.12: Kommunikationskonzept (Bieger/Belz 2000, S. 526)

ten. Interessante Ansatzpunkte können jedoch auch in der Ausgestaltung der Verrechnung von Leistungen gegenüber dem Kunden gefunden werden. Je nach Ansatz der Verrechnung (zum Beispiel Pauschalisierung oder Berechnung der bezogenen Leistungen) verlagert sich das Risiko zwischen dem Kunden und dem Leistungsersteller. Neue Mischformen zwischen der Bezahlung für den Zugang zu einer Leistung und der Verrechnung der tatsächlich bezogenen Leistungseinheiten werden in verschiedenen Branchen angewendet. Die klassische Form ist die Verrechnung nach Zugängen bei Clubs. Man kann davon ausgehen, dass in einer dynamischen Netzgesellschaft der Zugang tendenziell wichtiger ist als der Besitz (Rifkin 2002). Interessante Verrechnungsmodelle, die sich auch in andere Branchen übertragen lassen, finden sich aktuell im Telekommunikationsbereich. Immer mehr Leistungen werden nicht von den Kunden selbst, sondern von Dritten bezahlt (Umwegrentabilisierung). Weitere Beispiele dafür finden sich im Medienbereich, wo die Information durch den Inserenten bezahlt wird (vgl. auch Kapitel 9; siehe Abbildung 13.13).

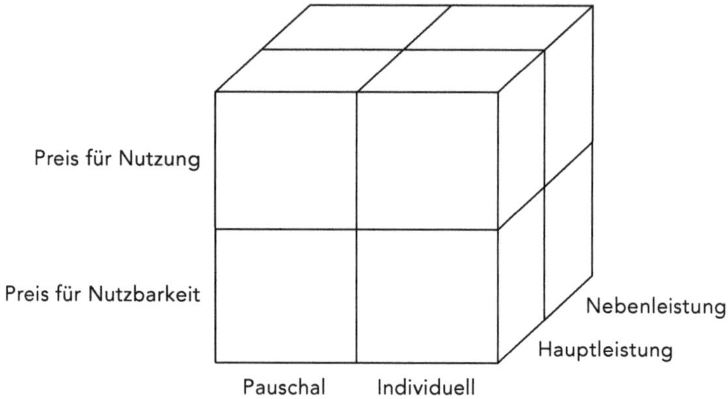

Abbildung 13.13: Verrechnungswürfel (biege/Ruegg-Stürm/von Rohr 2002, S. 55

Wachstumskonzept

Unternehmen müssen sich fragen, wie sie das notwendige Wachstum sichern wollen. Wichtiger Ansatz für das Wachstum in Netzbranchen ist beispielsweise die Durchsetzung von Standards (Shapiro/Varian 1999). Daneben ergibt sich eine Vielzahl von ergänzenden und alternativen Wachstumsstrategien (vgl. Abbildung 13.14; vgl. dazu auch Kapitel 6).

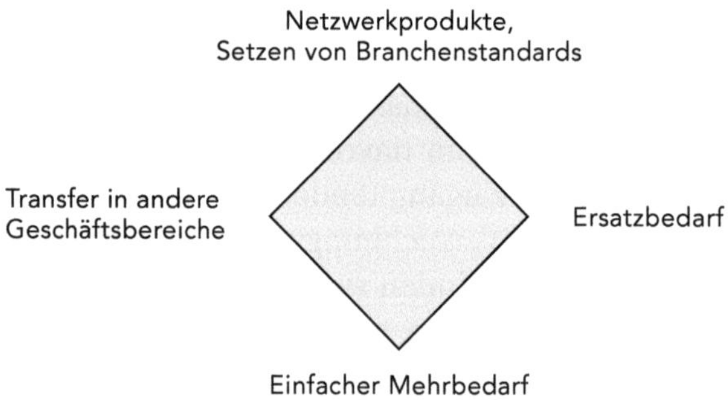

Abbildung 13.14: Wachstumsmodell (Bieger/Rüegg Stürm/von Rohr 2002, S. 55)

Entscheidende Fragen sind auch:

- Wächst ein Unternehmen im eigenen Markt (zum Beispiel durch Ausdehnung des Share-of-Wallet) oder erschließt es sich neue Märkte?
- Wächst das Unternehmen durch Multiplikation, durch den Verkauf von Konzepten (z.B. Franchising) oder nur durch Vergrößerung des eigenen Absatzes?

Kompetenzkonfiguration und Kooperation

Die Bedeutung der Identifikation der für das Geschäftsmodell notwendigen Kompetenzen, der Definition der eigenen wettbewerbsfähigen Kompetenzen (vgl. Kapitel 10), der Akquisition ergänzender Kompetenzen über Kooperationspartner, der Bestimmung der geeigneten Koordinations- und Governance-Struktur sowie der Gestaltung der Kooperationsprozesse wurde in Kapitel 11 dargestellt. Durch die festgelegten Kompetenzen bestimmt das Unternehmen seine Position im Wertschöpfungssystem eines Marktes (vgl. Abbildung 13.15).

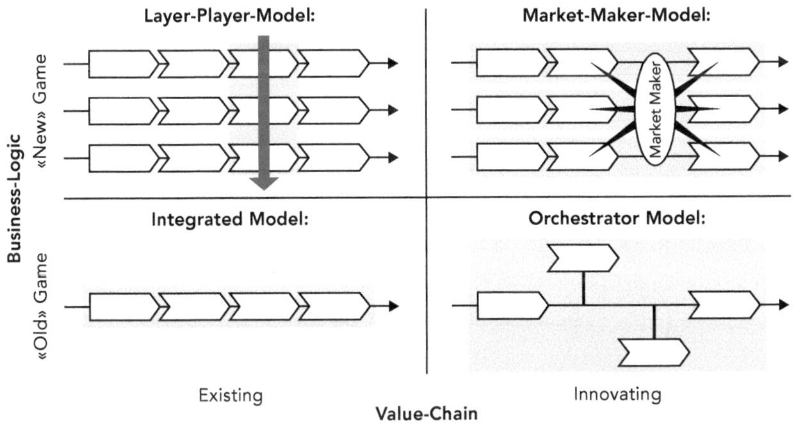

Abbildung 13.15: Positionierung eines Unternehmens in der Wertschöpfungskette (Meinhardt/Schweizer 2000)

Die folgenden Hinweise zu Intermediation und Disintermediation vertiefen diese Aspekte des Bundling und Rebundling von Unternehmensaktivitäten in verschiedenen Branchen.

13.4 Transformation von Geschäftsmodellen im Handel Reintermediation und Disintermediation

Von Thomas Rudolph

Wertschöpfungskonfigurationen sind ein wesentliches Element eines Geschäftsmodells. Die Wertschöfpungskonfiguration beeinflusst die Leistungssysteme (was kann das Unternehmen wie leisten). Vor allem aber beeinflussen sie die Kompetenzkonfigurationen und die Kooperationskonzepte. Eine Analyse der Veränderungsprozesse im Bereich der Intermediation ist deshalb sehr interessant.

Die Wertschöpfungskette für Produkte und Dienstleistungen verändert sich dynamisch und verschiedene Intermediäre können beteiligt sein. Vor allem innovative Technologien führten dazu, dass neue Dienstleister zwischen den bestehenden Wertschöpfungsstufen entstanden sind (Reintermediation). Gleichzeitig schalteten neue Kommunikationstechnologien auch überflüssige Wertschöpfungsstufen aus (Disintermediation). Oft erweist sich der Einkauf von spezifischen Produkten und Dienstleistung im Vergleich zur Eigenproduktion als kostengünstigere Variante, weil dadurch der Fokus auf die eigenen Kernkompetenzen ermöglicht wird. Abbildung 13.16 zeigt die Zusammenhänge schematisch.

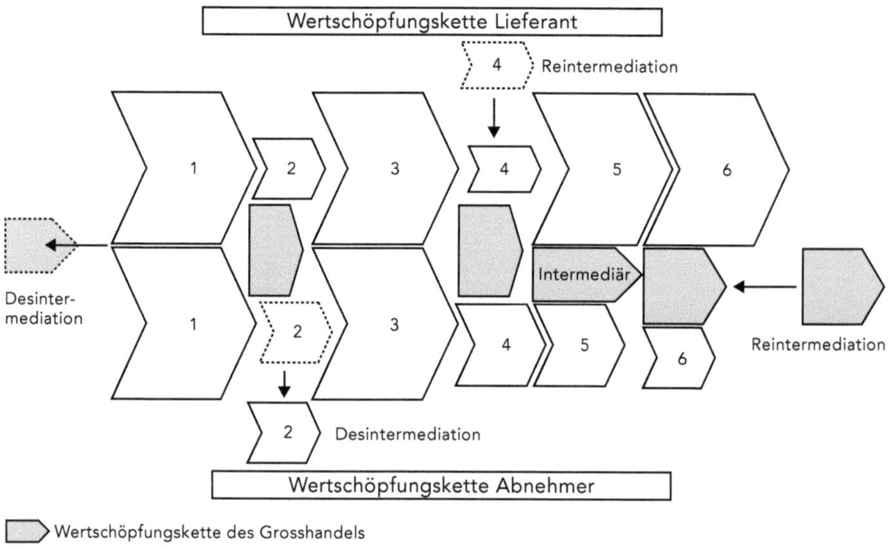

Abbildung 13.16: Eingebettete Wertschöpfungskette (Rudolph/Maag 1999, S. 26)

Alle Institutionen, die in irgendeiner Weise am Distributionsprozess beteiligt sind und nicht die Funktion eines Produzenten einnehmen oder als Endkunde auftreten, werden als Intermediäre bezeichnet. Diese Vermittler zwischen unterschiedlichen Stufen der Wertschöpfungskette registrieren Angebot und Nachfrage der vor- und nachgelagerten Stufen und führen diese möglichst zum Vorteil beider Marktteilnehmer zusammen. Diese »Brückenfunktion« sichert heute die Lebensfähigkeit eines Intermediärs jedoch nicht mehr; nur zusätzliche und einzigartige Dienstleistungen vermögen ihre Existenz langfristig zu sichern. Die klassische Form des Intermediärs stellt der Handel dar. Seine Funktion umfasst weit mehr, als nur die Güter einfach physisch zu distribuieren. So erfüllt der Großhandel verschiedene Aufgaben zwischen dem Produzenten und dem Einzelhandel; dazu gehören unter anderem die Markterschließung, Lagerung, Finanzierung, Marktinformation und Kommissionierung. Diese Dienstleistungen entlasten die Hersteller und generieren für den Einzelhandel einen wertvollen Mehrwert. Sie ermöglichen ihm, sich auf die eigenen Stärken und kritischen Faktoren für den Erfolg zu konzentrieren. Auch der Einzelhandel ist wieder als Intermediär zu verstehen. Als Schnittstelle zwischen dem Produzenten beziehungsweise Großhändler und dem Endkunden übernimmt er unter anderem die Funktionen für kundenorientierte Dienstleistungen, Präsentation, Finanzierung, Beratung und Sortiment. Der Einzelhandel bündelt zielgruppengerecht die Produkte einer Vielzahl von Herstellern und bietet diese in einer dem Kundenbedürfnis angepassten Umgebung an. Der filialisierte Einzelhandel erbringt diese Leistung besonders erfolgreich.

Bei der Reintermediation wird ein Intermediär in den Wertschöpfungsprozess eingeschaltet. Dadurch entsteht eine neue Zwischenhandelsstufe oder eine neue Vorleistungsstufe etabliert sich als Folge des Outsourcing von Leistungen. Bei letzterem wird beispielsweise die Interaktion mit dem Kunden (Bereitstellung von Information) von der eigentlichen Belieferung (Bereitstellung von Infrastruktur) getrennt (Venkatraman/Henderson 1998). Dieser Trend ist bei Internetportalen besonders gut zu beobachten (Time Warner und AOL). Die ökonomische Triebkraft der Spezialisierung ist begründet in den Economies-of-Scale; sie lassen sich besser ausschöpfen, wenn sich die Anbieter auf bestimmte Leistungsstufen und Funktionen konzentrieren (und innerhalb dieser Funktionen wachsen). Im Weiteren begünstigt das Phänomen des »Information-Overload« aufgrund eines höheren Koordinationsbedarfs und einer diffizilen Selektion von bedarfsgerechten Informationen die Existenz von (neuen Re-)Intermediären. Der Umstand, dass bei sinkender Markttransparenz (zum Beispiel durch eine steigende Anzahl von Anbietern und Angeboten) sich die Transaktionskosten der Marktteilnehmer erhöhen, legitimiert das Bestehen von Intermediären. Transaktionskosten fallen sowohl auf der Anbieter- als auch auf der Kundenseite an und sind im Wesentlichen die Kosten der Information, der Kommunikation, der Suche, der Verhandlung, der Entscheidung und der Kontrolle (Hesch 1998, S. 24 f.).

Als Beispiel für die Reintermediation sei hier Amazon.com genannt. Abbildung 13.17 verdeutlicht, dass es sich beim Buch-Onlinehändler nicht etwa um einen Desintermediär handelt, der zwar einen neuen Absatzkanal verwendet, sich aber für den Kontakt zu den Buchverlagen einer Zwischenhandelsstufe bedient. Amazon.com konzentriert sich auf die

Schnittstelle Online-Portal und Kunde. Dabei überlässt Amazon die Beschaffung der Produkte mehreren Großhändlern. Für eine vertikale Integration beziehungweise enge Verflechtung mit den Buchhändlern, wie dies Barnes & Noble praktiziert, fehlt Amazon.com die jahrzehntelange Erfahrung eines traditionellen Händlers.

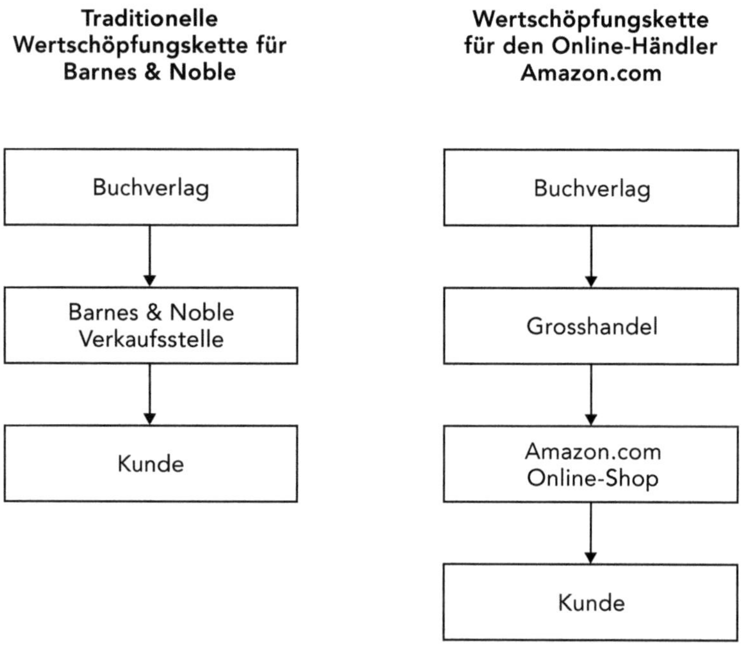

Abbildung 13.17: Reintermediation am Besipiel Amazon.com (Rosenbloom 1999, S. 453)

Transaktionen über das Internet haben eine Vielzahl von neuen Intermediär-Funktionen begründet. So entstanden zum Beispiel neue Dienstleistungen im Bereich der Zahlungssicherheit, der Infrastrukturerstellung, der Aggregation von Bestellmengen, physische Distribution, Risikoübernahme et cetera (Bailey/Bakos 1997, S. 13).

Eine zunehmende Reintermediation ist bei den Produkten oder Dienstleistungen zu erwarten,

- die einen zusätzlichen Wert durch die Bündelung mit anderen Leistungen in Form von Problemlösungsfähigkeit oder Erlebniswert bieten
- die aufgrund des involvierten Risikos eine Risikoteilung erforderlich machen beziehungsweise als sinnvoll erscheinen lassen.

Mit dem Begriff Disintermediation wird die Aufhebung einer oder mehrerer Leistungsstufen (Intermediäre wie zum Beispiel Broker oder Zwischenhändler) eines Wertschöpfungssystems beschrieben (Watson et al. 2000). Ökonomische Triebkräfte der Disintermediation sind paradoxerweise vor allem die Transaktionskosten. Wie bereits im Abschnitt der Reintermediation erwähnt, sind hohe Transaktionskosten vor allem ein Argument für neue Intermediäre, weil diese dabei wichtige Koordinationsfunktionen übernehmen können. Dank technologischer Errungenschaften und ihrer schnellen Verbreitung lassen sich diese Transaktionskosten aber stark minimieren, indem zum Beispiel direkte Geschäftsbeziehungen über unternehmensübergreifende elektronische Netzwerke zwischen dem Produzenten und dem Händler aufgenommen oder Leistungen selbst erstellt werden (vertikale Integration). Der Wert der Intermediärfunktion zwischen den beiden Wertschöpfungsstufen wird dadurch verringert oder gar zerstört.

Je spezialisierter die Leistungen eines Unternehmens innerhalb einer Wertkette sind, umso geringer ist die Gefahr, dass diese Leistungen von einem vor- oder nachgelagerten Partner in der Wertekette übernommen werden. Nach Watson (2000) kann die Bedrohung einzelner Teilnehmer einer Wertekette an folgendem Modell bestimmt werden (vgl. Abbildung 13.18).

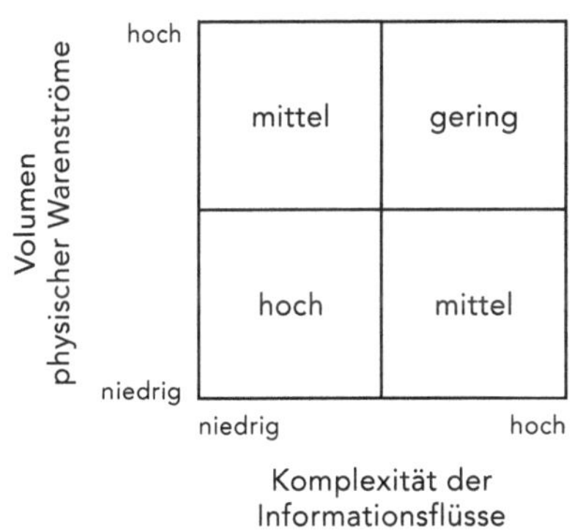

Abbildung 13.18: Gefahr und Chance der Disintermediation (Watson 2000)

Unternehmen, die große Volumina an Warenströmen abwickeln und gleichzeitig komplexe Informationen verarbeiten, sind infolgedessen weniger von einer Disintermediationsgefahr betroffen. In der Regel erfasst die Disintermediation nur einzelne Stufen der Wertkette – eine Eliminierung eines Intermediärs kommt selten vor. Die Existenzberechtigung eines Intermediärs hängt vom angebotenen einzigartigen Zusatznutzen ab, der von anderen Mitgliedern der Wertkette nur schwer erbracht werden kann. Diesbezüglich gewinnt das Beziehungsmanagement zu den vor- und nachgelagerten Stufen der Wertschöpfungskette an Bedeutung.

Bekanntes Beispiel für den Vorgang der Disintermediation ist die Dell Computer Corporation. Über das Internet lassen sich sowohl Privat- als auch Geschäftskunden individuell und ohne die Zwischenstufe eines Händlers ansprechen. Der Kunde kann sich auf der Homepage über die Produkteigenschaften informieren und konfiguriert sich je nach Bedürfnis das gewünschte Gerät selbst. Die Zustellung des individuell zusammengestellten Computers erfolgt über den vollständig ausgelagerten Distributionspartner.

Auch in der Spielwarenbranche ist eine Disintermediationstendenz zu beobachten. So rechnen Branchenexperten damit, dass Spielwaren-Softwarehersteller (dazu zählen unter anderem PC-Spiele, PC-Lernspiele, Informationssoftware et cetera) ihre Produkte schon bald nicht mehr hauptsächlich über traditionelle Absatzkanäle vertreiben werden. Es ist anzunehmen, dass eine Konvergenz zwischen Internet und Spielverleih stattfinden wird. Diesbezüglich wäre denkbar, dass PC-Spiele zukünftig insbesondere über TV-Kanäle gegen eine Gebühr virtuell verliehen werden (vgl. Abbildung 13.19).

Diese neuen Services könnten Fernsehanstalten über die Werbung finanzieren. Der Kunde erhält dann vom Netzbetreiber (zum Beispiel AOL) eine Rückvergütung, weil er neue Spieler und damit Gebührenzahler angeworben hat. Der traditionelle Groß- und Einzelhandel würde dadurch obsolet. Die Auswahl und Zusammenstellung von solchen Online-Spielediensten erfordert jedoch ein Branchen-Know-how, das in den Fernsehanstalten bisher nicht vorhanden ist. Deshalb rechnen Experten mit neuen Reintermediären, die entsprechende Dienstleistungen einbringen.

Zusammenfassend lässt sich feststellen, dass eine zunehmende Disintermediation vor allem durch die Etablierung neuer Kommunikations- und Informationsinfrastrukturen beschleunigt wird, was auch durch die so genannte Disintermediationshypothese postuliert wird (Wigand/Benjamin 1995). Auf der anderen Seite spricht aber eine wachsende Arbeitsteilung und ein erhöhter Koordinationsaufwand insbesondere aufgrund der voranschreitenden Internationalisierung für einen steigenden Bedarf an intermediärer Leistung (Gerpott/Heil 1998, S. 734).

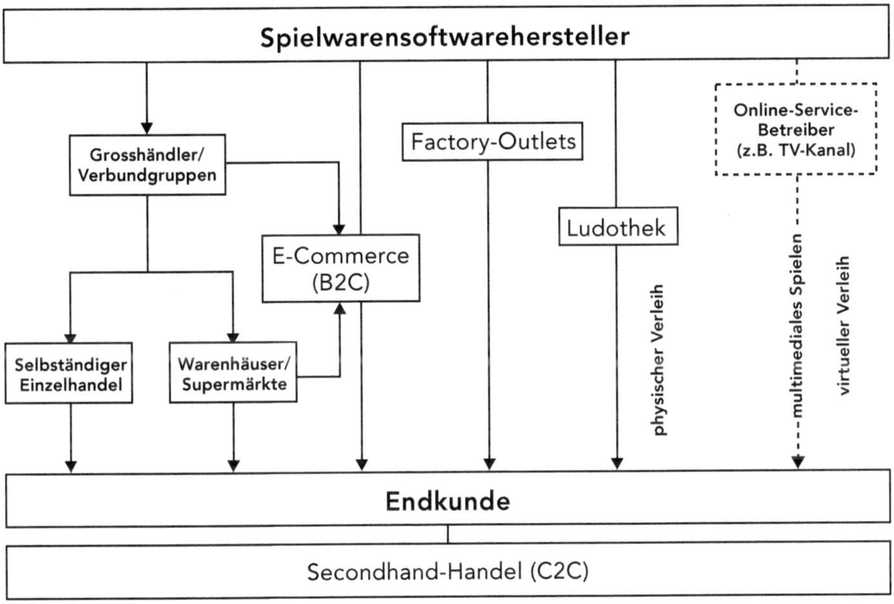

Abbildung 13.19: Disintermediation in der Spielwarenbranche

13.5 Geschäftsmodell und Customer-Value

Mit den Geschäftsmodellen wurde der Anschluss an die strategische Stufe der Unternehmensführung geschaffen, und es wurden grundsätzliche Dimensionen für deren Strukturierung gezeigt. Für das Management des Kundenwerts sind die bereits in den vorhergehenden Kapiteln beschriebenen Gestaltungsbereiche von besonderer Bedeutung. Die in diesen Bereichen getroffenen Entscheidungen müssen jetzt im Sinn eines Geschäftsmodells integriert und abgestimmt werden (vgl. Abbildung 13.20).

Bei der Gestaltung von Geschäftsmodellen, wie bereits oben erwähnt, ist es wichtig, die einzelnen Dimensionen oder Gestaltungselemente untereinander abzustimmen. Ziel muss es sein, selbständige Verstärkungsmechanismen über die verschiedenen Bereiche zur Wirkung zu veranlassen. Beispielsweise können durch Kooperationen nicht nur die Leistungserstellung optimiert, sondern auch neue Leistungssysteme gestaltet werden. Durch die Kommunikation muss nicht nur die Leistung kommuniziert und verkauft werden können, sondern es muss auch gelingen, durch die Kommunikation den Wert der Leistung in den Augen des Kunden zu erhöhen. Alle Dimensionen und Gestaltungsbereiche müssen somit konsequent auf die Dimension Kundenvorteil und den Wert des Kunden ausgerichtet werden.

	Schlüsselfrage(n)	Beispiele zu möglichen Lösungen
Kunden	Kundenselektion: Welche Kundengruppen sind zu unterscheiden und zu selektionieren? Kundennutzen: Welche aktuellen und zukünftigen Ansprüche stellen die gewählten Kunden? Welche Nutzenbereiche sind relevant? Zusammenarbeit mit Kunden: Welche Zusammenarbeit lässt sich mit Kunden verwirklichen (Leistung/Gegenleistung)?	Marktanalysen, Erfassung von potenziellen Kunden und der Verantwortlichen, Kundenportfolios, Workshops mit Kunden, Verhandlungen mit potenziellen Kunden et cetera
Leistungskonfiguration, Bausteine	Leistungsstruktur für Kunden: Wie lassen sich Leistungssysteme strukturieren und entwickeln, um spezifische Vorteile für Kunden und Anbieter zu schaffen?	Konfigurationsansätze (zum Beispiel nach Leistungsbausteinen (»physische« Leistung und Dienstleistungen), Werteketten, Kundennutzen, Umstellungsprojekte von Kunden et cetera) (vgl. auch oben)
Kommerzialisierung	Finanzierung: Wie werden Finanzierungspartner gewonnen und beteiligt? Ertragsmodell: Wie werden die Erträge generiert? Wachstumsmodell: Welche Wachstumsstrategien sind sinnvoll?	Banken, Venture-Capitalists, verschiedene Investoren, Anschubfinanzierung von Spinoffs, Förderprogramme et cetera; Investitionsrechnung, Pay-back- und ROI-Analysen, Chancen- und Risikobewertung; Forschungsgelder, Refinanzierung im Markt durch Lizenzgeschäft, Produktgeschäft, Dienstleistungsgeschäft et cetera; inneres und äußeres Wachstum, Internationalisierungsstrategie, Kooperationen

Kompetenz (Fähigkeiten, Mitarbeiter, Leistungserstellung)	Kernkompetenzen: Wie definieren wir die erforderlichen Kernkompetenzen? Wo positioniert der Anbieter seine Aktivitäten in der Wertschöpfungskette? Mitarbeitermodell: Wie gewinnen und halten wir hochqualifizierte Mitarbeiter? Wie nutzen und fördern wir die Motivation und die Fähigkeiten der Mitarbeiter und schaffen Vorteile für sie? Ressourcen und Leistungserstellung: Welche eigenen und fremden Infrastrukturen sind für die Leistung erforderlich?	Portfolio von Kompetenzen und Bewertung/Selektion; Mitarbeiterbeteiligung und Entwicklungsperspektiven, Kooperation mit Universitäten et cetera; Informatik, Forschungslabors, Produktion, Logistik et cetera
Kooperation	Kooperationspartner: Mit welchen Kooperationspartnern wird zusammengearbeitet? Zusammenarbeit: Welche Leistungen und Gegenleistungen definieren die Zusammenarbeit und gegenseitige Bildung der Partner?	Vertikale Partner, horizontale Partner, projektbezogene oder langfristige Partnerschaft usw.
Kommunikation und Koordination	Kommunikationskonzept: Wie lässt sich über das Geschäftsmodell mit den wichtigen Anspruchsgruppen kommunizieren? Koordinationsmodell: Wie werden die internen Beteiligten, externen Partner und Beteiligten beim Kunden wirksam koordiniert?	Kundenworkshops, Lead-User-Konzepte, Beziehungsnetze, Leistungsdokumentationen, Systemverkauf, Intranetlösungen, spezifische Kundenportale, Projektteams usw.

Abbildung 13.20: Customer-Value und Geschäftsmodelle (Bieger/Lottenbach 2001; Belz 2001a; vgl. den ausführlichen Fragenkatalog in Abschnitt 4.1 oder Abbildung 25.1)

Eine weitere wichtige Frage ist die Transformation von Geschäftsmodellen. Neue Geschäftsmodelle dringen in bestehende Märkte ein, neue Leistungssysteme entstehen, Technologien verändern die Koordination und die Leistungen. Auch wenn Partner ausfallen, folgen neue Modelle.

Bestehende Lösungen sind deshalb permanent herausgefordert und rasch überholt.

Das Geschäftsmodell muss mit allen oder einem Teil der Partner transformiert werden. Solche Transformationen wurden in den späten Neunzigerjahren und zu Beginn des neuen Jahrtausends allzu oft aus der Perspektive der Leistungserstellung gestaltet. Es galt, unter hohem Kostendruck die Möglichkeiten neuer Technologien zu nutzen. Oft ging der Kunde im Gewirr von anonymen Callcenters und E-Commerce-Systemen vergessen. Die Leistungen wurden schlicht an den Kunden delegiert. Ausgeklügelte Wertschöpfungssysteme scheiterten, weil sie vielfältige Aktivitäten auf unzählige Partner verteilten und nicht die Verantwortung für die Endleistung gegenüber dem Kunden klärten. Während der Transformation von Geschäftsmodellen muss in Kauf genommen werden, dass nicht gleichzeitig alle Gestaltungsdimensionen angepasst werden können. Es müssen damit vorübergehend Inkonsistenzen akzeptiert werden. Dies bedingt eine ausreichende finanzielle Tragkraft für vorübergehende Rückschläge. Gleichzeitig stellt sich jedoch die Frage, wo die Transformation beginnt und was die Gestaltungslogik sein soll. Die hier präsentierten Theorien und Konzepte zeigen, dass die Gestaltungslogik zur Sicherung des Customer-Value alle Leistungs- und Kundensysteme prägen müssen.

Geschäftsmodelle antizipieren bereits neue Konstellationen auf Angebots- und Kundenseite: Anbieternetze und Communitys wurden erwähnt. Diese Aspekte werden im C- Ansatz konsequent gewichtet und führen zu neuen Lösungen.

Das Kapitel schließt mit wenigen Statements.

Statements zu Geschäftsmodellen

- In vielen, vor allem in konsolidierten Branchen bringen klassische Strategieüberarbeitungen keinen Durchbruch mehr in der Wettbewerbsfähigkeit. Etwas besser machen dank neuer Kompetenzen oder sich auf einen noch attraktiveren Zielmarkt spezifischer auszurichten, bringt nur marginale Verbesserungen. In solchen Märkten muss die Art der Wertschöpfung grundsätzlich überdacht werden. Es müssen alle Gestaltungsparameter eines Geschäftsmodells gleichzeitig neu definiert werden. So wird aus einem klassischen Hotel auf einmal eine Mischung aus Facility-Management, Zweitwohnungsimmobilie, Service, Distributions- und Catering-Unternehmen (Thomas Bieger).
- Bei attraktiven Geschäftsmodellen unterschätzen manche Unternehmen die Anstrengungen, die für den Erfolg nötig sind. Überzeugende Konzepte sind noch lange nicht realisiert (Christian Belz).